U0176467

航天科技图书出版基金资助出版

当代行星机器人学

——一种自主化系统设计方法

Contemporary Planetary Robotics:
An Approach Toward Autonomous Systems

〔英〕高　阳（Yang Gao）　著

刘志全　谭启蒙　危清清　宋爱国　周永辉　李会军　译

中国宇航出版社

·北京·

著作权合同登记号：图字：01－2021－5389 号

版权所有　　侵权必究

图书在版编目（CIP）数据

当代行星机器人学：一种自主化系统设计方法 / （英）高阳（Yang Gao）著；刘志全等译. -- 北京：中国宇航出版社，2022.6

书名原文：Contemporary Planetary Robotics：An Approach Toward Autonomous Systems

ISBN 978 - 7 - 5159 - 2011 - 5

Ⅰ. ①当… Ⅱ. ①高… ②刘… Ⅲ. ①行星－空间机器人－研究 Ⅳ. ①P185②TP242.4

中国版本图书馆 CIP 数据核字（2021）第 240378 号

| 责任编辑 | 侯丽平 | 封面设计 | 宇星文化 |

出版发行　中国宇航出版社

社　址	北京市阜成路 8 号　邮　编　100830	版　次	2022 年 6 月第 1 版
	（010）68768548		2022 年 6 月第 1 次印刷
网　址	www.caphbook.com	规　格	787×1092
经　销	新华书店	开　本	1/16
发行部	（010）68767386　　（010）68371900	印　张	22.25　彩　插　12 面
	（010）68767382　　（010）88100613（传真）	字　数	541 千字
零售店	读者服务部　　（010）68371105	书　号	ISBN 978 - 7 - 5159 - 2011 - 5
承　印	天津画中画印刷有限公司	定　价	168.00 元

本书如有印装质量问题，可与发行部联系调换

航天科技图书出版基金简介

航天科技图书出版基金是由中国航天科技集团公司于 2007 年设立的，旨在鼓励航天科技人员著书立说，不断积累和传承航天科技知识，为航天事业提供知识储备和技术支持，繁荣航天科技图书出版工作，促进航天事业又好又快地发展。基金资助项目由航天科技图书出版基金评审委员会审定，由中国宇航出版社出版。

申请出版基金资助的项目包括航天基础理论著作，航天工程技术著作，航天科技工具书，航天型号管理经验与管理思想集萃，世界航天各学科前沿技术发展译著以及有代表性的科研生产、经营管理译著，向社会公众普及航天知识、宣传航天文化的优秀读物等。出版基金每年评审 1～2 次，资助 20～30 项。

欢迎广大作者积极申请航天科技图书出版基金。可以登录中国航天科技国际交流中心网站，点击"通知公告"专栏查询详情并下载基金申请表；也可以通过电话、信函索取申报指南和基金申请表。

网址：http：//www.ccastic.spacechina.com
电话：(010) 68767205，68768904

译者序

自 20 世纪 50 年代以来，行星探测成为航天领域的重点发展方向之一。由于技术、经济等方面的巨大限制，目前人类亲身前往地外天体进行探索依然面临着不易逾越的障碍，因此行星机器人作为人类感知和执行器官的延伸，在行星探测任务中发挥着越来越重要的作用。未来行星探测任务也迫切需要提高行星机器人的智能化水平。行星机器人学就是在这样的任务需求牵引下，在通信技术、计算机技术、传感技术和机器人学及工程学基础上形成的一门新兴跨专业学科。

Contemporary Planetary Robotics：An Approach Toward Autonomous Systems 一书的作者高阳教授系英国萨里大学萨里空间中心行星实验室的负责人，长期从事人工智能、计算机视觉和仿生学等方面的研究，先后参与了 ExoMars、MoonLITE、Moonraker、LunarEX、LunarNet 和 Marco-Polo R 等多项行星探测器的研制任务。高阳教授在该书中系统阐述了当代行星机器人的视觉、导航、控制和操作等内容；介绍了行星机器人自主化软件设计方法，剖析了俄罗斯、美国、欧空局等多款具有成功飞行经历的行星机器人（例如：月球车、火星车等）的典型工程案例；详细介绍了相关研究成果和经验教训，特别是对算法、策略、软件架构及硬件配置等方面的技术细节与性能指标都给出了颇有深度的解析。这本书无疑是深空探测领域科研人员的"良师益友"。

为了便于我国深空探测领域广大科研人员学习借鉴，中国空间技术研究院总体设计部的刘志全、谭启蒙、危清清、周永辉和东南大学的宋爱国、李会军等同志共同完成了高阳教授著作的翻译。本译著可作为深空探测领域科研工作者和高等院校感知、控制、信息等专业研究生的参考书，也可作为行星机器人软件自主化设计师的学习资料。

译者衷心感谢北京航空航天大学丁希仑教授和北京邮电大学李端玲教授给予的指导和帮助，感谢航天科技图书出版基金的资助，感谢中国宇航出版社的大力支持。

由于译者水平有限及时间仓促，译著中的疏漏和不妥之处在所难免，敬请读者批评指正。

译　者

2022 年 3 月于北京

目　录

第 1 章 引　言

　　行星机器人学是一门新兴的航天学、地面机器人学、计算机科学和工程技术等多学科交叉的应用学科。本书全面介绍了行星机器人学的主要科研方向及研发成果，聚焦于自主空间系统，以满足成本效益好、性能高的行星任务需求。本书研究议题主要涉及行星机器人视觉处理、导航、控制、任务操作及自动化等方面的方法论与关键技术。书中为上述每个议题或技术领域都设立了一个独立章节进行详细阐述，通常以一种经典的空间系统设计方法为例，首先讨论其设计要素与需求，其次类推至其他相关技术与原则。其中的大多数章节所列举的设计案例或使用案例，是为了帮助读者更好地理解该项技术或理论方法如何在实际任务中具体实施。鉴于任何空间工程设计或研发本身都是一个系统的设计过程，为此，本书单独设置一章，重点介绍行星机器人系统设计——从任务概念到基线设计。综上所述，本书可作为本科和研究生阶段相关工程或科学课程的教科书或参考书，也可作为航天科研院所专业设计人员的指导手册。

　　本章的内容包括行星探测与机器人学的演进历程，行星机器人学概述，以及本书的组织架构及适用范围。

1.1　地外天体探测与机器人学发展历程

　　为满足天生的好奇心，人类需要对地球以外的天体开展探测活动。纵观人类历史，勇敢的探险家们始终在探索发现新世界，例如，新大陆、新宝藏，或者更加深入地了解地外天体等鲜为人知的领域。这些探险旅程正是借助诸如指南针、航海地图、飞机等具有时代里程碑式的先进技术推动前行的，同时，它们也为人类的科学认知做出了巨大贡献。虽然探索旅程硕果累累，但历史也同样揭示了探险之旅是困难、危险且结果难以预料的。例如，在古代海洋探索旅程中，虽然很多船只的探险目标都是发现新世界，但只有极少部分能够最终梦想成真。当然，大量的案例表明，发现新大陆对于当地原著居民的伤害也是巨大的。可见，过去的经验与教训对所有新的探索努力都是一个严肃而郑重的提醒。

　　自 20 世纪 50 年代以来，外太空为人类提供了一种真实的、全新的探索领域。尽管人类拥有不可抗拒的好奇心和远离地球探测地外太空的能力，但如何最大限度地减小其他地外天体（包括行星、月球、彗星或小行星）对人类的影响至关重要。凭借人类历史提供的经验、教训和知识，我们不断地了解这些新的太空边界，并采取预防措施，避免重蹈以往探索活动失败案例的覆辙。

　　20 世纪 50 年代末至 60 年代初开始的太空探索，重点是将人类送入太空和登上月球，这是冷战期间美国和苏联两个主要竞争对手之间的一个核心要务。然而，当时的情况和现在一样，在发展昂贵的载人航天计划的同时，使用相对便宜的机器人去了解航天员即将执行操作的空间环境。从 1959 年开始，苏联成功发射的一系列月球探测器完成了第一组机器人任务。一年之内，月球 1 号成功地飞越月球，月球 2 号在月球上坠毁，月球 3 号拍摄了月球远端照片。七年之后，苏联和美国在相隔几个月的时间内，分别发射月球 9 号和勘测者 1 号，探测器成功实现了月球表面的软着陆。这两个任务为 1969 年的美国首次载人登月铺平了道路。基于这些早期的成功经验，机器人探测任务已经扩展至水星、金星、火星（被称为内太阳系）乃至外太阳系，尽可领略木卫一上的火山喷发、木卫二表面的冰层或土卫六下起的甲烷雨等壮观景象。

行星探测可以使用多种方式探索地外天体，通常先利用轨道卫星进行侦察或遥感测绘。随后，复杂的机器人系统使用更为先进的探测手段（例如，着陆、星表作业、采样返回），这在任务复杂性和风险方面都实现了巨大的飞跃，但最具重要意义的是如何将科学探测成果顺利带回地球。众所周知，先进的深空探测阶段时常会出现一些失败案例，而这些失利本身都是对深空探测技术的严峻挑战。表 1-1 梳理了针对太阳系内的行星及月球表面探测任务（载人任务除外）的统计数据。统计数据表明，任务成功率相对较低，它明确反映了机器人航天器相关的技术短板，包括：设计、研制与操作。值得注意的是，正是由于历代航天工程师与科学家们的共同努力，我们今天才能了解到更多的地外天体。他们凭借坚定的决心，应对无数挑战，虽然时常经历失败，但仍会继续尝试与探索，直至成功。

表 1-1　截至 2015 年行星及月球无人着陆任务统计数据

	金星	月球	火星	土卫六	小行星/彗星
发射着陆任务总数	19	35	16	1	6
星表作业成功任务数	9	13	9	1	1
采样返回成功任务数	0	3	0	0	1

现有的无人自主探测任务成功案例中，不同类型的机器人系统发挥着重要作用，包括机器人移动平台（例如，星表巡视器）或者机器人载荷（例如，机械手、机械臂、深层采样器及钻头等）。表 1-2 归纳了分别在月球、火星和小天体上具有成功飞行经历的机器人案例。首个在地外天体成功作业的真正机器人有效载荷是图 1-1（a）所示的 1967 年前往月球的勘测者 3 号着陆器上的一个铲子（即机械臂末端配置的采样铲）。此后，月球 16 号于 1970 年成功地使用了第一台安装在行星机械臂末端的钻采装置［如图 1-1（b）所示］，图 1-1（c）展示了于 1970 年成功发射的月球 17 号的第一辆名为"月球车 1 号"（Lunokhod 1）的星球车。

表 1-2　截至 2015 年分别在火星、月球和小天体上具有成功飞行经历的机器人案例

任务	国家	目标	星球车	操作器	采样器	钻取器
勘测者 3 号	美国	月球			√	
月球 16/20/24 号	苏联	月球		√	√	√

续表

任务	国家	目标	星球车	操作器	采样器	钻取器
月球 17/21 号	苏联	月球	√			
海盗号	美国	火星		√	√	
火星探路者	美国	火星	√			
隼鸟号(缪斯-C)	日本	小行星			√	
火星探测漫游者	美国	火星	√	√	√	
凤凰号	美国	火星		√	√	
火星科学实验室	美国	火星	√	√	√	
嫦娥三号	中国	月球	√			
罗塞塔号	欧洲	彗星		√	√	√

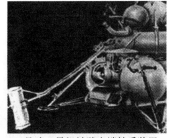

(a) 勘测者3号的铲子　　　(b) 月球16号机械臂末端钻采装置　　　(c) 月球17号的巡视器（月球车1号）

图 1-1　首批具有成功飞行经历的行星机器人（由美国国家航空航天局和拉沃奇金协会提供）

　　不可否认，正是由于超级大国之间开展的太空竞赛，激发出彼此间有增无减、持续高涨的发射热情与大胆尝试，创造了这些"第一次"，在发射任务成功与科学探测方面取得了令人难以置信的辉煌成就。也正是如此，自 20 世纪 90 年代以来，新一代行星探测任务不仅进一步深入太阳系，还开展了更深层次的基础科学问题研究。可以看出，人类对地外天体的向往与探索的欲望一如既往地强烈。航天强国阵营中逐步加入了一批新的国家，他们十分渴望检验、展示现有技术水平，并逐步积累、丰富自身的知识体系。此外，一些商业巨头也将目光聚焦于深空探测，努力推动月球和火星探测任务，试图将其变成人类长期生存或居住的宜居之所。无论未来深空探测任务是否有人直接执行，行星机器人都是理想之选，作为人类的机器"化身"，它能够通过自己的"眼睛""耳朵"和"手臂"相互协作以完成在轨任务。

1.2　行星机器人学概述

　　地球上典型的机器人是一种具备全自动或半自动控制功能的无人机电装置。工业标准化机器人主要应用于执行肮脏、乏味与有危险的活动。这种说法是借鉴了日本"3K"概念［肮脏（kitanai）、危险（kiken）和辛苦（kitsui）］提出的，它描述了机器人能够将工人从恶劣的工作环境（例如，建筑业）中有效地解放出来。为此，机器人系统通常适用于某些人类无法胜任或难以生存的环境中，用于执行重复性高、周期长或高精度的操作。

如图 1-2 所示，机器人学作为一门工程或科学学科，涉及众多传统学科，例如：电子、机械、控制和软件。因此，机器人系统设计主要涉及硬件子系统（例如，传感器、电子、机械和材料）设计和软件子系统（例如，感知、控制和自主化）设计。尽管行星机器人在功能上与地面机器人类似，但也具有不同的性能特点，因为它们要应对严苛的空间任务需求（例如，维持空间环境生存的抗辐射强度等）、稀缺的能源与计算资源，以及通信延迟对高度自主化的需求。

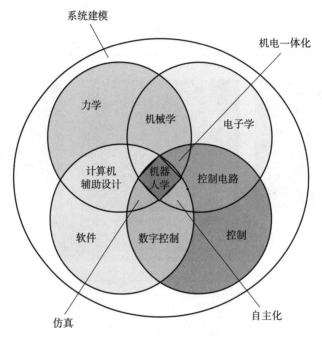

图 1-2　机器人学：多学科领域

机器人系统的自动化或自主化水平并不是一成不变的。事实上，它可以通过采用多种控制模式，例如，远程或遥操作、半自主操作、全自主操作等，以匹配其任务目标、定位与操作等限制约束。其中，自动控制模式和自主控制模式之间的根本差异取决于动作执行期间评判或自我引导的等级。一方面，自主响应或控制与条件反射有关，是一种非意识行为，"硬连线"到机器人后，无须做出决策。另一方面，自主行为则代表了一种复杂的独立响应，不受其他控制，这就意味着可以自己做决策。我们可以从自然界中得出一个类比，从行为类似于对外部刺激做出反应的自动系统的单细胞生物进化而来的复杂生物，如哺乳动物和鸟类，表现出明显更高级的独立逻辑行为。

欧洲空间标准化组织（ECSS）将航天器（或本书所述的行星机器人系统）开展工作自主化或控制模式具体分为下列四个标准等级：

- E1 级：主要接收地面发送的实时控制指令并执行，即远程或遥操作；
- E2 级：执行器载预编程任务操作，即自动操作；

• E3 级：执行器载自适应任务操作，即半自主操作；

• E4 级：自主执行面向目标的任务操作，即全自主操作。

根据欧洲空间标准化组织对自主化等级的划分，行星机器人主要分为以下 3 类：

机器人代理，它在太空中充当航天员的替身，对应于 E1～E3 操作等级，执行探测、装配、维修和制造等任务。

机器人助手，辅助航天员快速、安全地执行任务，使用 E3 级或准 E4 级操作，其结果具有更高的品质和效益。

机器人勘探者，使用 E4 级操作探测地外天体目标。

图 1-3 列出了现有及计划中的行星机器人系统发射时间表，它们分别对应于欧洲空间标准化组织划分的 E1～E4 自主化等级。目前，现有的具有成功飞行经历的行星机器人都属于机器人代理的范畴。显然，伴随着时间的推移，现代行星探测任务目标越来越具有挑战性，这就需要同步提升机器人系统自身的自主化等级，由此实现从机器人代理向机器人勘探者的升级。

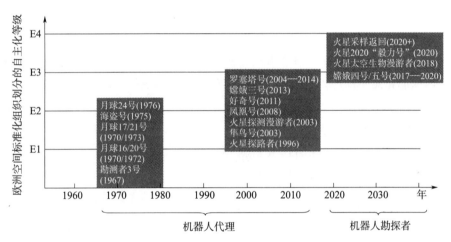

图 1-3 现有和计划发射的行星机器人系统的自主化等级

1.3 本书的范围和组织架构

本书聚焦于研发主题，主要涉及行星机器人器载软件与控制能力，以实现更高的自主化等级。其目的并非要涵盖硬件子系统的所有设计问题，如传感器、机械、电子或材料等。当然，书中讨论的与硬件相关的问题可能直接影响机器人所需功能的设计，或者为机器人系统设计提供一个更为宽泛的背景。本书其他章节都是按照每一章聚焦于一个特定技术主题的方式进行组织的，因此各章节的阅读或使用就可以不必依赖于其他章节。与此同时，当各学科之间彼此交叉融合时，所对应的技术章节交相呼应，更有助于读者对系统工程概念的全面理解，这也是空间系统设计与开发的根本所在。

行星机器人探测任务的设计是十分复杂的。以往和当前的任务充分表明了整个任务设计、实施与操作过程具有怎样的潜在风险与技术挑战。从环境影响、资源管理到运营理念，系统设计与开发必须作为一个整体来进行，而不是离散元素的简单累加。第 2 章明确指出，面向任务驱动的顶层视图应建立于机器人系统设计评估的早期阶段，为此介绍了空间系统设计方法和工具。2.1 节引言之后，2.2 节详细阐述了一种行星机器人系统工程设计方法。2.3 节介绍了以往和当前的行星探测任务所使用的多款行星机器人系统，以及它们是如何应对实际任务挑战并反馈有价值的科学数据的。此外，这一节还展望了尚处于研究阶段的未来机器人系统，希望能够实现更具冒险性的任务设想与操作场景。2.4 节回顾了根据任务目标驱动的一系列行星环境因素，这些环境因素同时驱动着各种机器人系统和子系统的设计。2.5 节采用案例讲解的方式，全面诠释了如何定义系统级设计驱动程序以及与子系统设计之间的权衡。章节最后，2.6 节和 2.7 节针对关键系统操作和对整个系统设计有重大影响的若干子系统提出了颇有深度的设计建议。

行星机器人主要与任务场景及其他方面进行交互，并获取感知信息。与人类相仿，机器人视觉传感器是在未知环境或情况下最有效和最有力的信息采集方式。第 3 章着重阐述视觉与图像处理等方面的内容，它是导航、自主、操纵和科学决策的重要前提。3.1 节引言之后，3.2 节介绍了行星表面环境中的机器人视觉处理信息的范畴、目标、术语及最重要的需求、约束条件。3.3 节介绍了视觉传感器与感知，列举了典型案例。3.4 节描述了传感器辐射标定和几何标定，这是对原始、有价值的传感数据解析与挖掘的关键，也是重要的误差影响因素之一。接下来的内容分别介绍了几种补充方法：基于地面的视觉处理技术（3.5 节）和器载视觉处理技术（3.6 节），为第 4 章星表导航与定位提供了素材。3.7 节介绍了以往和当前的行星探测任务所采用的机器人视觉技术，并突出强调了 MER、MSL 和 ExoMars 等火星探测任务使用的视觉处理装置。3.8 节提出了一系列先进的概念。

星表导航技术是机器人探测任务的共性关键技术之一，尤其涉及巡视器等移动机器人平台。导航技术主要目的是让巡视器（或者地面遥操作人员）知道机器人当前在哪里，下一步应该去哪里，并引导机器人沿着预选路径前进。在有障碍物的环境下，导航系统负责机器人安全并有效探测周边环境。第 4 章系统阐述了巡视器导航系统的各个方面。4.1 节引言之后，4.2 节提出了适应不同行星表面的导航技术面临的挑战，列举了相关的具有飞行经历的巡视器系统，例如，阿波罗 LRV、苏联月球车、火星探测漫游者和好奇号。4.3 节通过对任务需求分析与主设计概念的讨论，阐述了导航系统设计全流程。4.4 节深入、详细介绍了定位技术，具体包括：方向估计、相对定位、绝对定位以及多源融合。接下来的 4.5 节着重讨论了自主导航涵盖的从感知到控制的所有关键步骤与环节。最后，4.6 节提出了行星机器人导航系统的技术展望，梳理出巡视器、行星探测任务等发射计划以及前瞻性技术。

从现有的行星机器人探测任务可以看出，机械臂具有至关重要的作用，例如，通过岩石或行星土壤钻进、采集样品等方式，开展科学实验。第 5 章的开头回顾了以往的机械臂及技术特征（具体参见 5.1 节）。5.2 节归纳总结了行星机械臂研制应遵循的设计标准、性能指标和任务需求，其中很多环节有助于协同研制巡视器。5.3 节重点讨论了控制算法，涵盖了从关节、末端的底层控制至整臂的顶层运动规划，具体包括：轨迹生成、遥操作和全自主模式。5.4 节深入讨论了行星机械臂系统的测试与验证程序。未来的行星机器人不仅需要具备复杂的操作技能及其对不同任务的自主适应能力，还需要实现高度的自主性，以应对复杂的任务场景（例如，建造月球科研站）。因此，5.5 节系统阐述了行星机械臂未来发展的多种新型能力，例如，双臂协同、整臂全链路控制算法的应用（将移动平台视为机械臂系统的一部分）、机械臂在动态变化的环境中的操作能力。

毫无疑问，未来行星机器人任务目标是实现高度的操作自主性，并提高器载软件性能。第 6 章对行星机器人任务操作和自主性进行了系统、深入的讨论。6.1 节介绍了背景，6.2 节阐述了本章节讨论主题的技术背景，顺序介绍了操作任务基本概念、操作流程、操作步骤，以及行星机器人系统典型的操作模式。6.3 节集中讨论了任务操作软件开发的第一步，即如何针对已知的操作任务构建软件架构（器载与地面）。接下来的 3 个小节主要阐述了任务操作的主要设计环节或核心关键技术：6.4 节讨论了规划与调度（P&S）技术和典型设计解决方案，以实现高度自主性；6.5 节提出了任务操作自主可重构软件技术；6.6 节涵盖了用于验证和检验自主软件的多种工具和技术。为验证理论方案的正确性和可行性，6.7 节深入讲解了火星巡视器任务操作软件的设计案例。本章最后的 6.8 节介绍了在未来行星机器人探测任务中，一些有助于实现自主操作系统的超先进研发概念设想。

1.4 致谢

本书作者与合著者感谢威利出版社（Wiley‐VCH）出版本书，感谢编辑团队对本书的技术支持。

本书的部分章节主要是对以往研发资助项目取得的研究成果、经验和先验知识进行归纳汇总。这些研发资助项目具体如下：

• 欧洲共同体第七次框架项目（EUFP7/2007—2013）FASTER（资助协议编号：No.284419）。

• 欧洲共同体第七次框架项目（EUFP7/2007—2013）PRoViDE（资助协议编号：No.312377）。

• 欧洲空间局和欧洲国家航天局联合资助的火星太空生物漫游者（ExoMars）任务。

• 欧洲空间局技术研究资助项目（ESA‐TRP）GOAC（欧洲航天研究与技术中心合同编号：No.22361/09/NL/RA）。

• 英国皇家工程院牛顿研究合作项目 RoboSat（资助协议编号：NRCP/1415/89）。

• 英国工程与物理科学研究委员会（EPSRC）资助的可重构自主性（资助协议编号：EP/J011916/1）。

• 英国科学技术设施委员会（STFC）资助的空间科学实验室联合基金（资助协议编号：ST/K000977/1）。

• 德国联邦经济和技术部资助项目 BesMan（资助协议编号：FKZ50RA1216、

FKZ50RA1217)。

• 喷气推进实验室、加州理工学院与美国国家航空航天局签订合同，正在开展的项目研究工作。

本书作者与合著者还感谢以下组织或同事在本书编写过程中提供的支持：Neptec 设计集团、空客防务与航天未来计划和火星太空生物漫游者 GNC 团队、萨里空间中心星际实验室、阿诺德·鲍尔（Arnold Bauer）带领的 JR 三维视觉小组、GOAC 团队，相关人员包括安东尼奥·塞巴洛斯（Antonio Ceballos），米歇尔·范·温嫩代尔（Michel Van Winnendael），卡纳·瑞詹（Kanna Rajan），阿梅迪奥·塞斯塔（Amedeo Cesta），萨德克·本萨勒姆（Saddek Bensalem）和康斯坦丁诺斯·卡佩洛斯（Konstantinos Kapellos），本书也是为了纪念戴夫·巴恩斯（Dave Barnes），他是欧洲行星机器人研发领域的资深贡献者。

最后，必须提一下，非常感谢本书合著者的亲人们。由于本书的编写主要是利用个人的非工作时间完成，亲人们都给予了全力的支持。比如，杨的妈妈和爸爸，彼得的妻子特雷西和妈妈，伊利的妻子安妮索，等等。

第2章 行星机器人系统设计

2.1 引言

在启动一个新的工程概念时,航天器(包括行星机器人)的系统设计是一个不可忽视的关键阶段。受到令人兴奋的概念前景的鼓舞,子系统设计经常会被过快地钻研,这将给工程及其开发团队带来风险。确定关键链接、交互作用和设计决策的衍生影响对于概念的可行性和工程的成功至关重要,因为优化的系统设计可能并不是优化的子系统的总和。

在对现有和未来的行星机器人工程进行全面回顾的基础上,本章使用系统工程设计理念,并讨论了工程驱动的设计注意事项,系统级设计驱动程序以及机器人系统的子系统设计权衡,无论该任务的目标是探索月球陨石坑、火星景观还是更远的地方。它演示了从工程概念到系统和子系统级别的基线设计的设计思想过程。因此,本章提供了许多系统设计工具,作为后续章节技术讨论的基础。

本章的结构如下:

2.2节详细介绍了适用于行星机器人工程和所需机器人系统的系统设计方法和实施步骤。该过程从定义任务场景开始,为系统级功能分析和确定机器人的功能目标提供输入。这样就可以通过指定和查看设计需求(例如,使用S. M. A. R. T. 方法)来进行系统定义的下一个阶段。随后确定设计驱动因素,并用于评估和权衡不同的设计选择,从而得出基线设计。

2.3节在介绍了系统设计理念和通用工具之后,通过现有和未来的探索工程展示了主要机器人平台的最新设计和开发实例。全面讲述了主要机器人系统、子系统及其性能。本节提供了大量与机器人概念、设计和技术相关的实际示例。

2.4节确定了任何行星机器人系统在设计某项工程时应考虑的空间环境因素,即重力、温度、大气/真空、轨道特性和星表条件等。针对行星机器人的不同系统或子系统级设计,详细研究了每个因素的影响。本节还展示了各种流行的地外目标的特性,展示了针对不同目标的机器人系统设计有所差异的原因。

2.5节描述了基于工程目标和目的的设计驱动程序。以火星采样工程的取样巡视器(SFR)为例,阐述了如何实现系统和子系统的设计驱动,以及在设计驱动和设计选择的情况下如何进行权衡分析和设计评估。它还介绍了系统地捕获需求的设计工具(例如,波纹图)和评估设计选项(例如,H. E. A. R. D.)。

2.6节回顾了机器人系统的工作流程和设计选项,这些选项允许机器人在远程操作和完全自主之间改变其自主水平。它确定了机器人的自主功能和层次是相互关联的和/或由设计需求和权衡约束来定义的。

2.7节介绍了行星机器人几个选定子系统（例如，动力和热力）的设计方案。之所以选择这两个子系统，是因为它们是至关重要的子系统，同时也驱动着整个行星机器人系统的设计。此外，它们还涵盖了行星机器人系统的补充设计内容，这些设计内容将在本书后面的章节中讨论。在讨论每个子系统时，本节还提供了广泛的设计选项，包括最先进的和未来的技术。

2.2　系统设计方法：从任务概念到基线设计

与任何空间系统类似，行星机器人的设计是一个从工程概念开始到综合设计的迭代过程。本节讨论了系统工程方法，读者可以通过具有背景信息的典型系统定义活动了解最新技术状况，并批判性地回顾和理解过去和当前行星工程的设计决定。这个过程由一些重要的步骤组成，应循序研究，避免过快地从概念到技术方案，否则存在的隐患会极大地制约目标系统的实施，并导致工程研制后期高昂的费用。系统设计方法如图2-1所示，主要集中在对目标系统的初步规范和定义，以及确定多种可能的实现方案。然后，可以根据这些方案的优点（如性能、成本和复杂性）进行严格的比较，再作为基线设计进行下选。因此，初始问题的定义对于确保最终系统实现其初始目的至关重要。在本节的其余部分，将使用一个示例工程概念来说明图2-1所示的关键步骤，以及设计过程的各个阶段如何提供流程后续步骤所需的关键数据或输入。

2.2.1　任务场景定义

一个新的工程概念是从工程预期要达到的一些关键指标开始的。工程概念往往是由一个科学小组牵头向一个空间机构提出的，或由空间机构本身发起，由一个工程定义小组来具体化工程概念。迄今为止，大多数行星探索工程都是为了回答一些关于机器人系统探索过的目标物体的基本问题（例如，寻找月球上阴影区环形山中的水，或者理解和描述月球上阴影区环形山中水的存在）。在未来，机器人系统可能被用于支持人类在月球和更远的星球居住，在这种情况下，工程方案是集中解决超越纯科学的需求，例如在人类到达之前需要建立必要的基础设施（例如，栖息地、利用当地资源生产氧气和水）。

输出——工程目标，科学目标。

示例——一个挑战性的火星工程是探索火星上的洞穴。预计已经确定了一些候选地点，需要一个移动平台来调查是否可以找到水冰的痕迹以及过去或现在生命的可能迹象。该平台将携带一套仪器，通过光学系统、接触式和非接触式传感仪器（如钻孔机和光谱仪）来表征环境。

2.2.2　功能分析

在许多设计阶段需要进行功能分析。在系统一级，它以整个系统必须执行的功能来捕捉和重新制定工程目标，以帮助确定需求。在此阶段重要的是对功能进行说明，而不是功

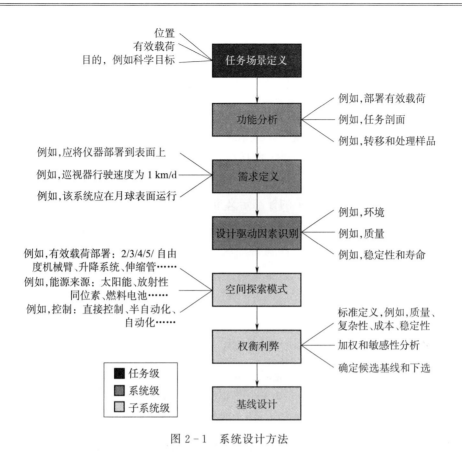

图 2-1　系统设计方法

能的实现。功能分析可以用图表或简短的陈述来表达。

输出——识别系统级功能和操作。

示例——一个移动平台将被部署在火星表面，移动平台携带一套仪器。移动平台将进入火星洞穴。该平台将在洞穴中利用仪器来分析土壤和岩石的特征。该平台将直接与轨道器通信，该平台将不使用放射性同位素动力系统。该平台遵守 X 级行星保护标准，在典型的工业设置中，任务定义和系统级功能分析往往在项目开始时由用户（如航天局）提出。这些也可以由一个工作组发起，用于充实细化任务概念，以满足特定的科学需求。

2.2.3　需求定义和评价

在功能分析的基础上，这个阶段将功能形式化为定义系统或代表项目预期结果的更正式的需求。这些需求包含功能性和非功能性方面，以构建系统的定义。功能需求包括系统的特征，其行为、能力以及运行必需的条件。非功能性需求包含保持系统有效的环境条件，或者描述解决方案的性能或服务质量。这个过程至关重要，因为一组需求约束了系统的设计，并向下流向每个子系统和操作。鉴于一个典型的空间工程项目从开始到运行，会有大量人员参与，因此，以这样一种方式定义这些需求，它们就不会在开始时过度约束设计或过早地规定特定的技术解决方案。此外，即使利益相关者的观点不同，他们也必须提供一种明确的方式来构建系统的设计。对移动平台的需求可能会写成"平台应有六个轮子"。不建议使用这种特殊的措辞，因为它限制了移动方式的类型（例如，轮子和轮子的数量）。特定的设计遗产有可能成为项目预期的一部分，导致需要重新用特定的解决方案。该需求可以变得更一般，例如"平台应提供必要的移动性，以进入洞穴环境并从洞穴环境返回"。这种措辞保持了选项的开放性，并允许后续的权衡研究来调查如何在目标环境中实现移动性，例如，四个或六个轮子，或者可能是腿，为了帮助定义优良的和有用的需求，多兰[1]提出了标准管理评审方法，这是一种由五个标准组成的助记缩写词，用于设定目标和需求，详见表 2-1。根据上下文和应用，可以找到各标准的多种替代描述。为了定义技术要求，参考文献 [2,3] 中的标准定义也总结在表 2-1 中。

表 2-1 S. M. A. R. T. 标准定义

标识	含义	定义
S	特定的	简洁且全面——一个需求应该包含必要的最小数量的细节，并且与整个规范中用于描述相同系统或概念的术语保持一致。应该避免非奇异的需求，例如，"巡视器必须穿越 1 km 并进行科学操作"。这两种活动应该有它们自己的需求
M	可测量的	量化且明确——一个需求必须最终得到验证，以确保系统满足该需求。因此，有必要尽可能地量化成功的标准。例如，"巡视器必须行驶数千米"这一需求是不可量化的，具有模糊性。它可以被改写为"巡视器至少要行驶 2 km"。这个可测量的需求可以在项目的稍后阶段进行测试与验证，并将在定义阶段用来确定各个子系统的大小
A	可实现的	现实可实现——一个可实现的需求必须是按照自然规律其目标是可实现的。例如，尽管设计团队尽了最大努力，但"月球车的可靠性必须达到100%"的要求是不太可能实现的。试图实现这样一个目标将导致高昂的开发成本，而且最终不太可能成功。这个要求可以被理解为"巡视器应具有单点故障容限"，以达到在系统出现故障时仍能执行工程任务
R	适宜的	必要且可行的——为了将必要需求的数量降到最低，需求必须证明它对预期目标有影响。换句话说，这个需求是解决方案正常运行所必需的吗？或者给定已知的条件（例如，资源、预算和时间节点），这个需求是可以实现的吗？例如，"巡视器将实施翘曲驱动来探索火星表面"。尽管已被设定并写入要求，但在项目范围内仍不可能实施
T	可追溯的	可识别且关联——需求的可追溯性提供了通过规范、设计、实施和测试的所有层次来追溯需求（向前和向后）的能力。了解顶层需求如何在低层实现，验证每个需求是否已经实现，并确保任何修改都是一贯和完整地实施，这是至关重要的。可追溯性是通过编号层次结构来实现的，为每个需求提供一个唯一的标识符。例如，顶层功能要求"FR-10:巡视器应以 1 km/sol 穿越"，随后引出运动子系统(LSS)要求"LOC-30:运动子系统应能在 ENV-10 定义的地形中以 1 km/sol 穿越"，其中，ENV-10 将捕获地形条件的关键参数

输出——一组功能性和非功能性需求。

示例——对于之前讨论的巡视器概念，一系列的需求包括：

- FR-10：巡视器应以 1 km/sol 穿越。
- FR-20：巡视器应能够进入地形与 ENV-20 兼容的洞穴。
- ENV-10：巡视器应能在 -50~40 ℃之间运行。
- POW-10：巡视器只能使用光伏发电。
- ROV-40：展开后的巡视器的质量应小于 250 kg。

2.2.4　设计驱动因素识别

掌握了一系列需求后，关键设计驱动的识别至关重要，这对于获得系统的完整概述以及从根本上确定驱动机器人系统设计的功能、操作和环境的主要方面至关重要。通过此练习，可以建立对各种系统和子系统之间相互依赖性的必要理解。虽然质量和能量是行星机器人系统的典型驱动因素，但每项工程通常都会带来具体的挑战，需要进行专门的评估，以提供适合工程目标和所涉系统的具体解决方案。通过建立对系统的深入了解，可以基于子系统之间的关系进行优化，其中一些关系将在 2.5 节中介绍。

输出——确定关键的系统驱动因素以及子系统之间的关系。

示例——典型的巡视器设计受质量和能量的限制。为了产生更多的能量，巡视器的太阳能电池板会很大，但巡视器的太阳能电池板越大，它的质量就越大，这会给运动子系统设计工作带来更大的难度并导致额外的能量消耗。

2.2.5　概念评估与权衡

一旦确定了关键的驱动因素，这个阶段就提供了第一次评估设计工作的机会，同时考虑架构或系统级选项和每个子系统的技术解决方案。它从识别满足需求的候选解决方案开始。然后对这些解决方案进行全面的评估和分析，以使这些概念在各个确定的解决方案之间达到一致。一旦合并了一组选项，就可以进行权衡。它根据一组预先确定的和可测量的标准（例如，质量、复杂性和技术成熟度）和一个评分系统对每个解决方案的优缺点严格评估，并使设计者能够根据具体优点选择最佳方案。注意，一个优化的系统可能不是优化的子系统的总和。为了有效地处理设计的一些关键方面，需要对系统有顶层理解。

输出——包括候选选项集（例如，对于子系统）、权衡标准、下拉选项等因素的设计基线。

示例——对前面提出的巡视器运动子系统方案的评估确定了四种方案：四轮机器人、六轮机器人、六足机器人或飞行机器人。表 2-2 选取了三个标准，即质量、技术成熟度和功耗。对这些方案进行评估。然后可提出一个评分系统，以提供对所提议概念的可追溯且一致的评估，如表 2-3 所示。在这里，与建议的工程概念一致，小质量、高成熟度（TRL）和低功耗方案的得分最高。每项标准还有若干子级别，以使评分系统足够细致。分数越高，对应的方案越受青睐，越接近目标。

表 2-2　权衡示例：各种系统特性的评估

候选项	质量	技术成熟度	功耗
四轮机器人	70	5	50
六轮机器人	100	9	90
六足机器人	110	2	100
飞行机器人	120	2	50

表 2-3 权衡示例：设置权重因子

标准定义	评分		
	1	2	3
质量	≥120 kg	90 kg≤ x <120 kg	<90 kg
技术成熟度	1～3 级	4～6 级	>7 级
功耗	≥100 W	50 W≤ x <100 W	<50 W

然后可基于预定义的评分和权重因子生成数据，如表 2-4 所示，每个解决方案的最终得分是每个得分及其权重的总和。此外，为了确认所选解决方案的适用性，可以进行敏感性分析，以检查总体评分如何随着不同权重的变化而变化。最终得出，四轮机器人方案是本例中的最佳方案。

表 2-4 权衡示例：各种系统特性的加权评估

	权重因子	四轮机器人		六轮机器人		六足机器人		飞行机器人	
		得分	总分	得分	总分	得分	总分	得分	总分
质量	3	5[a]	15	3	9	3	9	1	3
技术成熟度	3	3	9	5[a]	15	1	3	1	3
功耗	1	5[a]	5	3	3	1	1	5[a]	5
总分			29		27		13		11

注：[a] 原文如此——译者注。

2.3 任务场景：过去、现在和将来

设计人员对于行星探测新任务的概念设想通常是既生畏又兴奋的，主要是因为需要研发不同的探测手段以应对新探测任务的技术挑战。这些挑战有的希望获取更多的全新的科学探测数据（例如，在火星上寻找生命起源），有的希望为人类移居月球进行技术储备。针对上述需求，行星机器人系统设计工作需要确定机器人系统在行星表面具备自主生存且完成目标任务所需的"平台"最小数量集。"平台"的概念是一个通用术语，用来定义在行星表面携带一系列有效载荷并执行一系列自动和自主功能的动作和操作的行星资产，例如，最常见的移动平台是行星巡视器。不同的工程概念可以考虑不同的平台，为特定的工程概念选择最适合的平台。

根据第 1 章的介绍，行星机器人可以有许多外形，从大到小，从机器人平台到机器人有效载荷。为了帮助巩固工程概念和预测机器人系统设计挑战，本节介绍了过去、现在和未来主要的任务，包括着陆器和巡视器（机器人有效载荷可以驻留在其上）等平台，以及未来任务的概念。

2.3.1 着陆任务

行星着陆器通常不符合行星机器人的传统外形轮廓。然而，仔细观察其功能和操作，就会发现它并不像看上去那么简单。着陆器是一个复杂的系统，需要执行许多功能，例如

为有效载荷提供机械结构、能量、数据处理以及与地面控制中心之间的数据中继。它们的机器人资质在触地之前就已经获得了。在下降和着陆阶段，执行器的及时操作对于安全着陆至关重要。无论是部署降落伞［对于被大气笼罩的行星，例如火星探路者（MPF）[4]］，还是使用带有推进器的主动着陆系统（例如，月球着陆或火星的海盗号计划），着陆器都依赖于一组自主和自动化功能，以确保航天器的安全。这些功能对于整个任务的成功至关重要，而以往的多次失败则沉痛地提醒人们安全着落在另一个天体上的复杂性。如表 1-1 所示，历史统计数据表明，许多失败的着陆在很大程度上导致了任务的低成功率，例如，着陆到金星和火星的成功率只有 1/3，着陆到月球的成功率只有 1/2。随着新任务的筹备，着陆器被赋予了越来越复杂的自主功能，最大限度地提高其在处理未知或动态环境中的鲁棒性，从而最大限度地实现成功着陆。终端下降阶段的自动避险是依靠降落相机[5,6]、激光雷达（LiDAR）[7] 和/或雷达传感器[8] 提供的信息输入，用于引导航天器远离可能危及着陆器安全的障碍（如陡坡或大岩石）。

着陆器利用最简单的形式完成一系列目标，它可以容纳和支持一系列的仪器对行星环境进行原位分析。例如，Venera 着陆器（部署在金星表面）执行的是纯粹的自动定时操作，在受到极端高温熔毁之前，只在行星表面短暂工作。有些着陆器只能作为其他机器人平台的运载系统，例如用于运载苏联月球车的月球 17 号和月球 21 号着陆器。在简单平台的基础上，着陆器可以通过附加的物理附属物进行更先进的机器人活动，使其能够在着陆后与环境进行交互。除了使用复杂的机械臂或机械手外，着陆器还可以对相机、可伸缩臂或土壤传感设备实施部署，这为着陆器提供了一个成熟的机器人系统属性（见图 2-2）。

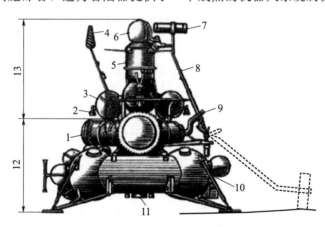

图 2-2　月球 20 号着陆器（采样返回配置[9]）

1—下降段仪表模块；2—姿态控制推进器；3—推进剂贮罐；4—天线；5—上升飞行器的仪表部分；6—返回舱；
7—钻进机构；8—钻杆机构；9—远距光度计；10—推进剂贮箱；11—下降段推进系统；12—下降段；
13—用于月球—地球转移的上升飞行器

2.3.1.1　月球样品返回着陆器

苏联的月球计划从 1959 年到 1976 年进行了一系列撞击器、飞掠、巡视器（Lunokhod）和最终的采样返回工程。1970 年 9 月发射的月球 16 号是首个通过完全自动化过程从另一个天体采样返回的无人探测器。另外两次成功的样本返回工程——月球 22

号（1972年2月）和月球24号（1976年8月），月球计划完成了大约326 g的样本返回。尽管这比美国载人登月计划回收的382 kg样本少了3个数量级，但月球计划的成功确立了机器人探索的关键时刻，在月球上，复杂的操作是由机器在极其遥远和恶劣的环境中完成的。

除了一些细微的差别外，月球16号、18号、20号、23号和24号工程中用于送回样品的月球着陆器的配置相当一致。发射质量为5 727 kg，在月球上着陆质量为1 880 kg，表面平台包括一个着陆系统、一个返回器（512 kg）和一个用于将样本返回地球的再入太空舱（直径50 cm，34 kg）[9-10]。该平台携带了一个立体成像系统、一个辐射传感器和一个采样臂/钻机。后来，月球号样品返回着陆器还包括一个无线电高度计。单自由度臂将钻头送至星表，然后再送回样品舱。着陆器（包括腿）大约4 m高，直径4 m。它完全由银锌电池供电。

2.3.1.2　海盗号着陆器

两台海盗号着陆器成功地完成了火星探测工程，这是美国首次在另一颗行星上安全着陆并返回火星表面图像的工程。两艘相同的探测器相隔几个月发射并运行。主要工程目标是获取火星表面的高分辨率图像，分析大气层和表面的结构和组成，并寻找生命迹象。海盗1号于1975年8月20日发射升空，1976年6月19日到达火星。1976年7月20日，海盗1号在克里斯平原（北纬22.48°，西经49.97°）着陆。同样，海盗2号于1975年9月9日发射升空，1976年9月3日降落在乌托邦平原（北纬47.97°，西经225.74°）。着陆器是通过降落伞和动力下降着陆系统的组合部署到星表的。有效载荷套装涉及诸如生物实验装置、气相色谱仪/质谱仪、X射线荧光光谱仪、地震仪、气象仪和立体彩色相机等多种仪器。有效载荷的工作是分析和表征土壤的物理和磁学特性，以及下降过程中火星大气的空气动力学特性和成分。

图2-3所示的海盗号着陆器的发射质量（包括防热罩）为1 060 kg，着陆质量为603 kg。它的动力系统由两个13.5 kg的放射性同位素热电发电机组成，每个发电机的发电量为30～35 W。3 m卷轴取样吊杆是由两片金属通过边缘熔合而成，在存放过程中卷起，类似于金属卷尺。展开时，薄片反弹形成一个管道，为样品采集系统展开提供必要的机械支持[12-13]。

2.3.1.3　火星探测器系列及其后继者

火星勘测计划（MSP）设想同时交付一个轨道器和一个着陆器，通过同时使用这两种资源来研究火星。该计划预计每两年启动一次，这将得益于飞向火星的周期性有利转移条件。然而，该计划遇到了一些挑战和挫折，导致失去了一个着陆器（即火星极地着陆器，MPL），并取消了它的继任者（即火星勘测者2001着陆器）。然而，在最近的工程中，如成功的凤凰号和即将到来的洞察号（InSight）着陆器，可以看到这一计划遗留的成果。该计划中的着陆器平台不应视为四个独立的发展部分，而是整个计划中同一设计的演变。建立在海盗号发展的基础上，这些平台具有相似的三条腿构型，在终端下降和着陆过程中，带有减速推进器，可使着陆器减速。平台的主体较海盗号时代有所简化，仅由一个直径约1.5 m的小型服务舱组成，覆盖在科学甲板上，大部分有效载荷都在这里。

MPL 也被称为火星勘测者 98 着陆器（见图 2-4），其设计和建造是为了着陆和探索南极平原，即火星南极附近赤道以南 76°的区域[15]。着陆器科学有效载荷的目的是收集气候数据，作为同时从着陆器和轨道器获取数据的双重资产概念的一部分。着陆器上的仪器（包括一个机械臂）用来分析火星表面的物质、霜冻、天气模式以及火星表面和大气之间的相互作用，以便更好地了解火星气候随时间的变化，并推断火星上的水分布在哪里。该着陆器于 1999 年 12 月 3 日与两个微探针一起交付，不幸的是在着陆阶段失败。

(a) 外观照片[14]

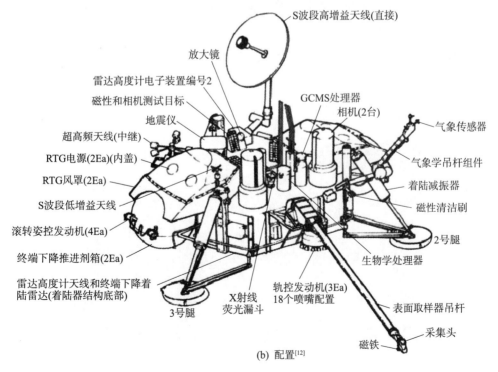

(b) 配置[12]

图 2-3　海盗号着陆器（由美国国家航空航天局/JPL/亚利桑那大学提供）

图 2-4　火星极地着陆器配置[16]（由美国国家航空航天局/JPL 提供）

　　作为两年一次的勘测计划的一部分，火星勘测者 2001 着陆器（见图 2-5）的目的是向火星提供一个类似的平台，包括部署一个基于 MPF 索杰纳号的小型巡视器。不幸的是，由于 MPL 和火星气候轨道器在 1999 年年底相继出现故障，着陆器于 2000 年 5 月被取消。着陆器的目的是研究地表的土壤、大气化学和辐射，并使用机械臂部署 13.8 kg 的小型巡视器平台，以研究火星表面着陆点附近的情况[17]。后来，火星勘测者 2001 的轨道器发射成功，并于 2001 年改名为火星奥德赛号。

图 2-5　火星勘测者 2001 着陆器配置[17]（由美国国家航空航天局/JPL 提供）（见彩插）

　　凤凰号任务（见图 2-6）是在前两个巡视器着陆器的"灰烬"上重新建造的，它大量重复使用了之前的各种硬件。作为勘测计划的一部分，凤凰号着陆器的设计是为了研究火星北部高地着陆场的表面和近星表环境。它的科学目的是了解水在其各个阶段的历史，火星北极土壤是否能够支持生命，并从极地的角度研究火星的天气[18]。它还配备了一个机器人手臂，在着陆器周围进行局部挖沟。该平台于 2008 年 5 月 25 日成功降落在位于 68.22°N，125.7°W 的瓦斯蒂塔斯-伯勒里斯特平源绿谷中。着陆器持续运行直到 2008 年 11 月 2 日，比其 3 个月的标称任务时间还多了 2 个月，直到由于能量不足而失去与地面控制中心的通信。在与着陆器进行多次失败的通信尝试后，2010 年 5 月 12 日，该任务正式结束，完成了所有试验，并实现了其主要的科学目标。

图 2-6　凤凰号着陆器配置（由美国国家航空航天局/JPL 提供）（见彩插）

　　作为美国国家航空航天局发现计划的一部分，洞察号着陆器（见图 2-7）将在凤凰号取得成功的基础上，于 2016 年登陆火星。该名称表示这个着陆器使用地震勘测、大地测

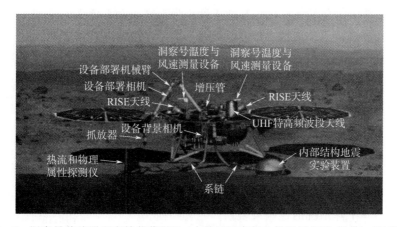

图 2-7　洞察号着陆器和有效载荷配置（由美国国家航空航天局/JPL 提供）（见彩插）

量学和热传输进行了内部勘探，并突出表明了关键的工程目标。着陆器将使用机械臂在星表上部署一套有效载荷。

从 MPL 到洞察号，着陆器及其子系统的设计已用于支持各种任务。表 2-5 总结了这些工程以及着陆器的具体特征。

表 2-5　勘测者着陆器和后续设备的特性

着陆器	状态	着陆日期	着陆坐标	质量/kg	最大部署宽度/m	高度/m	能源系统
火星极地着陆器（勘测者98）	失败	03/12/1999	76°S 195°W	290	3.6	1.06	200 W——砷化镓太阳能电池板，镍氢电池
火星勘测者2001着陆器	取消	22/01/2002	12°S 315°W	328	5.5（φ1.5 m deck）	1.2	450 W——2×圆形 UltraFlex 太阳能电池板（每个直径 2.15 m）和镍氢电池
凤凰号（童子军计划）	成功	25/05/2008	68.22°N 125.7°W	350	5.5（φ1.5 m deck）	2.2	450 W——2×圆形 UltraFlex 太阳能电池板（每个直径 2.15 m）和镍氢电池
洞察号（发现计划）	计划中	20/09/2016	3°N 154.7°E	350	5.5（φ1.5 m deck）	1.5	450 W——2×圆形 UltraFlex 太阳能电池板（每个直径 2.15 m）和镍氢电池

2.3.1.4　惠更斯号着陆器

惠更斯号着陆器是 NASA/ESA 卡西尼号/惠更斯号土星及其卫星探索工程的一部分，它被部署到土星最大的卫星土卫六。由于笼罩在厚厚的云层中，人们对土卫六知之甚少。因此，在探测器降落过程中，着陆器应设计具备分析大气的能力，并提供更多星表地形数据。在经历了 2 h 30 min 的大气下降后，这个短命的探测器于 2005 年 1 月 14 日成功着陆，并在星表上工作了 90 min，捕捉到了碳氢化合物湖面和冰面的细节。

根据参考文献 [19]，惠更斯号着陆器的主要目标是：

• 研究高层大气及其电离，以及它作为土星磁层中性和电离物质来源的作用；

• 确定大气成分（包括稀有气体）的丰度；为丰富的元素建立同位素比率；约束土卫六及其大气层形成和演化的情景；

• 观察微量气体的垂直和水平分布；寻找更复杂的有机分子；研究大气化学的能源；模拟平流层的光化学；研究气溶胶的形成和组成；

• 测量风和全球温度；研究土卫六大气中的云物理、大气环流和季节效应；寻找闪电放电；

• 确定土卫六表面的物理状态、地形和成分，并推断其内部结构。

为了最大限度地实现该项目的科学目标，下降过程的控制对收集必要的科学数据是至关重要的。自主性对于确保在完全未知环境中达到所需的下降速度至关重要。表 2-6 总结了着陆器降落伞下降系统的控制策略。

表 2－6　惠更斯号着陆器的自主特性[20]

阶段	大气层降落阶段
目标	获得大气下降曲线用于科学观测
主环境因素	大气密度分布
不确定性	
控制状态	下降曲线
可用执行器	主降落伞的部署时间
可用传感器	加速度计
控制标准	加速度/速度曲线
约束条件	与几何构型、能量消耗、展开速度以及高度等相关的延时

如图 2-8 所示，着陆器由一个直径为 1.3 m 的平台组成，用于装载六个主要的仪器装置。探测器的质量为 319 kg[21]，专门设计用于应对任何表面条件（包括软表面和硬表面，以及液态水），这尤其推动了着陆器浮力的评估，这也是迄今为止行星着陆器面临的罕见工程挑战。

图 2-8　土卫六表面的惠更斯号着陆器艺术想象图（由欧空局提供）

热探系统使用 35 个 1 W 放射性同位素加热器（RHUs）来保持着陆器的温度。由于任务时间短并且土卫六表面缺乏太阳能，所以安装了五个一次电池，总容量至少为 1 800 W·h。电池容量的大小适合 153 min 的任务持续时间，相当于 2 h 和 30 min 的最大下降时间加上至少 3 min 的星表下降时间[19]。

2.3.1.5　猎兔犬 2 号着陆器

猎兔犬 2 号着陆器是作为欧空局火星快车工程的有效载荷发射的。英国领导的着陆器旨在调查火星风化层中过去或现在的生命痕迹。2003 年 12 月 19 日，着陆器与火星快车母探测器分离，于 2003 年 12 月 25 日着陆。不幸的是，着陆器着陆后失联，这导致了任务的突然中止。根据 2015 年 1 月火星气候轨道器（HiRISE 相机）的最新数据，该着陆器似乎确实实现了着陆并开始了其在星表上的正常操作，但是覆盖天线的太阳能电池板的展开被中断，并阻止了与着陆器的任何通信[22]。

着陆器的着陆点是伊西迪斯平原，一个位于古高地和火星北部平原之间的大型平坦沉积盆地，一个以 11.53°N，90.50°E 为中心的着陆点[23]。着陆器的科学目标是[24-25]：

- 提取着陆点的地质学、矿物学和地理化学特征；
- 提供大气的化学和物理分析；
- 测量动态环境过程；
- 提供太阳、明亮恒星、火卫一和戴莫斯的天文观测。

72.7 kg 的探测器（包括着陆器和隔热罩）在火星表面部署了 33.2 kg 的着陆器，携带了大约 9 kg 的有效载荷。着陆器（见图 2-9）分为两部分，采用蛤壳式设计，能够在安全气囊着陆时保护其内容物，随后在火星表面展开，并部署太阳能电池板和仪表臂。0.75 m 长的臂携带位置可调工作台（PAW），该工作台允许平台将传感器头和相机部署到表面的特定位置。通过 PAW，行星下表面工具（PLUTO，也称为鼹鼠）将开展对火星特定地下环境的勘察。着陆器预计运行大约 180 天。然而，基于太阳能电池板由于灰尘沉积而预计的退化，任务延长至一个火星年（687 个地球日）是可能的。该电力系统依靠四块太阳能电池板（提供 1 m² 的太阳能电池），设计用于在工程开始时产生 320 W·h。能源子系统使用由 54 个电池组成的 2.63 kg 电池，为着陆器提供 13.5 A·h 的能量，以在白天补充太阳能，并确保着陆器在夜间的生存。

图 2-9　猎兔犬 2 号着陆器机械臂在火表直立想象图（由欧空局提供）

2.3.1.6　菲莱号着陆器

菲莱号着陆器于 2004 年 3 月 2 日随欧空局的罗塞塔号探测器发射升空,飞向一颗彗星。与 2005 年 7 月 4 日故意与彗星 Tempel 1 撞击的"深度撞击"任务不同,2014 年 11 月 12 日在 67P/楚留莫夫-格拉西门科彗星的彗核上着陆后,该着陆器成功实现了首次彗星软着陆。然而,设计用于着陆时将着陆器锚定在星表上的鱼叉系统发生了故障,导致着陆器在星表上反弹两次,使着陆器的着陆点明显比预期的着陆点更远。这个平台最终在悬崖的阴影下以大约 30° 的角度倾斜放置,使得着陆后发电(及与地球通信)变得困难。在总共 60 h 的时间里,着陆器在完成了大部分预定的科学项目后,陷入了沉寂。由于彗星上的季节性光照,2015 年 6 月中旬,着陆器的着陆位置获得越来越多的光照,为着陆器恢复与地面控制中心的间歇性联系提供了必要的电力。

着陆器的质量为 97.9 kg,它是一个带有三条着陆腿的中心体(见图 2-10)。它携带了不少于 10 种仪器,其主要科学目标是[26]:

• 通过现场测量和观测,将彗星物质的组成特征细致到其微观尺度;

• 研究彗核的物理性质、环境、大尺度结构及其内部;

• 监测彗星的长期演化(活动)。

图 2-10　菲莱号着陆器:着陆时的艺术想象图(由欧空局提供)(见彩插)

为了支持任务目标,着陆器能源子系统由太阳能电池板、一次电池(不可充电)和二次电池(可充电)组成。如参考文献 [26] 所述,一次电池用于支持释放后接下来 5 天的操作,以确保第一个科学序列,包括每个仪器的操作至少运行一次。它由 Li/SOCl 单元组成,在生命初期(BOL)的容量约为 1 200 W·h。总容量约为 150 W·h 的二次电池由两块 14 个锂离子电池组成,是在彗星上长期运行的主要能源。二次电池由太阳能电池板充电,或者在巡航过程中通过轨道飞行器的电源线充电。该太阳能电池板采用低光强低温(LILT)硅太阳能电池,其尺寸可在距太阳 3 AU 的距离提供 10 W 的日平均功率。该热力系统没有实施任何异乎寻常的元素，例如 RHU，而是专注于有效的热绝缘和具有宽工作温度范围（−55～70 ℃）的子系统[26]。

　　由于彗星和地面控制中心之间的距离，早期的操作遇到了挑战。任务概要要求在无人操作的情况下，在未知的彗星上精准着陆。因此，一些自主的功能对于处理着陆以及初始土壤取样活动是必要的。表 2−7 总结了详细情况。

表 2−7　菲莱号着陆器自主特性[20]

	下降和着陆	土壤采样
目标	在指定地点附近安全着陆	安全采集地下样本
主要环境	动力学/运动学特性，着陆点地形	用于锚固和钻孔的土壤力学性能
受控状态	航天器姿态轨道参数	姿态、钻头推力、旋转速度
可用的执行器	肼/冷气推进器	钻头电机、冷气推进器
可用的传感器	激光测距仪、雷达测高仪、陀螺仪、加速度计	力传感器、陀螺仪、加速度计
控制标准	着陆时的速度/姿态，到目标的距离	自适应控制法，使作用在腿上的力最小化
限制因素	天线指向地球，避障	样品加热极限，锚定可持续力

2.3.2　巡视任务

　　尽管着陆器特别适合携带一套复杂的有效载荷来调查着陆点，但要在平台附近进行探索，就需要某种机动性。然后，移动平台需要有足够的有效载荷能力来完成工程的关键目标。这些平台实现机动性的方式可能非常多样化，并提供不同的探索能力，从使用轮子到滑雪板，从自由拉扯到系绳。

2.3.2.1　月球车 1 号和 2 号巡视器

　　随着苏联和美国之间行星竞赛的激烈进行，作为苏联月球探索主力军的月球计划，其能力和范围不断扩大。1969 年，一连串发射不成功导致了苏联第一个月球车（称为 Lunokhod 0）和一些采样返回工程的损失，之后月球 16 号成为第一个成功地登陆月球和返回样品的月球车，如 2.3.1 节所述。在这一成功的基础上，月球 17 号于 1970 年 11 月 17 日在 Mare Imbrium 附近着陆，并部署了月球车 1 号（见图 2−11）。该机器人的英文字面意思是月球漫步者，这是一个重要的里程碑，它成为第一个在地外星体表面进行自由遥控操作的巡视器。它由着陆器部署到月球表面，通过一个坡道系统提供向前和向后的出口路径。月球车 1 号最初设计为运行 3 个月球日（约 3 个地球月）。实际上，它至少成功运行了 7 个月球日（212～220 天）[27]，甚至长达 11 个月球日（302 天）[28]。在它的一生中，月球车穿越了 10.54 km。两年后的 1973 年 1 月，月球 21 号在勒莫尼耶环形山着陆，并交付了月球车 2 号。在月球车 1 号的基础上，第二辆月球车提供了一个升级的科学和控制包，包括分辨率更高的照相机和改进的科学有效载荷。与前者类似，月球车 2 号在月球日期间从地球上进行远程操作，并在夜间进入休眠模式。它探索月球的时间约为 4 个月球日（125 个地球日），比月球车 1 号的时间明显缩短。据信，由于一个月夜后太阳能电池板部署系统的故障，月球车受到了过热的影响，导致散热器无法驱散由钋−210 RHU 产生的热量。然而，在其较短的寿命中，该车行驶的表面距离是其前者的 3 倍（即横跨月球表面约 37.5 km）[28]。

图 2-11　装有太阳能电池板的月球车 1 号巡视器（由拉沃奇金协会提供）

月球车 1 号的质量为 756 kg，而月球车 2 号则为 840 kg[28]，原因是后者增强了有效载荷套件。两个平台的有效载荷主要包括 4 台电视摄像机、1 台 X 射线光谱仪、1 台 X 射线望远镜、宇宙射线巡视器，以及 1 台用于测试月球土壤密度和机械性能的可扩展装置。

两台月球车的尺寸相近，高约 1.35 m，长 1.7 m，宽 1.6 m[28]。为了解决结构空间和真空兼容硬件的复杂性，巡视器车体采用一个充满氮气的大型密封浴缸来建造。这种方法方便地避开了电子器件在真空中生存的一些问题，但也通过使用对流和传导将热量消散到顶部安装的散热器，在一定程度上帮助了暖箱内的热控制。为了支持平台在夜间的生存，钋-210 同位素热源被用来提供持续的热源。在长达 14 天的月夜里，为了进一步限制夜间的散热，一块太阳能电池板形成了一个弧形的盖子，可以覆盖在散热器的顶部。白天，它提供的电力足以支持长时间的远程操作的穿越。

运动子系统由 8 个直径为 51 cm 的轮子组成，安装在 4 个转向架上。网状轮和辐条轮提供了一个轻巧而高效的牵引系统，由加压轮毂中的直流电刷马达驱动。然而，这又提供了一个简单的解决方案，即利用直流有刷电机，缓解其在真空中由于火花对电刷的快速侵蚀而造成的寿命缩短。中心的齿轮系统为月球车系列巡视器提供了 0.93 km/h 和 2 km/h 两种行驶速度[28-29]。另外一个小巧的第 9 个自由轮位于月球车后方，用作里程表，以准确记录所走过的距离，同时不受月球细尘中车轮打滑的影响。

2.3.2.2　Prop-M 巡视器

Prop-M 车是苏联的小型巡视器平台，与火星 2 号和火星 3 号一起发射，火星 2 号和 3 号相隔 9 天发射。虽然轨道器部分是成功的，但火星 2 号着陆器（计划于 1971 年 11 月 27 日着陆）和火星 3 号着陆器（计划于 1971 年 12 月 2 日着陆）都不成功，火星 2 号着陆器在进入、下降和着陆（EDL）过程中失败，火星 3 号着陆后只提供了 14.5 s 的数据。

　　4.5 kg 的平台约 215 mm×160 mm×60 mm（见图 2-12），与着陆器拴在一起，提供动力和数据链路。它可以让巡视器在距离着陆器约 15 m 的地方移动，每隔 1.5 m 收集一次科学数据。有效载荷套件由一个动态渗透仪和一个辐射密度计组成，用于测量土壤密度。

　　如图 2-13 所示，通过铰接式部署装置将巡视器从着陆器部署到星表。Prop-M 平台为地表移动提供了一个新的范例，实现了第一个用于行星应用的非轮式巡视器。巡视器装有两个旋转的滑板，通过与车体连接的旋转杠杆臂使滑板旋转，从而实现前进运动。它将其滑板和身体交替放置在表面，以帮助向前运动。通过将一个滑板向前移动和一个滑板向后移动来实现旋转[30]。巡视器实现了简单的自主行为，使平台在穿越过程中避开障碍物。如果车前的触觉碰撞传感器检测到障碍物，它就会启动一个动作序列，即向后移动一步，稍微转身，再向前移动，如图 2-13 所示。

图 2-12　Prop-M 巡视器（由拉沃奇金协会提供）（见彩插）

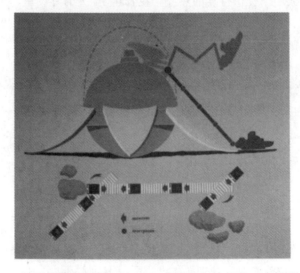

图 2-13　Prop-M 巡视器的部署概念（上）和避障方案（下）（由拉沃奇金协会提供）

2.3.2.3　索杰纳号巡视器

MPF 是美国国家航空航天局发现计划的早期项目之一，其目的是快速开发低成本的航天器，实现高度集中的科学目标[15]。MPF 的目的也是为了展示通过使用气囊技术在行星表面部署着陆器的创新方法[31]。尽管采用了新的着陆技术，但 MPF 还是于 1997 年 7 月 4 日在克瑞丝平原的 Ares Vallis 成功着陆。如图 2 - 14（a）所示，着陆器携带了一些气象和大气仪器，以及一个名为索杰纳号（Sojourner）的小型巡视器。这是在火星上的第一个移动平台，它携带了一些仪器来表征着陆器附近的土壤和岩石的特征，包括一个 α 质子 X 射线光谱仪（APXS）、一个彩色相机和两个黑白相机[15]［见图 2 - 14（b）］。

(a) 照片

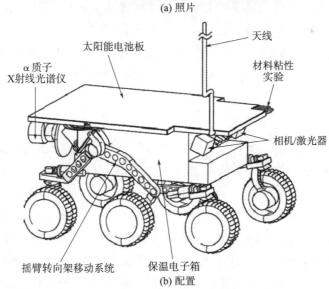

(b) 配置

图 2 - 14　索杰纳号巡视器（由美国国家航空航天局/JPL 提供）

外形与常规的微波炉相类似，索杰纳号巡视器长 65 cm，宽 48 cm，高 30 cm（收起时为 18 cm），质量为 10.5 kg[32-33]。该平台由一个保温电子箱（WEB）组成，该电子箱容纳了所有无法在火星夜晚的寒冷温度（—110 ℃）下生存的电子设备、有效载荷和运动子系统。运动子系统由一个 6 轮摇臂转向架悬挂系统和 4 个可转向的角轮组成，提供点转功能。利用 13 cm 直径的轮子，巡视器能够克服相当于轮子大小（最大 20 cm）的障碍，以 0.4 m/min[32]的最大速度穿越，甚至可能达到 0.6 m/min[15]。该平台的能源子系统由一个太阳能电池板组成，这是当时在火星上首次展示工作的太阳能电池板。该太阳能电池板面积为 0.22 m²，提供 16 W 的峰值功率，并由一个可提供高达 150 W · h 能量（即不可充电）的电池补充。之所以决定选择一次性电池，是考虑到最初的任务持续时间（即一周）和可充电电池的能量质量比较低。在穿越过程中，平台需要 10 W 左右的能量为运动子系统供电[32]。通信系统依靠巡视器和着陆器之间的超高频链路，着陆器则作为中继站，将电传指令转发给巡视器，并将遥测和科学数据返回给地面控制中心。在 83 sols 的运行过程中，索杰纳号行走了约 100 m 的距离，与着陆器的最大距离为 12 m。这次任务是一个重要的里程碑，大量的行星数据被自主返回。巡视器传回了约 550 张照片，并拍摄了着陆器周围 16 个地点的数据。着陆器本身从地表传回约 16 500 张图像，并利用其大气结构仪器和气象学（ASI/MET）包进行了 850 万次测量。

着陆器和巡视器的预期寿命分别长达一个月和一周。然而，这次任务远远超过了最初的预期，两个平台都运行了大约 3 个月，也就是说，一直持续到 1997 年 9 月 27 日，即最后一次成功传输的那一天。为了纪念已故天文学家和作家卡尔·萨根（Carl Sagan），着陆器后来改名为卡尔·萨根纪念站。MPF 任务的主要传承之一是建造平台的非常规方式。作为响应该计划"更快、更好、更便宜"的口号，项目工程师研究了商用货架（COTS）组件，并将其转化为符合空间要求的组件，包括超高频调制解调器、电机和执行器[32]。在所采用的方法中，只有特定的系统具有内置冗余，接受系统其他部分的故障风险。虽然这种方法比其他研制方法风险大，但对这次任务的成功来说是至关重要的。然而，后来的任务，如 MPL，可能因这种设计理念而受到影响，在着陆时失败了。

2.3.2.4　勇气号和机遇号巡视器

在 MPF 成功的基础上，2003 年发射了如图 2 - 15（a）所示的火星巡视器，目标是火星上的两个不同地点。MER - A 和 MER - B 巡视器，后来被称为勇气号和机遇号，于 2004 年 1 月进行部署。勇气号于 2004 年 1 月 4 日在古塞夫环形山着陆，机遇号在 3 周后于 1 月 25 日在梅里迪安尼普朗姆着陆。这些任务的科学目标围绕着"搜寻水"的概念，即查明火星上过去和现在有利于生命生存的水的痕迹线索。因此，巡视器的任务主要是寻找和描述各种岩砂土壤的特征，这些土壤拥有过去水活动的线索（即通过各种过程沉积的含水矿物的存在）[34]。这包括对选定的着陆点进行彻底调查，并确定着陆点周围矿物、岩石和土壤的空间分布和构成。

巡视器携带了一套装于车身和可部署的仪器。在车体上，有全景相机（PanCam）和磁力阵列。为了部署地表有效载荷，巡视器配备了一个长约 1 m 的机械臂。如图 2 - 15（b）所示，仪器部署装置（IDD）作为巡视器的灵巧附属物[35]，将四个可互换的科学仪器运送到感兴趣的区域。这些仪器包括：岩石磨蚀工具（RAT），可在岩石试样上磨去一个大小一致的圆形区域；显微成像仪（MI），可拍摄岩石和土壤的特写图像；穆斯堡尔光谱仪（MB），可用于对含铁岩石和土壤的矿物学进行特写调查；α 粒子 X 射线光谱仪（APXS），可进行特写分析，研究构成岩石和土壤的元素的丰度。

(a) 艺术想象图

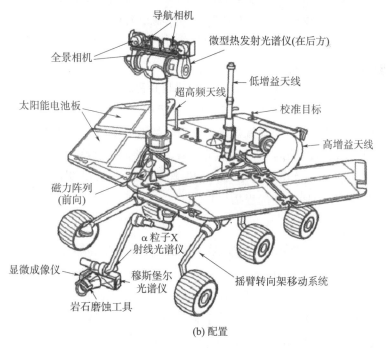

(b) 配置

图 2-15　火星巡视器[34]（由美国国家航空航天局/JPL-加州理工学院提供）

该巡视器比索杰纳号更大，尺寸和重量都高一个数量级。巡视器重 180 kg，高 1.5 m，宽 2.3 m，长 1.6 m。与索杰纳号类似，它也实现了类似的六轮摇臂-转向架运动子系统，四个角轮为转向器。车轮直径为 26 cm，设计初衷是以最大 5 cm/s 的速度穿越火星地貌，尽管在实践中平均速度接近 1 cm/s。1997 年，巡视器 EDL 系统实施了与 MPF 相同的着陆方案（即降落伞、反推火箭和气囊），将技术运用到了极限，并在此过程中确定了这种方法的适用性上限。与 MPF 不同的是，MER 着陆器在着陆后没有使用，也没有提供与地球的通信中继。这种设置为巡视器提供了必要的自由，使其可以不受限制地远离着陆点开展探索。巡视器具有一系列的通信选择[35]：使用两根 X 波段天线（高增益和低增益）来支持 EDL 阶段，并提供一个宝贵的直接对地（DTE）链路，以便在必要时控制巡视器；然而，该链路的带宽在典型的一年中随着地球和火星之间的距离而急剧波动（最大 2 kbit/s 的远程通信和 28.8 kbit/s 的遥测）；还使用一条超高频链路，通过包括火星全球勘探者、火星奥德赛号和火星勘测轨道器在内的一些轨道器（最大 128 kbit/s）以更高的速率下载工程数据。

巡视器电力系统由太阳能电池板排列组成，其中两个太阳能电池板在巡航期间被折叠。它们提供总面积为 1.3 m^2 的三结光伏电池，在 BOL 产生高达 140 W 功率和 900 W·h/sol。两块锂离子电池，每块重 7.15 kg，被安置在保温箱中，在 30 V 的电压下提供高达 600 W·h（BOL）的电量[36]。这两个平台的太阳能电池板上由于灰尘沉积，降低了电池板的发电能力。在使用期间，巡视器出现了多次"清洁事件"，归因于当地的尘卷风经过它们，有效地清理了太阳能电池板上的灰尘，提高了平台的发电能力。为了在温度低至 -110 ℃ 的火星寒夜中生存，巡视器的热控制很大程度上依赖于基于 8 个 RHUs 的电子装置的发热[34]。这些小型装置每台根据一种同位素的核衰变提供 1 W 的热量，在本例中是二氧化钚。

巡视器最初的寿命约为 3 个月，目标是总穿越距离为 600 m。令人印象深刻的是，勇气号和机遇号的任务期限已多次延长，这要归功于这两台巡视器的健康状况。2009 年年底，勇气号陷在一片软沙中，使巡视器无法动弹，导致它在服役 7 年、穿越 7.73 km 后于 2010 年 3 月 22 日终止。而机遇号则超出了所有人的预期，在火星上连续工作了 12 年之多，到 2015 年年底已经覆盖了超过 42 km 的距离，打破了 1973 年由月球车 2 号创造的最长穿越纪录（即 39 km，同时被远程操作）。

2.3.2.5 好奇号巡视器

作为火星科学实验室（MSL）工程的一部分，好奇号巡视器 [见图 2-16（a）] 于 2012 年 8 月 6 日在盖尔环形山内的 Aeolis Paulus 着陆。与前次任务形成鲜明对比的是，着陆阶段没有采用着陆器平台，也没有使用气囊技术。相反，它采用了一个大胆的"空中吊车"概念，将平台部署到星表，这是一个独立的飞行器，提供可控的下降动力，直到完全停止在距星表约 8 m 高的地方，在那里，巡视器被吊放到星表上。

这次任务的科学目标建立在 MER 发现沙子的"顺水推舟"策略上，同时也旨在确定生命的其他基本成分。此外，这次任务的目的是收集宝贵的信息，以评估火星是否是未来载人任务的潜在栖息地。因此，它侧重于四类主要目标[37]：

• **生物学目标**：巡视器的目的是确定有机碳化合物的性质和清单，对生命的化学构成要素（碳、氢、氮、氧、磷和硫）进行清点，并确定可能代表生物过程影响的特征；

• **地质和地理化学目标**：在穿越过程中，巡视器调查火星表面和近地表地质材料的化学、同位素和矿物学成分，以解释岩石和土壤形成和改变的过程；

• **行星过程目标**：根据所获得的数据，该工程旨在评估长时间尺度（即 40 亿年）的大气演变过程，并确定水和二氧化碳的现状、分布和循环；

• **地表辐射目标**：该任务旨在通过表征广泛的表面辐射（包括银河宇宙辐射、太阳质子事件和二次中子）来完成分析。

为了支持科学和工程的目标，巡视器［见图 2 - 16（b）］携带了不少于 10 台仪器，总质量为 75 kg，而 MERs 上的质量为 5 kg。它们包括一系列安装在巡视器上的有效载荷，以及与 MERs 类似的安装在可展开臂顶端的一些仪器。在巡视器的桅杆上，桅杆相机（MastCam）通过一些中视场和窄视场相机提供视觉图像，在 1 km 处分辨率高达 7.4 cm/pixel。在顶部，ChemCam 是一个化学和相机复合体，它结合了一个激光诱导击穿光谱仪（LIBS）和一个远程显微成像仪（RMI），将激光照射到 7 m 外的目标（如岩石），以得出其成分。远程显微成像仪还可以在 10 m 处分辨 1 mm 的目标。巡视器环境监测站（REMS）位于半桅上，提供气象和环境数据，如湿度、风、温度、压力和紫外线水平。在巡视器车体内部，有两套仪器为巡视器提供对地表、岩石和大气样本进行高级分析的能力，化学和矿物学仪器（CheMin）侧重于 X 射线粉末衍射和荧光，火星样品分析仪（SAM）由各种独立的仪器（光谱仪和色谱仪）组成，以进一步提供样品的同位素组成数据。对于火星车本身，辐射探测仪（RAD）对辐射环境进行表征，而中子动态反射仪（DAN）则对水和冰中发现的氢进行测量。

巡视器有一个 2.1 m 长的机械臂，用于在地表放置一套仪器[38]。重达 30 kg 的仪器转塔由四台仪器组成：粉末采集钻探系统（PADS）和除尘工具（DRT）负责获取 CheMin 和 SAM 的样品，另外两台接触仪器包括 α 粒子 X 射线光谱仪（APXS）和火星手持式光学成像仪（MAHLI）及显微镜。

虽然好奇号借鉴了大量索杰纳号以来的技术，但它的体积明显大于以往的火星车。它的质量为 899 kg[37]，是有史以来被送到另一个行星表面的最重的移动平台，超过了840 kg的月球车 2 号巡视器。好奇号的长度为 3.0 m（不算机械臂），宽度为 2.8 m，桅杆顶端的高度为 2.1 m，通常被比作一辆小汽车。运动子系统与 MER 相似，不过规模有所扩大，采用同样的摇臂转向架概念，六轮驱动，四轮转向。与之前的 MER 和索杰纳号巡视器不同的是，机械差速器是通过好奇号车体周围的杠杆系统来实现的，而不是通过之前的巡视器车体的齿轮实现。50 cm 直径的轮子由铝制的轮毂和钛合金辐条组成，以提供一定程度的悬挂效果。在导航和穿越过程中，可以使用不少于 12 个"工程相机"[37]，比如位于桅杆上的导航相机（NavCam）可以为导航提供必要的立体数据，而位于巡视器下方的避障相机（HazCam）可在巡视器移动过程中实时监视局部障碍物。

(a) 全尺寸模型

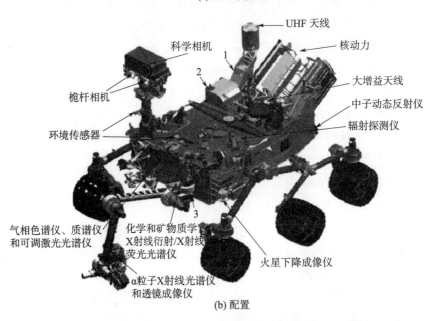

(b) 配置

图 2-16　好奇号巡视器（由美国国家航空航天局/JPL 提供）

与以往巡视器设计明显不同的是，其平台顶部没有太阳能电池板。取而代之的是 RTG，它为平台提供运行和加热所需的电力，使之在寒冷的火星夜晚中生存下来。多任务放射性同位素热电发生器（MMRTG）通过 4.8 kg 氧化钚的衰变来发电[39]。在该装置中，Pu^{238} 产生的热量通过使用热电偶转化为电能。使用 RTG 的一个重要副产品是不断产生热量（~2 000 W），可用于将巡视器保持在工作温度范围内[40]。热控制对于防止过热也是至关重要的。为了提供可控的散热，RTG 位于巡视器的后部，周围有冷却鳍片。在工作之初，这个 43 kg 的装置产生了大约 110 W[41] 的功率，在星表阶段还由两块电池提供

42 A·h 的储能[37]。到目前为止，巡视器已经穿越了超过 10 km。与受太阳能限制的巡视器不同，如果不出现重大问题，好奇号有可能在未来的很多年里更高效地运行。

巡视器的通信架构与 MER 相似（即中高增益 X 波段天线），通过深空网（DSN）提供 DTE。另一条超高频链路用于通过一些环绕火星的轨道器（包括火星勘测轨道器、火星奥德赛号以及欧洲火星快车等）中继任务数据[11]。

2.3.2.6　嫦娥三号巡视器

嫦娥三号工程是继嫦娥一号（2007 年）和嫦娥二号（2010 年）绕月轨道飞行器工程成功之后的又一重大工程。它于 2013 年 12 月 14 日在 Mare Imbrium 西北侧（19.51°W，44.12°N）着陆，由一个载有巡视器的着陆器平台组成。此次任务是自苏联月球 24 号以来的首次登月，展示了中国在月球表面的首次软着陆和巡视器部署。任务的主要科学目标概括为：[42]

- 对着陆区附近的地形特征和地质构造进行调查；
- 勘探点矿物和化学成分的原位综合分析；
- 地月空间环境的探测和月基天文观测。

据此，巡视器通过携带 4 台仪器支持着陆器仪器设备：[43] 一台全景相机（PCAM）；VIS - NIR 成像光谱仪（VNIS）；粒子激发 X 射线光谱仪（APXS）；一个带有两根天线的月球穿透雷达（LPR）。

该巡视器（见图 2 - 17）被称为"玉兔"，质量为 140 kg，有效载荷质量约为 20 kg。它主要是远程操作，但携带了一些传感器，以提供实时的危险探测。运动子系统采用六轮驱动和四轮转向配置，摇臂转向架悬挂。根据 MER 配置推断，其采用了内部差速系统。该平台的设计是为了适应 20°的斜坡和 20 cm 高的障碍物。能源子系统依靠顶部安装的两个面板和一个锂离子电池。热力子系统包括一些 RHUs（中国制造），以保证巡视器在夜间的温度。

图 2 - 17　嫦娥三号巡视器在月球表面（由中国国家航天局提供）（见彩插）

该平台旨在探索约 3 km^2 的区域。遗憾的是，它在月球上的两天时间里总共只穿越了 114 m，最终由于机械控制问题，巡视器无法取得更深入的进展。不过，在其穿越过程中，成功地使用了探地雷达，而且车上的所有仪器都得到了使用。

2.3.2.7　ExoMars 巡视器

ExoMars 具有两个任务，其目的是：1）在 2016 年交付携带着陆器演示器的 ExoMars 微量气体轨道器；2）两年后即 2018 年交付 ExoMars 巡视器，这是欧洲第一个行星移动平台，将由一个俄罗斯着陆器携带。过去和目前的任务集中在调查有利于生命出现的条件，如是否有水或生命副产品的残余。然而，计划中的 218 sols 任务尤其侧重于地外生物学和地理化学，以直接探测过去和现在火星生命的可能生物特征。此外，它的目的是确定水和化学环境的特征，作为浅层地下深度的函数。

为了实现关键的科学目标，ExoMars 有效载荷配备了一套称为巴斯德仪器套件的综合套件，包括 9 个远程、接触和分析仪器[44-45]，由两个机器人有效载荷［即钻头和样品制备抽屉系统（SPDS）］支持。钻机能够在 2 m 的深度进行取样[46]，因此对于在不利于生命存在的 1 m 厚氧化层以下进行取样至关重要。采集到样品后，将其放入 SPDS 的一个小抽屉中，并通过复杂的制备链进行制备，在将样品分发给巴斯德套件的各种分析仪器之前，对其进行粉碎和研磨[47]（见图 2 - 18）。

图 2 - 18　ExoMars 巡视器艺术想象图（由欧空局提供）

ExoMars 巡视器车体及其外部附属设施可容纳一些仪器，包括[44]：

1）桅杆顶部的全景相机（PanCam），包括一台带有多个滤镜的广角相机（WAC）和一台高分辨率相机（HRC），以帮助描述巡视器周围的地质特征并确定潜在的科学目标[48]。

2) 桅杆顶部的"火星外红外光谱仪"(ISEM),可提供大部分矿物学特征,远程识别与水有关的矿物,并支持全景相机 (PanCam) 的目标选择过程。

3) 位于火星车后部的被称为 WISDOM (即火星上的水冰和次表层沉积物信息) 的 GPR[49-50]。

4) 用于地下研究的火星多光谱成像仪 (Ma - MISS),一个位于钻头内的红外光谱仪。

5) 提供目标和采样位置的微观成像的特写成像仪 (CLUPI)[51]。

6) 中子光谱仪 (ADRON),以探测地下水储量和可能存在的水冰。

在火星车内,分析实验室抽屉 (ALD) 的温度保持在冰点以下,由 SPDS 和三个主要仪器组成[45,52]。

1) 火星有机分子分析仪 (MOMA),用于寻找通过热挥发和激光解吸等方式从样品中提取的有机分子。

2) 红外成像光谱仪 (MicrOmega - IR),提供矿物学分析,以推断过去和现在的地质演变过程。

3) 拉曼光谱仪,有助于进一步识别有机化合物和生物特征[53-54]。

包括 26 kg 的科学有效载荷在内,火星车的总质量为 310 kg。然而,科学有效载荷和机器人有效载荷 (钻头和 SPDS) 的总质量上升到 86 kg[55],提供了约 27% 的有效载荷与平台质量的比例。巡视器平台长 1.2 m,宽 1.1 m,包括桅杆在内高 2 m。为了给有效载荷提供必要的机动性,巡视器由一个能提供六轮驱动和六轮转向的运动子系统组成[56]。与以往任何巡视器不同的是,ExoMars 巡视器允许平台在适当的情况下沿着星表"蟹"式移动,以便在穿越和放置钻头时精确控制航向。被动悬挂系统由三个转向架配置组成,前部有两个横向转向架,后部有一个。这种配置可以在不平坦的星表上提供与 NASA - JPL 的摇臂-转向架悬挂系统相同的六轮接触和类似的移动性能。然而,它无须像索杰纳号和 MER 内部那样通过内部齿轮轴实现差速联动,或在好奇号上通过围绕车体的机械连杆实现外部联动。30 cm 直径的车轮实现了弹性车轮的概念,经过优化,提供了更多的与星表的顺应性,增加了与地形的接触面[57-58]。因此,它比传统的实心轮子提高了牵引性能,使平台能够克服更大范围的软硬障碍。

ExoMars 巡视器的能源子系统由一组固定和可折叠的太阳能电池板组成,能够产生 1 200 W·h 的能量,与 1 142 W·h (标称) 的锂离子电池结合使用[59]。车体由两个独立的舱室组成,每个舱室都有其特定的散热要求和散热设计[60]。服务模块 (SVM) 是一个温暖的外壳,容纳了巡视器的电子元件和电池,而冷外壳则容纳了 ALD,并将样品保持在冷冻状态。因此,热控制必须在整个工程寿命期间有效地适应两个温度区。温室的热控制依靠两台俄罗斯 RHUs (每台 8.5 W) 和一组环形热管 (LHP) 将过多的热量转移到侧装散热器上。同样,ALD 中仪器产生的热量也用 LHP 管理,有的地方用热电冷却器 (TEC) 使仪器的特定元件保持在低温状态[60-61]。

与过去的工程相比,巡视器的运行概念依赖于引入更多的车载自主性。巡视器的穿越目标是 70 m/sol，每天要进行一系列的科学活动，巡视器的设计初衷是在没有星表环路的情况下运行，包括在必要时进行自主穿越[62]。为了达到这一自主水平，平台采用了复杂的导航系统，通过生成地形的三维数字高程图（DEM）[63]，识别障碍物，并根据计划优化路径。然后，通过精确的轨迹控制[64-65]，使巡视器沿着该路径进行调度。最后，一些监督性的故障检测、隔离和恢复（FDIR）功能不断监测巡视器在穿越过程中的状态，以保证其安全。

2.3.2.8　火星 2020 巡视器

美国国家航空航天局的"火星 2020"任务定于 2020 年发射，其特色是在很大程度上以好奇号的遗产为基础。目前，它被设定为推进由好奇号和 ExoMars 牵头的火星天体生物学探索[66-67]。因此，任务目标的重点是探索容易藏有过去和现在生命痕迹的地点。在这种情况下，火星车不仅需要容纳多种星载有效载荷，而且还要携带必要的硬件，以获取一些样本，并将其缓存到密封容器中，以便未来的任务能够取回样本并返回地球进行进一步分析[68]。此外，该任务旨在为未来的机器人和载人任务展示一些有价值的技术，例如从火星大气中提取氧气[69]。与好奇号类似，该巡视器平台将由 RTG 提供动力，它最初是作为好奇号任务的备用装置。

2.3.3　未来任务概念

2.3.3.1　新型商业模式

20 世纪 60 年代至 70 年代，火箭和航天器以惊人的速度发展，除了最初的太空竞赛外，人们可以认为探索地外景观的惯性和动力已经减弱。然而，尽管太空探索是一件更加需要精心策划的事情，但今天的探索动力却一如既往的强烈。世界上对太空探索的热情正在复苏，这要归功于挑战现有体制和现状的两个关键方面：中国、日本和印度等新玩家的日益成熟，以及 Space X、轨道科学公司或反应发动机有限公司（Reaction Engines Ltcl）等私营公司新的商业活动的兴起，它们旨在提供成本更低的太空通道。

始于 1996 年的安萨里 XPrize 是一个关键性的事件，来自 7 个国家的 26 个团队竞相建造并发射了一个能够携带 3 人到地球表面 100 km 以外的航天器，并且在 2 周内实现两次发射[70]。2004 年 10 月 4 日，莫哈韦宇航风险投资公司的鳞片复合材料团队在开发出一种迄今为止与其他任何飞行器和发射器不同的新飞行器后，赢得了 1 000 万美元的奖金。除了获奖团队的成功外，该活动还带来了超过 1 亿美元的单独投资[70]，极大地推动了更廉价的亚轨道访问领域。自安萨里 XPrize 完成后，同样的模式被用来支持造福人类的技术发展，包括谷歌月球 XPrize。2007 年 9 月 13 日宣布的这项价值 3 000 万美元的比赛，要求其参赛者在月球上成功登陆并操作一个移动平台，穿越 500 m 的距离，同时传回高清图片和视频。这项与最初的 XPrize 类似的活动旨在激励和促进新的私人投资，以开发性价比高的技术来探索其他星球。

2.3.3.2　中期任务构想

基于过去的机器人任务和获得的关于火星和月球的新知识，主要空间机构和商业实体正在研究新的任务概念。表 2-8 概述了 2015 年之前宣布的各种计划中的未来月球探测计划的时间框架。这是在 2.3.2 节详述的计划中的火星工程之外的任务。

表 2-8　探月计划

国家	任务	发射时间	具体工程
俄罗斯	Luna - Glob 1（月球 25 号）[71]	2016	月球极地着陆
印度	Chandrayaan - 2	2017	着陆,漫游
中国	嫦娥五号	2017*	采样返回
日本	SLIM	2019	精准着陆
俄罗斯/欧空局	Luna Resurs（月球 27 号）[71]	2019	南极探索
中国	嫦娥四号	2018/2019	着陆和漫游
中国	嫦娥六号	2020*	采样返回
美国国家航空航天局	资源勘探任务	2020	ISRU 巡视器, 探矿
俄罗斯	Luna - Grunt rover（月球 28 号）	2025	漫游
俄罗斯	Luna - Grunt sample return（月球 29 号）	2025	采样返回

注：* 原书标注时间。

2.3.3.3　长期任务设想

尽管目前对太阳系进行了成功的探索,但行星机器人系统实际上只是触及了表面。为了对这些目的地进行深入了解,大量的工程和平台已经被提出,以探索大片的未开发地貌。试图提供一份包含文献中提出的每一个概念的详尽清单是不切实际的。因此,以下 3 个表格从机器人平台（见表 2-9）、不同地外目标的任务概念（见表 2-10）和不同任务设想的操作概念（见表 2-11）等方面对这些未来任务设想做了有条理的介绍和总结。

表 2-9　未来任务：机器人平台

平台	执行情况
巡视器	—车轮 —履带 —腿足 —滚动,例如,球或球体 —小步单脚(跳跃),用于局部探测 —整器支撑腿
着陆器	—大跨步跳跃,用于区域或全局勘探
空降	—四旋翼飞机、直升机或鸟类飞机 —飞机或滑翔机 —气球
地下	—水下 —地下,如取芯机、钻冰机或融冰机等
船舶	—机器人浮标 —船舶

表 2 - 10　未来的任务：任务目的地和概念

目的地	工程概念
水星	着陆器[72-73]，巡视器[74]
金星	气球[75-76]，着陆器
火星	空降[77-79]，群降[80-81]，跳降[82-84]，采样返回，ISRU[85-87]
月球	采样返回，ISRU，探索永久阴影坑，为载人基地做准备
土卫六	气球[88]，着陆器[89]，合作平台，水下[90-92]，船舶[93]
木卫二	地下[94]，水下[95]，跳跃
土卫二	地下[96]，水下，跳跃
类木行星	气球[97]
小行星	跳跃[98-99]，采样返回

表 2 - 11　未来任务：任务操作概念

行动概念	任务设想
遥操作	—地球到月球或月球轨道 —火星/火卫一轨道到火面
同构系统	—多平台 —集群，>10 个平台 —自我复制能力
异构系统	—协作式巡视器平台，例如，攀崖机器人 —飞行机器人、着陆器、巡视器

2.4　环境驱动因素设计考虑

机器人系统被部署到一系列行星表面后，它们必须应对各种环境条件和部署选择。例如，与需要硬着陆（如使用穿透器）或动力着陆的无大气层的月球相比，具有允许使用降落伞的有大气层的行星体在设计上存在根本不同的挑战。虽然各种工程场景之间有一些共同点，但机器人系统需要针对具体的行星目标和任务进行设计，因此需要考虑相关行星环境的具体性质。

本节介绍了机器人勘探热门目标的一些环境条件，并讨论了其对机器人系统设计的意义和影响。

2.4.1　重力

1）降落和着陆设计：像小行星或月球这样的无空气和低重力的天体可能不需要强大的下降系统，可以依靠受控的自由落体降落到星表。另一方面，像火星这样较大的星球，需要某种形式的减速器或动力系统，以与着陆系统相适应或安全的速度到达星表。这些因素推动了机器人平台的机械和结构设计，以便经受住着陆阶段的着陆载荷和振动。

2）执行器的设计和尺寸：随着重力的增加，系统的重量也会增加。这就增加了执行器执行任务所需的扭矩（如巡视轮转向和操纵器关节），也就影响了执行器设计的尺寸、质量以及支撑结构。

3）结构和执行器动力学：在操纵器等机器人系统运行过程中，局部重力将影响关节的动态性能。在较大的行星体上，重力对机械臂的结构有阻尼作用，对关节有恒定的载荷。在自由落体或低重力情况下，这种阻尼效应很小，并改变了机器人系统的动态特性，因此需要更多的时间来稳定。因此，这些情况需要不同的控制方法。

2.4.2　温度

作为一种探索工具，机器人系统可以暴露在从极低到极高的广泛温度范围内。以月球为例，赤道的温度可以在黑暗或深层阴影下的 100 K 到阳光充足时的 390 K 之间变化，热梯度为 $300°$；在两极，永久遮蔽的陨石坑的温度可以低至 80 K，这些位置成为科学家和工程师探测水冰的主要目标。即使是当地的巨石和地形洼地，也会影响系统接收到的太阳和红外线直接通量，造成极端的区域梯度。根据瞬态热分析[100]，当巡视器平台在阳光下的巨石前穿越时，它所经历的总红外热通量可增加高达 331%。

1）热控制：机器人系统的热设计和控制是确保其在冷热两种情况下生存能力的关键。不仅要考虑到进入系统的热能（如来自太阳和周围环境的热能），还必须处理星载子系统（如计算机、通信电子装置、功率调节装置以及包括电机和齿轮箱在内的执行器）固有的内部功率耗散。为了控制系统的温度，采用了一系列的加热器、热敏电阻（即温度传感器）和散热器，使内部温度保持在机组的安全工作范围内。然而，系统每天在亮、暗两种环境下运行，不可避免地提出了矛盾的要求[101]。在光照环境下运行时，系统需要通过足够大的散热器来散去多余的热能，而散热器还必须避免朝向太阳。功率越大或温度越高，散热器需要的尺寸就越大。相反，平台进行休眠或在黑暗的地方操作，目的则是将内部热量保持在机器人的身体内，这就需要系统尽量减少散热器的尺寸，以减少热量损失。

2）执行器设计。温度以多种方式驱动执行器的设计和实现。当各种材料和金属被加热到很高温度和冷却到很低温度时，它们会根据自己的热膨胀系数（CTE）膨胀和收缩。当由不同材料制成的部件相互作用时（例如，在一个机构内），不同部件之间的 CTE 进行匹配，以确保执行器不会由于膨胀或收缩的部件而卡死。同样，这种机构在一定温度范围内的润滑对于确保执行器必要的寿命至关重要。摩擦学领域通常解决"相对运动的相互作用表面"的挑战，并专注于摩擦、润滑和磨损的原理。空间系统设计集中在通过固体润滑剂（如涂层）或液态润滑剂（如润滑脂和油）来限制摩擦和磨损[102]。在非常低的温度下，例如在 -75 ℃ 以下，即使是润滑脂和油也会变成固体。因此，局部加热器被用来促进润滑剂在机构中的流动。火星表面的系统，如索杰纳号和 MER 巡视器已经使用全氟聚醚（PFPE）润滑脂作为润滑剂[102]。同样，猎兔犬 2 号和 MSL 移动机构/臂也使用了溅射沉积的二硫化钼（MoS_2）涂层[38,103]。关于空间机构的润滑和不同润滑方案特殊性的更多讨论可以在参考文献中找到[104,105]。

3）电子设计：与执行器类似，电子器件的设计和操作在广泛的热条件下需要仔细考虑。电子器件的位置，在热控外壳的内部还是外部，将极大地驱动系统的设计和实现。正如前面所讨论的，CTE 起着重要的作用，因为印刷电路板（PCB）上的每一个元件都会因电路板和焊料的不同产生不同的变形，可能会因热循环或裂缝产生疲劳，也可能会导致电路板的功能损失或整体失效。美国国家航空航天局的极端温度电子计划就温度对一系列电路和设备的影响提供了宝贵的说明[106]。在过去的十年里，"冷电子"的新发展已经迈出了重要的一步，使电子器件在−120～＋220 ℃的温度范围内，能够在暖箱外工作。为了应对这些极端的温度，诸如 ESA 运动控制芯片的开发[107]就放弃了电子芯片本身的封装，而使用安装在高导热硅基板上的裸芯片。这种方法的好处是通过减少芯片的占用面积，从而减少整个电路板的面积，这也有利于温暖的外壳内的电路板。与冷电子器件不同的是，典型的电路板需要在较窄的工作温度范围（−20～＋20 ℃）内进行热控制，以使其在最佳条件下运行。因此，这些设计集中在热阻隔和局部热控制上，以防电路板的温度降得太低。

2.4.3　大气和真空

在不同的工程阶段，机器人系统需要在休眠和工作状态下应对一系列环境条件。该系统可以在几分钟内从地球上带有大气层的发射台到达深层真空的空间。根据目的地的不同，它可能在真空中停留数月/年（如在无大气星体上运行），也可能在目的地支持大气的情况下遇到压力。大气层的存在或消失及其组成影响着设计的许多方面。

1）热控子系统：如前所述，平台的充分热管理对机器人系统的可靠性和生存至关重要。大气或真空环境将影响系统有效散热的能力。散热依靠的是传导、辐射和对流。如果没有空气，对流是不可能实现的，因此，系统需要依靠其他的散热方式。一个典型的火星巡视器需要在真空中进行长达数月的巡航，并在只有稀薄大气层的火星上表现得同样出色。因此，在巡航过程中，巡视器的车体与位于巡视器外部的散热器（如防热罩）进行热连接，将多余的热能辐射到太空中。然而，如果系统使用的 RHU 或 RTG 都是依靠放射性同位素材料产生的热能，那么问题就显现出来了，根据定义，放射性同位素材料是不能"关闭"的。巡航阶段要确保系统不会过热的热控设计具有很大挑战。一旦到了星表，热力子系统的尺寸要具有满足环境的能力，以便从平台上散热。在真空中，散热器需要避免面对太阳或任何向平台辐射热量的发光面（如月球表面）。对于这种情况，有一系列应对方案可供选择，可以物理屏蔽或设计反射器，如月球探测早期使用的辐射器抛物面反射镜，能够限制辐射器暴露于太阳或表面。

与典型的星表大气层相比，火星上稀薄的大气层对流明显减少，但仍能使星表系统更有效地散热。诸如 MERs 和计划中的 ExoMars 等巡视器都使用 RHU 来支持夜间的热控制。这种热量需要在白天所有星载系统同时运行时进行管理。同样，好奇号火星车使用 RTG 作为唯一的发电系统，这需要在 RTG 上设置相当大的散热器表面。热控制依赖于同位素和环境之间的温差，通过佩尔蒂埃装置产生能量。这些散热器的效率对于最大限度地提高热控制效率非常重要。

2）材料和结构：尽管太空探索的历史相对较短，但机器人系统已经经历了它们可能遇到的所有压力，从月球的真空和火星上的稀薄大气层，到土卫六更稠密的大气层，以及金星表面 92 bar、464 ℃ 的高压地狱。对于真空敞开的结构来说，材料制造时和真空之间的压力差意味着在制造过程中截留的气体往往会在一个称为"出气"的过程中从零件中泄漏出来。虽然这对广泛的部件来说可能并无大碍，但它可能会对诸如光学系统等设备产生不利影响，因为气体可能会凝结或凝固在 CCD 等贵重部件上。多层绝缘毯被特别设计为有孔的，以允许这些气体受控地逸出。对于封闭系统，它们同样可以做成"透气"的，就像火星车体一样，一个合适的阀门可以让车体内部在进入真空状态时减压，并用火星上的当地大气重新加压。另外，一个完全密闭的系统，自带加压容器，也能带来一些好处。对于金星上的 Venera 着陆器来说，这些平台提供了一种结构上有效的方式，可以在高压和高温下生存，尽管是短暂的，类似于深海潜艇的设计。它们还可以免受含有硫酸的腐蚀性大气的影响。俄罗斯过去的一些着陆器和最近的俄罗斯"弗里加特"上面级实现了一些容纳关键电子系统的加压容器，有效地避开了在真空中设计、实施和运行的典型问题。这是一种以最小改动加固 COTS 硬件的方式。然而，这是有代价的，因为加压容器需要大大增加结构质量，这影响到航天器的总体发射质量，从而影响总体成本。

2.4.4　轨道特征

目标天体的轨道特性，如当地一年内与太阳的距离（绕太阳整整一圈）、当地天数的长短、天体自转轴的倾斜度等，都会极大地影响机器人系统的设计和运行。这些参数推动了发电系统、储电系统的设计，更广泛地推动了系统在任务过程中的能源管理。

2.4.4.1　相距太阳的距离

1）能源子系统：与太阳的距离决定了该系统可以通过太阳能电池板转化的能量大小。由于能量按与太阳距离的立方减少，地球轨道内的能量充足，超过火星后能量明显减少。因此，太阳能电池板的效率和效益明显下降，采用 RTG 或太阳能聚光器等解决方案，能够处理远离太阳的较低太阳能量。过去的外太阳系任务（如土星/土卫六、木星及更远的地方）在很大程度上依赖于 RTG 和 RHU。然而，唯一在火星之外着陆的机器人平台（即惠更斯号）只使用了一个一次的、不可充电的电池来完成其在土卫六上的短暂任务。为了解决未来对土星和木星系统的探索工程的发电挑战，可以预见，这些设计方案的组合将被用于在这些卫星表面生存并探索它们。

2）通信子系统：从地球到目标体的距离决定了维持地面控制中心和机器人系统之间通信所需的射频功率。此外，它还驱动着天线类型的选择，以及是否需要精细的指向精度，需要一个专门的指向机构，这增加了额外的质量。根据经验，通信系统所需的电功率约为射频功率的 4 倍。因此，一个 5 W 的超高频转发器需要 20 W 的电功率。由于实际原因，直接对地通信可能并不总是可行的，例如，发电能力有限或地面站的直接视野有限。使用中继卫星作为机器人平台和地面站之间的中介，可以缓解其中的一些问题。这样就可以降低机器人的通信子系统的功率要求，并大大节省质量。然而，作为整个工程的一部分，这些收益仍需与轨道器的成本相抵消。不过，预计该轨道器还可用于实现其他工程目标，如从轨道上提供科学的表面测绘。

2.4.4.2　昼夜时长

发电和能源管理：当地白天的长度，尤其是夜晚的长度，对从发电、调节到储存的整个能源链的大小都至关重要。在实际应用中，对于主要依靠太阳能发电的机器人来说，其每天的运行周期都集中在当地中午太阳光通量最强的时候。同时，它还需要以一种能够在夜间生存的状态完成一天的工作，并为一系列的加热器供电，使各子系统即使在夜间环境温度骤降时也能保持在额定的温度范围内。火星巡视器的典型运行时间不能超过每天 8 小时。平台需要在早上，最好是通过太阳能照明进行预热，持续到 10：00 左右。然后，名义上的运行可以在当地中午至 14：00 进行，最大限度地利用太阳能辅以电池供电。然后，巡视器使自己处于充电状态，补充电池，直到日落，以便能够支持必要的子系统过夜。火星的一天（或称 sol）与地球的一天接近，为 24 小时 45 分钟，而月球上的一天则是连续 15 个地球日的阳光和 15 天的黑暗，这使得能源子系统的规模非常具有挑战性。使用 RTG 可以缓解部分运行限制，但是，为了保证平台所需的总能量在 RTG 的生产能力范围内，仍然需要对电力进行日常管理。

地球或月球自转轴的倾角会影响季节变化和当地一年内太阳能量的变化。与赤道相比，高纬度地区的太阳通量变化较大，导致全年温度和能量变化较大。为了保证系统的生存能力，电力系统的选型必须在最恶劣的能量条件下进行，也就是当地的"冬季"，即环境温度较低、地表能量较少、白昼较短。

除了火星的昼夜和倾角与地球相近外，其他行星和卫星的特点都有很大不同，需要对设计进行逐案仔细评估。

2.4.5　星表环境

星表环境因目的地而异。在大多数情况下，对星表的初步了解是有限的，因为是基于遥感图像和过去巡视器提供的稀少的现场数据。尘埃、岩石、液态水或冰都是机器人平台需要操作的潜在表面，这将在许多方面影响系统设计。

2.4.5.1　岩石

岩石的大小和分布推动了一些子系统的设计，这些子系统包括以下内容：

1) 着陆器结构，下降和着陆子系统。下降和着陆系统需要具备在下降阶段避开大型障碍物的能力（即避开危险），或确保即使遇到障碍物也能安全着陆（如气囊）。此外，一旦着陆，其结构和配置需要能够应对可能的障碍物，而不使着陆器失稳，例如，降落在岩石或斜坡上。

2) 移动性子系统。对于移动平台来说，岩石的大小和分布推动了运动子系统和制导、导航与控制功能的设计。因此，设计业务集中于确定运动子系统的大小，以克服最终影响系统质量的障碍，或开发一个有能力的 GNC 子系统以避免障碍，影响所需的星载处理能力，以及开发和测试先进软件的成本/风险。

2.4.5.2 沙尘

沙尘在一定程度上推动了一系列子系统的设计，包括机构、电力、热力以及全球气候监测中心。与地球不同，大多数卫星和行星很少或根本没有通过水或空气的风化作用。由此产生的尘埃往往具有尖锐的边缘，使其特别具有磨损性。

在火星上，风和静电荷是尘埃运输的主要载体。火星上的一年周期还包括一个"尘暴季"，通常在太阳经度（Ls）180（秋分）到（Ls）330（冬至后的 Ls 270）之间。在这一时期，局部和区域规模的风暴会将尘埃提升到大气层，使其更加不透明，影响到达地表的光通量。为了量化大气层的状态，我们定义了光深参数（OD），并将其作为太阳辐射功率通过大气层的衰减的量度，也就是说，在任何一天，大气层的透明度如何。在极度晴朗的日子里，OD 值从 0 级开始，在能见度极低的沙尘暴中，OD 值会上升到 5 级。

在月球和可能的其他无大气的天体上，尘埃也可以在黎明前通过静电荷从表面升起，形成非常松散的颗粒云，然后落到没有保护的表面[108-110]。

1）电源子系统：OD 可以帮助确定电源子系统的大小（例如，在 OD 2 以内保持标称操作），并提供一种方法来识别由于缺乏能量而需要机器人休眠的非标称情况。

2）热控制子系统：由于大气中的灰尘，高 OD 值时期往往会更加暖和，略微减少了休眠期间对持续热量的需要。然而，通过使大气升温，它的密度也会降低，因此为空气动力减速器（即防热大底和降落伞）提供了有效制动的能力。最后，散热器表面的灰尘沉积或"喷砂"将降低其发射率，从而降低系统的散热能力。

3）机构：沙尘的磨蚀性使其通过密封件渗入机构，降低执行器的效率，导致卡死，最终失效。有些尘埃，如月球或火星的尘埃会带有铁质，通过与周围环境的摩擦，特别容易产生静电荷，并被机器人的金属结构（如执行器）吸引，因此清除尘埃特别困难。

4）太阳能电池板：太阳能板上的灰尘沉积会影响太阳能发电，因为它会慢慢降低太阳能板的效率，限制太阳能板的发电能力。

5）GNC：上述问题也适用于机器人系统上的所有光学器件，它通常是任何 GNC 子系统的核心。例如，如果机器人使用专用的太阳跟踪器来计算其航向，那么它将对灰尘沉积特别敏感。

2.4.5.3 液态水

迄今为止，所有的星表任务都在坚实的星表上着陆。然而，惠更斯号的设计是为了实现万一落在土卫六上的湖泊或甲烷海中，可以漂浮起来。从浮力分析到防液系统的设计，这种巡视器的实施仍然是相当常规的，但将成为未来事物的先锋。由于正在起草针对土卫六或木卫二上冰雪覆盖的海洋的概念，未来将需要浮动或潜水机器人。这些机器人的发展肯定会借鉴相关星表系统的经验（如机器人海洋探测），但仍需解决空间环境特有的设计挑战，如本地发电或与地球的有效通信。

2.4.6 行星体和卫星的特征属性

表 2-12 和表 2-13 概述了太阳系中的岩质行星和常见卫星的一些关键参数。这些数

据可用于推断这些地外天体的特征将如何影响机器人探索任务和系统的设计。

表 2 - 12　岩质行星的特征[111]

属性	水星	金星	地球	火星	冥王星
质量/×10^{24} kg	0.33	4.87	5.97	0.642	0.0131
直径/km	4879	12104	12756	6792	2390
密度/(kg · m^{-3})	5427	5243	5514	3933	1830
重力加速度/(m · s^{-2})	3.7	8.9	9.8	3.7	0.6
逃逸速度/(km · s^{-1})	4.3	10.4	11.2	5	1.1
自转周期/h	1 407.6	−5 832.5	23.9	24.6	−153.3
一天时长/h	4 222.6	2 802	24	24.7	153.3
与太阳距离/×10^6km	57.9	108.2	149.6	227.9	5 870
近日点/×10^6 km	46	107.5	147.1	206.6	4 435
远日点/×10^6 km	69.8	108.9	152.1	249.2	7 304.3
轨道周期/d	88	224.7	365.2	687	90 588
轨道倾角/(°)	7	3.4	0	1.9	17.2
轨道偏心率	0.205	0.007	0.017	0.094	0.244
轴向倾斜度/(°)	0.01	177.4	23.4	25.2	122.5
平均温度/℃	167	464	15	−65	−225
表面压力/bar	0	92	1 014 mbar	平均半径处为 6.36 mbar (4.0~8.7 mbar, 取决于季节)	0
卫星数量	0	0	1	2	5
全球磁场	Yes	No	Yes	No	TBC
大气成分	—	CO_2 96.5%；N_2 3.5%	N_2 78.08%；O_2 20.95%	CO_2 95.32%；N_2 2.7%；Ar 1.6%；O_2 0.13%；CO 0.08%	—
温度范围	—	平均 737 K/464 ℃ 昼夜范围：~0 ℃	平均 288 K/15 ℃；昼夜范围：283~293 K (10~20 ℃)	平均 210 K/−63 ℃；昼夜范围：184~242 K (−89 to −31 ℃)（海盗 1 号地点）	—

表 2 - 13　常见卫星目标的特点[111]

行星	地球	木星				土星
卫星	月球	木卫四	木卫三	木卫二	木卫一	土卫六
直径/km	3 475	4 821	5 262	3 122	3 643	5 150
质量/×10^{21} kg	73.5	107.6	148.2	48	89.3	134.6

续表

行星	地球	木星				土星
卫星	月球	木卫四	木卫三	木卫二	木卫一	土卫六
密度/(kg·m^{-3})	3 340	1 830	1 940	3 010	3 530	1 881
重力加速度/(m·s^{-2})	1.6	1.24	1.43	1.31	1.8	1.35
逃逸速度/(km·s^{-1})	2.4	2.4	2.7	2	2.6	2.6
自转周期/h	655.7	400.5	171.7	85.2	42.5	382.7
轨道距离/×10^{3}km	384	1 883	1 070	671	422	1 222
近质心距/×10^{3}km	363	1 870	1 068	664	420	1 186
远质心距/×10^{3}km	406	1 896	1 072	678	424	1 258
轨道周期/days	27.3	16.7	7.2	3.6	1.8	15.9
轨道倾角/(°)	5.1	0.51	0.21	0.47	0.04	0.33
轨道偏心率	0.055	0.007	0.001 5	0.010 1	0.004	0.029
轴向倾斜	—	0				0
平均温度/K	赤道最小 100 K 平均 220 K 最大 390 K 85°N 最低 70 K 均值 130 K 最大 230 K [112]	最低 80 K 均值 134 K 最大 152 K	最低 70 K 平均 110 K 最大 152 K	最低 50 K 均值 102 K 最大 125 K	最低 90 K 平均 110 K 最大 130 K	−93 K
全球磁场	No	No	Yes	No	可能	未知

2.5　系统设计驱动因素与权衡

　　机器人系统的设计和运行是一项多学科的工作。由于任务目标、平台设计和操作的交错性质，有必要尽早确定关键的影响因素，以建立对整个系统的理解。这项工作是确定系统在预定环境中操作对任务预计时间的影响，以及确定并绘制构成机器人平台的每个子系统之间的设计和操作关系。

　　顶层评估看起来简单，但对其进行深入详细的调查就比较复杂。因此，花费足够的精力对这些方面进行评估以防止过快地跳入子系统设计是很有价值的，否则这可能会过早地缩小设计空间和实施方案的可选范围，如果需要改变或重新设计选定的方案，可能需要付出高昂的代价。因此，在系统级设计上花费足够的时间对于实现满足关键任务需求的健壮设计非常重要。它还可以提供有价值的数据和工具，能够在设计阶段的后期对整个系统进行优化，同时要记住，优化的系统可能并不是由优化的子系统组成的。

本节介绍了系统设计驱动程序的系统调查，首先是相对通用的任务驱动因素，然后是取决于任务和平台具体情况的子系统设计因素。这里用一个案例来说明各个子系统之间的关系，以及它们是如何最终推动整体设计的。

2.5.1　基于任务驱动的系统设计因素

讨论飞行任务的限制因素，需要从任务到各种系统平台（如着陆器或巡视器）及其各自的子系统的需求出发。就机器人系统而言，这些自上而下的要求是任务固有的，因此是不能改变的，例如，需要在真空状态下操作，或着陆方式为硬着陆。因此，这些约束条件不能在子系统级别进行权衡，必须视为理所当然。

另外，在设计过程中出现的一些制约因素，在评估之初无法完全整合，这些制约因素从子系统层面反馈到系统/任务层面。例如，任务的发射质量只有在设计的第一次迭代后才知道，包括巡航级、推进剂、运载火箭和着陆器。然后，这些会影响对发射装置的选择（如果还没有确定的话），之后再确定系统需要适应的发射环境。类似地，如果机器人系统需要一个复杂的通信方案，这可能会严重限制其他任务系统（例如轨道器）的部署或操作，远远超出机器人系统本身的设计约束。

2.5.1.1　质量

对于任何任务，质量是在所有级别上需要最小化的一个参数，因为它会单方面影响整个任务的规模。在组件、单元、子系统和系统级别，必须尽一切努力将质量降至最小。在任务阶段，运载系统（如巡航模块、推进剂、结构或星表部署）的质量由着陆器的质量决定。这意味着，着陆器质量的小幅增加可能导致着陆系统质量（包括结构、推进系统和降落伞尺寸）的大幅增加，最终导致更大的发射质量，类似滚雪球效应。根据参考文献[113]，在火星的小型飞行任务中，火星表面多增加 1 kg，EDL 系统需要额外增加 1.5 kg。若还考虑燃料和运载工具结构的影响，火星上的每千克质量需要 5 倍的发射质量。按照2010 年发射的市场价格[114]，在地球静止转移轨道（GTO）上 1 kg 的成本约为 2 万至 3 万美元，而在火星上的成本约为 10 万至 15 万美元，这可能需要选择更大、更昂贵的发射装置，导致任务成本更高。

2.5.1.2　目标环境

如前文 2.4 节所述，目标环境提供了一系列约束要求，这些要求制约着机器人系统和子系统的设计或操作。其中，重力、温度、大气条件或真空、轨道特性和表面条件都将在很大程度上影响许多子系统的尺寸和设计，并最终决定机器人系统的质量。

2.5.1.3　发射环境

发射阶段提供了一个严苛且机械要求苛刻的环境。系统在几分钟之内从发射基地进入太空，期间会有各种机械振动、声学噪声和振动（通过气压）、各级分离过程中的突然冲击，还有最后航天器从地球大气层过渡到太空真空时相对快速的减压。

2.5.1.4　着陆系统

如前文 2.4 节所述，部署从轨道到星表的机器人系统所使用的方法将影响星表元件的设计，包括星载的任何机器人系统。如果目标没有大气层，则可能需要使用基于推进器的动力着陆系统，以达到与着陆系统机械设计相适应的着陆速度。在下降过程中，来自推进器的冲击和振动以及最后的降落都会传递给机器人元件。这些设备需要具备适当的尺寸，以便在这一关键阶段存活下来，特别是在非正常着陆的情况下，如菲莱号着陆器所经历的那样（如 2.3.1 节所述，着陆器在第一次尝试时无法平稳着陆，又反弹了两次）。

如果目标着陆点存在大气层，则着陆器需要用覆盖着热保护系统（TPS）的防热罩来保护。当它进入大气层并在大气层中下降时，防热罩可以提供被动和渐进式的减速。额外的瞬时冲击或减速包括防热罩分离、降落伞展开和最后着陆。所有这些事件及其程度都取决于选定的进入和下降策略以及选定的着陆系统。1996 年，MFP 飞行任务部署了一个360 kg 的着陆器，装载了 11.5 kg 的索杰纳号巡视器。图 2-19（a）显示，这次飞行任务综合使用了防热罩、降落伞和固体反推力火箭。图 2-20（a）进一步说明，在进入/下降过程中产生了很大的载荷，即在进入过程中载荷高达 15.9g，在打开降落伞时载荷高达6.2g。EDL 子系统的设计是为了让着陆器停在离星表约 20 m 的高度，在那里切断绳子，让航天器通过自由落体完成剩余高度。撞击力由基于气囊的着陆系统进行缓冲。着陆器和火星车系统的设计是为了在火星表面的多次弹跳中承受这些重复载荷，直到最后停下来。如图 2-20（b）所示，在法向和轴向均测得（10～15）g，在着陆阶段，以 10 m/s 的冲击速度给系统增加了很大的应力[4]。

作为比较，图 2-19（b）显示了好奇号探测器的着陆情况，它在使用防热罩和降落伞着陆方面有一些相似之处（但峰值减速 12g，降落伞开伞 6g）。然而，MSL 任务实施了一种新颖的着陆系统，依靠创新的空中吊车概念，在不使用辅助着陆器的情况下提供火星车的最后下降和部署。EDL 子系统以 0.77 m/s 的速度提供了机器人平台的可控着陆[115]。

2.5.1.5　星表作业

任务操作方案（也称为任务方案设计或 ConOps）反映了任务操作的各个阶段，所涉及的要素以及随时间推移的功能。飞行任务或星表作业（就行星机器人而言）的作业方案驱动着机器人平台各子系统的规模。例如，一个只需要持续数天的任务与一个需要持续数年的任务在设计、制造和操作上会有很大不同，这是因为不同的子系统，尤其是暴露在环境中的机构和能源子系统，所需的寿命是不相同的。同样，延迟几秒钟的远程操作月球飞行任务将不会有与火星飞行任务相同的操作需求，因为在火星上，更长的通信延迟时间导致这种操作是不可行的。

2.5.2　系统设计权衡：案例研究

为了讨论系统层面的一些设计难题，这里使用了一个未来行星任务的情景来展示关键的设计驱动因素和权衡方案，以评估不同的机器人系统设计方案。

2.5.2.1　任务场景定义：MSR/SFR

自海盗号任务以来，从火星上取回样品一直被视为推进我们对火星或者更广泛的太阳系的形成进行了解的下一个关键步骤。MSR 活动的目标是将一些火星土壤样本送回地球

- HRS氟里昂通风：着陆-1 h 35 min
- 巡航阶段间隔：8 500 km，6.1 km/s，着陆-35 min
- 进入：130 km，7 470 m/s，着陆-304 s
- 峰值加热/减速：40~80 W/cm²，15.9g，着陆-228 s
- 伞降：9.4 km，370 m/s，着陆-134 s
- 防热罩分离：着陆-114 s
- 着陆器分离：着陆-94 s
- 吊绳部署：降落-84 s
- 雷达捕获地面：1.59 km，68 m/s，着陆-114 s
- 安全气囊充气：355 m，降落-10.1 s
- 火箭点火：98 m，-61.0 m/s，3.4g(6g峰值)，着陆-6.1 s
- 切断吊绳：21.5 m，+1 m/s残差，降落-3.8 s
- 降落：14 m/s，18a.@2:58 am Mars LST.@世界协调时16:56:55.3
- 弹跳：>15次以上，第一次高15.7 m，距离1 km？
- 放气/气门闪开启：降落+20 min
- 安全气囊收回：着陆+74 min
- 花瓣展开：着陆+87 min

(a) MPF[4]

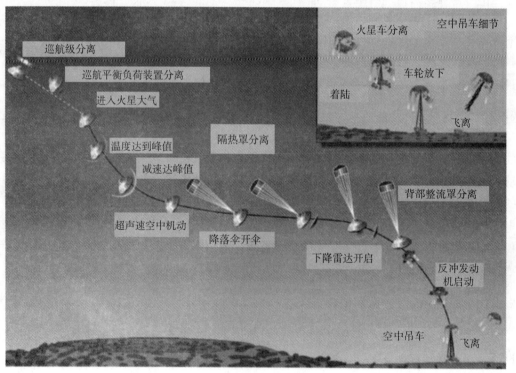

(b) MSL[115]

图 2-19　EDL 过程（由美国国家航空航天局/JPL-加州理工学院提供）

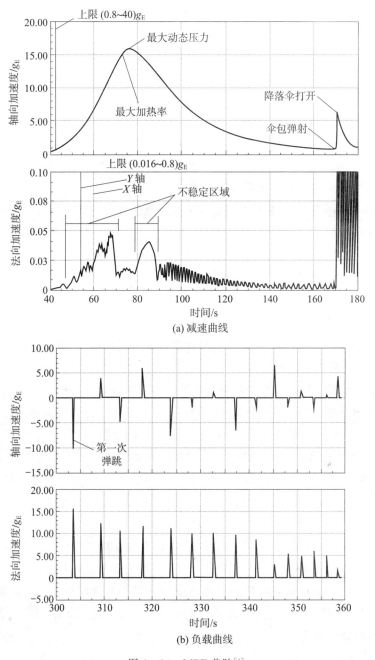

(a) 减速曲线

(b) 负载曲线

图 2-20　MPF 着陆[4]

进行详细分析。多年来，美国国家航空航天局和欧空局一直在起草 MSR 方案的任务架构和概念[116]，包括计划在 2018—2023 年发射时间框架内的一个合作项目（约 2006 年），但后来因预算问题而取消。然而，科学界仍然致力于在未来几十年内支持和追求这样的任务，有可能从 2020 年发射一个缓存车开始。与此同时，其他新老太空公司（例如俄罗斯或者中国）也纷纷提出了从火星表面取样返回的新计划，这有可能引发一场新的火星太空竞赛。

MSR 飞行任务的概念已经在最初构想的基础上发生了变化。欧空局和美国国家航空航天局起草的目前的结构假定该方案由三个任务组成[116]。

1）缓存车的部署和运行。巡视器将获取一系列地表样品并将其储存在一个容器中（即缓存），然后留在火星上。

2）MSR 轨道器任务部署。一个轨道器将充当中继星，在未来的 MSR 着陆器下降和上升期间对关键事件进行报告，以及捕获轨道样品并将其送回地球。

3）MSR 着陆器任务部署。一个单一用途的取样车将取走样品储存器，并将其送回位于 MSR 着陆器上的火星上升飞行器（MAV）。

在本节的其余部分，选择取样巡视器（SFR）概念来讨论任务目标和要求对各种巡视器子系统设计的影响。迄今为止，探索巡视器一直在支持致力于现场环境表征的科学任务，并携带一套仪器来分析巡视器可到达的区域。因此，这些巡视器在达到预定目标前停止，执行必要的科学数据采集，然后继续前进。由于 MSR 任务所确定的独特挑战，SFR 与过去和现在的任何巡视器都不同，包括以下内容：

1）巡视器必须在 180 sols 的标称任务过程中穿越 15 km（实际穿越 120 sols），从而需要在各种地形上以 120 m/sol 的最低平均行进速度进行定位、导航和搜索样品容器，这非常具有挑战性。

2）巡视器必须尽可能轻，同时具有任务所需的坚固性。

3）主要目的不是从各个地点获取科学知识，而是从一个已知地点搜索样品容器。

标称的 SFR 表面操作限于 180 sols，包括着陆后的检查、出口和巡视器的调试。在执行任务过程中，必须考虑分配更多的时间，以确定样品存放地点、接近并提取样品。返回机动飞行器的操作也需要考虑在内。因此，15 km 穿越的总时间最多为 125 sols。这包括操作应急的 25 sols，要考虑各种影响，包括不利的天气条件（沙尘暴）、发电/机动性降低（如因沙尘或沙坑）等影响，以及因谨慎而从第一批 sols 中的遥操作模式转变为更自主驱动模式的影响。巡视器的净行进速度应达到最低平均速度 120 m/sol。值得一提的是，NASA SFR 任务基线的目标是在 3 个月或 90 sol 内完成缓存返回作业。这将要求速度需达到约 166 m/sol。鉴于目前对着陆的假设是在全球沙尘季节之前约 3 个月，最大限度地提高移动速度将有利于任务方案设计，因为高光学深度将影响巡视器的机动性及使其返回至MAV，从而影响总任务的时限。

2.5.2.2　SFR 系统设计驱动

为了解决样品容器位置信息误差和固有的着陆分散误差，任务驱动要求 SFR 在不到 6 个月的时间内穿越 15 km，以保证轨道器返回地球的最佳时机。鉴于现有的巡视器只能在规定的时间内行驶所需距离的一小部分（如 MER 在 7 年内行进了 15 km），这就要求在平台设计的驱动下，大幅度提高巡视器的机动性。

这里所说的机动性指的是运动子系统和 GNC 子系统，这两个子系统是相互交错的，例如，一个功能强大的运动子系统可以在较大的岩石上行走，减少避让岩石的需要，或者说减小 GNC 子系统的复杂性。同样，一个高能力的 GNC 子系统可以有效地避开岩石，并最大限度地减少对运动子系统的需求。环境条件在推动系统设计中起着重要的作用，要考虑季节、光学深度、表面和地形条件、温度等。

在 MSR/SFR 任务场景中，相关的要求和约束条件可以综合为 3 个支配巡视器设计的总体运行因素[117]，即：与路径长度有关的因素，这些因素往往会增加巡视器到达目标地点的距离；与沿途速度有关的因素，这些因素会降低巡视器到达目标地点时的平均速度；与可用时间有关的因素，这些因素往往会减少巡视器到达目标地点的时间。

这些因素直接或间接地驱动着巡视器的机动性和能源子系统的设计，这些子系统是影响整体质量的主要因素，进而影响巡视器其他子系统的设计。为了捕捉系统的依赖性，可以使用一系列的可视化辅助工具，比如波纹图。这个工具可以帮助可视化一个子系统上的特定需求是如何在系统中波动的，类似于在池塘中投掷一块石头，在表面产生传播的波。这对于确定某项需求对与该需求没有直接或明显联系的系统的影响十分有用。要创建图形，首先要确定涉及的所有子系统和驱动因素，并确定它们之间的联系。对于 SFR 来说，根据前面确定的 3 个运行驱动因素，以及对典型的巡视器子系统的了解，巡视器内部主要的相互依赖关系是可以确定的，这些依存关系最终决定了系统的质量。结果如图 2 - 21 所示，从环境约束条件（图左）开始，一直到确定了巡视器的质量（图右）。

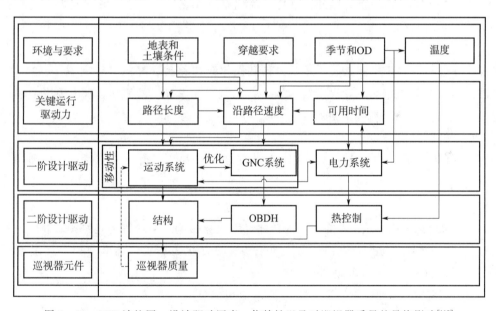

图 2 - 21　SFR 波纹图：设计驱动因素、依赖性以及对巡视器质量的最终影响[117]

确定相互作用及其重要性需要经过多次迭代。在 SFR 的情况下，设计驱动因素按其对操作驱动因素的敏感性进行了排序。这就提供了一种方便的方法，可以快速确定在系统层面上可作为交易空间的部分进行优化，并通过相关元素之间双向的箭头来实现。在这种情况下，可以得出结论，移动性和能源子系统对巡视器的设计是至关重要的，因此在下一节将进行进一步的讨论。

2.5.2.3　SFR 子系统设计驱动

星表巡视器的机动性是提供当地、区域甚至可能是全球范围探索的关键能力。这一部分对主要行业和设计因素进行了概述，以应对表面移动性的难题。如前所述，SFR 移动性设计由 3 个操作驱动因素驱动，即影响路径长度、沿路径的速度和可用时间的因素。通过仔细研究每一个因素，我们可以确定一些基本的（并不详尽的）性能和设计标准，这些标准可以改善或相互阻碍移动性子系统的性能。如图 2 - 22（a）所示，与路径长度有关的因素主要围绕 3 个设计方面：运动性能、GNC 性能和地形地貌。其中地形起着重要作用，因为它对运动和 GNC 子系统都有很大影响。

同样，与沿路径的速度有关的因素可以总结为图 2 - 22（b）。它再次表明了运动和GNC 性能是如何受到影响的。尽管乍看之下它们似乎只受到固有设计方式（如车轮尺寸和驱动速度）的影响，但整个系统的优化可能并不依赖两边均优化的子系统。例如，具有能够穿越崎岖地形的更坚固的运动子系统，可以减轻 GNC 子系统必须避开岩石的负担。但是，选择此解决方案将产生质量代价。如果质量预算是关键，采用功能强大的 GNC 子系统以及小型运动子系统是可行的方法，因为增加的复杂性被转移到了软件上（默认情况下被视为"无质量"）。然而，这种方法需要更频繁地操纵转向驱动器，从而导致更多的功率消耗，并可能增加质量。因此，理想的巡视器设计应参照整个系统的要求，以两者之间的最佳平衡为目标。

第三，图 2 - 22（c）总结了影响可达到目标时间的因素。在这里，可用能量和功率占主导地位，并与一些环境因素、子系统设计和操作密切相关。2025 年 9 月在 Ls133 着陆，在全球沙尘季节到来之前只能提供约 40 sols。大气层光学深度的增加会极大地影响巡视器的发电量及其在可持续制度下进行横穿的能力。子系统之间额外的相互作用可能并不明显，但以下几点是值得注意的。

1）预热时间是指黎明时分将巡视器加热到其工作温度所需的能量。在这种情况下，能量来自电池和太阳能电池板。这意味着，有些时候虽然产生了电力但是无法用于执行其他操作。

2）障碍物多的情况下，需要更多的转向，因此会影响穿越过程的能量预算。

3）电力子系统（EPS）设计与具体的子系统设计决策有关，如电池尺寸或电力控制和分配单元（PCDU）的固有功耗。

4）机械子系统设计应重点考虑太阳能电池板的尺寸，它将直接决定了移动过程的可用能量。太阳能电池板（因此巡视器可以产生的能量）的物理尺寸受到着陆器或下降阶段中可用的存储体积、可接受的展开机制复杂程度和质量的限制。

SFR 与现有的巡视器设计有许多相同的规格，但其操作概念相当独特。例如，要求它迅速覆盖远距离，并在接近全球沙尘季节开始时执行额外的任务。沙尘暴对机动性能有影响，包括维持稳定的热环境的能力和产生足够电力以维持足够的运行功能的能力。为了避免不得不应对超出 SFR 任务基线的更恶劣的环境条件，应优化机动性和能源子系统，以确保在最短的时间内完成样品容器的获取和传递。尽量减少完成穿越所需的时间是确保巡视器基线设计不严重依赖全球沙尘季节预测的环境难题的最佳方式。

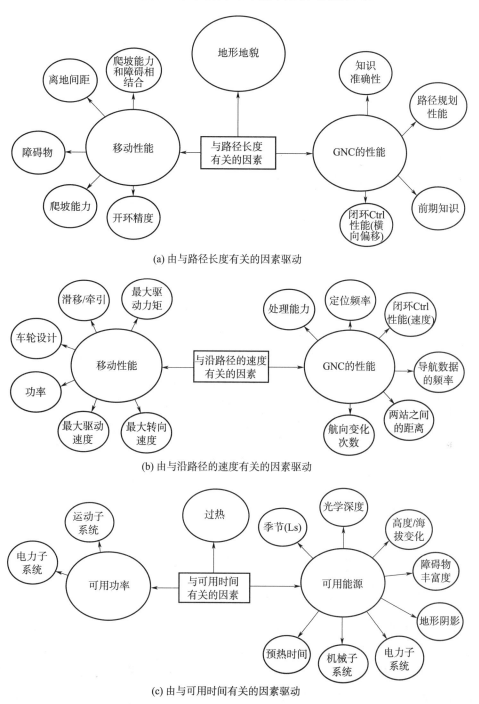

(a) 由与路径长度有关的因素驱动

(b) 由与沿路径的速度有关的因素驱动

(c) 由与可用时间有关的因素驱动

图 2 - 22　移动平台子系统设计[117]

如图 2 - 21 所示，主要的系统设计驱动因素对巡视器的质量有影响，然后驱动任务的其余部分。下一步自然是调查和评价各种巡视器的设计方案，以解决移动性和能源问题，从而尽量减小巡视器的质量。

2.5.2.4　SFR 设计评价

与任何典型的设计难题一样，对潜在设计方案的评估对于探索权衡空间，即可能的实施方案范围至关重要。在这一阶段，有必要掌握所有的备选方案，而不必担心其实施的可行性，并将具体概念的下一步选择留待后续阶段进行。由各子系统的专家参与的集思广益的会议对于收集不同的观点是很有用的。从不同的子系统角度（如电力、机械、热力）评估问题，可以帮助捕捉问题的各个方面。一旦选择了一系列的方案，就可以进行定性以及进一步定量的评估。

在评估过程中，值得关注的是确定概念在 TRL 方面的位置，从而确定任务开发在操作和成本方面的风险。这并不一定意味着不应该选择低 TRL 的解决方案，而是着重说明该解决方案在哪些方面偏离了现有的传统，以及在哪些方面需要额外的发展。例如，好奇号 EDL 的空中吊车设计与典型的软着陆和硬着陆技术（例如，海盗号/凤凰号动力着陆和 MPF 和 MER 任务中的气囊解决方案）完全不同[115]。提出的设计方案应从十分传统的解决方案以及更新的解决方案方面进行考虑。H. E. A. R. D. 规模如表 2 - 14 所示，其提供了一种方便的工具，可用于研究跨规模的概念，从而研究更广泛的权衡空间。集思广益之后，还可以利用量表对产生的概念进行分类，以便进一步分析。该表在每个类别中举例说明了用于探索危险区域（例如，巨石场，悬崖或洞穴）的移动性概念示例。

表 2 - 14　H. E. A. R. D. 比较表：评估用于探索危险地区的移动机器人平台的概念

解决方案类型	方法	评论/问题	例子
继承	优化现有解决方案	优化继承；低风险/高置信度；TRL 的良好保留	巡视器平台重新使用以前设计的轮式运动子系统
演化	传统解决方案的演进	基于传统项目；不确定性/风险中等	优化的运动子系统，例如，进入崎岖地形的能力强
替代	新发展，功能不变	设计需要验证和鉴定	带系绳的悬崖巡视器
全新的	明确从传承出发，打破常规思维	架构新颖、技术革新、星表制动；需要全面的验证和鉴定——通常是高风险	步行运动的巡视器
置换	消除对解决方案的需求	从设计中去除对解决方案的需求；需要评估功能的损失	将航空机器人作为移动平台

在 SFR 的案例研究中，这个过程可以用来探索各种概念，以解决移动性和能量的问题，同时使整体质量最小化[117]。如图 2 - 23 所示，典型的巡视器平台的质量分布主要集中在运动子系统、能源子系统和结构上。因此，这三个子系统是减小质量工作的首要目标，目的是使巡视器的整体质量最小化。

为了实现任务和系统要求中确定的质量和性能目标，确定了 5 种设计方法，这些方法不是具体的巡视器设计方案，而是提供低质量巡视器和保持性能的设计理念。它们既不是详尽的，也不是设计 SFR 的唯一可行办法。尽管如此，这些方法仍然具有代表性，且彼此之间有很大的不同，可以在子系统层面进一步的研究或者使用。

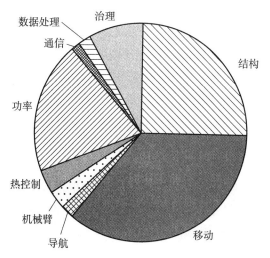

图 2-23　移动平台设计：具有代表性的巡视器质量分布[117]

1）剥离法。这种方法针对的是对实现任务的主要目标来说不重要的群体；因此，这种方法的核心是确定巡视器的关键目标。巡视器的每个子系统都被精简到所需功能和性能的最低限度，同时确保仍然可以实现最初的任务目标。如前文所述，SFR 不能成为 MSR 架构中的薄弱环节。因此，必须将子系统的功能与子系统的冗余度区分开来，也就是说，可以对子系统进行范围的界定，并且可以通过交换性能来实现较小的质量，但必须保持组件的冗余度，除非必须使用一个不太坚固的系统来实现质量的目标。

2）即开即用的方法。这种办法针对的是在出站时操作巡视器之前的展开需要。它力求消除任何非必要的展开机构（即利用固定的太阳能电池板、固定的桅杆和非展开轮子等），从而降低调试阶段的风险。必须仔细权衡取消机构的收益与对性能的影响以及对系统设计的影响。例如，由于着陆器配置的限制，带有固定太阳能电池板的巡视器可能只有较小的总阵列尺寸可用。较低的发电量就会导致巡视器每天可行驶的距离缩短，因为电力无法支持较长的行驶。减少每 sol 的行走距离，需要设计更长工作寿命的巡视器，这也推动了子系统的设计。设计寿命较长的子系统很可能会影响其质量，与当初采用铰链机构展开太阳能电池板相比，可能会带来更高的系统总质量。

3）运动子系统优化方法。这种方法是由运动子系统的优化驱动的。巡视器围绕 LSS 进行设计，确保机动性不受任何设计决策的影响。为了实现 SFR 设定的低质量和长穿越距离的要求，巡视器可能需要对基本的运动原理进行重新思考，对之前巡视器任务所构建的不同运动要求的配置进行彻底评估。这就需要研究针对巡视器优化的实施策略，确保新的巡视器设计满足任务要求。

4）24/7 驱动方式。永续供电可以实现在火星一天中任何时间的运动。如果电源子系统不受太阳光通量可用性的限制，就可以实现这一点，这在许多使用太阳能电池板的巡视器中都可以看到。为了满足永续供电，可以使用 RTG 供电的斯特林循环发电机。一个 RTG 恒定的电源，使 SFR 能够以高占空比的方式运行，也就是根据需要不断地进行循环。虽然 RTG 本身可能是一个大型系统，但将其应用于能源子系统，可以避免太阳能电池板结构和可展开机构，从而使巡视器更加紧凑。然而，RTG 必须坚固可靠，以确保行星环境和巡视器的安全。好奇号已经成功地实现了 RTG，提供约 100 W 的恒定功率水平。然而，RTG 也会耗散 2 kW 的热功率，这需要一个能够辐射恒定热量的热控制子系统。好奇号在 MMRTG 中实现的能源子系统的质量已经达到 45 kg，这使得这种动力方案对 SFR 的吸引力降低。

5）日间巡视器方式。与 24/7 方式构想相反，这种方式完全依靠太阳能和电池板。它在最简单的形式下工作，不需要蓄电池。因此，也不可能有夜间作业，太阳通量的可用性决定了巡视器的作业期。主要的质量节省来自于移除电池和夜间热力支撑电池，也就是说，没有了蓄电池，车身可以做得更小，从而形成一个小的暖箱，减少了控制。另一方面，由于没有蓄电池，限制了巡视器白天的运行，影响了其性能，特别是通信窗口只能在夜间建立。

一旦确定了一系列设计方法，就会发现，由于涉及的风险或复杂性或固有的任务限制，并非所有这些方法都能进行实际实施。在任务层面，使用光电板对能源子系统进行约束以简化发射程序（即没有放射性同位素）并在夜间提供通信支持可能是有益的。如果是这样，这里就不能考虑依靠 RTG 等恒定电源的"24/7 驱动方式"和不支持储能的"日巡方式"。因此，在设计中应注重实施其他策略，并将其纳入子系统设计中。此外，介绍的策略并不总是相互排斥的，可以结合起来提供最有效的设计。例如，巡视器设计可以通过去除展开机构来实现即开即用，也可以利用冷电子器件和最小化机箱尺寸来实现巡视器的日夜运行。

通过一系列常规的和有争议的解决方案，可以对其运行和性能至关重要的关键系统元素提供有价值的见解。虽然这个设计实例评估了系统层面的设计方案，但类似的调查可以而且需要在子系统层面进行，以汇聚成一个合适的解决方案。

2.6　系统运行选项

2.6.1　工作流程

了解机器人的工作流程很重要，这样才能生产出满足所有任务要求并可实际操作的系统。与好莱坞大片不同的是，机器人系统在地外天体上的部署和操作是有计划的操作，需要几天而不是几分钟，并且需要若干步骤来保证机器人的安全。

这里提供了一个高级序列，概述了这些事件的操作活动和大致时间。这些时间对于建立特定的资源能力（如电池水平）、部署逻辑的健壮性，以及帮助确定设计中需要加强的地方非常重要。所用的"天数"指的是地球日或运行日，而不是当地的天数，根据目标星球的不同，天数可能更短或更长。确切的时间长度取决于地面行动小组的人力和工作周期。

（1）着陆系统调试，时间分配 3～4 天

在 EDL 之后，对着陆系统（由星表机器人组成）进行检查非常重要，原因有两个：第一，着陆器及其有效载荷必须处于良好的健康状态，才能进行机器人平台（如巡视器）的部署。第二，必须确定机器人平台部署环境的特点，并确保安全地将其送至星表。巡视器的部署顺序旨在确保其在任何时候都是安全和可持续的。这一阶段的活动包括以下两个主要序列：

- 着陆器着陆后的检查和定性；
- 初步检查和准备巡视器的部署。

（2）机器人平台部署，时间分配 1 天

巡视器的部署涉及一个精心的时间安排序列，使巡视器处于准备离开着陆器的状态。该序列将在两者物理分离之前通过着陆器上传到巡视器。一旦触发，该序列将启动一连串的活动，这些活动必须完成，以使着陆器保持安全和可持续的状态。另一个考虑因素涉及到巡视器通信天线的展开。如果不需要展开天线进行通信，就可以避免展开失败的风险。然后，一个信号通道被打开，可用于支持任何必要的恢复行动。MER 机遇号的着陆系统调试和巡视器部署活动从 sol 1 持续到 sol 6，包括以下内容[118]：

- 展开 PanCam 臂；
- 展开高增益天线；
- 对着陆器进行定性；
- 着陆点和周围地形的特征分析；
- 巡视器从其收起和锁定的位置站起来；
- 科学仪器的标定；
- 选择合适的退场路径。

（3）机器人平台出站，时间分配 1 天

出站必须经过精心策划的操作。虽然最初是由星表指令触发的，但在失去通信的情况下，出站顺序由定时器重新启动。这样做的原因是，巡视器的电池寿命有限，在执行这项任务时很脆弱。如果出站顺序被中断，巡视器的健康就会受到威胁，因为在故障发生时，巡视器可能不处于安全和可持续的状态。在触发出站顺序之前，必须仔细检查各种条件，以确保能够成功履行出站顺序。

巡视器必须移动到与着陆器的安全距离，以便为展开太阳能电池板和其他仪器等关键子系统提供空间。一旦着陆器处于安全距离，有助于实现可持续性的机制（如热机制），则可以执行，并由着陆器（如果它携带照相机）进行观察。

（4）机器人平台巩固，时间分配 2～3 天

如果着陆系统只由一个小型的相对被动的机器人平台组成，最初的检查就会包括这个阶段。如果巡视器还没有进入最终的运行配置，则需要这个巩固阶段。出站后，必须巩固巡视器的状况，特别是在通信、发电和热稳定性方面。在这一阶段，不仅要监测巡视器的瞬时状态，而且还要监测其基本趋势，这对规划预见性行动和作业很重要。此外，必须确

认通信在所有条件下都是可靠的,并对热力、电力和通信进行优化调整,以支持巡视器在星表寿命期间的高效作业。在这一阶段,地球上的控制部门必须为巡视器的运行设计持续的优化策略,其中包括调试和科学操作。

(5) 机器人平台调试,时间分配 4～6 天

巡视器调试包括以下步骤,使巡视器达到全面运行准备状态。

- 完成所有子系统机制的检查。
- 释放剩余的滞留物(如果有的话)。
- 展开和练习所有可展开的设备,并确定其性能。
- 检查所有设备的功能。
- 在调试过程中监测热和电气状况。
- 遥感和表征环境(调查)。
- 探测当地地形,表征着陆器附近的地表特性。
- 将环境数据传递给地面控制中心,并使环境模型得以完善,例如,运动(挖沟、转弯或滑行)、隔热和表面热状况。

这个序列的第一部分是对巡视器本身的检查,而第二部分则试图了解和描述巡视器做科学的环境。有了这些知识,运营团队就能规划后续活动,预测可能出现的问题,规划最佳路线,并管理巡视器资源,使其在全部运营的范围内保持安全。例如,在 MER 的情况下,清晰的出站路径和有利的出站条件使得巡视器可以在 sol 8 到 sol 11 之间,直接在着陆器附近行驶、展开仪器臂和操作工具[118]。

(6) 标称运行

一旦巡视器各部件全部调试完毕,地面控制中心人员就可以集中精力实现任务目标。当移动平台在地表上穿越当地陆地景观时,精准的遥感(对周围的成像)对操作者规划巡视器当天到第二天的正常运行至关重要。

一天典型的作业需要操作者仔细规划,并考虑巡视器能力的限制、通信窗口和预期的任务时限。因此,巡视器在开始一天的工作时,要等待其子系统的温度上升到工作范围。对于火星任务来说,可以以当地时间上午 10 点为目标,最大限度地利用太阳升起的热量,而不是完全使用电池的电热。根据与地球的通信窗口,地面控制中心和巡视器可能在整个任务的不同时间有通信机会。这些窗口用来上传新的指令,并从巡视器下载科学或遥测数据。那些对电力要求较高的作业,如横穿,应尽可能在当地中午前后进行(如 10 时～14 时),以最大限度地利用太阳能,必要时用蓄电池补充。在下午的后半段,应让蓄电池充电,这时可进行遥感,并下载当天的遥测数据。然后,以一种能够使它在夜间生存的状态(即通过适当的电池充电)来操作巡视器,完成一天的运行。第 6 章将进一步深入讨论行星机器人的正常操作和涉及的技术/工艺。

2.6.2　自主工作

在机器人任务中使用自主性主要是为了将地面干预减少到最低限度,并有效且高效地

追求作业目标。通过自主性实现的低延迟反应能力有助于在出现突发事件和情况时保持巡视器的安全和健康。前面第 1 章已经介绍了 ECSS 定义的自主性水平（即 E1~E4）。以 SFR 为例，巡视器要求最低自主性水平为 E3。这一要求意味着 GNC 子系统应与巡视器的星载执行控制软件协作，确保有效地进行相关的运动和导航操作。这包括与样本容器搜索有关的巡视器位置调整以及从一个样本点到另一个样本点的穿越。通过地面控制中心消除了许多审批环节，可以更快速地推进巡视器的作业计划。例如，当巡视器接到取样容器的指令时，它能够移动到目标位置，并细化其位置，以使采集设备到达样品容器。这涉及样品容器采集控制过程和 GNC 之间的协作。同样，当巡视器被引导到远程目标地点时，它应该能够在没有地面干预的情况下到达目标，同时保护巡视器免受任何危险或不安全情况的影响。

正如第 1 章和图 1-3 中所介绍的那样，设想未来的机器人将侧重于无需地面干预而完全自主的探测机器人（即自主性水平 E4）。然而，对机器人在处理非正常情况时能否做出与训练有素的人类操作者相同的决定存在疑虑，因此对全自主系统存在担忧。为了促进未来自主功能的实现，目前机器智能领域的研究主要集中在能够以透明、稳健的方式实现的解决方案上，通过机器人的决策可以与人类对应的决策进行测试和验证。目前，这些自主功能的采用主要面临两个障碍。一是来自一般人类的心理问题，鉴于缺乏类似人类的问责制，需要充分保证自主系统将按计划执行；二是来自空间部门的政治问题，在空间部门，历史上比较保守的做法往往被用来限制任何可能危及整个任务的感知风险。第 6 章详细介绍了操作自主权的权利，以及如何为行星机器人任务和系统设计操作自主权。本节只介绍系统级的设计要素。

2.6.2.1　自主功能

针对不同的目的或功能，可以用不同的方式来实现或达到自主性。低级功能通常用于保证机器人在正常运行过程中的安全，例如，使用 FDIR，它是机器人上的监控执行器，以应对异常情况、故障和重大错误。此外，还设想了额外的自主功能，以检测危险并采取必要的行动来保证机器人的安全和稳定，这将涉及使用 NavCam/HazCam、倾斜传感器和惯性测量单元（IMU）等建立感知。与机器人上运行的其他进程保持独立性是至关重要的，以确保异常或错误不会传播并导致功能停止或失败。这就要求自主功能的设计和实现要彻底，并确保对机器人实现有效保护。通过增加地面监测回路，并设置专门的操作断点，可以实现更多的保障措施。

一旦建立了对行星表面操作机器人的信心，就可以考虑更高级别的自主功能，以减少人类操作者的负荷。就巡视器例子而言，包括允许巡视器处理精确任务的功能，如在严格控制的条件下进行精确定位，或自主导航以及避免危险。用于导航的巡视器上的仪器必须为远程操作和自主操作提供必要的性能，需要注意各种设计问题：

1）从 IMU 到相机的传感器输入必须提供可靠和准确的数据（意味着尽可能没有漂移和误差）。

2）将 NavCam 安装在巡视器车体较低的位置，当巡视器接近危险时，可以获得更稳定的图像。

3）桅杆相机有更好的有利位置和地平线范围，但当车子在地表特征上晃动时，会受到左右摇摆的影响，有可能导致图像模糊，在设计视觉/导航处理回路时需要考虑到这一点。正如美国国家航空航天局的 MER 和 MSL 巡视器成功演示的那样，机身安装的照相机可作为主要的视觉导航辅助工具，而桅杆相机则可利用平移和倾斜装置自由地观察行星表面，既可用于科学研究，也可作为导航的额外辅助工具。

未来的行星飞行任务（如 SFR）将需要更先进的自主功能（除了 FDIR 和安全驱动的导航外），以便应对意外事件并重新规划行动。例如，如果巡视器在向目标行进的路径上遇到无法跨越的障碍物，它应该能够寻找替代路线并继续前进，实现在无人帮助的情况下完成行动的总目标。这代表了 E4 级的自主性或者面向目标的操作。

2.6.2.2　自主等级：遥操作与星载自主

行星机器人系统通常被认为是半自主或全自主系统（即 E2～E4），但毫无疑问，机器人系统的远距离操作（即 E1）在未来仍有可行和相关的任务场景，例如，以前的 Lunokhod 飞行任务所证明的月球飞行任务。预计人类还可能从火星轨道或火卫一上的定居点在火星表面操作巡视器。对于月球和火星来说，远程操作机器人可用于在人类到来之前准备地表基础设施或探索危险地点，机器人 GNC 可从人在回路中的操作中受益。阴暗的陨石坑和洞穴等地点是主要的科学目标，但由于电力存储是有限的（如果没有 RTG）且照明条件恶劣，需要进行快速并精确的探索。人工操作者天生具有更好的感知能力和控制在这些挑战性环境中运行的机器人的能力，并能迅速做出明智的决策，帮助机器人在前往目标的途中保持安全和健康。然而，远程操作存在漏洞，会严重影响人类操作者的实施效果，主要与链路延迟和准确性有关，下文将详细介绍。

1）预测。如果人类操作者站在机器人旁边进行实时"操纵杆"控制，控制回路中唯一明显的延迟就是操作者的反应时间，但前提是操作者能清楚地看到并立即修改机器人在环境中的行为。考虑到太空任务中固有的通信延迟（即使是最短的月地链路，单向通信也需要 1.5 s 左右），需要操作者提前预测机器人的情况。如果在远程控制回路中引入任何额外的通信延迟，操作者需要猜测机器人下一步的运动变化，从而影响其性能。

2）链路稳定性。由于可能出现的链路掉线、突发错误或传播条件的变化，通信链路和延迟的稳定性无法保证，因此，远程控制响应时间变得不可预测。可靠的链路可以保证数据按顺序到达，不会出现错误或重复，但这是由重传技术提供的，代价是链路时延的稳定性。在链路掉线，需要重新建立链路的情况下，通信延迟的可能性相当大。如果巡视器在链路中断之前收到地面控制中心的要求继续当前行程命令，那么在重新建立链路时，巡视器可能处于其他或危险的地点。在这种情况下失去控制会导致任务的失败。

3）反馈质量。人类在质量和分辨率方面的反馈控制是有限的，这可能会引入错误和盲点或导致分辨率缺失。由于人类操作者使用的数据受到带宽/分辨率的限制，通过图像和遥测数据来预测机器人的行为并不总是可靠的。这个就类似于电话会议和面对面会议。电话会议足以提供会议的大部分基本功能，但与实际会议相比，质量却大打折扣。在这种情况下，为了控制昂贵而复杂的太空硬件，在质量上的妥协可能是一个问题。对于在平坦和开阔的星表上行驶，驾驶员的错误或控制不准确的后果可能并不严重。但是，在放置仪器臂的过程中，操作者需要精确地放置巡视器，控制精度的不足会造成机器人的损坏（例如，与目标或周围环境发生碰撞）。因此，需要使用某种形式的精确控制。

4）外部或环境因素。一些环境因素可能会影响控制响应的时间。例如，巡视器的运动性能会因土壤特性、牵引条件和坡度而变化。这给实时操作增加了不确定性。可以利用车载控制层（指自主性）实现对测量到和感知到的危险即时响应，以防止潜在的灾害传播。

为了解决上述问题，并使远程操作具有潜在的可靠性和安全性，可以采用多种设计方案。

1）链路持久化。持久性遥控回路是围绕着无人值守切换原理进行的。这种设计要求所有的控制输入信号必须不断地提交给机器人，使其继续控制动作。当控制信号停止时，控制动作就会停止。因此，如果通信链路掉线，机器人就会停下来等待，防止出现当操作者不再控制机器人时，机器人继续在悬崖边上移动的情况。

2）链路强度安全裕度监控。对于远程操作机器人来说，失去与机器人的通信意味着缺乏控制和反馈，使其处于危险之中。当机器人出界或进入射频盲区时（例如，在一块大石头后面），这种情况就会发生。这种情况可以通过监测链路强度并确保信号裕度永远不会低于预定义的阈值来避免。如果信号裕度降到阈值以下，机器人就会停止、报警，并等待进一步的指令。这就需要操作者进行超控，然后采取谨慎的措施，将信号恢复到适当的水平。

3）控制信号有效寿命有限。远程操作的基本原理是依靠控制命令的有效性和及时发送以及有效反馈的接收。如果反馈数据在回传链路上有延迟，应标示为无效，并将巡视器的控制环节记为抑制。通过在每个监测或控制信号产生的时间和地点打上时间标记，就可以在读取信号时和使用前确定信号的时间。如果对控制信号设置时间限制，并将其作为有效性标准，就可以杜绝使用过时的和潜在的有害信息。这可以防止操作者依靠过时的信息来控制机器人。同样，如果给巡视器的控制信号在传输过程中出现延迟，并超过了编程的时效阈值，机器人就会将该信号视为无效信号，然后停止运行。

4）对错误、故障和危险的检测和管理。远程操作人员依靠数据反馈来控制机器人，这受到通信通道带宽、传感器的种类和精度、信息及时性的限制。操作人员对潜在危险的反应时间也许太慢、错误、不当或不精确。因此，有必要配备星载保障装置（如看门狗、FDIR、限位保护），监测机器人的情况，并在发现问题或异常时进行干预（如停止或切换到安全模式）。例如，星载避险功能可以检测到机器人的潜在危险，并在情况恶化之前及时做出反应，或者禁用操作员的远程控制输入，直到认为可以安全地继续操作。

5）实现远程操作与车载自主性之间的正确平衡。如前所述，远程操作的使用将受益于一些星载自主功能，以加强机器人的操作或确保机器人安全。在现实中，往往采用不同的自主性水平（从 E1 到 E4）或平衡远程操作和完全的星载自主性，以利用人类操作者的固有能力，以及在关键情况下的一些自主性功能，以减轻操作者的压力（如在丢失信号后恢复操作，或精确的仪器放置）。

2.7　子系统设计选项

本节用两个例子来说明行星机器人子系统级的设计方案，包括为机器人提供工作所需能量的能源子系统和热控子系统，这是整个系统设计的关键环节。

2.7.1　能源子系统

能源子系统必须为机器人系统提供足够的能量，以支持其需要，并满足完成任务目标所需的峰值电力需求。子系统的大小必须能够最大限度地延长操作和移动时间；此外，它必须能够应付非正常情况（例如，火星上的高光学深度），并需要易于收纳、展开，具有质量效能，以限制其对整体配置的影响。

从根本上讲，能源子系统的尺寸和质量与环境和星表运行要求有着内在的联系，如图 2-21 所示。平均而言，能源子系统占典型航天器在轨质量的 20%～30%，占其成本的 20%左右[119]。该子系统主要由 3 部分组成：发电/转换、储能、电源管理与分配。能源子系统的设计有一系列的选择，可以根据机器人系统的规格进行定制（见图 2-24）。

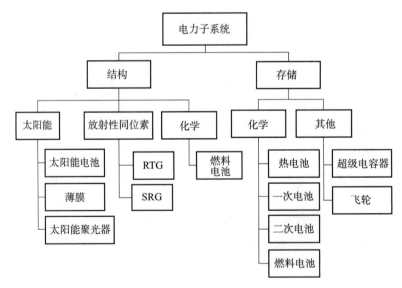

图 2-24　电源子系统设计方案

2.7.1.1　能源产生

机器人平台的发电功能可以通过多种方式实现，包括太阳能、核能或化学方式。由于化学方式的基本原理也是蓄电，因此在后面的蓄电部分进行讨论。

1）光伏发电。光伏或太阳能电池利用太阳能来发电。通过半导体层的排列，来自光源的光子被转化为电子。光伏发电子系统通常由太阳能电池、基板、面板或阵列结构以及可能的展开机构组成。然后使用储能器将产生的多余能量储存起来，供将来使用。这种技术被广泛用于各种星表应用，是目前大多数航天器的典型发电方式。太阳能电池板的适用范围是由在特定地点可利用的当地太阳能驱动的。地球上的太阳辐射（称为太阳常数）约为 1 366 W·m^{-2}，并且随着与太阳距离的增加而减少（见表 2-15）。这往往限制了太阳能电池板在内行星的使用。在火星之外，太阳能电池板需要过大的体积，这会限制其在航天器上的实施，导致不可能被部署到火星表面。

表 2-15　整个太阳系的太阳辐照

行星	距离/×10^9 m	平均太阳辐照度/(W·m^{-2})
水星	57	9 116.4
金星	108	2 611.0
地球	150	1 366.1
火星	227	5 88.6
木星	778	50.5
土星	1 426	15.04
天王星	2 868	3.72
海王星	4 497	1.51
冥王星	5 806	0.878

　　一旦进入地表，大气效应（如果存在的话）可能会影响太阳能电池板的发电能力或效率。为了最大限度地提高其效率，可能需要将太阳能电池"调整"到其工作地点的波长。例如，火星上的太阳能电池与陆地上的略有不同，因为考虑到被火星大气阻挡的不同波长。在最近成功的火星车任务（如 MPF/MER/MSL）中，人们对几年来大气效应和灰尘沉积对太阳能电池板的影响有了更多的经验[120-121]。空气中灰尘的定期积累是不可避免的，导致索杰纳号的太阳能平均输出下降 0.028%/sol。然而，事实证明，"清洁事件"在机遇号和勇气号两个火星车上已多次发生，火星沙尘暴将灰尘从太阳能电池板上吹走，从而清洁了太阳能电池板。太阳能电池板的清洁技术也已经研究了一段时间，例如使用机械刷、阵列的振动或吹压缩气体[122]。另一种涉及电动屏（EDS）的技术可以提供另外一种方便的清洁选择。该技术使用薄薄的透明薄膜，通过该薄膜传播电动波，将灰尘从目标区域带走[123-125]。

　　太阳能电池板代表了一种成熟的技术，它易于实现，并且相对经济。表 2-16 总结了太阳能技术的主要优缺点。该技术的主要设计要求基于要产生的功率水平、比功率（W·kg^{-1}）和任务的包装/存放方案。行星机器人的太阳能电池板可以根据任务和目的地以各种方式进行配置（如本体安装、面板、薄膜或依靠太阳能聚光器）。目前太空太阳能技术的水平可以在 1 AU 下提供约 150 W·kg^{-1} 的功率[119]。三结电池提供了 29% 左右的效率，按当前的发展趋势，预计 2017 年左右可得到效率为 33%～36% 的电池[119]。新的发展重点是低光低温（LILT）电池，可用于探索外行星[126-127]。

表 2 - 16　太阳能发电技术：优点和缺点

优点	缺点
轻量且经济的电力来源（与放射性同位素相比）	高度依赖环境条件（如灰尘、温度、辐射），且阴影区域不能发电
在轨和星表航天器方面的成熟技术	可能需要一个展开和正确定位的机构（特别是对陆上资产而言）
制造、集成和装配过程简单	由于太阳周期和场地地形/地貌（如阴影），电力生产不连续

2）放射性同位素电源。RTG 最简单的一种形式是利用放射性衰变产生能量的核电电源。在这样的装置中，合适的放射性物质衰变所释放的热量通过使用热电偶阵列的塞贝克效应转化为电能。这些装置既为系统提供电力又提供热量。通常情况下，RTG 用于前往太阳能量明显有限的外行星，或前往预计会出现极端条件或操作的内行星。通过解决表面太阳光通量的限制，在恶劣环境（如低温、低光照强度）下的操作可以通过提供额外的电力来增强，提供延长的日常操作、更大的机动性或更大的通信带宽。

迄今为止，一些核燃料已用于太空应用，表 2 - 17 概述了它们各自的特性。RTG 的理想选择应该是提供良好的功率密度、可控的工作温度（以防止机器人过热）以及低辐射（否则需要更多的屏蔽质量，以防止电子产品的显著加速退化、其他子系统和材料的退化）。迄今为止，基于钚的 RTG 提供了良好的比功率，并且与其他选择相比需要更少的屏蔽。然而，全球钚的供应量极其有限[128]，美国仅以 1.5 kg/a 的速度重新开始钚 238 的生产[129]。

表 2 - 17　放射性同位素燃料选择

燃油	属性
钚（Pu238）[130]	—高比功率（$0.5\ \mathrm{W\cdot g^{-1}}$）；寿命（半衰期 87.7 年） —主要来自美国，供应量不断减少，欧洲的供应量有限 —辐射比钋和镅低 —高技术成熟度和继承性好
钋（Po210）	—高比功率（$140\ \mathrm{W\cdot g^{-1}}$），但寿命有限（半衰期 138 天） —主要用作放射性同位素热源，不用于发电 —在月球车 1 号和 2 号中用作 RHU[28]
镅（Am241）[131]	—寿命长（半衰期 432 年），稳定、持久的功率输出 —低比功率，伽马辐射高于钚 —欧空局热衷于为未来的飞行任务开发此技术[132]

目前，美国主要开发和运行基于钚的 RTG 系统，如前面提到的 MMRTG，为 MSL 巡视器提供动力[39,41]。MSL MMRTG 是围绕着一个钚 238 核心建立的，由 8 个独立屏蔽的热源模块组成，在质量为 43 kg 的情况下，可以在 BOL 产生 125 W（一般为 100 W）[39]。另一种概念是先进的斯特林放射性同位素发生器（ASRG）[133] 的开发（美国国家航空航天局计划于 2013 年 11 月取消[134]），它通过较简单的 RTG 机械实现，使用工

作流体在斯特林热力学循环上运行。闭合循环系统将放射性同位素加热器模块的热量转化为往复运动，通过交流发电机转化为电能，从而产生交流或直流电。与典型 RTG 的热电转换相比，斯特林工艺提供了更高的系统效率，在相同输出的情况下，钚燃料的用量减少了 4 倍。与 MMRTG 提供的 $2.8\ \text{W} \cdot \text{kg}^{-1}$ 的比功率相比，ASRG 有望为 32 kg 的系统提供 140 W 的功率（即 $4.5\ \text{W} \cdot \text{kg}^{-1}$ 的比功率）[134]。未来的 RTG 有望达到 $6.4\ \text{W} \cdot \text{kg}^{-1}$，比目前这一代有显著改进。然而，这种改进需要适当的资金支持，以推动这些系统的发展。虽然放射性同位素动力源具有明显的优势，但它们也具有一些缺点，如表 2 - 18 所示，这些缺点会给实施带来困难。

表 2 - 18 放射性同位素动力源：优点和缺点

优点	缺点
• 稳定性——持续提供电力	• 质量——这种系统的质量很大，使得小型机器人无法作为其平台
• 独立——不依赖环境条件(适用于黑暗地区的长期任务，以及低照度/可变照度)	• 热能——连续生产大量热能，这可能导致难以在光照期间进行管理
• 寿命——适用于长时间的飞行任务、远距离飞行器、受太阳能电池板老化/退化影响的飞行任务	• TRL——非基于钚的系统的低技术成熟度。欧洲的发展正在进行中
• TRL——重要的太空遗产，即使主要是为了有针对性的任务(仅在星表上的几个)	• 可用性——钚 238 提供最有效的放射性同位素，但资源极其有限
	• 安全——集成与测试、燃料加注密封期间的人员操作均需要对照装舱合盖、运输、发射各阶段的失败案例进行必要性检查与最后确认，以避免相关风险隐患
	• 政治——美国 RHU/RTG 用美国发射器。俄罗斯系统用俄罗斯发射器

自 1961 年以来，美国已经在 24 次航天任务中成功发射了 42 个核动力源（即 41 个 RTG 和 1 个核反应堆）以及数百个 RHUs[135]。表 2 - 19 总结了其中的一些发展。在过去几年里，欧洲镅基热导系统的概念已被评估为钚 238 系统的替代物[136-137]。镅 241 的功率密度只有钚 238 的 1/4，因此基于镅的 RTG 和 RHU 系统必然会更笨重。然而，镅作为钚衰变的副产品或废物，比较容易获得[131]。

表 2 - 19 美国国家航空航天局的 RTG 实施情况[135,138]

型号	任务产出	最大功率输出/W	最大热量输出/W	同位素	燃料质量/kg	质量/kg	比功率/($\text{W} \cdot \text{kg}^{-1}$)
ASRG	发现计划	140 (2 × 70)	500	钚 238	1	34	4.1
MMRTG	MSL/好奇号巡视器	110	2 000	钚 238	4	<45	2.4
GPHS - RTG	卡西尼号(3)、新视野号(1)、伽利略号(2)、尤利西斯号(1)	300	4 400	钚 238	7.8	55.9~57.8	5.2~5.4
MHW - RTG	LES - 8/9、旅行者 1 号(3)、旅行者 2 号(3)	160	2 400	钚 238	4.5	37.7	4.2
SNAP - 3B	Transit - 4A (1)	2.7	52.5	钚 238	2.1	1.3	

续表

型号	任务产出	最大功率输出/W	最大热量输出/W	同位素	燃料质量/kg	质量/kg	比功率/(W·kg⁻¹)
SNAP - 9A	Transit 5BN1/2 (1)	25	525	钚 238	1	12.3	2.0
SNAP - 19	Nimbus - 3(2)、先驱者 10(4)、先驱者 11(4)	40.3	525	钚 238	1	13.6	2.9
Modified SNAP - 19	海盗 1 号（2）、海盗 2 号（2）	42.7	525	钚 238	1	15.2	2.8
SNAP - 27	阿波罗 12～17 号，ALSEP(1)	73	1 480	钚 238	3.8	20	3.65

3）其他电力解决方案。除了使用光伏发电和放射性同位素发电外，还有一系列方法可以为今后的实施提供替代选择。化学方案，如储存化学能动力系统（SCEPS）可以提供一个短寿命（几天）和高功率输出的方案。基于锂金属棒与六氟化硫的放热反应的概念被用作封闭的朗肯循环发动机的一部分来产生电力[139]。正在研究中的在鱼雷中广泛使用的发动机（例如，MK 50）[140]，为金星任务提案中的航天器提供动力[141-142]。同样，正在研究其他基于能量收集的概念，例如利用木星轨道的强辐射或木星本身的引力的电动系留[143]。

2.7.1.2　能源存储

除非发电功能和环境能提供持续的电力供应，否则机器人平台需要某种形式的电力存储，以应对高能量需求（如快速穿越）或低电量/无电量时间（如火山口勘探或夜间生存）。各种因素（如因环境、作业计划或特定地点固有的日/夜周期而导致的不规则照明模式）的存在使得电力存储的大小对任务操作至关重要。与发电类似，蓄电可以通过多种方式实现。典型的方法是依靠电池和燃料电池等化学过程。动力存储功能的选择和规模由具体的应用和任务要求驱动。这些要求将根据任务持续时间、为支持发电而瞬间提供的电力量以及太空环境而变化。图 2 - 25 总结了不同技术的运行范围和适用领域，这表明：1）当在有限的持续时间内需要高比功率时，电池是合适的选择，其特点是比能量较低；2）燃料电池通常适合于长时间需要高比能量的情况，这使其对需要长时间低功率消耗的应用特别有效。

•电池。电池已被广泛用于各种空间和各种探索任务。为了支持短寿命和长寿命的应用，已经设计了不同种类的电池来满足特定的需求。典型的星表任务使用两到三种类型的电池，如热电池、一次电池和可充电电池。以 MER 飞行任务为例，这些电池类型描述如下[36,144]：

➢热电池。热电池针对的是高能、短时的功率释放，如启动火药。当需要能量时，电池会引发独特的、不可逆的化学反应，导致快速发电，但只提供几分钟的放电。这些电池是 EDL 等瞬时操作的理想选择，因为这些操作需要瞬时的大功率来驱动各种系统组件。例如，MER 使用两块 $Li - FeS_2$（主电池和备用电池）来驱动 6 个高温炉（每个 6 A），以分离巡航器和着陆器。

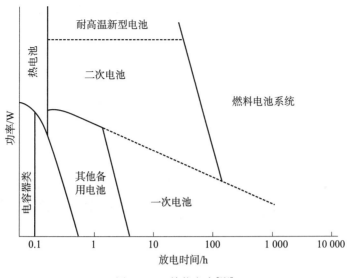

图 2 - 25 储能方案[126]

➤一次电池。如果需要长时间运行，一次电池可以提供数小时的放电，但被设计为仅可使用一次。与二次电池相比，它们的化学构成提供了更高的比能量。锂-硫是太空应用最广泛的一次电池类型之一。最近的发展表明，一种称为单氟化锂（$Li - CF_x$）的电池可望有重大改进。这些电池的理想特点是放电率高，发热量低，无需主动冷却，比能量和能量密度高，寿命长。MER 任务使用了一个主电池，在 1.25 h 内提供 650 W·h，峰值功率为 250 W，支持关键的 EDL 序列，直至巡视器和太阳能电池板完全部署之前，巡视器都可在星表上站立。蓄电池组件由 5 个平行的电池串组成，每个电池串由 12 个 D 型电池组成，是一个36 V/34 Ah（−1 200 Wh）的电源。表 2 - 20 总结了一次电池的典型特征，表 2 - 21 介绍了一次电池优点和缺点。

表 2 - 20 一次电池的典型特征[144]

种类	构成	任务	比能量/ $(W·h·kg^{-1})$	能量密度/ $(W·h·L^{-1})$	工作的温度范围/℃	使用寿命/a	存在的问题
$Li - SO_2$	能量电池	伽利略探测器、创世纪 SRC、MER 着陆器、星尘 SRC	238	375	−40～70	<10	电压延迟
$Li - SOCL_2$	能量电池	索杰纳号、深度撞击号、DS - 2、半人马座发射器	200～250	380～500	−20～30	<5	严重的电压延迟
$Li - CF_x$	小电池	—	614	1051	−20～60		低功率容量

表 2 - 21　一次性电池：优点和缺点[143,145]

优点	缺点
· 成本低	不太适合重载/高放电率性能
· 高比功率(W·kg^{-1})和低比容(L·kg^{-1})	· 不太适用于负载均衡、应急备用、混合动力电池
· 对环境条件的依赖性较低(温度除外,但比二次电池的依赖性要低)	· 中等比能量(100~250 W·h·kg^{-1})
· 工作温度范围(−40~70 ℃),通常比当前的可充电技术更宽	· 辐射耐受性不确定
	· 电压延迟

➢二次电池。二次电池作为一次电池的补充,由于其对所需载荷和应用类型（在轨或行星表面）的高度适应性、可扩展性和模块化,在太空探索中得到了广泛应用。二次电池通常用于在两次充电周期之间提供数小时的放电时间。尽管二次电池用途广泛,但它们也会遭受严酷的太空环境,如果不实施缓解策略,可能会大大降低其性能。特别是,当任务需要长期暴露在极热和极冷条件下时,固有的严格的工作和生存温度范围会对热控制设计造成挑战。在实施方案中,基于锂的技术是迄今为止最有希望的选择。锂离子充电电池通常在比能量方面具有最佳性能（高达 190 W·h·kg^{-1})。表 2 - 22 概述了过去和当前太空飞行任务中使用的二次电池的典型特征。特别是高级的探索任务对能源需求的日益增长要求对现有的锂离子技术进行进一步的改进。这推动了对更大容量可充电电池的新技术进行研究的需求,其中锂金属电池已显示出前景。尽管存在安全和寿命周期性能方面的问题,但锂空气电池仍令人感兴趣。可再生能源和电动汽车的蓬勃发展推动了可充电电池技术在星表任务中的快速发展,以提供更高的能量密度（见表 2 - 23 中未来十年的路线图)。预计这些技术的太空资格认证将同时进行,以支持未来的任务概念。

表 2 - 22　太空二次电池的特点[119,144]

种类	任务	比能量/ (W·h·kg^{-1})	能量密度/ (W·h·l^{-1})	工作的温度范围/℃	设计寿命/a	循环寿命	存在的问题
Ag - Zn	探路者着陆器	100	191	−20~25	2	100	·电解质泄漏,寿命有限
Ni - Cd	Landsat、TOPEX	34	53	−10~25	3	25 K~40 K	重,低温性能差
超级 Ni - Cd	Sampex	28~33	70	−10~30	5	58 K	重,低温性能差
IPV Ni - H$_2$	ISS, HST, Landsat 7	8~24	10	−10~30	6.5	>60 K	重,低温性能差
CPV Ni - H$_2$	Odyssey, Mars 98 MGS, Stardust, MRO	30~35	20~40	−5~10	10~14	50 K	重,低温性能差
SPV Ni - H$_2$	Clementine, Iridium	53~54	70~78	−10~30	10	<30 K	重,低温性能差

续表

种类	任务	比能量/ $(W \cdot h \cdot kg^{-1})$	能量密度/ $(W \cdot h \cdot l^{-1})$	工作的温 度范围/℃	设计寿 命/a	循环寿命	存在的问题
Li-ion	MER Rover, Curiosity[119]	90~110[119]	250	−20~30	1	＞500	有限寿命 TRL9
Li-ion	InSight[119]	140[119]	TBC	−30~35	TBC	＞500	TRL6
Li-ion	Europa Flyby[119]	220[119]	TBC	−10~40	TBC	TBC	TRL5

表 2-23　星表可充电电池的发展路线图

种类	能量密度/$(W \cdot h \cdot kg^{-1})$	时限
LiFePO₄	120	2012
LiCoO₂	180	2012
NCM/Gr	230	2012
NCM/Alloy	260	2013
TMO/TiO$_x$	310	2014
Adv TMO/TiO$_x$	410	2015
Zn-air	1 100（理论）	2015＋
Li-S	2 600	2015＋
	＞350[119]	2015
Li-air	5200（理论）	2020＋

资料来源:更新自参考文献［146］和［119］。

· 燃料电池（FCs）。燃料电池是一种电化学装置，能够将化学反应的能量直接转化为电能。与电池不同的是，燃料电池是一个能量转换系统，只要电极处有燃料和氧化剂，就能产生电能。限制 FCs 寿命的主要因素是组成材料的劣化或腐蚀。FCs 主要有两类：一类是化学反应的产物不能转化为试剂的非再生性 FCs，另一类是可以利用额外的反应从其产物中回收试剂的再生性 FCs。FCs 已经广泛用于太空飞行任务，特别是载人航天飞行，如阿波罗指令与服务舱和美国国家航空航天局航天飞机轨道器上的非再生性氢氧 FCs。

由于在这一领域进行了大量的研究，目前有几种类型的 FCs 处于不同的发展阶段。它们可以根据其具体特征进行分类，如试剂种类、燃料的形成地点（堆外或堆内的"重整器"）、电解质类型和工作温度。目前最常用的分类标准是电解质类型和电池工作温度。FC 的尺寸参数主要集中在两个参数上，即决定堆体尺寸的输出功率和决定储能尺寸的能量需求（即反应物）。FCs 的主要技术包括以下几种：

· 碱性燃料电池（AFC）；

· 磷酸燃料电池（PAFC）；

· 质子交换膜燃料电池（PEMFC）；

· 直接甲醇燃料电池（DMFC）；

- 熔融碳酸盐燃料电池（MCFC）；
- 固体氧化物燃料电池（SOFC）；
- 中温固体氧化物燃料电池（ITSOFC）。

表 2 - 24 概述了已确定的 FC 备选方案的主要工程特点。由于 DMFC 是 PEMFC 的一个子集，因此表中没有重复描述。根据该表，PEMFC 技术脱颖而出，因为它需要较低的工作温度，并提供相对较好的功率密度。这种 FCs 可以达到 60% 的效率，并且可以在相对较低的堆温（约 50~100 ℃）下工作。对于再生式 H_2-O_2 PEMFCs，可以考虑采用两种反应物存储方式，如高压存储或低温存储。与高压存储相比，反应物的低温存储将质量减少到 1/2，体积减少到 1/4[147]。采用低温储存的再生式 PEMFC 有可能提供大于 1 000 $W \cdot h \cdot kg^{-1}$ 的功率，但目前的 TRL 只有 3~4，需要大力发展技术。带有加压反应物的再生式 PEMFC 在不久的将来有望达到 550 $W \cdot h \cdot kg^{-1}$ 左右的比能量。

表 2 - 24　燃料电池技术和典型特征[148]

参数	AFC	PAFC	PEMFC	MCFC	ITSOFC	SOFC
电解质	30%~50% KOH	浓 H_3PO_4	聚合物膜	熔融 Li_2CO_3-K_2CO_3	有待开发	钇稳定的 ZrO_2
温度/℃	90~100	150~200	50~100	600~700	600~800	800~1 000
电气效率/(%)	55~60	35~40	50~60	45	—	35~45
功率密度/($mW \cdot cm^{-2}$)	300~500	150~300	300~900	150	—	150~300
启动	最小值	1~4 h	最小值	5~10 h	几小时	5~10 h

一般来说，低温 FCs 在限制系统质量方面更有前景，但也带来了更多的技术挑战。例如，低温流体（如氢气和氧气）的长期管理可能是困难的。此外，为了维持反应物的形态以及电解后的液化，还需要额外的动力和额外的设备，这会大大降低使用低温技术的收益。该技术的小型化也并非易事。日本宇宙航空研究开发机构（JAXA）目前正在开发用于月球和行星任务的 100 W 级再生聚合物电解质 FC[149]。在实验室环境中设计并测试了一种单元化再生 FC（即 FC 堆和电解器结合在一起）。在 100 W 装置运行过程中，观察到稳定的 FC 和电解反应，有助于将该技术提升到 TRL4。

试剂的再生为行星探索提供了一个有价值的功能，太阳能也可以在任务过程中使用。然后，当照明不规则或预计长时间处于黑暗中时（例如，勘探洞穴和黑暗的陨石坑），可以使用 FC。当机器人恢复全光照时，FC 可由传统太阳能电池板的能量再生[150]。

2.7.2　热控子系统

太阳系的所有行星和卫星都可以找到探索的范围，每个行星和卫星由于当地的日照、大气层是否存在以及其典型的昼夜周期而具有不同的热环境。为了在这些环境和波动的热力条件下运行和生存，设计热力控制系统（TCS）是至关重要的，以使机器人平台的每一个部件在任务过程中保持在生存和工作温度之内。表 2 - 25 总结了一些关键机器人组件的温度范围。为了管理这两种极端情况，TCS 必须能够在冷箱中产生热量和保存热量，以及在热箱中有效散热。

表 2 - 25　机器人组件的典型温度范围

组成部分	工作温度/℃	生存温度/℃
数字电子	0～50	−20～70
模拟电子	0～40	−20～70
电池	10～20	0～35
太阳能板	−100～125	−100～125
电机(例如 MER[35])	−70～45	−120～110

图 2 - 26 展示了 TCS 的主要功能和设计方案。由于材料的固有特性，TCS 的每个功能都可以被设计成被动式（如多层隔热材料或涂层），或者通过驱动、通电或控制 TCS 的主动式（如电加热器或环形热管）。通常情况下，主动式设计可以提供更大的温度控制，但比被动式设计更重，而且还需要电源。

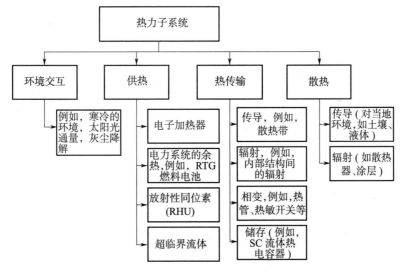

图 2 - 26　热控子系统设计方案

2.7.2.1　加热/控温方案制定

TCS 设计需要确定一些影响系统设计的关键因素。对于典型的机器人系统以及扩展到更广泛的概念来说，热控子系统由提供相反操作需求的两种情况驱动。这两种情况显著地影响着热控子系统的设计以及机器人系统的整体配置。

1）暖型案例。这种情况在太阳光照期间使用，要求系统处理来自环境或其内部过程的多余热量。它代表了散热的大小情况。因此，系统必须：

- 从散热器表面提供有效的热量回流；

- 保护散热器不受太阳辐射和地热的影响；

- 将散热装置与散热器表面有效地连接起来；

- 为机器人本体隔热，使其免受太阳能和地热的影响；

- 减少机器人的耗散，以减少所需的散热器面积；

- 最大限度地提高设备的允许温度，以减少所需的散热器面积。

2) 冷案例。本案例代表了机器人系统处于没有太阳光照的黑暗中。在这种情况下，机器人必须节约能源，并尽量减少环境中的热量损失。它代表了热输入的大小情况。因此，系统必须：

- 在机器人体内保持热量；

- 使散热器表面与机器人和/或空间脱钩；

- 隔离机器人本体以保持热量；

- 提供额外的热量，使机组保持在其温度下限以上。

2.7.2.2　热量供给

可以通过多种方法为机器人系统提供热量：

1) 电加热器。电加热器是将电能转化为热能的最简单方法，它是通过电阻使其散热。由于质量小、作业方便，被广泛用于航天探索任务中。它们通常与恒温器或固态控制器一起使用，以精确调节特定组件的温度。同样，它们也可用于在组件开启前将组件预热到其最低工作温度（例如，早上的运动子系统）。由于依赖能源子系统提供能量，这种方法受到它能产生的能量的限制，也许对某些情况并不适用。例如，如果巡视器需要度过长时间的黑暗（如月夜 200 h），需要 15 W，这相当于 3 000 Wh 的热能，因此需要电池质量在几十千克。

2) 电力系统余热。当电力子系统不能随时向电热器提供电力时，可以利用电力子系统的余热。例如，核电源或放射性同位素电源可以产生大量的额外热量，机器人系统在热情况下，需要处理这些热量。在冷的情况下，运用额外的热量让机器人适当保暖，以便使其在极寒的情况下生存。同样，FC 电源每产生 1 W 电能，其散热量约 1.3～1.5 W。因此，100 W 的 FC 可以散发约 130～150 W 的热量。

3) 放射性同位素加热装置。RHU 是通过放射性衰变产生热量的小型加热装置，但不产生电能。最简单的形式是，将一小块放射性材料（如钚或钋）的核心嵌入一个保护性外壳中，可在必要时安装在航天器上，在局部提供已知数量的热量。由于产生的热量是持续的，因此需要在热情况期间进行管理。这些装置的运行温度约为 300 ℃，因此机械安装和热设计尤为重要。虽然在机械上很简单，但 RHU 的使用也带来了其他问题，主要是在机器人系统集成和发射过程中的放射性安全问题。此外，发射和巡航过程中的热管理对系统和任务的安全和生存也至关重要。

迄今为止，只有俄罗斯、美国及中国（近期）研制了 RHU，而且都使用了钚。俄罗斯的"天使"型号可提供 8.5 W 的热量，美国的轻型放射性同位素加热器装置

（LWRHU）可提供 1W 的热量。这种小型装置通常以 1W 的增量为系统提供必要的热量。MER 巡视器分别使用了 8 个 RHUs。伽利略号、卡西尼号/惠更斯号、MPF 和 MER 等一系列太空和行星任务都使用了 RHU。该技术已经得到验证，可以在整个任务周期内提供可靠的发热。值得注意的是，除了使用放射性同位素的技术方面外，政治方面也是一个实际问题。到目前为止，RHU 的发射只能通过原产国才能实现，也就是说，美国的发射装置中只使用美国制造的 RHU，与俄罗斯类似。

4）超临界流体。近来，在基于超临界流体（SCF）的热能存储技术的开发方面取得了重大进展，该技术可以利用两相态和热态下的潜热和显热来捕获和存储热量。超临界状态，同时通过利用高压缩性减小了所需的体积。通过合理选择具有高汽化潜热、高比热、低气压等关键性能的工作流体，可以优化储能和压力[151]。

尽管基本原理已经被人们所熟知，这种相对较新的技术装置的开发目前还停留在较低的 TRL（即 TRL4），例如 UCLA/JPL 等研究机构已经在研究 5 kW·h 的星表应用样机，并致力于将其发展到 10～30 kW·h[151]。面向太空的产品既没有走出研究实验室，也没有为现场做好准备。一个例子是针对需要高压和高温达到 1 000～1 200 K 的布雷顿循环的研究[152]。

2.7.2.3　热量管理（热传导和热耗散）

热量管理有 3 种方式。通过工作流体传热的对流；通过工作流体以外的材料传热的传导；通过电磁波（如红外线）传热的辐射。根据具体的热力情况，对热量的管理既适用于内流，也适用于外流。

1）多层隔热。多层隔热材料提供了一种有效的手段，以减少从车体到环境的辐射热传递，反之亦然。它们由许多用铝或银金属化的 Kapton 或 Mylar 制成的薄层组成。使用薄的隔离网或稀松布来防止不同层的相互接触，并使层之间的传导最小化。MLI 特别适用于真空操作，如探索无空气的天体，因此在对流更显著的环境中（如有大气层的星球）效率不高。MLI 的设计取决于任务的具体环境。例如，为了在月球环境的冷热极端条件下生存，巡视器可以使用低太阳吸收率的外层隔热层，以减少长时间持续光照期间吸收的热量，并使用低红外发射率，以减少长时间黑暗期间损失的热量。以前的登月和火星飞行任务都告诉我们，机器人系统的外表面很容易被灰尘所覆盖。在任务期间，灰尘沉积往往会增加 MLI 吸收率和发射率，从而降低 MLI 的性能。

2）散热器。散热器用于将热量辐射到寒冷的环境（例如，深空）。虽然它们具有不同的形状和大小，但通常将它们设计为高反射表面，并安装在阴影面上。以巡视器平台为例，在倾斜地形上的操作可能会驱动 TCS 设计和巡视器配置。如月球车的目标是月球南极，那里的太阳角很低（也就是说，当月球车在平地上运行时，只有车体面向太阳的侧面受到明显的照射；但如果月球车在斜坡上运行，太阳通量相对于月球车的角度就会增大）。散热器的设计（如形状和屏蔽）必须考虑这些因素，以便控制太阳光通量的影响，可以通过限制巡视器的运行来避免太阳对散热器表面的直接照射，或者修改整体设计，使散热器表面产生阴影。同时，也可以采用环形热管和热开关相结合的方式，进一步管理和控制散热器的散热。如果月球灰尘覆盖在散热器表面,将对散热器的性能产生负面影响。在 TCS 设计中必须考虑散热器表面的位置以及减少灰尘的措施,例如,将散热器安装在顶部表面,可以避免巡视器运行期间的灰尘污染,但一些灰尘会从月球表面浮出并沉积在巡视器的水平面上,且随着时间的推移逐渐影响如此定位的任何辐射面。

3)热开关。使用导电带与散热器连接是一种可靠的传热方式;然而,机器人在寒冷情况下的生存需要尽可能减少与散热器的传导路径。热开关是一种可变热阻的装置,可发挥良好的热导体或良好的热绝缘体的双重作用[153]。已经为太空应用开发了许多不同的热开关配置,主要用于卫星的低温系统。现有的发展包括使用相变材料(石蜡)来创建一个简单的"致动器",当石蜡是固体时,允许两板子分开,当石蜡变成液态时,过渡到接触状态。Starsys Pedestal 开关在 $100g$ 时,两种状态之间的热导比为 100:1(最大 0.73 W·K^{-1} 和 0.007 5 W·K^{-1})[153]。

4)环形热管。LHP 于 20 世纪 80 年代初在俄罗斯发明[154],它是一种利用工作流体的蒸发和冷凝传热,并利用细小多孔灯芯所形成的毛细力使流体循环的两相传热装置。近年来,它作为一种热控制装置在太空应用中得到了迅速的认可,例如,火星[155-156]和月球项目[157],一些任务概念[101]将 LHPs 作为其 TCS 设计的核心。这些设计通常允许将关键部件热量转移到散热器上,并且可以有效地关闭以限制寒冷情况下的散热。与其他更简单的方法(如热带和开关)不同,LHPs 可以在更远的距离内有效地传输热量。已经研究了更小的版本,以提供更接近传统热开关的外形尺寸的高效率热开关。类似这样的发展已被报道,在 $146g$ 的条件下,采用蒸汽调节环形热管(VMLHP),其热导比为 580:1 (3.5 W·K^{-1} 最大值,0.006 W·K^{-1} 最小值)[158]。

5)其他无源方法。TCS 的设计是一个整体性的工作,要考虑到环境、机器人系统的运行和每个星载子系统的热能力。应该始终研究一些简单或者被动的方法,因为它们更易于实现且更具成本效益。例如,根据特定需求定制的表面涂层(如吸收率或发射率)或隔热材料(如原则上类似于双层玻璃窗的气隙[60],以及气凝胶),可以帮助解决机器人系统的一些热约束。

2.7.2.4 权衡方案

以巡视器系统为例,表 2-26 列出了 TCS 的主要功能和权衡设计方案。

表 2-26 巡视器的典型热权衡设计方案

功能	权衡设计方案
巡视器车身加热和热控制	·夜间电加热对电池尺寸的相关影响 ·RHU 和拒绝废热的必要性 ·用于电力的 RTG 和废热问题 ·巡航环境和与着陆器的相互作用
巡视器车身散热	·辐射面的位置 ·需要定向散热器,以避免表面的热流 ·避免灰尘在表面堆积 ·巡航环境和与着陆器的相互作用

续表

功能	权衡设计方案
巡视器车身隔热	· MLI 外表面(灰尘堆积,静电敏感设备) · 夜间散热器解耦 · 用百叶窗或太阳能电池板覆盖表面 · 带有二极管的环形热管(如 ExoMars) · 热敏开关(单元 I/F 和散热器之间的相变材料) · 巡视器车身气隙[52]
附件热控制	· 附件的预期温度范围和设备可接受性 · 防止太阳通量和夜间加热的方法 · 夜间撤回设备

参 考 文 献

[1] Doran, G.T. (1981) There's a smart way to write management's goals and objectives. Management Review, 70 (11), 35 – 36.

[2] Mannion, M. and Keepence, B. (1995) Smart requirements. ACM SIGSOFT Software Engineering Notes, 20 (2), 42 – 47.

[3] Gwynne, K. (2013) How to Write Smart Requirements, International Institute of Business Analysis, Columbus, OH.

[4] Spencer, D.A., Blanchard, R.C., Thurmann, S.W., Braun, R.D., Peng, C.- Y., and Kallemeyn, P. H. (1998) Mars Pathfinder Atmospheric Entry Reconstruction. NASA Technical Report, American Astronomical Society, 98.

[5] Flandin, G., Polle, B., Frapard, B., Vidal, P., Philippe, C., and Voirin, T. (2009) Vision based navigation for planetary exploration. 32nd Annual AAS Rocky Mountain Guidance and Control Conference.

[6] Parreira, B., Vasconcelos, J.F., Oliveira, R., Caramagno, A., Motrena, P., Dinis, J., and Rebord ao, J. (2010) Performance assessment of vision based hazard avoidance during lunar and martian landing. Proceedings of 7th International Planetary Probe WorNshop, Barcelona, Spain.

[7] Johnson, A.E., Klumpp, A.R., Collier, J.B., and Wolf, A.A. (2002) Lidar – based hazard avoidance for safe landing on mars. Journal of Guidance, Control, and Dynamics, 25 (6), 1091 – 1099.

[8] Prakash, R., Burkhart, P.D., Chen, A., Comeaux, K.A., Guernsey, C.S., Kipp, D.M., Lorenzoni, L.V., Mendeck, G.F., Powell, R.W., Rivellini, T.P. et al. (2008) Mars science laboratory entry, descent, and landing system overview. Aerospace Conference, 2008 IEEE, pp. 1 – 18.

[9] Laspace (2015) Automatic Station Luna 16.

[10] Siddiqi, A.A. (2002) A Chronology of Deep Space and Planetary Probes 1958 – 2000, Monographs in Aerospace History, vol. 24, National Aeronautics and Space Administration, Washington, DC.

[11] Akyildiz, L.F., Su, W., Sankarasubramaniam, Y., and Cayirci, E. (2002) A survey on sensor networks. IEEE Communications Magazine, 40 (8), 104 – 112.

[12] Ezell, E.C. and Ezell, L.N. (2013) On Mars: Exploration of the Red Planet, 1958 – 1978 The NASA History, Courier Corporation.

[13] Space Studies Board et al. (1999) A Scientific Rationale for Mobility in Planetary Environments, National Academies Press.

[14] NASA, Viking Lander Model, NASA/JPL – Caltech/University of Arizona – http://www.nasa.gov/multimedia/imagegallery/image_ feature_2055.html.

[15] NASA (1999) Nasa Fact Sheet – Mars Pathfinder.

[16] NASA/JPL (1999) An Artist's Concept of the Mars Polar Lander on Mars.

[17] Bonitz, R.G., Nguyen, T.T., and Kim, W.S. (2000) The Mars surveyor'01 rover and robotic arm. Aerospace Conference Proceedings, 2000 IEEE, vol. 7, pp. 235 - 246.

[18] NASA (2008) Phoenix Landing - Mission to the Martian North Pole, Press Kit, NASA.

[19] Lebreton, J. - P. and Matson, D.L. (2003) The Huygens probe: science, payload and mission overview, in The Cassini - Huygens Mission, Springer - Verlag, pp. 59 - 100.

[20] Schilling, K., De Lafontaine, J., and Roth, H. (1996) Autonomy capabilities of European deep space probes. Autonomous Robots, 3 (1), 19 - 30.

[21] Clausen, K.C., Hassan, H., Verdant, M., Couzin, P., Huttin, G., Brisson, M., Sollazzo, C., and Lebreton, J.- P. (2003) The Huygens probe system design, in The Cassini - Huygens Mission, Springer - Verlag, pp. 155 - 189.

[22] Clemmet, J. (2015) Beagle 2 discovered - entry, descent & landing and mission outcome. UK Space Conference.

[23] Bridges, J.C., Seabrook, A.M., Rothery, D.A., Kim, J.R., Pillinger, C.T., Sims, M.R., Golombek, M.P., Duxbury, T., Head, J.W., Haldemann, A.F.C. et al. (2003) Selection of the landing site in Isidis Planitia of Mars probe Beagle 2. Journal of Geophysical Research: Planets (1991 - 2012), 108 (E1), 1.

[24] Wright, I.P., Sims, M.R., and Pillinger, C.T. (2003) Scientific objectives of the Beagle 2 lander. Acta Astronautica, 52 (2), 219 - 225.

[25] Sims, M.R., Pillinger, C.T., Wright, I.P., Morgan, G., Praine, I.J., Fraser, G.W., Pullan, D., Whitehead, S., Dowson, J., Wells, A. A. et al. (2000) Instrumentation on Beagle 2: the astrobiology lander on ESA's 2003 Mars Express mission. International Symposium on Optical Science and Technology, International Society for Optics and Photonics, pp. 36 - 47.

[26] Bibring, J. - P., Rosenbauer, H., Boehnhardt, H., Ulamec, S., Biele, J., Espinasse, S., Feuerbacher, B., Gaudon, P., Hemmerich, P., Kletzkine, P. et al. (2007) The Rosetta lander ("philae") investigations. Space Science Reviews, 128 (1 - 4), 205 - 220.

[27] Petrov, G.I. (1972) Investigation of the moon with the Lunokhod 1 space vehicle. Space Research Conference, vol. 1, pp. 439 - 447.

[28] Malenkov, M. (2015) Self - propelled automatic chassis of Lunokhod - 1: history of creation in episodes. Proceedings of 2015 IFToMM Workshop on History of Mechanism and Machine Science.

[29] Kassel, S. (1971) Lunokhod - 1 Soviet Lunar Surface Vehicle. Technical report, R - 802 - ARPA, DTIC Document.

[30] Kemurdjian, A.L., Gromov, V.V., Kazhukalo, I.F., Kozlov, G.V., Komissarov, V.I., Korepanov, G.N., Martinov, B.N., Malenkov, V.I., Mitskevich, A.V., and Mishkinyuk, V.K. (1993) Soviet developments of planet rovers in period of 1964 - 1990. Missions, Technologies, and Design of Planetary Mobile Vehicles, 1, 25 - 43.

[31] Waye, D.E., Cole, J.K., and Rivellini, T.P. (1995) Mars pathfinder airbag impact attenuation system. 13th AIAA Aerodynamic Decelerator Systems Technology Conference, pp. 109 - 119.

[32] Matijevic, J. (1996) Mars pathfinder microrover - implementing a low cost planetary mission experiment. 2nd IAA International Conference on Low - Cost Planetary Missions, CiteSeer,

pp.16 – 19.

[33] Stone, H.W. (1996) Mars Pathfinder Microrover: A Small, Low – Cost, Low – Power Spacecraft, Jet Propulsion Laboratory.

[34] NASA (2003) NASA Press Kit – Mars Exploration Rovers.

[35] Fleischner, R. (2003) Development of the Mars exploration rover instrument deployment device.

[36] Ratnakumar, B.V., Smart, M.C., Halpert, G., Kindler, A., Frank, H., Di Stefano, S.D., Ewell, R., and Surampudi, S. (2002) Lithium batteries on 2003 Mars exploration rover. Battery Conference on Applications and Advances, 2002. The 17th Annual, IEEE, pp. 47 – 51.

[37] NASA (2011) NASA Launch Kit – Mars Surface Laboratory.

[38] Principal Author Billing, R. and Co – Author Fleischner, R. (2011) Mars Science Laboratory Robotic Arm. 14th European Space Mechanisms & Tribilogy Symposium – ESMATS.

[39] Hammel, T.E., Bennett, R., Otting, W., and Fanale, S. (2009) Multi – mission radioisotope thermoelectric generator (MMRTG) and performance prediction model. Proceedings of International Energy Conversion Engineering Conference (IECEC 2009), pp. 2 – 5.

[40] Woerner, D., Moreno, V., Jones, L., Zimmerman, R., and Wood, E. (2012) The Mars Science Laboratory (MSL) MMRTG in Flight: A Power Update.

[41] Ritz, F. and Peterson, C.E. (2004) Multi – mission radioisotope thermoelectric generator (MMRTG) program overview. Aerospace Conference, 2004. Proceedings. 2004 IEEE, vol. 5, IEEE.

[42] Liu, J.J., Zhang, H.B., Su, Y., Li, H., and Li, C.L. (2015) Te Chang'e 3 misison: one year overview. 46th Lunar and Planetary Science Conference.

[43] Ip, W.H., Yan, J., Li, C.L., and Ouyang, Z.Y. (2014) Preface: the Chang'e – 3 lander and rover mission to the Moon. Research in Astronomy and Astrophysics, 14 (12), 1511.

[44] NASA (2013) The ExoMars Programme, NASA PPS. NASA.

[45] Giorgio, V. (2014) ExoMars – two programs, one mission, in Planetary Exploration Symposium, TU Delft.

[46] Matti, E.A. (2005) Concept evaluation of Mars drilling and sampling instrument.

[47] Mühlbauer, Q., Ng, T.C., Paul, R., Schulte, W., Richter, L., and Hofmann, P. (2013) Technologies for automated sample handling and sample distribution on planetary landing missions. Proceedings of ASTRA, ESA.

[48] Griffiths, A.D., Coates, A.J., Jaumann, R., Michaelis, H., Paar, G., Barnes, D., and Josset, J.- L. (2006) Context for the ESA ExoMars rover: the Panoramic Camera (PanCam) instrument. International Journal of Astrobiology, 5 (03), 269 – 275.

[49] Corbel, C., Hamram, S., Ney, R., Plettemeier, D., Dolon, F., Jeangeot, A., Ciarletti, V., and Berthelier, J. (2006) WISDOM: an UHF GPR on the ExoMars mission. AGU Fall Meeting Abstracts, vol. 1, p. 1218.

[50] Plettemeier, D., Ciarletti, V., Hamran, S.- E., Corbel, C., Cais, P., Benedix, W.- S., Wolf, K., Linke, S., and Roeddecke, S. (2009) Full polarimetric GPR antenna system aboard the ExoMars rover. Radar Conference, 2009 IEEE, IEEE, pp. 1 – 6.

[51] Josset, J.- L., Westall, F., Hofmann, B.A., Spray, J.G., Cockell, C., Kempe, S., Griffiths, A. D., De Sanctis, M.C., Colangeli, L., Koschny, D. et al. (2012) CLUPI, a high – performance

imaging system on the ESA – NASA rover of the 2018 ExoMars mission to discover biofabrics on Mars. EGU General Assembly Conference Abstracts, vol. 14, p. 13616.

[52] Baglioni, P. et al. (2013) ExoMars project 2018 mission: rover development status. Proceedings of ASTRA.

[53] Lopez – Reyes, G., Rull, F., Venegas, G., Westall, F., Foucher, F., Bost, N., Sanz, A., Catalá – Espí, A., Vegas, A., Hermosilla, I. et al. (2013) Analysis of the scientific capabilities of the ExoMars Raman laser spectrometer instrument. European Journal of Mineralogy, 25 (5), 721 – 733.

[54] Edwards, H.G.M., Hutchinson, I., and Ingley, R. (2012) The ExoMars Raman spectrometer and the identification of biogeological spectroscopic signatures using a flight – like prototype. Analytical and Bioanalytical Chemistry, 404 (6 – 7), 1723 – 1731.

[55] Baglioni, P. and Joudrier, L. (2013) ExoMars rover mission overview. IEEE International Conference on Robotics and Automation Workshop on Planetary Rovers.

[56] Patel, N., Slade, R., and Clemmet, J. (2010) The ExoMars rover locomotion subsystem. Journal of Terramechanics, 47 (4), 227 – 242.

[57] Michaud, S., Gibbesch, A., Thüer, T., Krebs, A., Lee, C., Despont, B., Schäfer, B., and Slade, R. (2008) Development of the ExoMars Chassis and Locomotion Subsystem, Eidgenössische Technische Hochschule Zürich, Autonomous Systems Lab.

[58] Michaud, S., Hoepflinger, M., Thueer, T., Lee, C., Krebs, A., Despont, B., Gibbesch, A., and Richter, L. (2008) Lesson learned from ExoMars locomotion system test campaign. Proceedings of 10th Workshop on Advanced Space Technologies for Robotics and Automation, ESTEC The Netherlands.

[59] Batteries, S. (2015) Saft Li – ion battery to power the ExoMars rover as it searches for life on the red planet, July 8, 2015.

[60] Valter, P., Marco, G., Sergio, M., Renato, M., and Salvatore, T. (2011) Design and test of ExoMars thermal breadboard. 41st International Conference on Environmental Systems, p. 5118.

[61] AlaryF, C. and LapenséeF, S. (2010) Thermal design of the ExoMars rover module.

[62] Silva, N., Lancaster, R., and Clemmet, J. (2013) ExoMars rover vehicle mobility functional architecture and key design drivers. Proceedings of the 12th Symposium on Advanced Space Technologies in Robotics and Automation, ESTEC, Noordwijk, The Netherlands.

[63] McManamon, K., Lancaster, R., and Silva, N. (2013) ExoMars rover vehicle perception system architecture & test results. Proceedings of ASTRA.

[64] Winter, M., Barclay, C., Pereira, V., Lancaster, R., Caceres, M., McManamon, K., Nye, B., Silva, N., Lachat, D., and Campana, M. ExoMars rover vehicle: detailed description of the GNC system, ASTRA Conference 2015 – Noordwijk, ESTEC, ESA.

[65] Lancaster, R., Silva, N., Davies, A., and Clemmet, J. (2011) ExoMars rover GNC design and development. ESA GNC Conference 2011.

[66] Mustard, J.F., Adler, M., Allwood, A., Bass, D.S., Beaty, D.W., Bell, J.F. III, Brinckerhoff, W. B., Carr, M., Des Marais, D.J., Drake, B. et al. (2013) Report of the Mars 2020 science definition team, posted July, p. 154.

[67] Allwood, A., Hurowitz, J., Wade, L.W.A., Hodyss, R.P., and Flannery, D. (2014) Seeking

ancient microbial biosignatures with PIXL on Mars 2020. AGU Fall Meeting Abstracts, vol. 1, p. 07.

[68]　NASA (2015) NASA Fact Sheet - Mars 2020.

[69]　Farley, K. Mars 2020 Mission: Science Rover, August 2015.

[70]　XPRIZE Foundation About Xprize.

[71]　Mitrofanov, I., Dolgopolov, V., Khartov, V., Lukjanchikov, A., Tret'yakov, V., and Zelenyi, L. (2014) "Luna - Glob" and "Luna - Resurs": science goals, payload and status. EGU General Assembly 2014, held 27 April - 2 May, 2014 in Vienna, Austria, ID. 6696.

[72]　Novara, M. (2002) The bepicolombo ESA cornerstone mission to mercury. Acta Astronautica, 51 (1), 387 - 395.

[73]　Wu, X., Bender, P.L., and Rosborough, G.W. (1995) Probing the interior structure of Mercury from an orbiter plus single lander. Journal of Geophysical Research: Planets (1991 - 2012), 100 (E1), 1515 - 1525.

[74]　Bertrand, R., Brueckner, J., van Winnendael, M., and Novara, M. (2001) Nanokhod - a micro - rover to explore the surface of mercury. 6th International Symposium on Artificial Intelligence, Robotics and Automation in Space, Montreal, Canada.

[75]　Sagdeev, R.Z., Linkin, V.M., Blamont, J.E., and Preston, R.A. (1986) The VEGA Venus balloon experiment. Science, 231 (4744), 1407 - 1408.

[76]　Izutsu, N., Yajima, N., Hatta, H., and Kawahara, M. (2000) Venus balloons at low altitudes by double capsule system. Advances in Space Research, 26 (9), 1373 - 1376.

[77]　Cutts, J.A. and Kerzhanovich, V.V. (2001) Martian aerobot missions: first two generations. Aerospace Conference, 2001, IEEE Proceedings, vol. 1.

[78]　Hall, J.L., Pauken, M., Kerzhanovich, V.V., Walsh, G.J., Fairbrother, D., Shreves, C., and Lachenmeier, T. (2007) Flight test results for aerially deployed Mars balloons. Proceedings of AIAA Balloon Systems Conference, AIAA Reston, VA, p. 21 - 24.

[79]　Jaroszewicz, A., Sasiadek, J., and Sibilski, K. (2013) Modeling and simulation of flapping wings entomopter in Martian atmosphere. Aerospace Robotics, Springer - Verlag, pp. 143 - 162.

[80]　Trost, A. (2001) Extendable swarm programming architecture. PhD thesis. University of Virginia.

[81]　Domaine, H. (2006) Robotics, Lerner Publications.

[82]　Howe, S.D., O'Brien, R.C., Ambrosi, R.M., Gross, B., Katalenich, J., Sailer, L., Webb, J., McKay, M., Bridges, J.C., and Bannister, N.P. (2011) The Mars hopper: an impulse - driven, long - range, long - lived mobile platform utilizing in situ Martian resources. Proceedings of the Institution of Mechanical Engineers, Part G: Journal of Aerospace Engineering, 225 (2), 144 - 153.

[83]　Powell, J., Maise, G., and Paniagua, J. (2001) The Mars hopper - a mobile, lightweight probe to explore and return samples from many widely separated locations on Mars. IAF, International Astronautical Congress, 52nd, Toulouse, France.

[84]　Shafirovich, E., Salomon, M., and Gökalp, I. (2006) Mars hopper versus Mars rover. Acta Astronautica, 59 (8), 710 - 716.

[85]　Zubrin, R., Muscatello, T., Birnbaum, B., Caviezel, K.M., Snyder, G., and Berggren, M. (2002) Progress in Mars ISRU technology. AIAA Aerospace Sciences Meeting & Exhibit, 40th, Reno, NV.

[86]　Sanders, G.P. and Peters, T. (2001) Report on development of micro chemical/thermal systems for

Mars ISRU – based missions. AIAA, Aerospace Sciences Meeting and Exhibit, 39th, Reno, NV.

[87] Rice, E.E., Gramer, D.J., St. Clair, C.P., and Chiaverini, M.J. (2003) Mars ISRU CO/O2 rocket engine development and testing. 7th International Workshop on Microgravity Combustion and Chemically Reacting Systems, p. 101.

[88] Elfes, A., Montgomery, J. F., Hall, J. L., Joshi, S., Payne, J., and Bergh, C. F. (2005) Autonomous Flight Control for a TITAN Exploration AEROBOT, Jet Propulsion Laboratory, National Aeronautics and Space Administration, Pasadena, CA.

[89] Fink, W., Tarbell, M.A., Furfaro, R., Powers, L., Kargel, J.S., Baker, V.R., and Lunine, J. (2011) Robotic test bed for autonomous surface exploration of Titan, Mars, and other planetary bodies. Aerospace Conference, 2011 IEEE, pp. 1 – 11.

[90] Hartwig, J.W., Colozza, A., Lorenz, R.D., Oleson, S., Landis, G., Schmitz, P., Paul, M., and Walsh, J. (2016) Exploring the depths of Kraken Mare – Power, thermal analysis, and ballast control for the Saturn Titan submarine. Cryogenics, 74, 31 – 46.

[91] Lorenz, R.D. (2004) Titan: a new world covered in submarine craters? in Cratering in Marine Environments and on Ice, Springer – Verlag, pp. 185 – 195.

[92] Oleson, S.R., Lorenz, R.D., and Paul, M.V. (2015) Phase 1 final report: Titan submarine.

[93] Friedlander, A.L. (1986) Buoyant station mission concepts for titan exploration. Acta Astronautica, 14, 233 – 242.

[94] Atkinson, D.J. (1999) Autonomy technology challenges of Europa and titan exploration missions. Artificial Intelligence, Robotics and Automation in Space, 440, 175.

[95] Ross, C.T. (2007) Conceptual design of submarine to explore Europa's oceans. Journal of Aerospace Engineering, 20 (3), 200 – 203.

[96] Reh, K., Elliot, J., Spilker, T., Jorgensen, E., Spencer, J., and Lorenz, R. (2007) Titan and Enceladus $1b Mission Feasibility Study Report. JPL D – 37401B, NASA/JPL.

[97] Jones, J. A. and Heun, M. K. (1997) Montgolfiere balloon aerobots for planetary atmospheres. AIAA, Paper No. 97 – 1445.

[98] Herrmann, F., Kuß, S., and Schäfer, B. (2011) Mobility Challenges and Possible Solutions for Low – Gravity Planetary Body Exploration, ESA/ESTEC, Noordwijk, The Netherlands.

[99] Ulamec, S., Kucherenko, V., Biele, J., Bogatchev, A., Makurin, A., and Matrossov, S. (2011) Hopper concepts for small body landers. Advances in Space Research, 47 (3), 428 – 439.

[100] Hager, P.B., Parzinger, S., Haarmann, R., and Walter, U. (2015) Transient thermal envelope for rovers and sample collecting devices on the moon. Advances in Space Research, 55 (5), 1477 – 1494.

[101] Barraclough, S., Huston, K., and Allouis, E. (2009) Thermal Design for Moon – Next Polar Rover. Technical report, SAE Technical Paper.

[102] Richter, L. (2008) Low temperature mobility and mechanisms, SAE International.

[103] Phillips, N. (2001) Mechanisms for the Beagle 2 lander. 9th European Space Mechanisms and Tribology Symposium, vol. 480, pp. 25 – 32.

[104] Briscoe, H.M. (1990) Why space tribology? Tribology International, 23 (2), 67 – 74.

[105] Jones, W.R. Jr. and Jansen, M.J. (2000) Space tribology. NASA TM, 209924.

[106] Patterson, R.L., Hammoud, A., and Elbuluk, M. (2008) Electronic components for use in extreme

temperature aerospace applications. 12th International Components for Military and Space Electronics Conference, San Diego, CA.

[107] Bruhn, F., von Krusenstierna, N., Habinc, S., Gruener, G., Rusconi, A., Waugh, L., Richter, L., and Lamoureux, E. (2008) Low temperature miniaturized motion control chip – enabled by MEMS and microelectronics. Proceedings of ASTRA, vol. 2008, CiteSeer, pp. 11 – 13.

[108] Farrell, W.M., Stubbs, T.J., Vondrak, R.R., Delory, G.T., and Halekas, J.S. (2007) Complex electric fields near the lunar terminator: the near – surface wake and accelerated dust. Geophysical Research Letters, 34 (14), L14201, doi: 10.1029/2007gl029312.

[109] Stubbs, T.J., Vondrak, R.R., and Farrell, W.M. (2006) A dynamic fountain model for lunar dust. Advances in Space Research, 37 (1), 59 – 66.

[110] Stubbs, T.J., Vondrak, R.R., and Farrell, W.M. (2007) Impact of Dust on Lunar Exploration, 4075, http://hefd.jsc.nasa. gov/files/StubbsImpactOnExploration.

[111] Williams, D.R. (2015) Nasa Planetary Fact Sheets.

[112] Vasavada, A.R., Paige, D.A., and Wood, S.E. (1999) Near – surface temperatures on Mercury and the moon and the stability of polar ice deposits. Icarus, 141 (2), 179 – 193.

[113] Geelen, K. (2012) Miniaturisation needs of the Mars network landers. ESA Workshop on Avionics Data, Control and and Software Systems (ADCSS).

[114] NASA Advanced Space Transportation: Paving the Highway to Space, NASA, 2010.

[115] Way, D.W., Davis, J.L., and Shidner, J.D. (2013) Assessment of the Mars Science Laboratory entry, descent, and landing simulation. 23rd AAS/AIAA Space Flight Mechanics Meeting, pp. 2013 – 0420.

[116] Beaty, D., Grady, M., May, L., Gardini, B. et al. (2008) Preliminary planning for an international Mars sample return mission. Report of the International Mars Architecture for the Return of Samples (iMARS) Working Group.

[117] Elie, A., Jorden, T., Patel, N., and Ratcliffe, A. (2011) Sample fetching rover – lightweight rover concepts for Mars sample return. Proceedings of ESA ASTRA.

[118] Squyres, S.W., Arvidson, R.E., Bollen, D., Bell, J.F., Brueckner, J., Cabrol, N.A., Calvin, W. M., Carr, M.H., Christensen, P.R., Clark, B.C. et al. (2006) Overview of the opportunity Mars exploration rover mission to Meridiani Planum: eagle crater to purgatory ripple. Journal of Geophysical Research: Planets (1991 – 2012), 111 (E12), doi: 10.1029/2006je002771.

[119] Beauchamp, P., Ewell, R., Brandon, E., and Surampudi, R. (2015) Solar power and energy storage for planetary missions, in NASA, editor, Outer Planet Assessment Group – August 2015, NASA – JPL, LP.

[120] Lemmon, M.T., Wolff, M.J., Bell, J.F., Smith, M.D., Cantor, B.A., and Smith, P.H. (2015) Dust aerosol, clouds, and the atmospheric optical depth record over 5 Mars years of the Mars exploration rover mission. Icarus, 251, 96 – 111.

[121] Mazumder, M.K., Biris, A.S., Sims, R., Calle, C., and Buhler, C. (2003) Solar panel obscuration in the dusty atmosphere of Mars. Proceedings ESAIEEE Joint Meeting on Electrostatics, pp. 208 – 218.

[122] Mittal, K.L. (2006) Particles on Surfaces: Detection, Adhesion and Removal, vol. 9, CRC Press.

[123] Biris, A.S., Saini, D., Srirama, P.K., Mazumder, M.K., Sims, R.A., Calle, C.I., and Buhler, C. R. (2004) Electrodynamic removal of contaminant particles and its applications. Industry Applications Conference, 2004. 39th IAS Annual Meeting. Conference Record of the 2004 IEEE, vol. 2, IEEE, pp. 1283 – 1286.

[124] Horenstein, M.N., Mazumder, M., and Sumner, R.C. (2013) Predicting particle trajectories on an electrodynamic screen – theory and experiment. Journal of Electrostatics, 71 (3), 185 – 188.

[125] Sharma, R., Wyatt, C., Zhang, J., Calle, C., Mardesich, N., Mazumder, M.K. et al. (2009) Experimental evaluation and analysis of electrodynamic screen as dust mitigation technology for future Mars missions. IEEE Transactions on Industry Applications, 45 (2), 591 – 596.

[126] Surampudi, S. (2011) Overview of the space power conversion and energy storage technologies. Technology Forum on Small Body Scientific Exploration, ibid.

[127] Stella, P., Mueller, R., Davis, G., and Distefano, S. (2004) The environmental performance at low intensity, low temperature (LILT) of high efficiency triple junction solar cells. 2nd International Energy Conversion Engineering Conference, p. 5579.

[128] Schmidt, G.R., Dudzinski, L.A., and Sutliff, T.J. (2011) Radioisotope Power: A Key Technology for Deep Space Exploration, INTECH Open Access Publisher.

[129] Dudzinski, L.A., McCallum, P.W., Sutliff, T.J., and Zkrajsek, J.F. (2013) NASA's radioisotope power systems program status. 11th Energy Conversion Engineering Conference.

[130] Summerer, L., Roux, J.P., Pustovalov, A., Gusev, V., and Rybkin, N. (2011) Technology – based design and scaling for RTGS for space exploration in the 100W range. Acta Astronautica, 68 (7), 873 – 882.

[131] O'Brien, R.C., Ambrosi, R.M., Bannister, N.P., Howe, S.D., and Atkinson, H.V. (2008) Safe radioisotope thermoelectric generators and heat sources for space applications. Journal of Nuclear Materials, 377 (3), 506 – 521.

[132] Watkinson, E.J., Ambrosi, R.M., Williams, H.R., Sarsfield, M.J., Tinsley, T.P., and Stephenson, K. (1798, 2014) Americium oxide surrogates for European radioisotope power systems. LPI Contributions.

[133] Thieme, L.G., Qiu, S., and White, M.A. (2000) Technology development for a stirling radioisotope power system. AIP Conference Proceedings, Number 2, IOP Institute of Physics Publishing Ltd, pp. 1260 – 1265.

[134] Dudzinski, L.A. (2014) NASA's radioisotope power systems program. Presentation to NRC – Committee on Astrobiology and Planetary Science.

[135] Bennett, G.L. (2006) Space nuclear power: opening the final frontier. 4th International Energy Conversion Engineering Conference and Exhibit (IECEC), pp. 26 – 29.

[136] Ambrosi, R.M., Williams, H.R., Samara – Ratna, P., Bannister, N.P., Vernon, D., Crawford, T., Bicknell, C., Jorden, A., Slade, R., Deacon, T. et al. (2012) Development and testing of Americium – 241 radioisotope thermoelectric generator: concept designs and breadboard system. Proceedings of Nuclear and Emerging Technologies for Space, The Woodlands, TX, pp. 21 – 23.

[137] Williams, H.R., Ambrosi, R.M., Bannister, N.P., Samara – Ratna, P., and Sykes, J. (2012) A conceptual spacecraft radioisotope thermoelectric and heating unit (RTHU). International Journal of

Energy Research, 36 (12), 1192 - 1200.

[138] Sutliff, T.J. and Dudzinski, L.A. (2009) NASA radioisotope power system program - technology and flight systems. paper AIAA, 4575, pp. 2 - 5.

[139] Hughes, T.G., Smith, R.B., and Kiely, D.H. (1983) Stored chemical energy propulsion system for underwater applications. Journal of Energy, 7 (2), 128 - 133.

[140] Ramanarayanan, C.P. (2013) Avenues for underwater propulsion. Defence Science Journal, 42 (3), 205 - 208.

[141] Michael, P., Sal, O., Steve, O., Miller, T., and Lee, M. (2015) SCEPS in space: non - radioisotope power for sunless solar system exploration missions, in Outer Planets Assessment Group (OPAG), Lunar and Planetary Institute.

[142] Michael, P. (2015) SCEPS in space - non - radioisotope power systems for sunless solar system exploration missions.

[143] NASA (2015) NASA Technology Roadmaps - TA 3: Space Power and Energy Storage. Technical report TA - 3, NASA.

[144] Ratnakumar, B.V., Smart, M.C., Kindler, A., Frank, H., Ewell, R., and Surampudi, S. (2003) Lithium batteries for aerospace applications: 2003 Mars exploration rover. Journal of power sources, 119, 906 - 910.

[145] Lyons, V.J., Gonzalez, G.A., Houts, M.G., Iannello, C.J., Scott, J.H., and Surampudi, S. (2010) Draft Space Power and Energy Storage Roadmap, National Aeronautics and Space Administration.

[146] Allan, P. (2011) Lithium ion batteries: going the distance, in Electric & Hybrid Vehicles and Fuel Cell Network Seminar, Imperial College London.

[147] Lu, C.- Y. and McClanahan, J. (2009) NASA JSC lunar surface concept study lunar energy storage. US Chamber of Commerce Programmatic Workshop, vol. 26.

[148] EG&G technical services (2004) Fuel Cell Handbook, 7th edn, Inc., Albuquerque, NM, DOE/NETL - 2004/1206, EG&G Technical Services, Inc.

[149] Sone, Y. (2011) A 100 - W class regenerative fuel cell system for lunar and planetary missions. Journal of Power Sources, 196 (21), 9076 - 9080.

[150] Lyons, V.J. (2007) NASA energy/power system technology. Army Research Office Base Camp Sustainability Workshop.

[151] Ganapathi, G.B. (2013) High density thermal energy storage with supercritical fluids (SUPERTES).

[152] Rousseau, I.M. and Driscoll, M. (2007) Analysis of a high temperature supercritical Brayton cycle for space exploration.

[153] David, G.G. (2002) Spacecraft Thermal Control Handbook: Fundamental Technologies, vol. 1, AIAA.

[154] Ku, J. (1999) Operating Characteristics of Loop Heat Pipes. Technical report, SAE Technical Paper 1999 - 01 - 2007, SAE International.

[155] Tosi, M.C., Mannu, S., Jones, G., Quinn, A., and Clemmet, J. (2008) ExoMars Rover Module Thermal Control System. Technical report, SAE Technical Paper 2008 - 01 - 2003, SAE International 2008.

[156] Molina, M., Franzoso, A., Bursi, A., Fernandez, F.R., and Barbagallo, G. (2008) A Heat Switch for European Mars Rover. Technical report, SAE Technical Paper 2008 - 01 - 2153, SAE International.

[157] Christopher, J.P., John, R.H., Anderson, W.G., Tarau, C., and Farmer, J. (2011) Variable conductance heat pipe for a lunar variable thermal link. 41st International Conference on Environmental Systems (ICES 2011), Portland, OR.

[158] Mishkinis, D., Corrochano, J., and Torres, A. Development of miniature heat switch - temperature controller based on variable conductance LHP, September 2014.

第 3 章　视觉与图像处理

3.1　引言

由于行星探测任务通常需要借助于诸如行星着陆器、巡视器等多种技术，因此，在过去的 50 年中，对自主机器人平台的使用需求呈现出剧烈的增长态势。上述航天器在轨配置多类型传感器，其中机器视觉在收集行星数据、提取与分析有用信息、进一步提高自主化水平和科学收益等方面发挥了重要作用。相机采集的图像及相关的视觉传感器不仅可直接应用于航天器在轨自主化任务，还能下传至地面，辅助做出操作命令与科学决策。巡视器和着陆器在轨使用的软件主要用于图像压缩、建图、三维场景重建、导航以及一个越来越重要的话题——场景语义注释，用于提供在轨决策，进一步提高行星机器人自主化水平。

机器人视觉是一种利用机器感知环境的方法，尤其适于那些对所感知的信息需要做出反应的情况（参见图 3-1 一种简化方案）。这通常需要借助于视觉传感器，测量环境在电磁波谱某些特定部分的（反射）辐射，例如，可见光谱段范围通常是 400～700 nm。最具代表性的是数码相机，它配置了光学镜头和许多独立的探测器组件（例如，在 CCD 或 CMOS 芯片中，像素网格呈现规则阵列排布），用于测量入射光束的空间分布情况。

感知、建图、导航和活动监视等行为都主要依赖于视觉，它是机器人的核心部组件之一。本章节分别介绍了组件、传感器、软件和视觉标识，这些因素对于满足行星、小行星、彗星和月球等星体表面的机器人活动需求十分重要。机器人视觉解决方案的主要用户是行星巡视器、着陆器和航天员。

本章列出了多种不同的被动视觉传感器技术，它们已先后在十几个机器人行星探测任务中成功应用，虽然激光测距等主动视觉技术尚未得到关注，但在某些特殊应用和环境（例如，月球极区等）中主动视觉技术将会有越来越大的发展空间。双目立体视觉是一个核心概念，具备采集三维场景的能力，能够直接输出场景三维地图以及基于遥感成像为基准的行星表面全局精准定位。标定对于量化解析相机观测成像参数模型的恰当性具有重要意义，充分了解其中可能存在的误差影响因素对如何正确使用采集数据至关重要。有效的可视化操作减小了解析、计算过程中的字节与软件之间的差距。至今，很多情况下，机器人视觉是唯一可用的感知来源，在大部分行星表面探测任务中，它是必不可少的组成部分。

从本章可清楚得知，视觉传感器和软件近年来得到了显著改进，提高了鲁棒性和准确性，能够应对恶劣、严苛的空间环境。行星机器人在轨处理能力受限于计算资源、开发周

图 3-1 图像处理/计算机视觉赋予行星巡视器诠释其环境的"眼睛"

期和空间链路传输等问题。地面图像处理得益于计算机视觉软件技术的快速发展，21 世纪初，在工业界问世不久的消费级数码相机普及推动了该项技术的发展。

本章还介绍了一些未来机器人视觉使用案例，例如科学探测的自主性、用于运动监视与规划的土壤特征描述、搜索样品封装容器，以及监视机器人服务和建设任务。当前正在使用一些新技术和用例，包括：显著性模型、人工智能以及正在研发中的视觉控制论等。

表 3-1 列出了本章涉及的重要术语和缩略词列表，并对每个术语进行了简单解释。本章的其余部分主要聚焦于巡视器和着陆器的操作场景。

表 3-1 行星机器人视觉领域的重要术语和缩写

	缩略词	意义/描述
相机	…Cam, …cam	一种能够采集一维或二维光学影像的视觉传感器
双向反射 分布函数	BRDF	定义光在不透明表面反射的函数
电荷耦合器件	CCD	相机使用的感光电子元器件
互补金属氧化物半导体	CMOS	相机使用的感光电子元器件
数字高程模型/ 数字地形模型	DEM/DTM	存储和表示三维表面形态的三维数据结构(高度值以网格值存储)
试验数据记录	EDR	器载设备直接将原始数据回传至地面接收
视场角 焦平面	FoV	单个视觉传感器像元对应的角度范围 相机焦距处的成像平面(例如,CCD 阵列平面)
现场可编程门阵列	FPGA	为执行特定软件任务而设计的集成电路,例如,图像处理算法;在许多情况下,可直连传感器以获得更高的速度
地面真值		直接观测或模拟获取的信息

续表

	缩略词	意义/描述
导航、制导与控制	GNC	车辆运动控制系统(本文是指机器人,例如:计算机驱动、传感器提供信息)
红外线	IR	电磁波谱的一部分,波长大于可见光波长
镜头		相机内部的光学器件,可将光束聚焦于感光探测器(在相机呈现阵列形式)
全景相机	PanCam Pancam	采集宽视场范围的单目或多目相机系统
全色相机/黑白相机	B/W	单通道相机可收集大部分可见光谱(有时可收集近红外光谱)
全景		两幅或多幅图像拼接在一起,构成全景图像,可覆盖360°全方位
转台装置	PTU	双轴转动机构,可主动控制一台或一组相机指向不同的角度
行星数据系统	PDS	保存于美国国家航空航天局下属的国际空间研究中心,用于归档和分发行星探测、天文观测和实验室测量等任务收集的科学数据
(巡视器或相机)姿态		设备或目标的位置、指向角或方向
精简数据记录	RDR	处理后的数据,通常对实时传感器数据进行标定的结果(例如,镜头畸变校正图像或者 XYZ 点云)
行星日		行星日(一个火星日约24小时38分钟)
超分辨率(保存)	SR(R)	使用不同视角拍摄的图像合成处理生成的图像,往往比使用单个相机采集的原始图像具有更高的分辨率
立体视觉成像		从至少2个不同的空间位置对同一目标进行图像感知(例如,人的双眼)
视觉里程计	VO	相距较短的时间间隔,拍摄场景中的可检测的地标特征以确定自身运动状态的方法

3.2　视觉处理范畴

如表 3-2 所示,不同的任务阶段对视觉系统构成具有不同的需求,然而,为了尽可能节省星上资源,需要相互协作发挥最大的协调作用(主要包括:质量、供电、外包络、数据上行/下行传输速率,影响可靠性与发展的复杂度等)。

表 3-2　不同任务阶段对机器人视觉的需求统计表

阶段/单一步骤	对机器人视觉的需求/要求	评价/技术/用途/典型产品
降落	保持着陆器姿态	行星追踪,地标追踪
降落	着陆点检测	与卫星生成的遥感图像进行比对
着陆	着陆点跟踪	地标跟踪
着陆	星表相对速度估计	地标跟踪
着陆	规避危险	粗糙度测量;分类;二维/三维图案辨识
巡视器驶离	着陆器初始建图	安全性评估;如何驶离策略

续表

阶段/单一步骤	对机器人视觉的需求/要求	评价/技术/用途/典型产品
巡视器导航	建图,定位与运动估计	数字高程模型生成,视觉里程计,图像匹配,包含斜坡与危险区域的地图
巡视器科学巡视	地形检测与导航	数字高程模型,正交图像,全景图,科学探测传感器定位
巡视器科学巡视	地质学、形态学、地质化学、大气科学等	光谱图/辐射图、地质分布图用于作为其他传感器的空间背景基础
样本采集与存储	采样与存储	采样与放样过程的三维辨识与定位
教育、公众宣传	信息量丰富/精美的图片	佐证机器人胜任其他行星探测任务的重要证据

在本章中,我们将着重以火星巡视器作为经典案例,系统阐述机器人视觉概念。其中涉及的大多数概念同样适用于其他行星,但月球是个例外(因为地球与月球之间的距离相对较近,能够允许部分遥操作)。此外,大多数非移动概念适用于固定着陆器和巡视器。

火星探测漫游者(MER)和火星科学实验室(MSL)任务首次在火星上实现了一种"远程机器人临场地质学"的全新研究模式。其中,地球上的地质学家、地质化学家和矿物学家远程遥控抵达行星表面的可移动设备,系统化研究机器人所在区域的行星地质情况,研究方式与他们在各自学术领域的传统研究方式类似。具体包括[①]:

1)移动能力(取决于巡视器移动系统);

2)观测、探查与建图能力。能够对科学探测场景进行三维建模,建模结果可用于运动规划、采样定位以及视觉闭环探测;

3)对感兴趣目标的抵近、接触和采样能力。这些目标通常是根据机器人本体安装的原位分析仪和显微镜的观测结果在线辨识的。其中,原位分析可自主辨识感兴趣的科学探测目标,不再依赖于远程观测回传与地面专家决策;显微镜则主要用于探测目标的元素、矿物质组成以及局部纹理特写。

因此,在科学巡视任务中,视觉成像具有两重功能:

• 工程功能:为巡视器周边环境三维建模提供数据依据,用于支持路径规划与巡视器实时运动执行以及各种不同的操作任务。

• 科学功能:选择一定的波长范围(或者其他特征,例如三维表面粗糙度)、选定恰当的高分辨率(即:多源传感器之间的精准融合)实现高质量的成像效果,这种高保真的图像不仅能用于辅助解析局部地形地貌,还能用于辅助选取期望目标进行科学探测。

基于这种差异,下面的两节内容将阐述主要需求,其中最重要的因素是受限的下行链路数据传输速率。此外,3.2.3 节指出视觉必须具有鲁棒性并且要适应行星表面的物理环境条件。

器载与地面功能具有相关影响。地面使用的超级计算机拥有十分强大的处理能力,且没有实时性约束(不像其他功能必须在关键时间内执行,也就意味着,必须要有一个确切

---

① 欧空局提出的 ExoMars 火星拓展任务也采用了类似的工作模式,其扩展范围包括外星生物目标和一种复杂的钻采功能。

的最长计算时间）——这样就可以采用任何一种现成的算法去实现，因为计算复杂性和计算时间都不再是问题。更有价值的是，地面人员在给巡视器发送任何指令之前，都可以通过多种方法（实际地、强制性地）校核结果的正确性。这样就可以确保地面人员全程遥控模式下所有指令的合理性和安全性。然而，在这种工作模式下，巡视器就不太可能在很小的闭环时间间隔内，完成接收与发送信息，从而严重限制巡视器执行地面遥控指令的行驶距离，最终必然导致巡视器在行星表面的运动非常缓慢。

星上在任一时刻实时发送驱动指令后，都有足够的能源去执行，这样就可以在行星表面实现连续移动。但是，由于适应空间环境的计算机自身的视觉处理能力严重受限，现阶段的巡视器通常平均每移动 2.3 m 就会停止一段时间（大约几分钟），这段时间主要用于计算一条全新的、安全的、有效的路径，这样就导致自主行驶的效率相对较低。没有人为干预，这意味着星上功能必须高度可靠、安全与高效。要想具备星上自主化的能力，必须投入大量的努力，并且地面操作人员必须定期校核巡视器运动行为的正确性。

3.2.1　器载需求

当代巡视器器载两大核心工程驱动功能对视觉与图像处理的要求是：感知周围地形、规划出一条安全且有效的（导航）路径、地标检测与跟踪，以便在巡视器移动过程中，随时利用视觉里程计精准估计巡视器的瞬时位置和姿态角度。通常，巡视器每天会有两次与地球通信的机会。由于中继卫星运行于典型的太阳同步轨道，在行星日白昼期间，只要巡视器拥有足够的能源、能够提供电子设备所必需的生存温度，确保巡视器正常行驶，实际上无需地面参与便能形成闭环通信链路。此外，由于火星和地球之间的距离较大，信息从一个行星传送到另一个行星可能需要 20 多分钟。倘若通信窗口刚好与移动工作持续时间相同，利用地面遥控实现移动功能也并不现实。最后，考虑到巡视器需要在星表进行连续运动估计，而地面远程控制巡视器移动根本无法实现星表连续运动功能。

巡视器要想实现上述功能就意味着高度的自主性。除了可靠性、健壮性、精准性和巡视器功能验证充分性以外，每天还应收集和传输足量的数据，以便地面能够定期确认巡视器器载功能与动作是否正常。举一个现实的例子，欧洲火星太空生物漫游者（ExoMars）导航和定位相机的分辨率为 1 024×1 024×8（位）像素。巡视器每次停留或在每个路径点处，导航规划功能需要 3 对双目图像。视觉定位功能则需要每间隔 10 s 一对双目图像，且每对双目图像仅需相差几厘米。由此得出的结论是，导航需要全分辨率，而视觉定位则需要半分辨率。因此，规划一条 3 m 长的路径，需要的图像内存为 180 Mbit。由于巡视器平均只有 150 Mbit/sol 的下行带宽，显然不可能将上述海量图像数据传输到地面。这就必须使用压缩功能，但其他的数据也必须要与地面进行交互，而不仅仅是移动图像，且驱动器行驶的距离要远得多。

相机必须获得有关火星环境的高质量图像。对视觉环境的认知能够推动相机的前沿技术需求，主要包括：光学元件和传感器。此外，尽管巡视器移动速度很低，但当车轮滑离岩石时，其垂直速度很大，此时拍摄的图像可能会受到影响，难以满足要求。为此，相机通常用一个全局快门和一个 CCD 传感器代替卷帘快门（例如，CMOS 传感器）。

当前，最大的器载约束是计算机。以欧洲火星太空生物漫游者为例，有一个视觉功能专用的协处理器，需要根据 ExoMars 任务部署，确保在 180 s 内完成全部导航相关功能，在 4.5 s 内完成视觉定位功能，但这仍是一个严峻的挑战。当前的计算约束等问题可能导致在未来的任务使用专用计算机实现上述功能，并将大部分的功能转移至相机自身的现场可编程门阵列 FPGA 上实现。这就不得不在算法上做出妥协，确保其在可接受的计算时间内获得足够的精度和鲁棒性。这种方式能够适用于基于视觉的全部功能，无一例外。使用专用计算机还能够克服大多数实时性的条件约束。如此，传统的制导、导航与控制（GNC）功能即可分配给应用实时性约束的主处理器实现。所有的时效性功能也分配给上述处理器，使其成为"传统"计算机和"传统"器载软件。当巡视器停下来执行导航功能时，通常需要花费几分钟的时间，巡视器可以等待，直至主处理器运行完成导航相关的时效性功能为止。视觉定位也在专用处理器上运行，在 ExoMars 案例中，其姿态估计需要每间隔 10 s 计算一次，确保预先设定的安全裕度（该数值与定位精度密切相关）有效。因此，尽管姿态估计可以连续运行几秒钟，但单次计算必须在最大分配时间内完成，不能超过 10 s。

3.2.2　视觉传感器建图：立体视觉为核心

计算机视觉，尤其是立体视觉，是当前、近期和不久的将来所有火星任务的核心：火星科学实验室（好奇号巡视器），火星探测漫游者两款火星车，嫦娥三号（玉兔号巡视器），凤凰号，火星探路者号，欧洲火星太空生物漫游者，火星 2020 和洞察号。它是巡视器唯一能预先感知环境的必备组成。通常，巡视器与地面接触后，固定安装于摇臂、车轮和机械臂的传感器才能确定地面的位置；倘若没有任何先验知识，就无法确保巡视器在不发生任何碰撞的情况下抵达目的地。

火星探路者号巡视器索杰纳号配置了一个简单的激光条纹系统，能够提供低分辨率的高程地图。但即便如此，也需要使用相机才能看到激光条纹[1]。火星探路者号着陆器包括一个固定安装在桅杆上的立体相机（IMP）。对地球上的 IMP 图像进行处理，得到了很好的地形图，验证了立体视觉的可行性。在设计火星探测漫游者火星车时，主要权衡立体视觉和激光测距。立体视觉得到认可有 4 个原因。首先，所需的硬件更少，不需要激光或扫描镜。其次，无需为有源激光器供电，所以功耗要求要低得多。第三，火星探路者号结果显示，火星上可能有足够的纹理来关联所有的图像。最后，无论如何图像都是人类所必需的。

在此后的所有相关任务中，立体视觉已被证明是鲁棒的、可靠的。它使操作人员能够在未知的环境中自信地导航。它可以让巡视器精准地确定自身已经行驶了多远（视觉测程，VO），跟踪目标，检测障碍物，并在周边环境中选择路径（自动导航）。它使科学家能够了解巡视器周围的环境，并进行地理空间和地貌分析、光度研究、走向/倾角推导、地层结构关系分析、绘图等。它使公众能够身临其境地体验火星（没有立体成像是不可能的）——在不久的将来，这种体验将在虚拟或现实增强系统中达到顶峰。

　　简而言之，立体视觉使火星巡视器的任务成为可能[①]。3.5.2节将详细介绍基于立体视觉的三维建图等内容。

3.2.3　物理环境

　　在行星环境中，视觉仪器势必需要经历一系列的严苛条件，要么需要通过特定的技术概念加以克服，要么在操作场景中予以避免。上述严苛条件如下：

　　1）光照：大多数视觉传感器依赖于场景中的适当光照条件，因此，大多数观测和机器人衍生活动只能在白天进行[②]。充分照亮一个小的区域（例如，显微镜成像仪）所需的能耗是巨大的。

　　2）大气层的存在（例如，火星）有利有弊。在大气和风的作用下，阴影区域也会被杂散光间接照亮，可为图像传感器上提供光感信号。另一方面，能见度（通过所谓的"光学深度"测量[5]）受到尘埃的限制，这使得远距离观测变得困难甚至不可能。此外，大气尘埃逐渐在光学器件（透镜、遮光罩）表面积聚灰尘层，降低图像传感器观测到的光学信号。当然，风有时也会吹走灰尘。

　　3）视觉系统具有明显的物理约束，例如景深（尤其是近距离的几米处），这使得主动调焦是必要的，因此增加了复杂性。其他类似的约束包括轻量化传感器无需特殊制冷或者主动照明，其覆盖的谱段范围相对有限（从紫外线到近红外）；图像采集过程中避免巡视器运动（防止运动模糊），以及当太阳进入视场内或接近视场角时的杂光抑制能力。后者意味着需要复杂、沉重的遮光罩结构，或设置操作限制，避免仅观测某些特定的方向。

　　4）行星环境中的任一视觉传感器与地面通信的主要限制是下行数据速率：图像数据内容丰富，因此，在多数任务中均消耗了大部分可用带宽。这就需要限制采集的数据量，通常利用高效的压缩策略或智能/自主方法筛选出最有效的数据集发送回地球。

　　5）温度是影响图像质量的重要因素之一：图像（电子）噪声随温度升高而显著上升；因此，应避免高温（例如，20 ℃以上）。幸运的是，火星很冷，但电子设备会产生热量（温度有时超限），且电子设备在夜间或清晨工作时还需要额外的热量。大气层的存在有助于平衡温度的剧烈变化。在类似于月球的天体上，航天器的阳照面和阴影面将同时出现极端的热和冷，这使得热设计更加棘手。

　　6）一项严峻的限制约束是在轨资源密集型图像处理任务的计算能力。相比于常规的消费级硬件资源，航天器器载计算机的硬件处理能力通常落后10～20年，这是因为器载计算机需要经历诸如研发、空间环境考验、功能测试/地面验证、发射准备和在轨飞行等一系列过程。因此，图像处理和分析任务（包括建图和导航等）必须在运行时大量优化迭代，而这恰恰又是快速迭代闭环和在轨自主性的技术瓶颈。

---

　　① 这并不是说单目视觉没有立足之地，事实上，它对许多科学目的都是有用的（另见3.8.1节和3.8.2节）。但立体视觉是巡视器任务的核心。

　　② 白天与晚上的场景会有其他影响，例如在依赖于太阳翼帆板或温度条件等情况下的能源补给。

3.3　视觉传感器和感知技术

各种类型的图像传感器已经在火星、月球和其他行星体/小行星和彗星表面着陆并运行。表 3-3 提供了概况①。

表 3-3　截至 2015 年行星机器人任务配置使用的视觉传感器

型号任务	人类/巡视器/着陆器	工程	科学
阿波罗 11~17 号	人类/巡视器	无	手持式和三脚架式哈苏相机(黑白、彩色胶片);手持式、器载式相机(阿波罗 15~17 号)
火星 3 号	着陆器	无	立体(基线 120 mm)环形(垂直扫描)相机,360°×29°,6 000×500 像素,全景
月球 16 号 月球 20 号	着陆器	立体相机对,聚焦于钻孔,300×6 000 像素	全景黑白 TV 相机
月球车 1 号 月球 20 号	巡视器	2 台 TV 相机	使用黑白扫描镜的 4 个全景线扫相机
月球车 2 号 月球 21 号	巡视器	3 台 TV 相机	使用黑白扫描镜的 4 个全景线扫相机
海盗 1 号 和 2 号	着陆器	无	基于光电二极管的立体(基线800 mm)环形(垂直扫描)相机,6 000×500 像素;彩色 RGB 和红外
火星探路者号	着陆器	巡视器导航(火星探路者号成像仪用于辅助巡视器行驶)	CCD 单色相机组成双目相机,每个 CCD 分辨率为 250×256 像素,带滤光片转盘
索杰纳号	巡视器	立体视觉搭配激光投影条纹,768×484 像素,黑白	RGB 768×484 像素,排列在 4×4 彩色子阵列中
猎兔犬 2 号	着陆器	无	立体 CCD 相机(基线209 mm),1 024×1 024 像素,带滤光片转盘
MER-A&B	巡视器	导航相机立体像对(基线200 mm),1 024×1 024 像素,黑白 2 台避障相机立体像对,1 024×1 024 像素,黑白 DIMES 下降成像仪,1 024×1 024 黑白像素	全景相机:立体(基线 300 mm)CCD,1 024×1 024 像素,每两个转盘配 8 个滤光片 MI:显微成像仪,1 024×1 024 像素,黑白
凤凰号	着陆器	机械臂操作	立体 CCD 相机(基线 150 mm),1 024×1 024 像素,每两个转盘配 12 个滤光片。安装在机器人手臂上的摄像头

---

①　其他特征具体包括混合分辨率(例如,具有不同空间分辨率的全色信道与特定波长之间的比值),传感器类型,传感器像素尺寸大小,图像采集过程中的瞬时行为等,尚未提及[6]。

续表

型号任务	人类/巡视器/着陆器	工程	科学
好奇号（火星科学实验室）	巡视器	MARDI 火星下降成像仪，1 600×1 200 像素，彩色；4 对避障相机，2 对导航相机，每台相机都是 1 024×1 024像素，黑白	桅杆相机：不同视场角的立体相机对（比例约 1∶3），彩色 RGB，1 200×1 200 像素，每两个转盘配 12 个滤光片，焦距可变 MAHLI：火星手持式光学成像仪，1 600×1 200 彩色像素，焦距可变 ChemCam 远程显微成像仪（RMI），CCD 分辨率为 1024×1024 黑白像素
玉兔号嫦娥三号	巡视器	导航相机立体像对（基线 270 mm），1 024×1 024 像素；避障相机立体像对，分辨率同上	全景相机：彩色 RGB 立体像对
火星太空生物漫游者	巡视器	导航相机立体像对（基线 150 mm），1 024×1 024 像素；定位相机立体像对，1 024×1 024 像素	全景相机广角镜头的立体相机对（基线 500 mm），1 024×1 024 像素，视场角 34°；视场角 4.8°的高分辨率相机视场分红绿蓝 3 个滤光片

　　图像传感器可能具备多种特性，主要取决于需求、技术内涵、实施成本以及行星环境约束限制。以下是上述特性的不完全列表，引出了设计和实现过程中的多种自由度。

　　•传感器可以是无源或有源的。

　　•探测器可以是满足特定光谱和辐射需求的 CCD 或 CMOS 阵列或其他概念。一些老式相机使用旋转/扫描镜。

　　•快门可以是全局曝光（例如，整个传感器阵列同时曝光）或卷帘曝光（例如，传感器阵列逐行动态曝光与读取，对于移动目标或相机可能会生成重影拖尾）。

　　•视觉传感器的视场角不同（宽视场或窄视场），服务于特定的测距应用（例如，显微镜、近场导航传感器、用于极限观测的太敏和星敏）。

　　•传感器可以是全二维传感器（帧扫描）或线扫描设备。

　　•传感器可以是单色的（黑/白），彩色的（红/绿/蓝，RGB），或多光谱。

　　•彩色或多光谱分布取决于单个像素水平（即每个像素都有它单独的颜色掩模，例如 Bayer 模式），或者利用滤光片转盘改变传感器阵列中的单色滤光片（例如：火星科学实验室桅杆相机-RGB 模式）。欧洲火星太空生物漫游者的全景相机 HRC 融合了以上两种方式，在相机观测视场范围内使用滤光片 RGB 模式，并辅以必要的平移，拼接成一幅完整的 RGB 图像。

　　•成像传感器可以固定或安装在可移动部件上，例如转台组件（PTU）或机械臂。但需要在可移动部件与传感器观测视场受限之间进行权衡：移动装置自身存在风险，随着时间的累积，难免出现故障或性能衰减等问题，且随之运动的相机定位无法精确已知。但是，减少移动机构的自由度信息将意味着相机观测视场范围之外的区域缺少有效信息。

　　后续章节将详细阐述上述主要分类的更多细节。

3.3.1　被动式（无源）视觉传感器

自从 20 世纪 60 年代行星机器人第一次执行在轨任务以来，相机或成像扫描仪一直具有至关重要的作用，具体表现在以下两个方面：相机能够科学感知着陆器或巡视器所处的空间环境，其感知结果将作为导航规划决策的唯一信息源；当巡视器或着陆器机械臂运动路径中遭遇障碍物时，相机提供的视觉信息将参与"实时"光学导航决策。由于带宽的限制，彩色图像通常被视为次要目标。然而，从 1976 年海盗号火星探测器首次探索火星开始，一直使用彩色滤镜成像仪采集彩色图像生成公共信息官方资源库[7]，辅助解释岩石类型，例如发现陨石[8]，火星探测器海盗 2 号中的霜冻位置[9]，最近来自于火星探测漫游者的图像对所谓"蓝莓"的解释[10]，以及凤凰号火星探测器下方发现的表层冰[11]。上述两个海盗号火星探测器[12]均使用线扫描系统。火星探路者号[13]和凤凰号[14]使用框幅相机。巡视器通常采用一兆像素的微型黑白相机用于导航（导航相机）与避障（避障相机）（例如火星探测漫游者携带的相机组件[15]以及火星科学实验室好奇号巡视器完全一致的相机配置[16]）或者"科学类相机"（例如，火星探测漫游者全景相机[17]，火星科学实验室好奇号巡视器上的桅杆相机[18]以及欧洲火星太空生物漫游者巡视器全景相机[19]）。然而，当前的发展趋势在于更高分辨率的相机，例如，火星 2020 巡视器可能拥有超高分辨率的导航相机。

相比于消费级产品，相机具有更高的动态响应范围（12～16 位）和信噪比（SNR），但像素数量却比同等级别的移动设备（例如，智能手机）低得多。这主要取决于带宽和器载固态内存的限制。带宽约束限制了更多的新型光谱相机的应用，例如：高光谱成像仪[20]，其光谱吸收特性广为人知，它可利用短波红外（SWIR）和热红外（TIR）探测星表矿物成分。替代方案可选用滤光片转盘（例如，火星探测漫游者上的全景相机或欧洲火星太空生物漫游者巡视器的全景相机）或者 Bayer 滤光片（例如，火星手持式光学成像仪[21]和火星科学实验室巡视器器载桅杆相机）。

未来，除了需要显著增加短波红外相机图像分辨率外，还可能使用 InGaAs 高速红外相机，这需要通过选用一种类似于液晶可调谐滤光器（LCTF）的耐低温装置实现，典型的代表是为未来中国月球巡视器设计配置的声光可调滤光器。

图 3-2 显示了欧洲火星太空生物漫游者巡视器配置的全景相机光学平台，其中包括一个高分辨率的瞄准相机和宽视场的广角相机，二者之间的图像分辨率相差 7.6 倍[24]。

尽管 MSL 好奇号巡视器提出了一款焦距可调（变焦）相机方案，但并未在规定时间内按时完成，与成功失之交臂。未来，火星 2020 巡视器配置的桅杆相机-Z[25]将具备 3.6∶1 的变焦能力。

现有的相机使用"超分辨率"对同一场景重复成像将放大系数提升至 1.75；对于 1～2 个像素的运动即可获得亚像素分辨率。该项技术已经在火星探测漫游者上得到了应用[26]。然而，这使得数据速率需求急剧增大。超分辨率技术在轨表现良好，其中像素位移偏差大能够将系数进一步放大至 5 倍[27]。

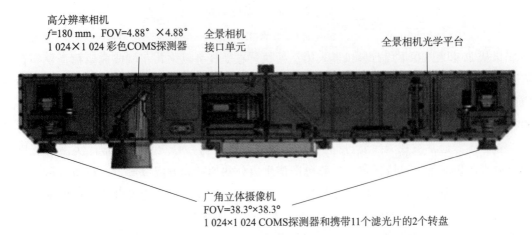

图 3-2　全景相机及其连接转台组件的光学平台 CAD 绘图
（由加州大学洛杉矶分校穆拉德空间科学实验室提供）

3.3.2　主动式（有源）视觉感知策略

仅有少数当代探测任务需要使用有有源视觉，主要取决于自身照明、图案投影、与场景相关的传感器运动，或者基于场景上下文的传感器光学特性变化等因素。有源视觉主要用于感知目标的三维信息。

专项研发一类有源视觉传感器——激光雷达（LiDAR）技术，集中解决高精度、远-近距离目标探测、识别与测距问题。激光雷达大致可分为三大类：测距仪（深度估计、数字高程模型和环境感知）、差分吸收激光雷达（DiAL，用于测量大气温度、微量气体压力和密度）和多普勒激光雷达（速度测量）。当前和未来空间任务使用最先进的激光雷达技术，主要用于协助航天器进行交会对接、深度估计、地图构建、科学分析和地质勘察。例如，计划于 2016 年发射的 OSIRIS REx 探测器试图抵近飞行 1999 RQ36 小行星，使用由加拿大 MDA 公司和 Optech 公司联合研制的激光雷达（OSIRIS REx 激光高度计，OLA）完成对小行星的遥感地图绘制。加拿大领先空间传感器公司 Neptec Design Group 推出的激光相机的高级版本——融合三角测量与激光雷达（TriDAR）技术的自动交会对接系统先后在 STS-128、STS-131 和 STS-135 任务中开展了测试，其在交会对接、分离和绕飞操作期间密切跟踪国际空间站状态。鉴于 TriDAR 具备兼顾近距离和远距离的测距能力，该系统将进一步发展为月球巡视器的导航系统。

除了测距、星表建图和导航外，最近的太空任务还成功使用激光传感器进行科学分析，例如美国国家航空航天局火星科学实验室（2011 年 11 月）好奇号巡视器配置的化学相机（ChemCam）[28]。这款化学相机包括两种不同的仪器：激光诱导击穿光谱仪（LIBS）和远程显微成像仪（RMI）。激光诱导击穿光谱仪使用产生高能激光脉冲的固态激光器作为原子化和激发源，同时使用高灵敏度光谱仪快速分析和识别火星表面的岩石和土壤成分[29]。类似地，适用于欧洲火星太空生物漫游者巡视器装载的拉曼激光光谱仪（RLS）是一种强大的探测工具，它能够识别并表征矿物质和生物标本，例如，有机化合物、与水有关的过程，以及与火星过去生命迹象有关的氧化作用[30]。2008 年 5 月 25 日，凤凰号着陆器搭载的加拿大气象系统使用 Optech 公司和 MDA 公司联合开发的激光雷达系统对火星环境进行了科学探测。激光雷达能够探测云层中的降雪，并从火星北极地表区域获得大气尘埃和云层的测量数据[31]。

其他自带主动照明的传感器包括凤凰号上的机械臂相机（RAC）[32] 和火星科学实验室上的火星手持式光学成像仪[21]，二者都使用 LED 发光二极管阵列照明，主要用于夜间成像。

3.3.3　专用导航视觉传感器：欧洲火星太空生物漫游者（ExoMars）案例

视觉是最重要的导航信息来源之一，蕴含着包括安全在内的操作场景有关的诸多语义信息。举个例子：确定方向对于天线指向机构至关重要，而路径规划则需要可靠的三维地图。本节是对第 4 章的补充，简要介绍了用于巡视器导航和定位的行星敏感器、太阳敏感器及其他视觉传感器。

例如，在欧洲火星太空生物漫游者中，巡视器任务相机图像能够实现 3 个关键功能，2 个核心功能和 1 个可选功能。2 个核心功能是分别使用导航相机进行导航（基于立体视觉感知）和使用定位相机进行视觉定位。可选功能是利用导航相机定位太阳，由于 ExoMars 具体的探测任务设计，这项功能并不是相机设计的优先考虑因素。出于性能方面的考虑，将其嵌入相机功能能够实现图像畸变校正、左右目图像对齐，节省了器载计算机的宝贵时间。

3.3.3.1　导航（感知/立体视觉）

巡视器导航由 3 个关键功能组成：感知、导航和路径规划。基于立体视觉的感知主要用于获得相机视场范围内的高质量的、可靠的视差图。在欧洲火星太空生物漫游者上，每个站位利用导航相机采集三对立体图像，导航首先使用这 3 组对应的立体视差图构建巡视器周边地形的三维模型。然后，考虑巡视器自身的移动能力，进行地面评估，并生成导航地图，其中包含了若干评估因素，例如，禁止通行区域、可通行区域的难度等级等。路径规划使用导航地图结合巡视器自身的可运动能力，寻找一条安全的（避开禁止通行区域）、高效的（确保巡视器尽可能远离可通行难度高的区域）和可通行的（例如，平滑的路径，避免曲率的阶跃变化）的路径。由于地形包括岩石和斜坡，如果导航相机太靠近地面，就不可能看到这些障碍物后面。这就意味着存在大范围的未知地形（被认为是不安全的），极大地减少了可通行路径的数量。因此，导航相机固定安装在距地面 2 m 高的桅杆上，相机安装高度主要受限于质量和体积。导航相机安装在转台组件的顶部，用于收集左、中、右 3 组立体图像。

3.3.3.2　视觉定位与滑移估计

欧洲火星太空生物漫游者巡视器对其自身的运动轨迹采取闭环控制，确保巡视器始终位于指令规划路径的安全边界之内。闭环控制利用了 ExoMars 巡视器自身的高机动性，其特点是在行驶过程中，能同时控制全部 6 个车轮或有选择性地控制部分车轮。要想对巡视器的实际运动轨迹进行纠偏，就必须知道巡视器在哪，这就需要定位的功能。由于轨迹控制频率为 1 Hz，则定位需要提供相同频率的信息。然而，由于器载计算机的局限性，视觉定位每 10 s 只能提供一次完整的位姿估计。而在相邻的立体视觉帧站位之间，则使用陀螺和轮式里程计提供的定位信息。视觉定位的实际计算时间远小于 10 s，但每次计算都必须考虑处理裕度以及协处理器并行处理的其他功能。视觉定位功能主要利用定位相机采集立体图像对，通过估计帧与帧之间的线性和角度偏差，检测和跟踪场景中的特征。姿态估计主要取决于远距离特征，而近距离特征则是位置估计的关键。巡视器运动停止后，将开启导航相机；巡视器运动过程中，使用定位相机，因此，极有可能发生运动模糊。因此，重要的是尽量减少定位相机的运动，这也是不将定位相机放在桅杆顶部的原因之一。另外一个原因是它需要很好地跟踪巡视器前方的近距离特征，以便获取精准的位置估计。欧洲火星太空生物漫游者任务架构设计的一个关键优势是：允许在探测器移动过程中，每隔 10 s 获得一次视觉定位姿态估计。该定位信息不仅可以对巡视器移动过程进行必要的安全监控，估计巡视器是否存在打滑等情况，还能够在确保巡视器抵达期望目标点的同时，提高巡视器移动效率。

3.3.3.3　绝对定位

由于欧洲火星太空生物漫游者巡视器没有配置直接与地球连接的 X 波段天线。因此，与美国推出的火星探测漫游者、火星科学实验室两款巡视器不同，它不需要指向天线一直通过超高频链路与轨道飞行器相连。然而，它仍然需要惯性（绝对）姿态，因为俯仰角和滚转角对于三维地图导航和自身安全都是必需的（倾斜角度监视器）；航向角也是必要的，因为它需要在火星视觉导航框架下控制巡视器的行进方向（鉴于能源和热等原因，火星北部的指向角也很重要）。桅杆顶部的导航相机主要用于拍摄火星天空照片和探测太阳的方向。必须指出的是，这里的导航相机在拍照时，并没有使用滤波器以免对其导航功能产生负面影响。导航相机拍摄的太阳图像中存在一系列伪影，必须在确保不影响导航功能的前提下，对这些伪影做最小化处理。现有的器载算法能够有效处理上述伪影并准确估计太阳的方向。

3.4　视觉传感器标定技术

标定主要目的在于量化解析传感器的某些特性，确保对传感器采集的数据进行准确而客观的描述。以行星机器人为例，仅仅是图像及其表象"画面看起来不错"（例如，浏览全景照片）是不够的，还需要准确知道其中每个像素的位置及其测量值（例如，灰度），即在三维几何空间中的投影坐标与光谱成分测量（例如，辐照度）。

3.4.1　几何标定

几何标定用于确定相机中每个像素相对于三维空间的精确矢量。这对于双目立体相机来说尤为重要，因为这是立体视觉量化处理的基础。准确的标定能够确保双目相机之间的"外极线对齐"，也就是说，其中一目相机的特征点对应出现在另一目相机的同一行（或同一列）内。这种极线校正操作极大地简化了视差匹配过程，能够将双目图像中的特征点匹配问题精简成一维水平行搜索处理。从而生成一组相机（笛卡儿）坐标系下的三维点云数据。

几何标定包括对相机系统内部和外部参数的估计。内参模型表征相机内部的固有特征，与其在空间中的位置、指向无关，例如，焦距和像元比例等。外参模型则表征双目相机之间、双目相机与其他系统组件或坐标系（换言之，相机指向机构）之间的相对位置关系。将内参和外参融合在一起，组成一套相机模型，主要用于描述二维像平面中的像素及其对应于三维笛卡儿空间中的成像物点之间的位置关系。这种相机模型是双向的：已知任一空间点（X，Y，Z），即可确定它在图像中的位置坐标；反之，已知图像中的任一像素点，即可确定三维空间中的一条射线，射线原点就是该像素点，单位方向矢量可由相机模型确定。相机模型通常由一个涉及若干参数的数学模型组成，有时也可以利用查表法来确定。典型的模型包括 Heikkil/Silven 模型[33]，当前流行的 Matlab 相机标定工具箱[34]，以及许多机器人从业者使用的 CAHV/CAHVOR/CAHVORE 模型系列，这些模型基本覆盖了所有的 NASA 在轨任务[35]（海盗号除外）。Heikkil/Silven 模型包括焦距、主点坐标（光心）、扭曲系数和径向/切向畸变等内参。通常，单目相机或一对立体视觉相机内参标定需要采集同一个标定板（例如，棋盘格或点阵等图案）在各自观测视场范围内的不同测量距离、朝向和位置的多张图像。

外参标定主要用于确定立体视觉中的双目相机坐标系之间的相对位置转换关系，推广之，可用于确定一目相机与其他目标或坐标系之间的相对转换关系。总体上，外部参数描述了相机的位置和指向。上述外参可简化成目标之间的旋转矩阵和平移向量，通常表示成一个 4×4 的转换矩阵，或者使用平移向量与"滚转角—俯仰角—偏航角"欧拉角联合表示，或者用平移向量与四元数联合表示。如前所述，要实现立体视觉，就必须知晓相机之间的外参。当然，求解相机相对于巡视器其他组件的相对位置关系也很重要，比如，其可用于巡视器行进方向上启动视觉里程，或者用于完成精准的障碍物检测。从图 3-3 中不难看出，相机壳体表面安装基准镜，为相机坐标系提供参考点。相机与巡视器其他组件之间的外参标定中，通常较为复杂的标定过程主要涉及一些活动组件，例如，转台装置或者机械臂。先利用运动学建模这种活动组件的运动模型，并将建模结果按比例代入相机模型相关参数，这一过程有时称为相机指向模型。由于活动组件的实际运动状态估计往往不够精准，可移动相机极有可能在其指向模型标定外参时引入较大的误差，因此，某些预期任务的使用必须充分考虑这种误差影响。例如，由于相机之间的基线是固定的，刚性安装于转台装置上的立体对产生的测距误差基本可以忽略（尽管相机杆的热效应可能是个问题）。但在巡视器框架中，将该距离转化为 XYZ 坐标时，就会因衔接 PTU 而增加误差。然而，将相机测量所得的 XYZ 坐标转换至巡视器坐标系时，难免会引入转台装置自身的运动误差从而导致误差的累加。相比之下，利用机械臂固定安装的单目相机（例如，美国洞察号机械臂上携带的仪器部署相机和火星科学实验室机械臂上配置的火星手持式透镜成像仪等）能根据机械臂移动不同的位置，采集立体图像。但是由于不同运动位置处的相机之间的基线是非固定的，因此，利用单目相机模拟立体视觉测距误差将显著增大（暂不考虑 XYZ 平移误差影响）。

图 3-3　欧洲火星太空生物漫游者导航定位相机模型，壳体安装基准镜
（由加拿大领先空间传感器公司提供）

当前，巡视器配置的所有相机标定工作面临的挑战是：发射任务前开展的地面标定结果无法确保巡视器在轨飞行过程中的相机系统标定状态的一致性，极有可能由于诸如机构冲击、温度变化或机械组件的功能退化等原因导致几何标定状态发生改变。火星探测漫游者和火星科学实验室的在轨探测经验表明，温度效应是主要影响因素，其他效应发生的概率极低。缓解温度效应问题的一种方法是在不同的环境温度下标定相机，针对不同的温度环境采用对应的标定参数。任务期间，应对标定参数进行定期监测，如有必要，可使用一个简化的在轨标定过程重新标定参数。一种标定方法是采集观测巡视器或着陆器顶板安装的靶标图像，比较并使用地面标定参数计算出的期望位置之间的差异。第二种方法是使用立体视觉观测远距离（例如，"无穷远"）的自然目标（例如，太阳、恒星或地平线），用于测量无穷远处的立体视差。这种方法尤其适用于立体视觉前方交会角的误差校正，这种误差是影响测距的主要因素。最后，可以代入同一场景的多站位采集的观测图像，使用调整优化过程（例如，束调整）解算出超定方程组的未知参数最优解。

火星科学实验室在火星上的第 200 个太阳日曾发生过故障[36]，需要切换至 B 侧计算机与相机。检查结果显示，B 侧相机的测距误差大于 A 侧相机。经过一番调查，确认是由于温度变化导致相机标定参数发生了变化。而缓解这种温度影响的方式，主要通过采集同一场景在不同温度条件下的观测图像进行自相关运算，以确定图像空间中的各像素随温度变化而产生的移动方式。一旦掌握了图像像素移动与温度变化之间的量化关系，即可代入发射前的相机地面标定参数构建一种温度相关性的相机模型，从而妥善解决温度效应问题。

行星巡视器使用了多种相机几何标定方法。火星探测漫游者和火星科学实验室使用了平面标定板和 CAHVORE 相机标定模型[35]。欧洲火星太空生物漫游者导航和定位相机则使用分布式标定过程[37]，具体步骤归纳如下：第一步，常温环境下，使用多台经纬仪阵列、平面标定板和相机壳体基准镜，计算出双目相机坐标系各自与基准镜参考坐标系之间的相对位置关系。上述坐标转换估计出的旋转分量和平移分量的精度分别可达 60 弧秒和 0.1 mm。接下来，将相机安装在一个小型的热稳定标定板上，拓宽相机工作温度范围（−50～+40 ℃），进行相机标定；相机与热稳定标定板随机进入温度循环，根据温度的阶跃式变化，适应调整标定参数值。任务期间，使用器载相机 FPGA 开展在轨标定，确保巡视器主处理器获取无畸变图像。

相机自标定技术则是通过拍摄某一移动目标的多幅图像或围绕某一静态目标移动相机的不同站位以采集多帧图像，它无须引入任何已知视觉靶标（例如，参考文献[38]）即可推导出相机模型。然而，立体测绘技术往往更具鲁棒性，通常需要的图像数量也较少（航天器历经组装、测试和发射等阶段的时间都极为宝贵），因此，迄今为止，大多数巡视器任务中都采用该项技术。

此外，三维传感器还包括一些区别于传统相机的特定的标定因素。例如，三维有源（主动式）传感器，如激光雷达，涉及不同的标定方法（例如，需要将一组靶标阵列放置于不同的测量距离处），但其标定目的都是一致的：将传感器测量数据映射至已知坐标原点定义的笛卡儿坐标系空间中，尽可能避免（或者至少量化描述）单次测量误差。

3.4.2　辐射标定

几何标定对于机器人执行操作相关任务中视觉参与的闭环控制是至关重要的，而辐射标定主要服务于科学探测任务。但是，实际工程应用同样也需要开展最低级的辐射标定（至少包括曝光时间补偿等），避免待拼接或网格化的相邻帧之间的对比度和亮度存在巨大差异，从而影响对周边场景的正确诠释。

一般来说，辐射标定主要包括以下几个方面：

- 平场补偿；
- 暗像素和热像素移除①；
- 曝光时间补偿；
- 传感器温度响应度；
- 暗电流消除；
- 光晕/拖影补偿；
- 多光谱标定[39]；
- 获取辐射亮度真值；

_____

① 单个像素的辐射误差大，或者未传输任何有意义的信号。

• 使用器载标定靶开展日常在轨辐射标定（火星探测漫游者携带的全景相机、火星科学实验室配置的桅杆相机、欧洲火星太空生物漫游者携带的全景相机）；

• 跟踪和补偿辐射亮度退化（经沙尘和辐照影响）。

为了将巡视器图像转化为科学数据，我们需要对巡视器图像[40]进行绝对辐射定标，从而利用这些图像获取以下信息：a）表面各向异性散射信息（通过 BRDF——双向反射分布函数）；b）绝对反射率与以储存的不同矿物类型的光谱反射率信息库进行比较，绘制地表矿物分布图；c）通过对太阳大气不透明度的测量，量化大气尘埃悬浮在空气中的数量占比；d）比较分析火星表面不同地域的不同巡视器和着陆器的测量结果。实验室外很难实现绝对辐射测量，因此，通常研制一套辐射标定系统，利用器载的辐射标定物（后文称为"辐射靶标"）实测辐射亮度随时间的变化量。对于巡视器而言，由于大气中的沙尘往往会落在这些辐射靶标表面，导致测量传感器功能退化，增加了辐射标定难度。尽管如此，辐射标定可以通过使用"立柱和靶球"相结合的靶标完成辐射标定，而这种靶标最初是为火星探路者号成像仪[17]定制研发的，之后又在此基础上进行了修正。从图 3-4 中，可以观察到火星沙尘对勇气号巡视器长达 1 年的影响。

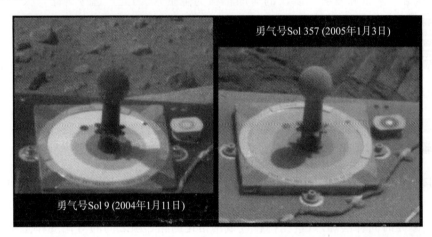

图 3-4　火星探测漫游者 MER-A（勇气号）巡视器携带的全景相机约 1 年前后拍照火星沙尘对辐射靶标表面的影响实例（原文取自 http：//mars. nasa. gov/mer/gallery/press/spirit/20050125a/Spirit _ dust _ comparison-A379R1. jpg，由美国国家航空航天局/JPL-加州理工学院提供）（见彩插）

由于火星没有吸收紫外线臭氧的平流层或任何等效物，因此放置在火星表面的任何材料都会因紫外线损坏而降解。为了最大限度地减少上述情况，辐射靶标使用的所有材料均应在标定之前经历相当于 30 个火星日的紫外线照射。此处使用的 CCD 相机的量子效率（QE）定义主要涉及：−55 ℃、−10 ℃和＋5 ℃等 3 个兴趣温度点各自对应的增益和偏压、光晕特性、CCD 帧间传输拖影，以及不容忽视的是一种由热噪声引起的暗电流，与温度密切相关。对 CCD 帧传输涉及的活动组件和存储组件分别测量暗电流（快门关闭后），并在巡视器任务期间保持持续监测。每个滤光片还使用单色仪表征谱段范围以外的泄漏情况，其对火星探测漫游者配置的地质滤波器的影响基本可以忽略不计，但对太阳能滤光镜的影响具有潜在的重要意义。利用每个滤光片和每个相机的积分球获取平场图像，积分球自身使用美国国家标准与技术研究院（National Institute of Standards and Technology，NIST）可追踪二极管辐射计进行标定。然后，绘制每个滤光片发射前的光谱响应曲线，并使用 NIST 已标定的钨丝灯对辐射标定系数进行独立检查。结果表明，所有滤光片的检测结果均在 5%～10% 之间。遥感系统中的噪声可以用假设的"噪声信号"（也称为光谱等效噪声辐亮度）中的等效功率来表示，对于全景相机而言，对使用地质滤光片获取的大多数图像进行测量，得出的信噪比（SNR）为 200。在美国和法国，使用测角仪可为目标上的 7 个参考区域（白、灰、黑、蓝、红、黄、绿）中的每一类区域独立生成一个双向反射分布函数（BRDF）模型[41]。使用火星探测漫游者携带的飞行备用靶标具有类似的效果，但其标定范围小于雷达标定信标。

3.4.3 误差影响

准确了解环境对于机器人在未知地形中的操作任务至关重要。在地面应用中，一种所谓的"运动恢复结构"三维重建技术通常依赖于数据的冗余性（例如，从不同站位拍摄的同一场景的许多重叠图像），它同时可以推导出相机自身的位置，并通过训练冗余数据以减小重建噪声。然而，为了节省下行链路资源，应尽可能避免行星环境中采集的冗余数据。如此就会对标定的要求更加严苛，需要获知系统额外的先验知识。一种重要示例是获知相机的指向信息（例如，来源于转台装置，或者双目立体相机彼此之间的指向）。即使微小的指向误差也会导致远距离的较大误差，使得与机器人本体固连设备的位置布局变得更加困难，甚至在途中发生意外碰撞时对整个设备造成危害。这里的主要区别在于相机期望指向与其实际指向之间的差异。一般来说，对于立体视觉而言，并不一定需要准确地获知相机期望指向位置（通常给出一个粗略的范围即可），至关重要的是必须精确估计出相机最终的指向结果。

图像中的像素坏点是导致图像误相关匹配的另一种误差源，特别是长基线的立体相机或者机械臂携带的单目相机等情况，因此，同一种相机噪声模式可能会欺骗相关器，导致误匹配。

多种类型的误差强依赖于视觉成像立体几何学。立体测距精度与观测距离的平方呈反比，观测距离越大，测距精度越低。基于典型立体匹配误差限制在 1/4 像素内的前提条件下，图 3-5 列举了典型传感器的测距误差实例。当前的巡视器携带的相机采集的立体图像其常规观测距离覆盖 20 m，有时可达 50 m 或 100 m，但图像噪声会迅速增加。此时的指向误差将影响整个测量结果（例如，生成系统误差），而图像处理缺陷和图像噪声则会导致随机噪声。图 3-6 使用火星探测漫游者携带的相机从大约 50 m 远的距离观测科连特斯角（Cabo Corrientes）维多利亚陨石坑附近的悬崖。使用火星探测漫游者 MER-B 机遇号巡视器携带的固定基线全景相机的立体视觉配置，获得的三维重建结果无法用于火星表面地理测绘。倘若巡视器移动不同的位置采集立体图像对（每个移动位置彼此相距 3 m），或者使用长基线立体视觉相机配置，此时的三维重建结果足以完成地理测绘。

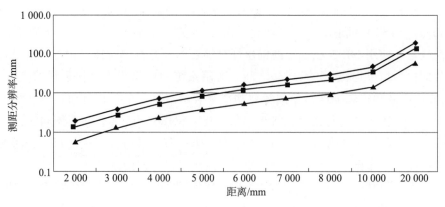

图 3-5　火星探测漫游者立体视觉相机（最高的曲线）、火星科学实验室桅杆相机（中间曲线）和
NASA 火星车 2020 桅杆相机-Z（最低的曲线）等不同的立体视觉配置的测距精度曲线预计汇总

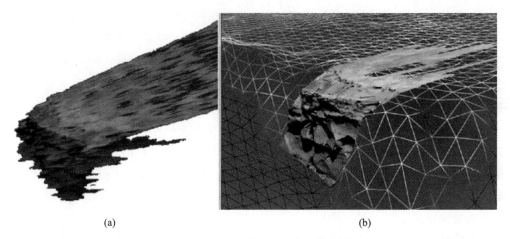

（a）　　　　　　　　　　　　　　（b）

图 3-6　维多利亚陨石坑（科连特斯角[42]）某一相似部分的三维渲染图：（a）基于巡视器采集的
立体图像三维重建结果；（b）巡视器从两个不同的观测视角处的立体视觉三维重建结果
（需要嵌入高分辨率成像科学实验相机采集的数字地形模型）

由于立体匹配中的部分区域缺乏足够的纹理，导致三维重建存在误差或空洞缺陷。图 3-7
显示了输入图像大面积缺失有效的纹理及其对应的斜率（基于立体视觉）计算结果，图中
展示了许多由于立体匹配失败而导致的未知空洞区域。尽管可以通过调整相关参数获得更
好的覆盖范围（以牺牲精度为代价），但只要使用无源光学传感器重建某些地形的三维信
息，局部产生的空洞是不可避免的。

3.5　基于地面的视觉处理技术

　　与在轨星上处理能力相比，地面拥有更强的处理能力，并允许人类使用更加复杂、健
壮和交互式的工具。一旦接收到下行图像及其对应的遥测数据，将被分配至多个处理通
道，为科学探测与操作等任务提供数据分析和可视化等服务。大多数情况下，首先是以全

(a)　　　　　　　　　　　　　　　　　　(b)

图 3-7　（a）火星科学实验室导航相机在第 581 个火星日采集的视觉图像；（b）斜率图像（白色区域的斜率不低于 20°）。注意：前景图像具备缺失数据，是因为该区域的纹理不足，无法完成立体匹配相关操作，因此无法获取三维重建结果（由美国国家航空航天局/JPL-加州理工学院提供）

自动方式进行低层次的批处理，然后是对大部分数据集自动执行标准化处理，最后利用科学家与自动处理相结合的协作模式，开展交互式数据分析与解析，并制定如何进一步推进任务的决策。数据完成归档存储之后的后续工作就是科学研究，该项工作将会在数据采集后持续多年。

　　图 3-8 描述了当代火星巡视器任务的完整运行周期，其核心任务是生成数据（供后续分析和仿真使用），严重依赖于视觉。后续章节将详细解释地面视觉处理过程涉及的若干重要步骤。

3.5.1　压缩与解压

　　由于通信带宽的严苛约束和限制，数据压缩和解压过程对空间任务是必不可少的。数据压缩在太空任务中的使用可以追溯到阿波罗计划[43]。为了尽可能高效地使用下行链路资源，图像压缩在行星巡视器中得到了广泛应用。火星探测漫游者和火星科学实验室携带的多款工程相机，采集的大多数图像都是使用 ICER 图像压缩软件[44]和低复杂度无损压缩（LOCO）软件的改进版[45]进行压缩的。火星科学实验室携带的科学相机和洞察号则主要使用 JPEG 压缩。研发有损图像压缩和解压缩方法，需要在数据压缩和图像质量下降（由此产生的伪影、附加噪声和原始采集图像的确定性丧失等）、软/硬件要求、可靠性和数据完整性、传输介质与地面站之间的数据兼容性、遭遇数据包丢失时的稳健性，以及最重要的实施成本等方面进行综合的权衡。

3.5.2　三维建图

　　行星表面的制图可以追溯到 20 世纪 60 年代初，当时美国和苏联向月球和火星发射

图 3-8   行星巡视器任务的操作序列控制周期（以火星探测漫游者为例）
（由美国国家航空航天局/JPL-加州理工学院提供）

了携带成像仪的轨道探测器。由于传感器成熟度和轨道距离的原因，地面分辨率很低，最好的情况在几十米的范围内。从那时起，轨道探测绘图（尤其是三维地图）获得了相当大的发展：火星上可以实现最佳分辨率的是火星勘测轨道器（MRO）[46]上配置的高分辨率成像科学实验相机（HiRISE），其成像观测分辨率低至 30 cm。从不同的视角对同一地点执行两次相邻的轨道观测，可以进行立体成像和摄影测量处理，即可得到分辨率为 0.6 m 的数字高程模型（DEMs），并证明其高度分辨率为 0.2 m[47]。然而，为了绘制着陆器/巡视器的周边环境的详细地图——例如，为了巡视器导航或科学目标——与轨道探测器配置的成像仪相比，往往还需要不同的观测视点。尽管早期的着陆器，如 1966 年的月球 9 号[48]和勘测者 1 号[49]已经成功地传送了月球和火星表面的相机图像，但是 1976 年的海盗号飞行任务首次提供了利用星表探测器配置的仪器设备对环境进行立体三维测绘的机会（见 3.7.2 节）。此后，大约有 10 项飞行任务使用立体成像技术进行三维近景测绘。

除了图像本身之外，三维建图还需要详细了解成像几何学（例如，描述内部相机参数以及嵌入唯一的空间几何场景的相机的位置和指向），以便获得适当的缩放比例，并能够根据数据采集平台（例如，着陆器、巡视器）和外部世界（例如，行星地理坐标系或着陆点局部坐标系）对照布局三维建图结果。

图 3-9 给出了一种基于立体图像的巡视器建图的总体方案，立体图像学是目前最常用的技术。立体成像系统安装在桅杆或巡视器/着陆器底盘上。为了获得周围大部分地区

的全景图，使用了一些能够使相机指向不同方向的装置，即所谓的"云台装置"（PTU）。根据知悉的云台装置的旋转角度及其轴向与相机参数之间的空间几何关系，即可将每组图像准确分配至正确的几何结构中（详见图 3-10 中的单目全景成像图），倘若已经拍摄了立体图像，则可将每个单独的指向站位处获得的重建结果无缝地组合成一个能够覆盖巡视器/着陆器周围整个环境的唯一三维建图。另一种灵活的成像几何结构是通过机械臂实现的（例如，在凤凰号任务期间[50]，仍然能够实现有用的三维重建[51]），通过使用反射镜实现［例如，计划为欧洲火星太空生物漫游者任务设计的巡视器探测镜（RIM）[52]］或者将相机安装在其他可移动部件上（例如，欧洲火星太空生物漫游者特写成像器 CLUPI，它安装在 ExoMars 钻箱上[53]）。

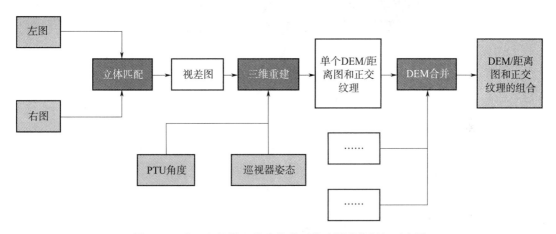

图 3-9　基于巡视器立体成像的三维建图总体框架示意图

　　立体视觉三维重建首先需要一套立体相机系统拍摄的左目和右目两幅图像。左相机中的每个像素都要在右图像中寻找到相应的位置（即同一个目标点分别出现在左目和右目图像中）。这样就产生了一个所谓的（密集）视差图，其中包含了每个像素的视差（详细的视差计算流程详见图 3-15）。上述视差图可用来重建一个空间位置。鉴于相机指向信息主要来源于云台装置旋转角度和巡视器平台的位置姿态等，据此即可获取上述目标点在某一个指定坐标系（例如，在火星质心坐标系，或者着陆器质心坐标系等某个局部坐标系）下的三维位置信息。该过程产生的一项重要附加值是通过利用源位图像获取对应的单目或双目图像中的纹理信息，对相应的目标点进行着色。目标点集合被投影至网格化的数据结构，可以是笛卡儿坐标、球面坐标空间或圆柱坐标空间。最后，在诸如简单纹理的三维网格化表示方式中，不同站位处的视差图可以组合成一个三维建图。

　　图 3-11 描述了欧空局研究项目（EUROBOT 地面原型视觉系统[54]）的一个典型三维建图案例。首先，从单个静态观测站位处获取三维重建的立体图像序列，该序列覆盖了巡视器周边半径为 10 m（即最大预定测量距离）的圆形区域。然后，巡视器采用"走—停"模式向右移动，它每移动 1～2 m 后停止运动，随即融合三组立体视觉建图序列确保移动方向始终指向右侧。通过视觉里程计获取巡视器的位置姿态信息，即可将单个站位处的双目立体视觉重建结果拼接成一幅唯一的数字高程模型（DEM）和正射影像。

图 3-10　全景成像几何（MER-B 巡视器分别在 652，653，655，657～661，663，665，667～669，
672，673，686，697 和 703 等火星日拍摄的 146 幅图像）。值得注意的是，有时从天空区域拍摄的一些
图像，用于确定气溶胶光学厚度和/或者检查/确定相机的渐晕

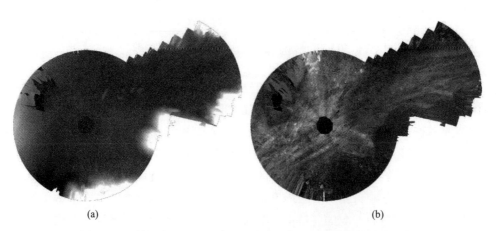

(a)　　　　　　　　　　　　　　　　　　　　(b)

图 3-11　单视点（圆形区域）三维建图与巡视器向右移动的组合
（a）数字高程模型 DEM 中的低区为暗，高区为亮；（b）正射影像。请注意圆形区域中的黑色
中心是由于全景相机采集图像时，巡视器本体的遮挡所造成的

3.5.3　离线定位

巡视器定位是确定巡视器自身在哪的过程。这项工作既可以在巡视器上开展（确保巡视器按照指令行进移动），也可以在地面开展（通过使用轨道探测器生成的遥感导航地图，寻求更准确的解决方案）。除了使用惯性测量单元（IMU）测量巡视器姿态外，MER 和

MSL 均配置了两个器载定位系统——轮式里程计，主要用于检测每个车轮驱动器的运动状态。最简单的工作原理是基于车轮转数的积分。这种定位方式简单易行，能够监测每个车轮驱动器的运动状态，但不够准确，按照经验法则估计，轮式里程计通常可达10％的误差（相对于行驶里程），如果车轮打滑（例如在沙地上），误差会更大。第二种定位方法称为视觉里程计（Visual Odometry，VO），巡视器每次移动停止后，使用视觉技术推演估计巡视器的运动。相对于前一种轮式里程计而言，这种方法精确得多（根据经验法则估计，相对定位误差可达 1％，当然也取决于巡视器的初始位姿），但在目前的探测任务中，这种方法非常耗费计算资源，极大地减缓了巡视器的行驶速度。因此，只有在高滑移或精确行驶的情况下才使用这种方法。未来的巡视器将具备更强的计算能力，巡视器每次移动都能够启动视觉里程计，就如同 ExoMars 巡视器实现的一样。关于器载视觉里程计的更详细的解释，详见 3.6.4 节。

利用图像进行地基定位，基于图像的地面定位技术利用了基本上不受限制的处理能力以及轨道遥感图像等其他信息源来提高巡视器的定位精度。这些地面技术包括基于巡视器采集图像的增量式束调整（IBA）和巡视器与轨道器图像匹配。

MER 任务早期使用了增量式束调整技术，通过匹配图像中的公共特征，将所有巡视器图像连接在一起[55]。该技术对连接在一起的所有图像进行批处理的同时，生成对每幅图像所给定的巡视器位置的最优估计值。这一部分将在 4.4 节进一步阐述。

MSL 和目前的 MER 操作任务均使用巡视器与轨道器的图像匹配技术。巡视器完成一天的行驶任务后，利用轨道遥感图像，可以估计出巡视器的绝对位置。巡视器采集的图像被投射到一个正射校正的拼接图中，使用每个像素的（X，Y，Z）位置来创建一个真实的俯视图（MER 任务早期，使用垂直投影图像拼接予以代替，但它们会受到视差和坐标转换误差的影响）。然后，将上述拼接在一起的图像与高分辨率的轨道探测器采集的地形遥感图像进行比对，即可精确地确定巡视器在火星表面的经纬度信息。比对结果通常可达1~4 个（轨道级）像素的精度，具体精度取决于活动场景。使用标准的高分辨率成像科学实验相机采集 0.25 m 分辨率的轨道遥感图像，这意味着巡视器在火星上的绝对定位精度（相对于高分辨率成像科学实验相机）大多数情况下不超过 25 cm，最恶劣情况定位精度降至 1 m[56]。目前的巡视器与轨道器之间的图像匹配技术要求人工操作来完成。

为了改进巡视器与轨道器之间的图像匹配技术，可以考虑使用超分辨率恢复（SRR）技术，从 5 张或更多来自 25 cm 分辨率的高分辨率成像科学实验相机采集的图像中生成低至 5 cm 分辨率的超分辨率还原图像，所使用的方法详见文献［27］。这些超分辨率恢复图像也可以使用参考文献［57］中描述的方法，从光学导航的积累误差中更新巡视器的里程。现已开展了图像相关技术研究，实现了巡视器与轨道器之间的自动定位。英国伦敦大学学院-空间科学实验室（UCL - MSSL）已经开发了一个自动处理系统，以确保巡视器横截面具备某些特征，能够被轨道探测器携带的高分辨率成像仪辨识到。这些特征都是巡视器成像仪和太空中的轨道探测器成像仪通过使用地标可辨别的[57]。在可见的地方，可以使用可观测的巡视器车轮痕迹来验证这些轨迹。英国伦敦大学学院-空间科学实验室

（UCL‐MSSL）处理系统首先需要引入正射校正图像，该图像可由高分辨率成像科学实验相机采集的分辨率为 25 cm 的图像或者具有 5 cm 分辨率的超分辨率恢复技术生成的正射校正影像[27]而生成。在这两种情况下，高分辨率成像科学实验相机采集的正射影像被配准至中分辨率背景相机 CTX 图像，然后配准至正射校正后的高分辨率立体相机图像，再将其顺序转换至火星轨道器激光高度计（MOLA）[58]生成的全局坐标系中。这意味着巡视器用于定位的特征可以使用绝对航空坐标予以表示。

　　利用尺度不变特征变换（SIFT）方法生成特征点，并进行巡视器与轨道器之间的图像匹配。在可行的情况下，对导航相机和全景相机采集的图像数据进行全景正射图像拼接。美国国家航空航天局推出的 3 个巡视器（火星探测漫游者 MER‐A 勇气号巡视器、MER‐B 机遇号巡视器、火星科学实验室好奇号巡视器）的实验结果表明，MER‐B 机遇号巡视器误差是最小的，除了长横断面上可以观察到的一些小的偏移外。图 3‐12 显示了自动导出的巡视器横断面示例，并与利用高分辨率成像科学实验相机与超分辨率恢复技术生成的巡视器轨迹进行比较。目前，MSL 科学团队正在使用超分辨率恢复图像辅助科学目标的选择和巡视器的导航规划。

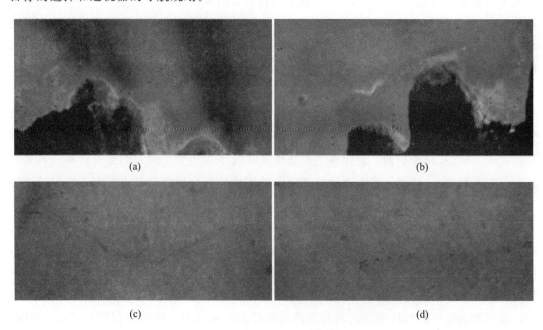

图 3‐12　火星探测漫游者 MER‐B［（a），（b）］和火星科学实验室［（c），（d）］配置的高分辨率成像科学实验相机正射校正图像显示了巡视器定位信息（标记点），上述图片表明自动定位巡视器的移动轨迹与轨道器配置的高分辨率成像科学实验相机采集的分辨率为 25 cm 的遥感图像记录的实际轨迹之间的一致性

　　在月球车的案例中，这种技术已经应用于嫦娥三号着陆器和玉兔号月球车[59]。
　　尽管其他巡视器与轨道器之间的图像匹配技术已经概念化，但尚未在飞行器上实际应用。这些技术包括巡视器与轨道器的地平线匹配、巡视器与轨道器的数字高程模型匹配。就前者而言，为巡视器预设若干候选位置，利用巡视器周边地形的数字高程模型，生成模拟天际线视图。巡视器的位置即可通过搜索与巡视器实际天际线视图最匹配的模拟天际线来估计。在后一种情况下，数字高程模型直接与巡视器周围生成的地形三维模型相匹配，该模型可通过立体图像三维重建而成，或可能通过激光雷达等三维传感器生成。

3.5.4　可视化与仿真

作为最成功且仍在进行火星巡视器探测任务的主办机构，喷气推进实验室（JPL）已经实现了图像数据和视觉处理结果的各种可视化方式。巡视器最重要的 3 项日常操作如下：

- 第一个工具是火星可视化软件 Marsviewer[60]，它是喷气推进实验室下属的多任务图像处理实验室（MIPL）研发的一款图像显示与精简数据记录（RDR）可视化程序。它最初是作为多任务图像处理实验室的质量控制（QC）工具开发的。因此，它提供了直接可视化所有类型的精简数据记录能力。大多数的精简数据记录并不是传统的图像：像素可能是 XYZ 坐标、斜率值、机械臂空间可达性代码等。这些由火星可视化软件 Marsviewer 解释并可视化显示，通常使用颜色渐变指示值（从蓝色＝"好"到红色＝"坏"），或者是等高轮廓线延伸，其值每隔几米就高亮显示（默认 0.1 m）。火星可视化软件 Marsviewer 提供了图像数据本身最直接的"手动"视图。图 3 - 18 所示的叠加可视化捕获了火星可视化软件 Marsviewer 的输出。此外，火星可视化软件 Marsviewer 还可以查看三维点云或网格。

火星可视化软件 Marsviewer 共有 3 个版本：桌面 Java 客户端、Web 版本（JavaScript）和适用于 iPads 和 iPhones 的 iOS 版本。所有的版本都通过与服务器通信访问数据，或者 Java 客户端可以直接读取图片存储的文件系统。火星可视化软件 Marsviewer 的关键特性之一是，它隐藏了查收数据的复杂性，将其隐藏在横跨不同任务之间的通用接口后面。

火星可视化软件 Marsviewer 对公众开放，用户可以访问火星探测漫游者、凤凰号和火星科学实验室等任务行星数据系统（PDS）中的图像数据[60]。

- 第二个工具是科学规划工具。它在不同的任务中拥有不同的名字：火星探测漫游者任务取名为 Maestro [61]，凤凰号任务取名为 PSI [62]，火星科学实验室任务取名为 MSLICE[63]。科学家和仪器操作员使用这些工具来规划他们感兴趣的观测项目并且编写命令。为了做到这一点，他们采用多种形式显示图像。用户可以在图像上定义目标，并利用显示的图像规划观测结果。这些工具没有显示所有的精简数据记录（RDR）类型，但是显示了最重要的控制仪器指令类型，包括图像拼接、测量范围和机械臂空间可达性。

- 第三个工具是机器人序列化和可视化程序（RSVP）[64]。巡视器规划者使用这个工具规划车轮驱动器和机械臂运动，构建完整的控制指令序列包。机器人序列化和可视化程序的关键特性之一是它能够模拟指令序列，使用三维渲染显示巡视器要做什么，以及它将如何与所处的星表环境开展互动。安全性是关键。机器人序列化和可视化程序主要使用立体视觉图像分析的地形网格，以及数字高程地图（DEMs）。但是，它也有直接显示图像的模式。

　　科学团队正在使用为其在轨仪器定制的专项工具，例如：视点 Viewpoint，该工具旨在为火星探测漫游者科学团队提供一种易于使用的三维规划工具[65]，供巡视器操作任务使用。欧洲火星太空生物漫游者配置的全景相机将使用一种命名为"PRo3D"（行星机器人三维浏览器）[66] 的工具，可对全景相机生成的三维视觉产品及其地质构造解析进行沉浸式三维展示（见图 3-13）。行星机器人三维浏览器 PRo3D 由行星机器人视觉地面处理软件 PRoViP（3.7.7 节）提供支持，它是欧洲火星太空生物漫游者全景相机的主处理引擎。对于即将在巡视器操作控制中心（ROCC）中运行的欧洲火星太空生物漫游者操作任务而言，诸如 3DROV[67] 或 VERITAS[68] 等巡视器系统仿真模拟环境将汇聚到 ROCS RVP 上，它表示 ROCC 操作控制系统、巡视器可视化与规划等，类似于喷气推进实验室研发的机器人序列化和可视化程序[64]。

图 3-13　行星机器人三维浏览器 PRo3D 的屏幕截图，显示了 Shaler 地区（盖尔环形山，火星科学实验
　　室任务）的局部地质构造解析图。图上的地层学详细解析表明，星表地层主边界显示为灰线，河床
边界显示为粗白线，而这些河床组内的分层构造显示为细白线（注意，原始图像是彩色的）。倾角和走向
值可直接在行星机器人三维浏览器 PRo3D 中按倾角值彩色编码获得，一般向东南倾角 15°～20°，但还有
待于验证。这些发现与参考文献［69-70］中的研究结果一致，主要原因在于岩石露出地面的部分代表了
一种变化的河流环境，粗大的砾石单元中间夹杂着隐性的细密颗粒（数据由美国国家航空航天局/喷气推
进实验室提供，图片来源：伦敦帝国理工学院，罗伯特·巴恩斯/桑吉夫·古普塔提供；
网站：www. provide - space. eu）（见彩插）

　　立体图像直接可视化的一个重要工具是将立体视图的左、右目图像（或其组合，例如全景图）呈现给观众的左眼和右眼进行观赏。受到喷气推进实验室开发的 JADIS 开源 Java 库[71-72] 的功能性和可用性的启发，允许利用不同的立体显示技术显示立体图像，英国伦敦大学学院-空间科学实验室（UCL - MSSL）开发了一个名为 StereoWS 的通用立体视觉工作站，通过世界上最大的开源软件开发网站 sourceforge[73] 提供完整的用户和程序员文档。如此，经极线校正后，即可对巡视器相机采集的立体图像予以显示，并允许在图像显示界面上使用标准的"浮动十字线光标"进行三维测量。这种三维测量在标准平面显示器或专业立体显示器或消费类立体显示器上均可以进行。使用喷气推进实验室推出的 Java 输出/输出接口类型，可以显示包括标准的行星数据系统产品在内的不同立体匹配视差值。在实验室控制条件下，利用通用立体视觉工作站 StereoWS，引入相关激光点云[74]，对来自不同巡视器的不同立体图像对的立体匹配精度开展了诸多研究。通过保持先前选择的立体匹配结果中的左点位置不动，用户可以修改光标在界面中的三维位置，将该三维光标放置到具有相同特征的行星表面处。上述选取的位置或者是明显的立体地标，或者是受局部遮挡的点。通用立体视觉工作站 StereoWS 的屏幕截图如图 3-14 所示。建议读者从开源软件开发网站 sourceforge 下载并安装 JADIS 库和工具。

(a) (b)

图 3-14 通用立体视觉工作站 StereoWS 工具截图，显示了火星探测漫游者 MER-A 勇气号巡视器在标准平板显示器上的立体仿真图像（最初以红/蓝色显示，以便用立体眼镜观看）。左侧面板即为控制面板，左上角为其下拉菜单，其中显示了输入和输出，包括导入左目图像点位置，仅用于后续三维立体视觉测量（见彩插）

3.6 器载视觉处理技术

3.6.1 预处理

世界上没有完美的相机。事实上，光学镜头设计会导致图像失真，而且失真会随着视场角的增大而增大——ExoMars 导航相机的水平和垂直视场角均为 $65°$，这是一个相当宽泛的角度。传感器及相关电子元器件也不尽完美，往往会引入噪声和量化误差。由于器载处理的各种约束条件，ExoMars 配置的立体视觉通常基于某种假设，已知右目（左目）相机上的某一行对应于左目（右目）相机上的某一行。这就需要一个非常稳定的立体视觉平台和/或者一种非常精确的标定方法。ExoMars 使用了上述两种方法，因此相机要进行必要的图像偏移，确保左目和右目图像对齐。像素尺寸非常小（约 5 μm），并且使用了全分辨率，光学畸变必须校正至四分之一像素精度，这同样是一个严峻的挑战（注意，火星上的温度范围在 −120～+50 ℃ 之间）。再次，采用了非常稳定的立体视觉平台和/或者一种非常精确的温度相关标定方法。虽然标定数据存储在器载计算机中，但实际的图像校正是在相机内部进行的。事实上，相机包括一个现场可编程门阵列 FPGA，计算过程高度并行，极大地提升了计算效率。然而，空间适用性的现场可编程门阵列 FPGA 仍面临一项挑战是在轨需要处理的数据量很大。电子学缺陷尝试利用感知与视觉定位算法予以解决。目前还没有专用算法可用，可以通过阈值和调整算法来解决，确保最终的性能可以接受。如果结果很不准确，可能需要开展专项标定，但对于 GNC 而言，不太可能需要这样做。

3.6.2　压缩模式

3.5.1 节中已经确定，需要采取压缩策略将在轨采集的数据快速下传至地面站，对数据进行地面分析。数据压缩主要应用于高带宽类型的仪器，例如：相机和科学有效载荷（如光谱仪）。当代行星探测任务，例如火星科学实验室的好奇号巡视器和欧洲空间局的 ExoMars 巡视器，均具备在轨开展科学采集处理的能力，与下传原始数据至地面处理相比，大大节省了带宽成本。例如，安装在好奇号巡视器器载机械臂末端上的火星手持式光学成像仪使用了一个 2 兆像素的彩色相机，带有可调焦的微距镜头，用于观察地质材料[21]的形态、矿物质含量、结构和纹理特征。可调焦能力使火星手持式光学成像仪能够获得不同分辨率和不同观测距离下的火星表面图像。许多图像处理都是在轨完成的，例如，Z 向堆叠（聚焦合并）以获得最佳聚焦视图，生成目标深度图，以此作为目标微观地形的测量结果。鉴于火星手持式光学成像仪采集了大量可用的存储数据，将数据以非压缩格式存储，并将其各自的缩略图回传地球。从堆栈中选择特定图像可以在后续阶段根据请求下行链路传到地球，从而节省下行链路带宽。

火星手持式光学成像仪还可使用平方根扩展查表法，将 12 位图像压缩为 8 位图像。大多数火星手持式光学成像仪图像使用有损压缩格式（JPEG），这会导致其某种程度的退化。然而，它也可以使用无损压缩模式，获取最高的质量。通常情况下，原始图像以 JPEG 压缩格式下传，然后选择最感兴趣的图像使用无损压缩重传。火星科学实验室巡视器桅杆相机也具有上述大部分功能[18]。

3.6.3　立体视觉感知软件流程

立体感知系统主要负责分析立体图像对，并生成视差图。如图 3 - 15（a）所示，视差图描述了立体图像对之间相应像素的显著偏移。例如，欧洲火星太空生物漫游者感知系统的一些关键特征［见图 3 - 15（b）］总结如下：

- 光学畸变效应应在巡视器相机内部予以校正，因此，感知系统不加以考虑；

• 使用多分辨率方法，以最大限度地增加视差图所覆盖的地形数量，同时使用高分辨率图像尽可能减轻不利的处理时间影响；

• 计算视差图的低分辨率部分时，将 1 024×1 024 像素的相机图像压缩为 512×512 像素；

• 在立体相关算法尝试计算视差值之前，使用拉普拉斯-高斯预处理滤波器生成梯度图像；

• 采用绝对误差相关算法对立体图像对进行水平扫描，搜索视差值对应的最邻近像素；

• 采用线性亚像素插值方法计算十进制视差值；

• 视差图滤波用于消除原始视差图中的粗大误差，生成最终的、过滤后的、多分辨率视差图。

3.6.4　视觉里程计

视觉里程计（VO）的作用是利用视觉信息估计巡视器在移动过程中的线性位移和角

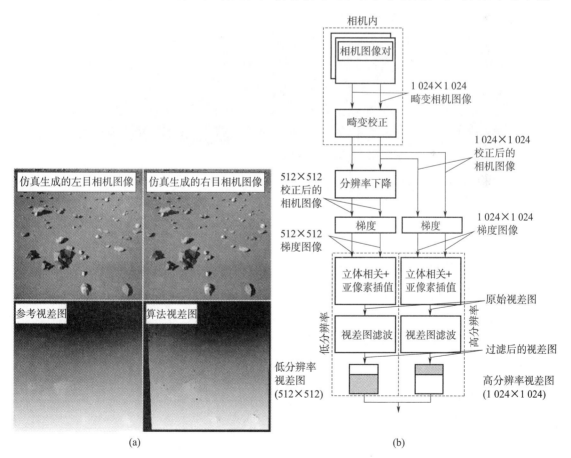

(a)　　　　　　　　　　　　　　　(b)

图 3-15　（a）来自地面真值模拟（PANGU[75]）的参考和算法视差图

（b）感知架构方案（ExoMars 感知系统示例）

度位移（见图 3 - 16)[①]。尽管视觉里程计包括很多不同的方法，但是，各种方法涉及的关键步骤总结如下：

• 标定：发射前在地面获得标定数据，具体可分为内参（如畸变校正）和外参（相机的位置和指向）。在欧洲火星太空生物漫游者任务中，这是在视觉定位功能之外进行的。关于标定，请参见 3.4.1 节。

• 运动预测：基于先前若干帧数据，估计出对应特征在新一帧中的期望位置，如此即可加快计算过程。

• 特征检测：有许多特征检测技术。本质上，这对应于检测图像中的强特征（例如，角点，如岩石顶点），这些特征可以更"容易"地在后续帧中检测和匹配。

• 特征匹配：根据先前检测到的每种特征属性（蕴含在周围的视觉环境中），将新检测到的特征与先前检测到的特征进行匹配。

图 3 - 16　火星探测漫游者视觉里程计特征检测和匹配显示[76]（对比度修正）
（由美国国家航空航天局/JPL -加州理工学院提供）（见彩插）

• 运动估计：这一步有多种可能性。例如，卡尔曼滤波器能够根据上述匹配特征的运动，估计巡视器的运动。一个关键的假设（适用于火星）是，场景不会发生演变，因此，倘若特征发生了移动，这便是由于巡视器的运动造成的。

3.6.5　自主导航

自主导航（以及其他自主能力，例如，搜寻科学目标、收集信息和样本）很大程度上

---

① 除地面导航外，该方案还适用于支持其他任务阶段的导航。例如，火星探测漫游者利用下降成像仪确定其水平速度，以便知道降落时如何发射火箭。通过使用一种类似于视觉里程计的机械装置，即可支持机器人完成飞行、跳跃等动作。

依赖于视觉传感器，它是感知系统的主要组件，支持诸如建图、地形评估、避障、目标检测和路径规划等任务。

火星探测漫游者、火星科学实验室和欧洲火星太空生物漫游者巡视器具有结构相似的自主导航策略，它们都使用立体视觉数据作为主要的感知输入。所有巡视器的主相机都是安装在桅杆上的桅杆相机，但火星探测漫游者和火星科学实验室也有广角的、安装在巡视器本体上的避障相机，主要用于检测障碍物。每个巡视器都能从立体视觉输入中生成局部地图，再将这些地图根据以前收集的立体视觉数据合并成一个更大的地图。这些地图随后被用来创建可通行地图，该地图通过分析地图上是否有岩石或过大的斜坡等障碍区，为巡视器指明安全的行驶区域。然后在可通行地图上规划一条通往目标位置的路径，并命令巡视器沿着路径行驶。巡视器进行短距离行驶后，再次重复上述步骤。这些自主导航步骤将在 4.5 节中进一步描述。

轨道遥感图像对火星探测漫游者、火星科学实验室和欧洲火星太空生物漫游者等巡视器的导航能力至关重要（具体参见 3.5.3 节）。遥感图像主要用于选择巡视器将要到达的目标位置，然后，巡视器即可自主前往目标地点。然而，目前这种长期/全局定位均是在地面上完成的。

火星探测漫游者还能够通过外观而非空间坐标来指定目标位置[77]。例如，可以将一块感兴趣的岩石作为目标，巡视器使用基于图像的技术跟踪该岩石，并引导巡视器到达那里。

3.7　过去和现有的任务方法

本节介绍了一系列解决方案，这些解决方案来源于过去和现在的行星探测任务，它们与行星机器人视觉、相关的试验场景模拟设施、试验本身以及实验装置等高度相关。不能说上述解决方案都是完整全面的，只能说它们在星体、技术途径、成熟度和具体用例等方面具有典型的代表性。

3.7.1　月球探测视觉系统：着陆器和巡视器

苏联"月球计划"中的月球 9 号飞船是第一艘实现月球软着陆（1966 年 2 月 3 日）并将月球表面影像数据传回地球的航天器。月球 9 号装有一套轻型全景电视摄像机系统和一块主动旋转和倾斜的反射镜，反射镜安装在相机上方 8 cm 的回转支架上，实现了全月表 360° 覆盖。后续任务月球 13 号（1966 年 12 月 24 日）使用电视系统传输月球周围景观的环行图，而月球 16 号（1970 年 9 月 20 日）由两个全景光学-机械式相机组成，与其前身（月球 9 号）相比具有更好的感光灵敏度，而且还配备了一个更宽的光圈镜头以及人工照明设备。月球 17 号着陆器搭载了探测月球表面的月球车 1 号机器人巡视器，于 1970 年 11 月 15 日着陆。月球车 1 号是在月球上成功部署的一款远程遥控巡视器。它配有两个摄像管式电视摄像机（以 10 帧/s 的速度回传 250 行的图像）和四个全景远摄仪，其中，两个获取覆盖 180°的水平全景图像占据 500×3 000 个像素，另两个获取覆盖 360°的垂直全景图像占据 500×6 000 个像素[78]。月球 20 号是一项月球采样返回任务，于 1972 年 2 月 21 日登陆月球。它配备了一对光学-机械式全景相机，以每秒 4 行（约 300 像素）的速度对月球表面、航天器和天空进行成像拍照。月球 21 号（1973 年 1 月 8 日）携带的月球车 2 号巡视器是其前身月球车 1 号的延续，它由 3 个电视摄像机（一个用于导航）和 4 个用于月球表面观察的全景相机组成。这次任务传回了 86 幅全景图和 8 万多张导航视频。月球计划最终以月球 24 号的最后一次着陆而告终，时间是 1976 年 8 月 18 日。

从月球车系列巡视器采集的大多数图像都缺少相关信息，例如，操作类和外部参数、时间和位置信息。此外，这些图像含有噪声[79]。然而，摄影测量图像处理的最新研究进展以及月球勘测轨道器（LRO）窄视场相机（LRONAC）（分辨率达 0.3 米/像素）采集的补充数据，可用于开发月球车数据集。对月球勘测轨道器窄视场相机采集的图像使用数据融合技术生成数字高程模型，对月球车采集的全景图与正射校正后的全景图像进行立体摄影测量处理，可提供月球车周边场景的形态学和形态测量信息[79-80]。

2013 年 12 月 14 日，中国的嫦娥三号完成了下一个月球软着陆任务，成功部署了玉兔号月球车。它配备了一对双目视觉全景相机[81]和一对桅杆上的导航相机，以及两组同样基于双目立体视觉的避障相机。为了监测巡视器的活动（在其他操作中），着陆器还携带了一套全景相机系统[82]。

3.7.2　海盗号视觉系统

海盗号着陆器相机系统[83]与目前的固态相机系统存在明显差异。它并不是由一组感光像素阵列组成的，而是只有一个像素（由 12 个不同波长的光电二极管组成）。沿俯仰方向和回转方向的物理旋转摆镜，生成图像。俯仰方向的摆镜全程共计 512 步，这意味着图像的高度方向为 512 像素。相机垂直观测范围可以覆盖地平线以下 60°到地平线以上 40°。不同视场角允许两种步进模式：低分辨率 0.12°和高分辨率 0.04°。不管采用哪种步进模式，都有 512 步。相机能看到 342.5°，但每幅图像的方位角范围不同[84]。

每个着陆器都有两台上述类似的相机，但它们只在某些方向上遵循立体视觉测量原理。当观测方向垂直于两幅图像之间的基线时，可以获得完整的立体视觉三维重建效果。但当观测方向平行于两幅图像之间的基线时（即通过另一个相机光心），由于没有有效的基线，因此无法获得立体视觉效果。介于二者之间，基线会随着角度的变化而变化。

早在 1977 年就已经成功处理了各种不同的立体视觉装置，生成全景图[85]。

3.7.3　火星探路者号视觉处理系统

火星探路者号成像仪（IMP）[13,86]是一个立体成像系统，它的彩色功能是由每个相机镜头的一组可选择滤光片来实现的。它由 3 个物理组件组成：摄像头（带有立体光学系统、滤光片转盘、CCD 图像传感器和前置放大器、机械装置和步进电机）；自带电缆的可伸缩桅杆；两个插入式电子卡（CCD 数据卡和电源/电机驱动卡），可插入着陆器内温控电子盒的插槽中。

摄像头的回转方向和俯仰方向的驱动均由带齿轮的步进电机控制，相对于着陆器坐标系，步进电机能提供回转方向±180°范围内的方位角、俯仰方向+83°～-72°范围内的俯仰角。该相机系统安装在可展开桅杆的顶部。当桅杆展开时，桅杆提供了在着陆器安装表面之上 1 m 的高度。焦平面由一个安装在两条光路聚焦处的 CCD 图像传感器组成，它与一个小型印刷电路板（PCB）相连，随后又经一根简短的柔性电缆连接至前置放大器板。CCD 图像传感器是一组前置照明帧传输阵列，其像素尺寸大小为 23 μm^2。图像部分被分成两个正方形块，每半个立体视场各一个。每个块儿都有 256×256 个活动元素。

立体成像仪包括 2 个成像三联镜，2 个间隔 150 mm 的供立体观测使用的折叠式反射镜，每个路径上有一个 12 色空间的滤光片转盘和一个折叠式棱镜，将图像并排放置在 CCD 焦平面上。每个镜头光通道入口处的石英窗户玻璃能够有效防止灰尘侵入。该光学镜头设计有效焦距 23 mm，视场角 14.4°，其 F 数位于 $f/10$～$f/18$ 范围内。瞬时视场分辨率为 1 mrad/pixel。滤光片转盘包含 4 对大气滤光片、2 对立体滤光片、11 个单独的地质滤光片和 1 个屈光或特写镜头，这种镜头设计主要用于获取磁性的、沙尘暴图像，通常粘附在火星探路者号成像仪镜头框处的一块小磁铁上。

火星探路者号验证了火星无源（被动）立体成像概念，这已经被后续所有任务采用。火星探路者号成像仪拍摄了数千张照片，可用于构建全景地图、局部数字高程模型、探路者巡视器索杰纳号的观测拍照以及火星表面的变化分析[87]。为此，首个超分辨率数据集和火星表面探测处理都是在本次任务中完成采集和处理的[88]。

在火星探路者索杰纳号巡视器上，两个前向单色相机/激光系统提供了立体观测图像和测距信息，而后置相机可以区分红、绿、红外等谱段以产生彩色图像[89]。激光条纹系统主要用于测距。虽然火星探路者号成像仪安装在固定平台上观察火星场景，但空间分辨率会随着距离的增加而降低，移动巡视器能够抵近目标，包括那些隐藏的目标也可以更高的分辨率成像。火星探路者号巡视器的视觉处理包括建图和定位[2]。

3.7.4　火星探测漫游者和火星科学实验室地面视觉处理流程

虽然器载处理和自主性在巡视器和着陆器操作中，发挥着越来越重要的作用，但当前和预期任务的大部分规划工作仍由地面操作人员完成。为确保高效、安全地完成这一任务。需要引入大量基于图像的数据集，这些数据集能为操作人员提供定性和定量的态势感知。这种态势感知主要是基于图像和用于衍生高阶产品的图像处理。例如，全景拼接图提供了该区域的完整视图（支持导航和目标定位），地形网格提供了一个量化的 3D 模型，便于巡视器仿真模拟交互，坡度和太阳能地图有助于确定安全可通行区域，可达性则显示了在机械臂工作空间内，臂装仪器可应用的区间。

了解巡视器或着陆器与环境之间的相互作用对于安全操作至关重要：可靠性是空间环境应用中最为重要的影响因素之一。这特别适用于为支持操作任务而产生的产品，无论是器载还是地面。当一个价值数十亿欧元的装置遭遇故障且毫无救援可能性的情况时，这样的系统必须在可靠性意义上是"防弹"的。例如，关键要知道未知区域的位置，而非对其做插值计算确保地图完整。对于失败的决策必须谨慎：当面临一些剩余的不确定性时，应该将结果标记为"未知"，而不是猜测。

创建这些产品（尤其是火星表面的快速处理所需的）必须（至少大部分）实现自动化，以支持地面快速处理（尤其在火星上）。它还需要高度的鲁棒性和故障安全性，因为它只报告它知道的内容，而漏洞或缺口表示未知区域。

除了规划类产品（用于日常运营的关键路径），还需要考虑策略类产品。这些是在规划时间表之外制作的，用于长期计划（几天到几周）、科学分析和公开发布。虽然这本书的重点是与机器人操作相关的规划类产品，但应该指出的是，即使策略类产品对日常操作没有贡献，但它们对任务的整体成功同样重要。

具备此种处理能力的例子是由喷气推进实验室下属的多任务图像处理实验室（MIPL）创建和操作的系统，该实验室主要为 NASA 所有的火星原位任务提供图像处理支持。最初为火星探路者号编写的通用代码库后续支持了火星探测漫游者、火星科学实验室、凤凰号、火星极地着陆器以及即将到来的洞察号和火星 2020 任务。本节将提供一些关于多任务图像处理实验室系统的细节，举例说明行星巡视器和着陆器的地面综合图像处理系统应该是什么样的。

多任务图像处理实验室系统引入遥测数据，重构为可用的图像（和非成像仪器）数据。图像解压缩且重新格式化为可用的格式，遥测图像被解码为与图像相对应的元数据"标签"。该元数据描述了拍摄图像的条件（例如，指向、温度、曝光时间、机械臂状态等），这对理解图像至关重要。这些元数据体现了科学上或操作上有用的数据与一张仅仅只是漂亮的图片之间的差异。这些图像及其元数据称为实验数据记录（EDRs），是所有图像处理的起点，也是任务存档［如行星数据系统（PDS）］中最重要的图像产品。

多任务图像处理实验室系统从实验数据记录（EDRs）中生成精简数据记录（RDR），它包含高阶分析产物。每对立体图像或多对立体图像的组合可制成超过 24 种不同的产品，具体描述详见文献［90］（适用于火星探测漫游者）；另请参见火星探测漫游者[91]、凤凰号[92]和火星科学实验室[93]的软件接口规范。

主要产品有：
• 辐射校正图像；
• 几何校正图像（外极线对齐）；
• 视差图；
• XYZ 图像；
• 表面法线；
• 坡度图；
• 可达性/预加载地图（用于机械臂测量仪器）；
• 粗糙度图；
• 测距误差图；

- 地形网格（包括轨道遥感图像中的网格）；

- 拼接地图。

其中的一些精简数据记录（RDR）如图 3-17～图 3-19 所示[①]。

立体相关分两步进行。第一阶段使用一维相关器（与巡视器在轨使用的是同一款）完成极线对齐、降低分辨率、图像线性等操作。第二阶段使用一种改进的 Gruen 算法[94]，实现二维相关运算[95]。尽管这些图像是极线校正后的，但标定不够准确，因此二维相关器有助于获得更好的结果。此外，二维相关器还可以处理非线性图像，以及不寻常的立体图像对，例如，火星科学实验室桅杆相机，其变焦时像素最高可相差 3 倍。

XYZ 生成步骤使用了基于地面标定的先验相机模型。尽管相机模型自标定是可能实现的，但发射前的标定能够获得更高的精度。XYZ 生成包含了大量的过滤器和一致性检查，这些检查有助于去除坏点（可靠性和安全性要求删除任何有问题的点，而不是对它们进行插值)[95]。

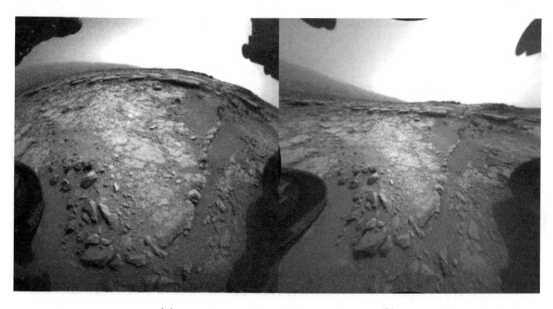

　　　　　　　　(a)　　　　　　　　　　　　　　　　　(b)

图 3-17　（a）原始图像和（b）线性化图像（来自于第 151 个火星日的火星科学实验室前向避障相机采集的图像）。注意原始图像的鱼眼畸变（由美国国家航空航天局/JPL-加州理工学院提供）

机械臂可达性产品使用机械臂运动学和碰撞模型来确定每个机械臂工具可以到达哪些像素级位置，以及在何种机械臂工作模式下（机械臂肩部进或出，肘部抬升或放下，等等）。同样的算法被应用于飞行软件的碰撞检查，它可以作为一个额外的安全机制。

从上述行星探测任务可以看出，地图拼接具有复杂性，其原因在于：相机一边拍照一边移动，相机移动并不是围绕入射镜头光瞳旋转，而是围绕双目立体相机之间的中心点旋转。这就在图像中引入了视差，导致了拼接图中存在几何接缝[96]。相机指向信息和相机

---

① 　这些精简数据记录的实际生成格式为彩色，主要用于人类感知与操作规划。

（a）　　　　　　　　　　　　　　　　　　（b）

图 3 - 18　图 3 - 17 图像覆盖区域。（a）斜坡；暗处＝低坡度；明亮处＝高坡度。（b）XYZ 图像，其中
白色＝X 常数线；灰色＝Y 常数线（由美国国家航空航天局/JPL -加州理工学院提供）

图 3 - 19　火星科学实验室导航相机的 360°拼接图，第 169 个火星日，圆柱形投影
（由美国国家航空航天局/JPL -加州理工学院提供）

模型误差也会造成上述接缝。现已研发出多种技术用于最小化接缝[97]，但在一般情况下，视差接缝是无法校正的，不会引入不可接受的图像变形。

关于图像拼接，多任务图像处理实验室系统坚持了几个重要的原则。保持探测结果的科学完整性至关重要。保持结果的可追溯性是重中之重；每个像素都可以利用数学追溯到它的源图像。这就导致了不受约束的变形将没有任何用处。该图像被视为一个单一实体，通过调整整个图像的指向来实现接缝校正。一旦场景出现扭曲变形将无法进行科学测量。图片拼接中生成的接缝也就不能相互混合。即便强行混合，接缝也会产生伪影或"模糊"区域，从而导致对图像数据的误解。使用先验元数据，特别是关于相机指向的元数据。虽

然现有技术可以从相机图像中独立判断相机的指向，但这种方式并不总是有效的，在多任务图像处理实验室也见过在没有视觉提示的情况下交换帧的例子。如此严重的失误给任务带来的风险是不可接受的。最后，虽然人们试图尽量减少接缝，但硬边、直接缝比可能被误解为图像中的特征更可取。

这些原理会导致无法校正的视差误差。例如，图 3-20 显示了两个相邻图像帧，其中包含了火星探测漫游者太阳能电池板和地面。在左边，地面被修正为无缝，但是太阳能电池板有一个接缝。在右边，太阳能电池板是无缝的，但地面有接缝。如果不在图像中引入缺口空白或删除数据，就不可能同时消除上述两个接缝。一般来说，多任务图像处理实验室除了自拍照倾向于选择地面校正。值得注意的是，火星手持式透镜成像仪拍摄的火星科学实验室巡视器的自拍照没有视差，因为机械臂固定安装的火星手持式透镜成像仪有足够的自由度绕相机的入射光瞳旋转。因此，马赛克这些图像几乎是微不足道的努力。

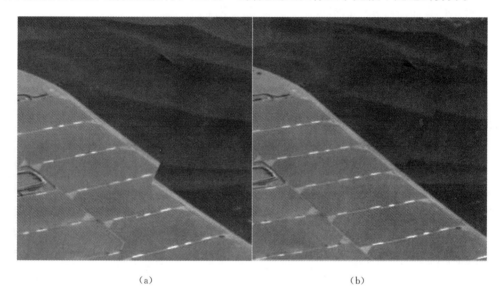

（a）　　　　　　　　　　　　　（b）

图 3-20　图像拼接中的视差效果：（a）地面校正；（b）前景太阳能板校正

（由美国国家航空航天局/JPL-加州理工学院提供）

火星科学实验室桅杆相机为火星探测和 MSL 科学目标选择等任务带来的最重要的改进之一是创建了十亿像素的拼接图[98]，其中第一个是由 850 个单独的百万像素桅杆相机采集的彩色图像帧拼接成一个圆柱型投影，允许在不同的距离处进行探索。图 3-21① 展示了火星科学实验室巡视器位于夏普山顶的岩巢位置处，利用桅杆相机采集图像生成的首次拼接图的一小部分。桅杆相机的大视场拼接图已成为火星科学实验室在轨操作规范，并且被视为未来巡视器（例如，欧空局欧洲火星太空生物漫游者巡视器 2018）的一种新型默认模式。

前面描述的处理通过使用 VICAR 视频图像通信与检索处理系统在几十个独立的应用

图 3-21　火星科学实验室在第 45 个火星日（2012 年 9 月 12 日；最初为彩色图）
利用桅杆相机采集图像生成的拼接图，使用白平衡显示类似地球的天空
（由美国国家航空航天局/JPL-加州理工学院提供）（见彩插）

程序中实现[99]。每个程序都是整个处理过程中的一部分：第一阶段视差，第二阶段视差，XYZ 生成，图像拼接，指向校正等等。与只有少量选项的单一程序或基于 GUI 图形用户界面程序相比，该系统具有更大的灵活性，更加适用于巡视器操作的动态世界需要。流水线将所有这些程序组合在一起形成一个自动处理系统。

最后，编写应用程序使用了一个多任务资料库，抽象出了所有特定任务的细节。多任务图像处理实验室支持的所有任务都使用相同的代码库，多任务代码有 13 万行（正在增加），而每个任务只有 5000 行或更少的代码。这意味着该软件可以很容易地适应每一个新的任务，并大大节省成本[100]。这也意味着为后续任务（例如，火星科学实验室）所做的改进在之前的任务（例如，火星探测漫游者）中很容易应用。

3.7.5　欧洲火星太空生物漫游者器载视觉闭环控制流程

欧洲火星太空生物漫游者使用一种了最先进的快速相机，其内部集成了嵌入式图像校正功能。这项技术的进步使得巡视器无须停下来拍摄图像即可进行视觉定位，这间接地允许每 10 s 检查一次巡视器的滑移情况。尽管欧洲火星太空生物漫游者的导航策略类似于火星探测漫游者/火星科学实验室（静止站位处的日常规划），但 ExoMars 能够在相同的时间尺度内生成更精确的三维地形模型，搜寻更多可能的通行路径，并进一步优化这些路径。计算能力的进步和配有专用协处理器的器载计算机是实现这些进步的关键。使用导航相机图像生成的视差图允许以高精度覆盖巡视器前方至少 6 m 的地形。采用多分辨率策略解决了计算时序约束问题。视差图也会在轨检查其是否与我们所期望的环境（移除粗大误差后）一致。三维地形模型将每个站位生成的三张视差图（左、中、右）合并在一起，然后用于评估巡视器能够到达的位置和期望到达的位置。生成的导航地图来源于之前的站位信息，因此，巡视器总是有一个有效的长期规划地图，并避免了已知的死胡同。路径规划分为长期和短期两部分，后者充分考虑地形困难进行优化，开发了巡视器高机动性，并最小化紧密的轨迹。

欧洲火星太空生物漫游者上的视觉定位功能是同类技术中最先进的技术之一，在计算速度、位姿估计精度和对具有挑战性环境（如低光学深度的阴影地形、无岩石的混合沙地）的鲁棒性之间做出了很好的妥协。有规律的姿态估计，加上更具可操控性的移动，即可实现连续轨迹闭环控制，从而确保始终以良好的精度沿规划路径通行。这又一次降低了安全边界，从而找到更多的可通行路径，这对不需要地面进入控制回路的具有挑战性的地形来说，是一个关键的任务增强器。

　　欧洲火星太空生物漫游者工程相机的立体基线为 150 mm，全分辨率为 1 024×1 024 像素，量化位数为 8 位（注意，传感器的量化位数是 12 位，但受限于计算时间仅使用 8 位），水平和垂直视场角均为 65°；ExoMars 配置了导航相机和视觉定位相机，均采用两者上述相同的传感器设计指标，并且没有配置避障相机。欧洲火星太空生物漫游者任务中，双目立体基线设计选用了对应于精度和计算时间等方面的经验最佳值，特别是感知功能（作为巡视器导航中的首项功能，计算周边地形视差图）。在 2 m 高的桅杆顶部的转台装置上，不仅固定安装了导航相机它还容纳了科学类相机。视觉定位相机安装在巡视器本体顶板（距离地面 1 m），最大限度减少移动的同时，还能与星表地形足够接近，以便获得良好的位置精度。欧洲火星太空生物漫游者巡视器的生存环境是具有挑战性的，视觉定位相机的观测视场范围被钻箱（有效载荷）、移动腿和车轮局部遮挡。

　　为了获得火星上的绝对航向参考，导航相机图像还用于确定太阳方向。这是设备的附加功能，由于光学系统和 CMOS 传感器有助于获取良好的成像质量，最终返回一个有用的光环表征太阳所在的位置（行或列像素灰度值均未完全饱和）。虽然在图像中存在伪影（主要是由于光学），但仍能获得对太阳方向的准确估计。这些功能如图 3-22 所示。

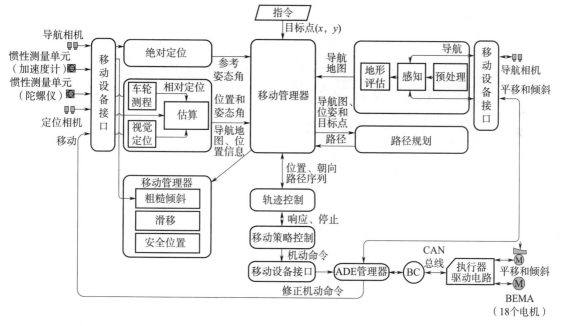

图 3-22　欧洲火星太空生物漫游者巡视器功能架构图，使用导航相机和定位相机
提供的视觉信息举例说明

3.7.6　欧洲火星太空生物漫游者器载（在轨）视觉测试与验证

　　欧洲火星太空生物漫游者导航、制导与控制技术已在多个测试平台上得到验证。其

中，高保真模拟器中对精度进行了评估（见图 3-23），Leon2 处理器 IP 核开发期间对时序性能进行了评估，并在器载计算机上开展了验证。除了这些正式的验证工作台，所有视觉功能还通过真实图像进行了测试，验证其鲁棒性和抗风险的能力，这些真实图像均是从空中客车防务及航天公司（简称：空客公司）火星试验场或者其他外场试验（例如，阿塔卡马沙漠或火星试验外场）采集的。使用相机的合格模型、飞行软件和高精度地面真值系统开展专项测试也将被用于确保在建模中没有任何重要的信息被遗漏或错误表达。最后，所有的视觉功能均需要运行在研发中的巡视器上，如同它们实际飞行并着陆于火星表面的巡视器上。它们通过引入具有代表性的传感器和执行器，采用典型的融合方式集成在制导、导航与控制系统中。

图 3-23　（a）火星在轨图像与 ExoMars 模拟器生成仿真图像的比较；
（b）在火星试验场开发和测试巡视器

3.7.7　欧洲火星太空生物漫游者全景相机地面处理技术

欧洲火星太空生物漫游者全景相机实现三维场景重建，利用转台装置获取立体图像对作为输入，传输至 "PRoViP"（行星机器人视觉地面处理系统）进行处理，生成各种几何表示形式（笛卡儿坐标系、球坐标系、通用平面坐标系）的数字高程模型和真实的正射影像（包括全景图）[101]。三维数据根据已知标准（例如，GeoTiff、VRML 和 PDS [102]）格式要求导出，全景相机图像将利用行星机器人三维浏览器 PRo3D 可视化工具做进一步的可视化处理[66]。图 3-24 显示了一个典型的工作流程。整个流程的起始输入是通过 PDS

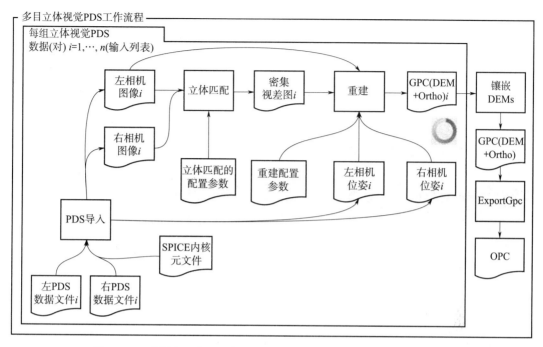

图 3-24 欧洲火星太空生物漫游者全景相机三维视觉处理工作流程图

[或类似源——任务期间，直接的巡视器操作控制中心（ROCC）的下行链路来源] 获得的仪器图像开始，执行立体匹配，然后在各种几何体中对数字高程模型（DEM）进行三维重建，生成中间数据集（GPC：通用点云），将上述数字高程模型融合集成一种唯一的、相一致的拼接图，最终的输出内容供科学家和操作人员开发使用。该工作流程图已经在各种火星任务数据集中进行了更为广泛的测试，这些数据集来自与欧洲火星太空生物漫游者相类似的传感器配置，包括火星科学实验室桅杆相机，详见图 3-25。

欧洲火星太空生物漫游者全景相机地面数据处理链通常工作在传统数据流水线的顶端，采用一种创新的软件框架，称为"专项任务数据处理"（MSDP），使得欧洲火星太空生物漫游者巡视器[19]的完整操作更加自动化和简单化。该框架默认支持多通道输入并根据用户定义的地面场景处理数据，同时具有扩展的潜力和灵活性，可以支持巡视器上的实时数据处理。如图 3-26 所示，专项任务数据处理表示一种多任务进程和系统架构，支持流水线/多核 CPU 处理器与多节点并发机制。它支持多个数据库，包括处理命令集的多学科命令数据库，提供数据/参数信息的场景遥测数据库，以及提供数据处理算法的过程函数数据库，具体包括数据表示和传递函数。在输出端的各个层级上，数据记录器将跟踪通过当前层级的数据。这里的同步过程将用于保护数据库的完整性。

专项任务数据处理的主要过程包括以下方面：

• 视觉数据融合（VDF）：VDF 是一个软件引擎，它摄取多种视觉输入，生成精确的、完整的三维数据产品，如嵌套的多分辨率数字地形模型（DTMs）、纹理地图和持续更新的位置地图。对于大多数与欧洲火星太空生物漫游者类似的行星探测任务来说，视觉信息

图 3-25　利用欧洲火星太空生物漫游者全景相机三维视觉处理工作流程 PRoViP
（行星机器人视觉地面处理系统），对火星科学实验室（MSL）在第 926 和 929 个火星日采集的
桅杆相机的关于花园城市岩层裸露区域图像的处理结果（数字高程模型，由行星机器人
三维浏览器 PRo3D[66]进行三维渲染）（见彩插）

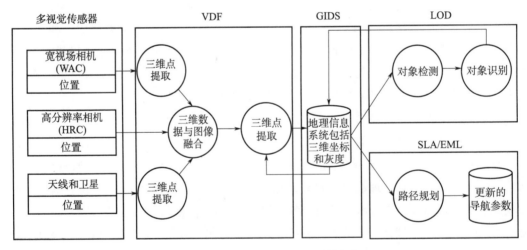

图 3-26　专项任务数据处理系统框架

是弥补导航和定位任务中轮式机构里程误差的重要线索（如之前在 3.5 和 3.6 节中讨论
的）。基于同步定位和建图（SLAM）的最先进的方法[103]将受益于 VDF 软件中的融合数
据。该过程还可扩展，包括来自多个巡视器平台的传感器，例如火星巡视器和机器人航
天员。

　　• 地理图像数据库服务器（GIDS）：GIDS 存储遥感数据及其衍生数据产品。数据融合

过程有望通过融合巡视器不同站位（例如，从巡视器的前部和后部拍摄图像）的先前采集的感知数据，优化当前的三维场景重建结果，例如使用二维图像匹配三维数据产品。因此，需要在大型 GIDS 数据库中进行快速的基于三维模型的搜索。

· 具有自学习能力的物体检测（LOD）：从全景相机采集的图像数据中提取有意义的信息来感知周围场景的能力是巡视器科学和工程操作的关键。目标可被划分为潜在阻碍探测器规划路径的危险障碍，可作为定位和制图参考点的地标，或者感兴趣的区域（ROI），例如火星上具有重要科学意义的岩石。目前基于视觉的目标检测和分类方法都是基于目标的几何特征和外观。目标快速检测的主流方法要么使用 ROI 选择（如 3.8.1 节中讨论的自下而上显著性模型[104]），要么使用整体生成和判别模型[4]。整体生成模型适用于识别具有相对一致几何属性的目标，而判别模型通过引入训练过程中存储在模板中的具有先验知识的目标外观，处理效果更佳。

· 自学习智能体（SLA）和环境模型库（EML）：自学习智能体采用分层方法，其中对象类型描述是基于分类方法的复杂性来进行的。在成功检测到目标对象后，每个对象类的模板将在环境模型库中存储和更新，以提高处理速度（特别是当这些过程需要在巡视器上运行时）。SLA 能够利用大量的数据挖掘和机器学习技术，从检测对象的部分知识推断对象。EML 是多条流水线并行的结果，由检测到的对象和环境属性组成，它们与地理图像数据库服务器的位置信息建立映射关系。根据不同的类型将目标进行存储，分类依据主要根据人类对环境的理解模式（例如，几何形状、外观和材质等属性）。这反过来允许类似人类的决策，比如生成基于环境模型库优化的路径权重地图，并可用于巡视器的路径规划。如果有需要，来自环境模型库的数据也可以在巡视器操作控制中心的三维虚拟现实模拟器中显示，这有助于通过融入人类的及时反馈来提高学习的准确性。

3.7.8　其他机器人视觉系统

除了在行星表面着陆和移动的探测器外，其他一些太空任务还利用视觉系统对行星、彗星和小行星开展近景摄影测量。

美国国家航空航天局新千年计划（1998 年 10 月 24 日发射）的深空 1 号（DS1）对编号 9969 的小行星 Braille 进行了科学研究，并对 19P/Borrelly 彗星开展了进一步的工程测试。深空 1 号上的主要视觉载荷包括微型集成相机和光谱仪（MICAS）；但是，由于系统内部的问题，它只完成了部分任务目标。

黎明号是美国航空航天局于 2007 年 9 月 27 日发射的一颗航天器，目的是探测灶神星和谷神星这两颗原行星。为了捕捉灶神星和谷神星的详细光学图像，用于导航和科学勘察，黎明号配备了分幅相机。探测器携带了两个类似的相机，分别具有各自的光学、电子学和内部数据存储，并且能够使用七种滤光片以探查灶神星表面的矿物质。除了可见光谱段，该相机还可以记录近红外图像。

欧洲空间局的罗塞塔号太空探测器（2004 年 3 月 2 日发射）正在开展对 67P/Churyumov - Gerasimenko 彗星进行详细探查的任务[105-106]。2014 年 8 月 6 日，探测器抵达指定目标，飞行途中飞掠了位于小行星带上的司琴小行星（Lutetia，编号 21）、第 2867 号斯特恩斯小行星和火星。除了探测器携带的仪器设备外，罗塞塔号还携带了菲莱号（Philae）着陆器，于 2014 年 11 月 12 日软着陆于 67P 彗星上。罗塞塔号探测器携带的主要载荷是可见光、多光谱和红外远程成像系统（OSIRIS）。它有两个相机：一个窄视场相机（NAC）和一个宽视场相机（WAC）。窄视场相机是为捕捉 67P 彗星表面的高分辨率图像而设计的，它使用 12 个离散滤光片，覆盖波长 250~1 000 nm 的谱段范围，角分辨率为 18.6 μrad/pixel。宽视场相机用于绘制目标 67P 彗星周围的气体和尘埃分布图，使用 14 个离散滤光片，角分辨率为 101 μrad/pixel[107]。

1996 年 2 月 17 日发射的小行星交会探测器（NEAR）舒梅克号，是一个早期的任务，包括一个机器人太空探测器，主要研究近地小行星爱神星（Eros），编号 433。探测器成功地抵达目标星，最终于 2001 年 2 月 12 日在爱神星上着陆。除了其他仪器外，探测器还装备了一个近红外成像光谱仪和一个使用 CCD 图像传感器的多光谱相机用于对爱神星表面观测成像。小行星交会探测器共拍摄了 16 万张照片，辅助发现了小行星表面的 10 万多个陨石坑。

其他的后续任务开始使用高分辨率相机对小行星进行成像，例如，中国研发的月球探测器嫦娥二号（2010 年 10 月 1 日发射），其图像分辨率为 10 m/pixcel，采集了编号 4179 的图塔蒂斯小行星。

伽利略号是美国国家航空航天局推出的另一款机器人太空探测器（发射于 1989 年 10 月 18 日），主要用于勘查木星、环绕木星的卫星以及其他天体等，例如编号 243 的艾达（Ida）小行星。伽利略号搭载的成像设备包括一台用于多光谱成像的近红外测绘光谱仪、一台用于研究气体的紫外光谱仪和一台偏光辐射计。该相机系统能够以极高的分辨率和很宽的谱段范围拍摄木星卫星的图像。

尽管这些观测仪器都未帮助探测器与观测目标表面之间发生直接的物理交互，但这些概念对于进一步了解目标星的物理、化学、机械和形态结构是很有价值的。此外，经过验证的一些概念可以经常被重复使用或进一步应用，以适应类似甚至不同的环境。

3.8　前沿概念

空间机器人技术是一个快速发展的领域，尤其是视觉组件在各个研究领域都经历了巨大的改进。本节列出一些未来趋势，并简述其在技术、科学和与任务相关方面的影响。

3.8.1　行星显著性模型

为了缓解行星巡视器在轨计算负荷，最近的研究已经提出使用视觉显著性方法来检测地标特征，以便在地外行星表面进行自主导航[4,104]。视觉显著性模型主要受生物视觉系统信息选择特性的启发，其基本范式来源于计算模型或认知模型。视觉显著性模型的应用涵盖了一系列不同的领域：从低层目标检测和跟踪[108-109]到更复杂的机器人定位和导航[110]。

视觉注意力模型根据其处理特征的不同而不同[111]。下面的讨论特别聚焦于自下向上的注意力模型。文献中有进一步的分类，如基于目标的模型和基于空间的模型[111]。在行星导航的背景下，使用自下而上、基于空间的模型，通过引入视觉场景观测生成地形显著性地图，即可解决导航问题。

在真实世界和模拟数据集[104]中，对感兴趣对象检测的显著性模型已经开展了量化评估（例如图 3 - 27），上述数据集表征了同一类行星表面，便于识别数据样本的激励类型，有助于以最小的计算代价描绘类似的火星环境中的岩石或巨石。

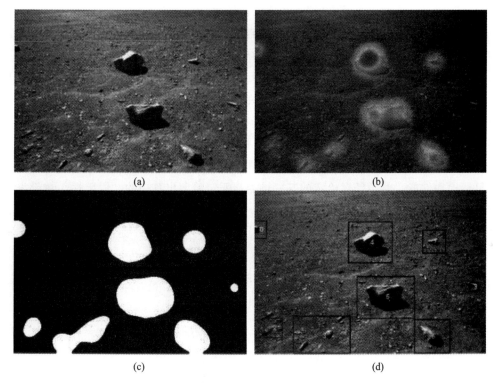

图 3 - 27　利用视觉显著性方法检测行星表面（如岩石）上感兴趣的目标
（a）图像采集；（b）检测显著目标；（c）分割；（d）跟踪检测到的目标（见彩插）

Itti 等人[112]所做的工作是与人类视觉搜索策略相关的自下而上的视觉显著性建模的前沿研究。这项研究使用三幅地形特征图（颜色、强度和方向）中的多尺度图像特征之间的中心邻域差来识别显著区域。以上三个特征图被合并成一个独立的显著性地图，凸显出整个视觉场景中的局部显著性。Walther 和 Koch[113]将这一概念扩展为原型对象的视觉注意力建模（生成的显著性地图用于通过神经网络框架在被关注的位置处，推断原型对象，详见参考文献［114 - 115］的进一步阐述）。Harel 等人[116]利用概率图形模型的计算能力、地形结构和并行性来描述图像中视觉显著区域。马尔可夫链的平衡分布和不同测度可用于计算视觉场景中的显著性值。Hou 和 Zhang[117]提出利用输入图像的对数频谱与平均傅里叶包络来提取频域的谱残差，从而生成显著性图。Seo 和 Milanfar[118]提出了一个统一的（静态和时空）显著性检测框架，以局部方式定义视觉显著区域。该模型利用非参数局部回归核函数估计周边像素的相似度。生成一个"自相关"映射（用于估计显著性的相似度），通过计算矩阵余弦相似度度量已知某一给定像素处的特征矩阵对其周边特征矩阵的统计似然度（相似性）。Guo 和 Zhang[119] 提出了一种基于时空的多分辨率视觉显著性检测模型，称为四元数傅里叶变换的相位谱（PQFT），它根据颜色、强度和运动特征（纹理弹出）表示图像。除了空间显著性外，该模型捕获了视觉场景中显著区域的时间特征（一个额外的运动维数），并被证明具有非常低的计算复杂度，对性能的影响很小。Hou 等人[120] 提出的模型主要基于前景—背景相分离的概念，使用二值整体图像描述符将目标从背景中分离出来，称为"图像签名"（在稀疏信号混合框架内运行）。

　　这些模型有可能应用于同类行星表面的岩石探测，比如火星表面的自主导航、危险探测和科学研究。这些模型使用参考文献［103－104］中提到的仿真数据集和真实世界数据集（更正式的名称是 PANGU 模拟软件、英国卢瑟福·阿普尔顿实验室的空间科学实验室研发的互动式三维太阳模拟器、瑞典空间研究中心 SSC 提出的实验室数据）进行测试，这些数据深入模拟了同类型行星表面。这些实验的目的是检查显著性模型在感兴趣区域（ROI）检测方面体现出的功能性能，目前主要针对表面岩和巨石。图 3-27 列举了一个基于视觉显著性的岩石检测的例子。使用文献［121－122］中列出的量化评估指标和协议来测试目标检测性能。对于任意给定的某一帧 t ，假定检测出其中的"假阳性"数量为 f_{P_t} 、"待定"数量为 m_{s_t} 和"真阳性"数量为 t_{P_t} ，主要通过估计地面真值对象与检测器（或跟踪器）输出之间的空间重叠区域来实现。倘若给定某一帧 t ，G_i^t 是第 i 个地面真值对象，D_i^t 是第 i 个检测对象，则空间重叠比 OR_i^t 计算如下

$$OR_i^t = \frac{|G_i^t \bigcap D_i^t|}{|G_i^t \bigcup D_i^t|} \tag{3-1}$$

$$N\text{-}MODA = 1 - \frac{\sum_{t=1}^{N_{frames}} [c_{ms}(m_{s_t}) + c_f(f_{P_t})]}{\sum_{t=1}^{N_{frames}} N^t} \tag{3-2}$$

其中

$$\forall t, N^t = \begin{cases} N_G^t & \text{if } N_G^t \geqslant N_D^t \\ N_D^t & \text{if } N_G^t < N_D^t \end{cases}$$

　　如果 $OR_i^t \geqslant 0.2$ ，则认为检测到的对象为真阳性。当 $OR_i^t \leqslant 0.2$ 时，为假阳性，而地面真值数据集中未匹配的对象都被视为待定，则每个数据集的整个图像序列的归一化多目标检测精度计算可表示为 N-MODA。对于 $\sum_{t=1}^{N_{frames}} N^t = 0$ ，N-MODA=0，参数 c_{ms} 和 c_f 是可以根据问题的具体情况变化的加权参数（这里，$c_{ms} = c_f = 1$），N_G^t 表示地面真值目标的个数，N_D^t 是检测到的目标个数。

　　在仿真数据集的情况下，可以看到，大多数显著性模型在感兴趣区域预测方面得分相对较高。PANGU 软件生成的仿真图像纹理复杂度相对简单，背景是平坦的，灰度值为常量贯穿整个图像，岩石是根据其锐利边界的灰度值突变而定义的。大多数显著性验证方法

对注释的地面真实性表现出良好的性能（见表 3 - 4）；然而，基于"特征融合理论"（FIT）的两个模型，例如显著性工具箱 STB 和基于图论的显著性模型 GBVS，在 N - MODA 方面的性能得分最低。STB 显著性工具箱模型在模拟岩石图像中的高灰度值像素周围生成了显著注视特征的局部密度。由于模拟岩石纹理图像具有硬边界和均匀分布的灰度像素簇，它们即被视为偏离周边像素的局部显著区域。它自然将基于原型目标的注意力吸引到了岩石表面的这些小区域，导致注视区域较小，不符合评价标准，造成大量误检。从 STB 显著性工具箱的高误检率和假性负样本中可以明显地看出这种异常。在 GBVS 基于图论的显著性模型中，将像素按概率分布进行显著性岩石分类；岩石的模拟纹理（类似于 STB 显著性工具箱）引入了轻微的中心偏移趋向于岩石的特定区域。为此，马尔科夫链的平衡分布选择性地增加了图像中心较大岩石的显著性，而周围较小岩石的权重可以忽略不计。这就导致了相对较多的假性负样本。但值得注意的是，GBVS 基于图论的显著性模型的性能明显优于 STB 显著性工具箱。

表 3 - 4　所选数据集的各种显著性算法的标准化性能结果对比

显著性模型	数据集	N - MODA	误检率	TPR
Itti	LAB	0.8	0.15	0.85
	PANGU	0.84	0.11	0.89
	SEEKER	0.32	0.56	0.44
GBVS	LAB	0.51	0.43	0.57
	PANGU	0.55	0.34	0.66
	SEELER	0.14	0.75	0.22
PQFT	LAB	0.76	0.17	0.83
	PANGU	0.78	0.04	0.96
	SEEKER	0.49	0.13	0.87
SDSR	LAB	0.66	0.27	0.73
	PANGU	0.83	0.10	0.90
	SEEKER	0.47	0.08	0.92
SigSal	LAB	0.62	0.33	0.67
	PANGU	0.78	0.15	0.85
	SEEKER	0.29	0.51	0.48
SRA	LAB	0.74	0.18	0.82
	PANGU	0.83	0.01	0.99
	SEEKER	0.45	0.15	0.85

续表

显著性模型	数据集	N - MODA	误检率	TPR
	LAB	0.49	0.42	0.58
STB	PANGU	0.47	0.30	0.70
	SEEKER	0.39	0.57	0.43

真实世界采集的图像比 PANGU 模拟软件生成的图像更具挑战性。平均而言，真实世界的图像性能自然会下降；然而，这仍然取决于现实世界图像中视觉场景的复杂性。来自室内实验室数据集的图像在所有被测试的真实数据集中的挑战性相对较小。图像中定义岩石的像素相对于平坦的近似均匀的纹理背景非常明显。实验室背景下，图像的一个重要特征是，与 PANGU 模拟软件生成的岩石表面纹理相比，岩石纹理的灰度强度分布更加均匀。Itti - 98 是基于特征融合理论的模型，在生成岩石显著性固定方面具有非常好的性能，N - MODA 得分几乎与模拟图像一样好。两个基于频率域的模型，例如：SRA 随机排序算法和 PQFT 基于四元傅里叶变换，二者的性能表现同样出色。在 SRA 中，岩石的像素点具有明显不同于周围的统计分布，因此，更容易抑制高度冗余的背景像素。此外，在基于实验室的数据集中，后续帧之间的时域信息完全一致。通过对图像的相位谱进行测量，可以获得高精度的激励。这是 PQFT 基于四元傅里叶变换的高性能的主要原因之一。与上述模型相比，SigSal、SDSR 和 GBVS 等的误检率较高；但其 N - MODA 大于 50%，说明在检测方面的表现还是很好的。

SEEKER 软件生成的图像近似地复制了一个同类型的行星表面，例如火星。这些图像展现了在近乎均匀的行星背景下，稀疏散布了外形硕大的岩石巨砾以及少量的小碎岩石。基于特定类别像素的统计冗余度以及方向信息的视觉刺激提供了良好的显著性注视。此外，数据集提供的图像序列展现了一个非常平滑的运动模式，因此，可提供高度可靠的时域信息。检查表 3 - 4 中的结果，实际上表现最好的模型均倾向于依赖上述视觉刺激模型。与其他真实数据集一样，GBVS 完全无法满足目标检测的可接受标准。SigSal 在一定程度上是成功的；然而，它的 N - MODA 测量指标仍低于其他模型。该数据集中的 PQFT 优于其他模型，这是因为 PQFT 具有良好的时域信息，并且很容易使用。

估计显著性映射图的计算时间（平均帧数），以检查每个模型的处理需求（见表 3 - 5）。用于生成这些结果的实验工作站是运行 Linux（Ubuntu 10.04，64 位体系结构）的四核处理器，型号规格是 Intel（R）Core（TM）i5 - 2400 CPU（3.10 GHz）。实验结果表明，SDSR 处理图像的时间最长，SigSal、PQFT 和 SRA 的处理时间最短。

表 3 - 5　所有模型使用不同测试数据集的平均显著性计算时间统计

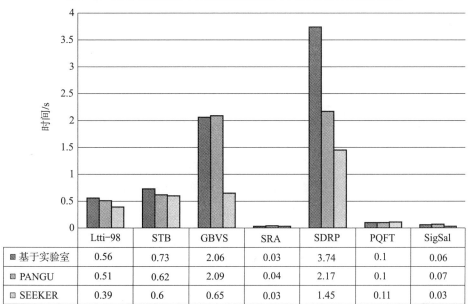

	Ltti-98	STB	GBVS	SRA	SDRP	PQFT	SigSal
■ 基于实验室	0.56	0.73	2.06	0.03	3.74	0.1	0.06
▨ PANGU	0.51	0.62	2.09	0.04	2.17	0.1	0.07
□ SEEKER	0.39	0.6	0.65	0.03	1.45	0.11	0.03

3.8.2　基于视觉的巡视器沉陷检测开展土壤特性研究

过去几十年的火星探测任务帮助我们了解了行星巡视器在执行长期任务过程中所面临的挑战。例如，火星探测漫游者的两款巡视器勇气号和机遇号，在穿越火星时就经历了很多艰难险阻。为了确保安全，避免松软的和可变形的地形可能导致任务失败的情况，比如勇气号巡视器在 2009 年 5 月陷入松软的火星土壤后使得任务被迫中止[124]，未来的行星巡视器任务将需要实时的土壤遥感检测方法。其中一项技术建议将一个小型机器人巡视器和主巡视器结合在一起，这样可以在主巡视器之前提供关于土壤特性的信息[125-126]。本节通过使用真实世界数据集（见表 3 - 6）和参考文献 [127 - 128] 中提出的评估协议，重点讨论了对该技术的实验评估。

表 3 - 6　地形数据集特征和类型[127]

数据	地形	特征
1	坚硬的沙地	背面照明,砾石
2	坚硬的沙地	照明,砾石
3	坚实的沙地	背面照明,刺眼的阴影
4	不同的地形	侧面照明,沙丘
5	疏松砂岩	侧面照明,小沙丘
6	中等致密砂	侧面照明,刺眼的阴影
7	不同的地形	正面照明,刺眼的阴影
8	疏松砂岩	顶部照明,阳光刺眼
9	非常紧凑的沙地	背面照明,大部分是阴影

续表

数据	地形	特征
10	紧凑的沙地	前方照明,移动的阴影
11	疏松砂岩	平的,前面照明
12	中等致密砂	向下倾斜,侧面照明

　　FASTER 侦察车是一种敏捷的高机动性巡视器,采用混合腿轮系统[129],允许快速穿越,增加了在高度可变地形上的额外敏捷性。侦察巡视器的混合动力轮设计允许通过动态腿部沉陷检测对土壤进行基于被动视觉的实时通行能力分析[128]。参考文献［127－128］中提出的视觉系统包括一个固定在轮毂中心下方的单目相机,以及一个检测车轮在不同类型的土壤、沙子或松散砾石中沉陷的图像处理算法。

　　该算法利用火星土壤的均匀表面纹理,使用基于颜色的分割技术,从可变形的背景地形中描绘车轮或腿的轮廓。这是通过使用蓝色的车轮结构材料来实现的,它似乎是与火星土壤纹理相分离的良好特征[127]。基于先验定义的阈值选择准则,使用基于颜色的分割方法对相机捕获的图像进行处理,以识别图像内的蓝色像素簇。

　　所得到的二值化输出图像包括形成斑点［感兴趣区域（ROIs）］的像素簇,经过后处理,只检测最大的斑点,同时抑制相对较小的斑点。这就是形态学算子被应用到产生的图像以减轻噪声的实例。然后使用 Suzuki[130] 提出的边界跟踪方法提取最大斑点的轮廓。图像处理是对轮式编码器的进一步补充,轮式编码器主要用于计算车轮或腿的姿态,这样任何位于感兴趣区域（ROI）之外的东西都将被掩盖。沉陷是对可变形地形造成的遮挡程度的度量,主要估计检测到的遮挡腿的尺寸与非遮挡腿的实际尺寸之差[127],如图 3－28 所示。

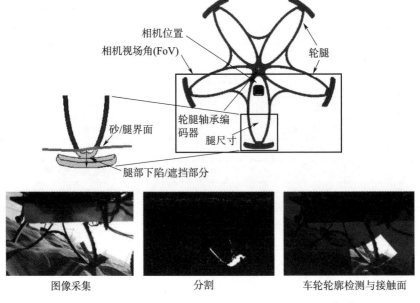

图 3－28　基于运动轮廓遮挡程度的可变地形中的轮腿沉陷测量[127]（见彩插）

经过在野外开展的多项测试，提出了在不同的地形紧凑度下的视觉系统的一系列挑战。在这些外场试验中记录的图像使用内部工具手册进行地面真值标注，以评估所提出的视觉系统。表 3-7 对表 3-6 中描述的 12 个数据集的沉陷测量性能评价结果进行了汇总。经分析，计算探测到的沉陷量和地面实际沉陷量之差，并将该误差定义为实际沉陷量的百分比。如果算法报告的沉陷深度大于实际沉陷深度，则会出现负误差，反之亦然。性能评估结果表明，该算法检测出的正误差均小于 1%，负误差均小于 10%。

表 3-7　所有数据集的平均误差和最大误差[125]

数据集	最大正误差/(%)	最大负误差/(%)	RMS 误差/(%)
1	0.58	1.06	0.01
2	0.01	0.29	0.05
3	0.58	0.64	0.03
4	0.61	3.83	0.38
5	0.62	6.17	0.86
6	0.61	0.30	0.08
7	0.93	8.22	0.53
8	0.64	9.82	1.06
9	0.29	1.32	0.24
10	0.01	1.03	0.31
11	0.01	1.79	0.37
12	0.31	0.62	0.18

利用巡视器上现有的视觉系统，无须添加任何专用的原位土壤传感器（如贯入仪或特别设计的车轮），可以利用无创成像技术进一步进行土壤分析或特征描述。其中一种技术已经在中国嫦娥三号（CE-3）、月球 17 号和阿波罗 15 号的着陆点拍摄的图像上进行了测试，主要使用了图像测斜法或基于阴影的三维形貌测量法[4,131]。此处的目的也是为了恢复车轮沉陷量；因此，将图像处理技术应用于巡视器轨迹，以便提取多个位置的轨迹深度。图像测斜法的输出是一个数字地形模型，如果在巡视器的前进方向上观察（如图 3-29 所示），可以通过测量数字地形模型最低点与行星表面高程值之间的距离来计算车轮沉陷量。车轮轨迹深度或沉陷值可用于估计压力（或应力）与沉陷关系（也称为 ρ-z 模型），其中压力是由车轮承载的巡视器重量引起的。ρ-z 模型可以代表土壤强度或刚度，因此，它是土壤动力学中决定土壤是否稳定或变形程度的关键指标。公式（3-3）[132]所示的表面接触动力学中的现代小轮模型是适用于行星巡视器的，这是对传统的 Bernstein-Goriatchkin（BG）模型的一种改进，该模型用于估计土壤动力学中静态贯入的压力沉陷量，例如，基于贯入仪采集的数据[133]。这项技术已经在嫦娥三号的玉兔号巡视器、月球 17 号的月球车 1 号和阿波罗 15 号的月球车（LRV）的各种轨迹图像完成了测试和演示验

证。使用公式（3-3）中适用于月球的 $n=0.8$ 和 $m=0.39$ 的月尘值，量化对比三个登月地点的土壤刚度模量 k，如图3-30所示。

$$\rho = k z^n D^m \tag{3-3}$$

其中，ρ 表示巡视器车轮所遇到的压力；z 为图像测斜法得到的轮迹深度或沉陷量；D 为轮径；m 为直径指数。参数 k 和 n 分别为刚度模量和沉陷指数。

图3-29　基于CE-3玉兔号巡视器轨迹图像生成的数字地形模型

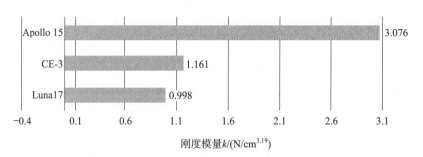

图3-30　基于公式（3-3）中的小轮模型的月球着陆点的土壤刚度和车轮沉陷数据

　　在火星任务方面，火星探测漫游者的勇气号和机遇号两款巡视器前后分别在古谢夫环形山和梅里迪亚尼平原应用立体视觉图像开展了基于视觉的火星土壤分析研究。使用一组相机采集巡视器留下的车轮痕迹。对这些图像进行立体视觉测量显示了两款巡视器的车轮沉陷，并将其作为巡视器所穿越的土壤状沉积物强度的指标[134]进行研究。采用轮土动力学理论，对火星探测漫游者车轮的形状特征进行校正，并考虑车轮打滑；通过与地形土壤的对比，对沉陷数据进行了分析。通过对巡视器行驶过程中的车轮轨迹的观察为研究土壤物理特性随空间尺度、表面特征类型和局部地形特征的变化提供了基础。结合从研究月球风化层和干燥的陆地土壤中获得的知识进行分析，可以推断出其他性质，例如细组分热惯量和介电特性。

3.8.3　科学自主性

机器人对行星表面的探测将是未来几十年内人类任务的先行者（或替代）。这种探测需要更加独立自主的平台，能够在有限的地面支持下进行远距离探测，并实时推进行星科学目标探测。正如史蒂夫·斯奎尔斯（MER 首席研究员）所说，"火星探测漫游者一天完成的任务，一位野外地质学家只需 45 s 即可完成！"[135]。因此，自主识别和选择科学上有意义的目标对所有这类探测任务都至关重要。所谓的"科学勘察"需要提高机器人探测任务的科学收益，并包含相关的机器人视觉组件，如对潜在有趣的科学目标的自动检测、测量和评估，并将其嵌入到在轨生成的全局地图中，从而为器载决策链提供重要接口。

器载自动科学调查系统（OASIS）成功演示了自主控制行星巡视器以执行探测任务，该系统提供了基于科学优先级自动生成巡视器活动计划、机会主义科学处理，包括利用器载数据分析软件确定的新科学目标，以及其他动态决策制定，如根据问题或其他状态和资源变化调整巡视器活动计划[136]。其中，火星探测漫游者和火星科学实验室任务均使用了该项技术自主检测和记录云层和沙尘暴[137]。欧洲框架计划 7——空间项目 PRoViScout 展示了科学自主性与建图、导航、科学目标选择和规划决策之间的有效融合[138]。

3.8.4　传感器融合

不同视觉传感器数据融合成独特的数据产品，允许新的数据解析方法，显著提高了探测任务的科学价值。图 3-6 展示了一个在轨道探测器配置的高分辨率成像科学实验相机采集的图像和巡视器（MER-B）携带的相机采集的图像（HiRISE 输出是数字地形模型的三维地图和 MER 巡视器全景相机输出基于立体视觉纹理的深度图）之间进行数据融合的例子，结果表明：即使图像分辨率和传感器坐标系原点均存在巨大差异，仍能实现传感器数据融合。其他的例子还有火星探测漫游者导航相机和全景相机生成的三维数据与显微成像仪（MI）输出数据的叠加（见图 3-31），火星科学实验室巡视器的桅杆相机输出的三维数据与导航相机三维重构结果的融合（见图 3-32），或火星手持式光学成像仪采集的纹理信息在桅杆相机三维重建数据中的投影（见图 3-33）。

欧洲火星太空生物漫游者任务将为视觉传感器和利用视觉以外的其他技术绘制场景特征的仪器之间的融合提供更多的机会：ExoMars 的传感器主要用途之一是观测火星上的水冰和地下沉积物（智慧号 WISDOM），它使用一种探地雷达，可用于确定和标示合适的钻探位置。通过巡视器沿预定路径的运动，它提供包含亮度值的地下三维图像，允许对地下场景（例如，个别巨石或潮湿区域）进行物理解析。可视化数据显示工具软件 PRo3D 能够实现全景相机采集的数据与 WISDOM 探地雷达采集的数据在某一个唯一的坐标系中的联合显示[139]，如图 3-34 所示。通过这种方式，WISDOM 探地雷达采集的数据解析应直接放置于全景相机采集的"真实"表面的结构和纹理场景中，这一结果对于制定钻探决策

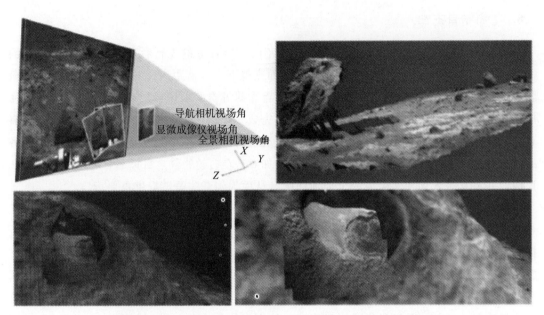

图 3-31　(a) 火星探测漫游者导航相机和全景相机的三维数据融合结果，覆盖了显微成像仪 (MI) 数据；(b) 数据融合后的三维渲染；(c) 网格部分的细化显示；(d) 纹理结果——显微成像仪图像显示的局部表面分辨率比全景相机采集的纹理细节高 10 倍 (数据由美国国家航空航天局/JPL-加州理工学院提供) (见彩插)

图 3-32　火星科学实验室在第 290 个火星日，利用桅杆相机和导航相机采集的图像数据的融合结果 (具有纹理细节的球面深度图，使用行星机器人三维浏览器 PRo3D 加以渲染[66])，该工作利用欧洲火星太空生物漫游者巡视器全景相机经行星机器人视觉地面处理软件 PRoViP 实现 (数据由美国国家航空航天局/JPL-加州理工学院提供)

图 3-33　（上）火星科学实验室携带的桅杆相机（a）和火星手持式光学成像仪（b）图像中的
对应特征点搜索。（下）将融合的火星手持式光学成像仪图像叠加到桅杆相机三维重建结果中
［（c）无叠加，（d）有叠加］（数据由美国国家航空航天局/JPL‑加州理工学院提供）

提供了有价值的沉浸式依据。[①] 内部仪器之间的数据融合任务的一个主要挑战是数据配准
问题（即将来自不同传感器的数据集带入一个统一的坐标系中）。主要的解决方式是分别
对每个传感器进行恰当的几何标定，各传感器相对于平台之间的几何外参标定（3.4 节），
以及每个传感器活动时对应于平台的精确定位（3.3.3.2 节）。

3.8.5　人工智能和视觉控制论

除了 3.8.1 节中指出的显著性方法外，另一个有希望的方法是使用人工智能和视觉控
制论：为了实现在无人为干预情况下，机器人视觉支持的空间任务完全自主性，以实现复
杂的高层决策和灵巧性，未来的视觉系统需要实现结合计算智能和学习策略的智能体架
构。尽管现阶段的人工智能与视觉系统相结合，用于实现自主规划、调度或导航等任务，

---

　　① 地质学家、物理学家、巡视器遥操作人员以及钻探设备技术团队利用全景相机与探地雷达的融合数据进行三
维可视化交互，以联合制定钻探策略，例如，钻探的位置、深度和方向。

图 3 - 34　使用欧洲火星太空生物漫游者全景相机仿真器 AUPE 进行的三维表面重建[140]
与 ExoMars WISDOM 探地雷达采集的深度剖面图之间的融合示例，该模型在 2013 年智利 ESA SAFER
外场试验中获得[141]（由行星机器人三维浏览器软件 PRo3D 渲染[66]）

但未来的趋势是在轨应用更复杂的技术，如模式识别和学习技术。目前，这些工作大多是
对下行链路数据进行离线处理的。使用有监督和非监督的学习技术用于模式识别和目标分
类[142]有助于在巡视器上进行大量科学和地质分析，且不需要进行任何地面研究。此外，
随着未来行星巡视器所需的计算资源增加，未来太空任务将使用更为复杂的视觉系统，这
些系统可以像人类一样解释视觉场景，比如认知视觉和感知—行为系统[143-145]。为此，此
类系统的使用仅限于地面应用，例如，工业自动化、视觉通信和医学成像。在经典的机器
人视觉模型中，动作之前的场景描述（感知）是以空间几何的方式表示的，而在经典的机
器人视觉模型中，认知视觉则区别于经典的机器人视觉模型，它主要利用感知行为模型，
构建与智能体行为相关的感知域结构模型，因此，智能体的行为应先于感知（或场景表
示）[146]。这种视觉范式在未知环境下具有很强的鲁棒性，并自适应不可预见的情况。

参 考 文 献

［1］ Matthies, L., Gat, E., Harrison, R., Wilcox, B., Volpe, R., and Litwin, T. (1995) Mars microrover navigation: performance evaluation and enhancement. Autonomous Robots, 2 (4), 291 - 311.

［2］ Matthies, L., Maimone, M., Johnson, A., Cheng, Y., Willson, R., Villalpando, C., Goldberg, S., Huertas, A., Stein, A., and Angelova, A. (2007) Computer vision on Mars. International Journal of Computer Vision, 75 (1), 67 - 92.

［3］ NASA Microsoft Collaboration Will Allow Scientists to 'Work on Mars' (2015), http://www.jpl. nasa.gov/news/news.php? feature=4451 (accessed 04 April 2016).

［4］ Gao, Y., Spiteri, C., Pham, M.-T., and Al-Milli, S. (2014) A survey on recent object detection techniques useful for monocular vision - based planetary terrain classification. Robotics and Autonomous Systems, 62 (2), 151 - 167.

［5］ Lemmon, M.T. (2011) Atmospheric opacity, surface insolation, and dust lifting over 3 Mars years with the Mars Exploration Rovers. EPSC - DPS Joint Meeting 2011, vol. 1, p. 1503.

［6］ Gunn, M.D. and Cousins, C.R. (2013) Mars surface context cameras past, present and future. Earth and Space Science, ISSN: 2333 - 5084, http://dx.doi.org/10.1002/2016EA000166, doi: 10. 1002/2016EA000166.

［7］ Murray, B.C. and Davies, M.E. (1970) Space photography and the exploration of Mars. Applied Optics, 9 (6), 1270 - 1281.

［8］ Bell, J.F. III,, Calvin, W.M., Farrand, W.H., Greeley, R., Johnson, J.R., Jolliff, B., Morris, R. V., Sullivan, R.J., Thompson, S., Wang, A., Weitz, C., and Squyres, S.W. (2008) The Martian Surface (Cambridge Planetary Science), Chapter 9, Cambridge University Press, pp. 281 - 314, ISBN: 9780511536076.

［9］ Svitek, T. and Murray, B. (1990) Winter frost at Viking Lander 2 site. Journal of Geophysical Research, 95 (2), 1495 - 1510.

［10］ Weitz, C.M., Anderson, R.C., Bell, J.F., Farrand, W.H., Herkenhoff, K.E., Johnson, J.R., Jolliff, B.L., Morris, R.V., Squyres, S.W., and Sullivan, R.J. (2006) Soil grain analyses at Meridiani Planum, Mars. Journal of Geophysical Research, 111 (12), 2156 - 2202.

［11］ Smith, P.H., Tamppari, L.K., Arvidson, R.E., Bass, D., Blaney, D., Boynton, W.V., Carswell, A., Catling, D.C., Clark, B.C., Duck, T., DeJong, E., Fisher, D., Goetz, W., Gunnlaugsson, H. P., Hecht, M.H., Hipkin, V., Hoffman, J., Hviid, S.F., Keller, H.U., Kounaves, S.P., Lange, C.F., Lemmon, M.T., Madsen, M.B., Markiewicz, W.J., Marshall, J., Mckay, C.P., Mellon, M. T., Ming, D.W., Morris, R.V., Pike, W.T., Renno, N., Staufer, U., Stoker, C., Taylor, P., Whiteway, J.A., and Zent, A.P. (2009) H_2O at the Phoenix landing site. Science, 325, 58 - 61.

［12］ Arvidson, R., Gooding, J., and Moore, H. (1989) The Martian surface as imaged, sampled, and analyzed by the Viking Landers. Reviews of Geophysics, 27 (1), 39 - 60.

[13] Smith, P.H., Tomasko, M.G., Britt, D., Crowe, D.G., Reid, R., Keller, H.U., Thomas, N., Gliem, F., Rueffer, P., Sullivan, R., Greeley, R., Knudsen, J.M., Madsen, M.B., Gunnlaugsson, H.P., Hviid, S.F., Goetz, W., Soderblom, L.A., Gaddis, L., and Kirk, R. (1997) The imager for Mars pathfinder experiment. Journal of Geophysical Research, 102 (E), 4003 – 4026.

[14] Lemmon, M., Smith, P., Nohara, C.S., Tanner, R., Woida, P., Shaw, A., Hughes, J., Reynolds, R., Woida, R., Penegor, J., Oquest, C., Hviid, S., Madsen, M., Olsen, M., Leer, K., Drube, L., Morris, R., and Britt, D. (2008) The Phoenix surface stereo imager (SSI) investigation. LPSC08, 39th Lunar and Planetary Science Conference, (Lunar and Planetary Science XXXIX), League City, TX, Number LPI Contribution No. 1391, p. 2156.

[15] Eisenman, A.R., Liebe, C.C., Maimone, M., Schwochert, M.A., and Willson, R.G. (2001) Mars exploration rover engineering cameras. SPIE 4540 – International Symposium on Remote Sensing, Sensors, Systems, and Next – Generation Satellites V, December, SPIE, pp. 288 – 297.

[16] Maki, J., Thiessen, D., Pourangi, A., Kobzeff, P., Litwin, T., Scherr, L., Elliott, S., Dingizian, A., and Maimone, M. (2012) The Mars science laboratory engineering cameras. Space Science Reviews, 170 (1 – 4), 77 – 93.

[17] Bell, J., Squyres, S., Herkenhoff, K., Maki, J., Arneson, H., Brown, D., Collins, S., Dingizian, A., Elliot, S., Hagerott, E., Hayes, A., Johnson, M., Johnson, J., Joseph, J., Kinch, K., Lemmon, M., Morris, R., Scherr, L., Schwochert, M., Shepard, M., Smith, G., Sohl – Dickstein, J., Sullivan, R., Sullivan, W., and Wadsworth, M. (2003) Mars Exploration Rover Athena panoramic camera (Pancam) investigation. Journal of Geophysical Research: Planets, 108 (12), 8063.

[18] Malin, M.C., Caplinger, M.A., Edgett, K.S., Ghaemi, F.T., Ravine, M.A., Schaffner, J.A., Baker, J.D., Bardis, J.M., Dibiase, D.R., Maki, J.N., Willson, R.G., Bell, J.F., Dietrich, W.E., Edwards, L.J., Hallet, B., Herkenhoff, K.E., Heydari, E., Kah, L.C., Lemmon, M.T., Minitti, M.E., Olson, T.S., Parker, T.J., Rowland, S.K., Schieber, J., Sullivan, R.J., Sumner, D.Y., Thomas, P.C., and Yingst, R.A. (2010) The Mars Science Laboratory (MSL) mast – mounted cameras (Mastcams) flight instruments. 41st Lunar and Planetary Science Conference, The Woodlands, TX, Number LPI Contribution No. 1533, p. 1123.

[19] Yuen, P., Gao, Y., Griffiths, A., Coates, A., Muller, J.- P., Smith, A., Walton, D., Leff, C., Hancock, B., and Shin, D. (2013) Exo Mars rover PanCam: autonomy and computational intelligence. IEEE Computational Intelligence Magazine, 8 (4), 52 – 61.

[20] Kruse, F.A. (2012) Mapping surface mineralogy using imaging spectrometry. Geomorphology, 137 (1), 41 – 56.

[21] Edgett, K., Yingst, R., Ravine, M.A., Caplinger, M., Maki, J.N., Ghaemi, F.T., Schaffner, J. A., Bell, J., Edwards, L.J., Herkenhoff, K.E., Heydari, E., Kah, L.C., Lemmon, M.T., Minitti, M.E., Olson, T.S., Parker, T.J., Rowland, S.K., Schieber, J., Sullivan, R.J., Sumner, D.Y., Thomas, P.C., Jensen, E.H., Simmonds, J.J., Sengstacken, A.J., Willson, R.G., and Goetz, W. (2012) Curiosity's Mars hand lens imager (MAHLI) investigation. Space Science Reviews, 170, 259 – 317.

[22] Wang, W., Li, C., Tollner, E., and Rains, G. (2012) A liquid crystal tunable filter based

shortwave infrared spectral imaging system: design and integration. Computers and Electronics in Agriculture, 80, 126 – 134.

[23] He, Z., Shu, R., and Wang, J. (2011) Imaging spectrometer based on AOTF and its prospects in deep – space exploration application. SPIE 8196 International Symposium on Photoelectronic Detection and Imaging, vol. 8196, pp. 819625 – 819625 – 7.

[24] Schmitz, N., Jaumann, R., Coates, A.J., Griffiths, A.D., Leff, C.E., Hancock, B.K., Josset, J. L., Barnes, D.P., Tyler, L., Gunn, M., Paar, G., Bauer, A., Cousins, C.R., Trauthan, F., Michaelis, H., Mosebach, H., Gutruf, S., Koncz, A., Pforte, B., Kachlicki, J., Terzer, R., and the Exo Mars PanCam team (2014) PanCam on the Exo Mars 2018 rover: a stereo, multispectral and highresolution camera system to investigate the surface of Mars. International Workshop on Instrumentation for Planetary Missions (IPM – 2014), Greenbelt, MD [Online]. Available: http:// ssed .gsfc.NASA.gov/IPM/PDF/1053.pdf (accessed 14 August 2015).

[25] Bell, J.F. III,, Maki, J.N., Mehall, G.L., Ravine, M.A., Caplinger, M.A., and the Mastcam – Z Team (2014) Mastcam – z: a geologic, stereoscopic, and multispectral investigation an the NASAMars – 2020 rover. International Workshop on Instrumentation for Planetary Missions, IPM – 2014), Greenbelt, MD.

[26] Bell, J.F., Joseph, J., Sohl – Dickstein, J.N., Arneson, H.M., Johnson, M.J., Lemmon, M.T., and Savransky, D. (2006) In – flight calibration and performance of the Mars exploration rover panoramic camera (Pancam) instruments. Journal of Geophysical Research, 111(E), E02S03.

[27] Tao, Y. and Muller, J.– P. (2016) A novel method for surface exploration: super – resolution restoration of Mars repeat – pass orbital imagery. Planetary and Space Science, 121, 103 – 114, doi: 10.1016/j.pss.2015.11.010.

[28] Grotzinger, J.P., Crisp, J., Vasavada, A.R., Anderson, R.C., Baker, C.J., Barry, R., Blake, D. F., Conrad, P., Edgett, K.S., Ferdowski, B., Gellert, R., Gilbert, J.B., Golombek, M., Gómez – Elvira, J., Hassler, D.M., Jandura, L., Litvak, M., Mahaffy, P., Maki, J., Meyer, M., Malin, M.C., Mitrofanov, I., Simmonds, J.J., Vaniman, D., Welch, R.V., and Wiens, R.C. (2012) Mars Science Laboratory mission and science investigation. Space Science Reviews, 170 (1 – 4), 5 – 56.

[29] Anabitarte, F., Cobo, A., and Lopez – Higuera, J. M. (2012) Laserinduced breakdown spectroscopy: fundamentals, applications, and challenges. ISRN Spectroscopy, 2012 (285240), 12.

[30] Lopez – Reyes, G., Rull, F., Venegas, G., Westall, F., Foucher, F., Bost, N., Sanz, A., Catalá – Espí, A., Vegas, A., Hermosilla, I., Sansano, A., and Medina, J. (01 2014) Analysis of the scientific capabilities of the ExoMars Raman Laser Spectrometer instrument. European Journal of Mineralogy, 25 (5), 721 – 733.

[31] Komguem, L., Whiteway, J.A., Dickinson, C., Daly, M., and Lemmon, M.T. (2013) Phoenix {LIDAR} measurements of Mars atmospheric dust. Icarus, 223 (2), 649 – 653.

[32] Arvidson, R.E., Bonitz, R.G., Robinson, M.L., Carsten, J.L., Volpe, R.A., Trebi – Ollennu, A., Mellon, M.T., Chu, P.C., Davis, K.R., Wilson, J.J. et al., (2009) Results from the Mars Phoenix lander robotic arm experiment. Journal of Geophysical Research: Planets (19912012), 114, E00E02.

[33] Heikkilä, J. (2000) Geometric camera calibration using circular control points. IEEE Transactions on Pattern Analysis and Machine Intelligence, 22 (10), 1066 – 1077.

[34] Bouguet, J.-Y. (2015) Camera Calibration Toolbox for Matlab, California Institute of Technology.

[35] Gennery, D.B. (2001) Least - squares camera calibration including lens distortion and automatic editing of calibration points, in Calibration and Orientation of Cameras in Computer Vision (eds A. Gruen and T.S. Huang), Springer, Berlin Heidelberg, pp. 123 - 136.

[36] Cucullu, G.C., Zayas, D., Novak, K., and Wu, P. (2014) A curious year on Mars long - term thermal trends for Mars Science Laboratory rover's first Martian year. Proceedings of the 44th International Conference on Environmental Systems.

[37] Cristello, N., Pereira, V., Deslauriers, A., and Silva, N. (2015) ExoMars Cameras - an input to the rover autonomous mobility system. Planetary and Terrestrial Mining Sciences Symposium.

[38] Lee, S. and Ro, S. (1996) A selfcalibration model for hand - eye systems with motion estimation. Mathematical and Computer Modelling, 24 (5), 49 - 77.

[39] Barnes, D. (2013) Mars rover colour vision: generating the true colours of Mars. Proceedings of ASTRA 2013 Conference, ESA, ESTEC, The Netherlands.

[40] Bell, J.F., Savransky, D., and Wolff, M.J. (2006) Chromaticity of the Martian sky as observed by the Mars exploration rover Pancam instruments. Journal of Geophysical Research, 111, E12S05.

[41] Johnson, J.R., Sohl - Dickstein, J., Grundy, W.M., Arvidson, R.E., Bell, J., Christensen, P., Graff, T., Guinness, E.A., Kinch, K., Morris, R. et al., (2006) Radiative transfer modeling of dustcoated Pancam calibration target materials: laboratory visible/near - infrared spectrogoniometry. Journal of Geophysical Research: Planets (1991 - 2012), 111 (E12), doi: 10.1029/2005je002658.

[42] Hayes, A.G., Grotzinger, J.P., Edgar, L.A., Squyres, S.W., Watters, W.A., and Sohl - Dickstein, J. (2011) Reconstruction of eolian bed forms and paleocurrents from cross - bedded strata at Victoria crater, Meridiani Planum, Mars. Journal of Geophysical Research: Plancts (1991 - 2012), 116 (E7), E00F21.

[43] Meigs, B.E. and Stine, L.L. (1970) Realtime compression and transmission of Apollo telemetry data. Journal of Spacecraft and Rockets, 7 (5), 607 - 609.

[44] Kiely, A. and Klimesh, M. (2003) The ICER progressive wavelet image compressor. The Interplanetary Network Progress Report 42 - 155. Jet Propulsion Laboratory, Pasadena, CA, pp. 1 - 46.

[45] Weinberger, M.J., Seroussi, G., and Sapiro, G. (2000) The LOCO - I lossless image compression algorithm: principles and standardization into JPEG - LS. IEEE Transactions on Image Processing, 9 (8), 1309 - 1324.

[46] McEwen, A.S., Eliason, E.M., Bergstrom, J.W., Bridges, N.T., Hansen, C.J., Delamere, W.A., Grant, J.A., Gulick, V.C., Herkenhoff, K.E., Keszthelyi, L. et al., (2007) Mars reconnaissance orbiter's high resolution imaging science experiment (HiRISE). Journal of Geophysical Research: Planets (1991 - 2012), 112 (E5), doi: 10.1029/2005je002605.

[47] Li, R., Hwangbo, J., Chen, Y., and Di, K. (2011) Rigorous photogrammetric processing of HiRISE stereo imagery for Mars topographic mapping. IEEE Transactions on Geoscience and Remote Sensing, 49 (7), 2558 - 2572.

[48] Jaffe, L.D. and Scott, R.F. (1966) Lunar surface strength: implications of Luna 9 landing. Science, 153 (3734), 407 - 408.

[49] Filice, A. L. (1967) Observations on the Lunar surface disturbed by the footpads of Surveyor 1. Journal of Geophysical Research, 72 (22), 5721 - 5728.

[50] Keller, H.U., Goetz, W., Hartwig, H., Hviid, S.F., Kramm, R., Markiewicz, W.J., Reynolds, R., Shinohara, C., Smith, P., Tanner, R. et al, (2008) Phoenix robotic arm camera. Journal of Geophysical Research: Planets (1991 - 2012), 113 (E3), doi: 10.1029/2007je003044.

[51] Havlena, M., Torii, A., Jancosek, M., and Pajdla, T. (2009) Automatic reconstruction of Mars artifacts. European Planetary Science Congress, p. 280.

[52] Barnes, D.P. (2007) The ExoMars rover inspection mirror (RIM): new opportunities for Mars surface science. Geophysical Research Abstracts, 9, 10815.

[53] Josset, J.-L., Westall, F., Hofmann, B.A., Spray, J.G., Cockell, C., Kempe, S., Griffiths, A. D., De Sanctis, M.C., Colangeli, L., Koschny, D. et al., (2012) CLUPI, a high - performance imaging system on the ESA - NASA rover of the 2018 ExoMars mission to discover biofabrics on Mars. EGU General Assembly Conference Abstracts, vol. 14.

[54] Medina, A., Pradalier, C., Paar, G., Merlo, A., Ferraris, S., Mollinedo, L., Colmenarejo, P., and Didot, F. (2011) A servicing rover for planetary outpost assembly. Proceedings of the 11th Symposium on Advanced Space Technologies in Robotics and Automation (ASTRA).

[55] Li, R., Archinal, B.A., Arvidson, R.E., Bell, J., Christensen, P., Crumpler, L., Des Marais, D. J., Di, K., Duxbury, T., Golombek, M. et al., (2006) Spirit rover localization and topographic mapping at the landing site of Gusev crater, Mars. Journal of Geophysical Research: Planets (1991 - 2012), 111 (E2), doi: 10.1029/2005je002483.

[56] Lourakis, M. and Hourdakis, E. (2015) Planetary rover absolute localization by combining visual odometry with orbital image measurements. Proceedings of the 13th Symposium on Advanced Space Technologies in Automation and Robotics (ASTRA'15), European Space Agency. ESA/ESTEC, Noordwijk, The Netherlands.

[57] Tao, Y. and Muller, J.- P. (2015) Automated localisation of Mars rovers using co - registered HiRISE - CTX - HRSC orthorectified images and DTMs. Icarus, in review.

[58] Abshire, J.B. and Bufton, J.L. (1992) The Mars observer laser altimeter investigation. Journal of Geophysical Research, 97 (E5), 7781 - 7797.

[59] Liu, Z.Q., Di, K.C., Peng, M., Wan, W.H., Liu, B., Li, L.C., Yu, T.Y., Wang, B.F., Zhou, J. L., and Chen, H.M. (2015) High precision landing site mapping and rover localization for Chang'e - 3 mission. Science China Physics, Mechanics & Astronomy, 58 (1), 1 - 11.

[60] NASA/JPL (2015) PDS Marsviewer, http://pds - imaging. jpl. NASA. gov/tools/ marsviewer/ (accessed 6 December 2015).

[61] NASA (2015) Maestro, https://software . NASA. gov/featuredsoftware/maestro (accessed 28 October 2015).

[62] Fox, J.M. and McCurdy, M. (2007) Activity planning for the Phoenix Mars lander mission. Aerospace Conference, 2007 IEEE, IEEE, pp. 1 - 13.

[63] NASA/JPL (2015) MSLICE, http://www .NASA.gov/centers/ames/research/ MSL_operations_ prt.htm (accessed 6 December 2015).

[64] Cooper, B.K., Maxwell, S.A., Hartman, F.R., Wright, J.R., Yen, J., Toole, N.T., Gorjian, Z.,

and Morrison, J. C. (2013) Robot sequencing and visualization program (RSVP), http://ntrs. NASA.gov/ search.jsp? R=20140001459 (accessed 6 December 2015).

[65] Proton, J. (2015) Viewpoint, http:// www. planetarysciencecommand. com/ (accessed 6 December 2015).

[66] Barnes, R., Paar, G., Traxler, C., Muller, J.P., Tao, Y., Sander, K., Gupta, S., Ortner, T., and Fritz, L. (2015) PRo3D – interactive geologic assessment of planetary 3D vision data products. Proceedings of International Congress on Stratigraphy (STRATI 2015).

[67] Poulakis, P., Joudrier, L., Wailliez, S., and Kapellos, K. (2008) 3DROV: a planetary rover system design, simulation and verification tool. Simulation and Verification Tool. iSAIRAS.

[68] Roberts, D.J., Garcia, A.S., Dodiya, J., Wolff, R., Fairchild, A.J., and Fernando, T. (2015) Collaborative telepresence workspaces for space operation and science. Virtual Reality (VR), 2015 IEEE, IEEE, pp. 275 – 276.

[69] Grotzinger, J.P., Sumner, D.Y., Kah, L.C., Stack, K., Gupta, S., Edgar, L., Rubin, D., Lewis, K., Schieber, J., Mangold, N. et al, (2014) A habitable fluvio – lacustrine environment at Yellowknife bay, Gale crater, Mars. Science, 343 (6169), 1242777.

[70] Anderson, R., Bridges, J.C., Williams, A., Edgar, L., Ollila, A., Williams, J., Nachon, M., Mangold, N., Fisk, M., Schieber, J. et al., (2015) Chemcam results from the Shaler outcrop in Gale crater, Mars. Icarus, 249, 2 – 21.

[71] NASA/JPL (2015) Jadis, http://www .openchannelfoundation.org/projects/ JADIS/ (accessed 28 October 2015).

[72] Pariser, O. and Deen, R.G. (2009) A common interface for stereo viewing in various environments. Proceedings of SPIE 7237, Stereoscopic Displays and Applications XX, 72371R, International Society for Optics and Photonics.

[73] UCL – MSSL (2015) Stereo workstation, http://sourceforge. net/projects/ stereows/ (accessed 6 December 2015).

[74] Tao, Y., Shin, D., and Muller, J.– P. (2015) An accuracy evaluation of stereo matching results using manual measurements, in preparation.

[75] Parkes, S., Martin, I., Dunstan, M., and Matthews, D. (2004) Planet surface simulation with PANGU. 8th International Conference on Space Operations, pp. 1 – 10.

[76] Cheng, Y., Maimone, M., and Matthies, L. (2005) Visual odometry on the Mars exploration rovers. Systems, Man and Cybernetics, 2005 IEEE International Conference on, vol. 1, IEEE, pp. 903 – 910.

[77] Bajracharya, M., Maimone, M.W., and Helmick, D. (2008) Autonomy for Mars rovers: past, present, and future. Computer, 41 (12), 44 – 50.

[78] Vinogradov, A.P. (1971) Lunokhod 1 Mobile Lunar Laboratory, translated by Joint Publications Research Service, JPRS. 54525, distributed by National Technical Information Service, U. S. Department of Commerce.

[79] Kozlova, N.A., Zubarev, A.E., Karachevtseva, I.P., Nadezhdina, I.E., Kokhanov, A.A., Patraty, V.D., Mitrokhina, L.A., and Oberst, J. (2014) Some aspects of modern photogrammetric image processing of Soviet Lunokhod panoramas and their implemenation for new studies of Lunar surface.

ISPRS Technical Commission IV Symposium on Geospatial Databases and Location Based Service, ISPRS.

[80] Karachevtseva, I., Oberst, J., Scholten, F., Konopikhin, A., Shingareva, K., Cherepanova, E., Gusakova, E., Haase, I., Peters, O., Plescia, J., and Robinson, M. (2013) Cartography of the lunokhod - 1 landing site and traverse from LRO image and stereotopographic data. Planetary and Space Science, 85, 175 - 187.

[81] Yang, J.- F., Li, C.- L., Xue, B., Ruan, P., Gao, W., Qiao, W.- D., Lu, D., Ma, X.- L., Li, F., He, Y.- H. et al., (2015) Panoramic camera on the Yutu lunar rover of the Chang'e - 3 mission. Research in Astronomy and Astrophysics, 15 (11), 1867.

[82] Xiao, L., Zhu, P., Fang, G., Xiao, Z., Zou, Y., Zhao, J., Zhao, N., Yuan, Y., Qiao, L., Zhang, X. et al., (2015) A young multilayered terrane of the northern Mare Imbrium revealed by Chang'e - 3 mission. Science, 347 (6227), 1226 - 1229.

[83] Mutch, T.A., Binder, A.B., Huck, F.O., Levinthal, E.C., Morris, E.C., Sagan, C., and Young, A.T. (1972) Imaging experiment: the Viking lander. Icarus, 16 (1), 92 - 110.

[84] Huck, F.O., Taylor, G.R., McCall, H.F., and Patterson, W.R. (1975) The Viking Mars lander camera. Space Science Instrumentation, 1, 189 - 241.

[85] Levinthal, E.C., Green, W., Jones, K.L., and Tucker, R. (1977) Processing the Viking lander camera data. Journal of Geophysical Research, 82 (28), 4412 - 4420.

[86] NASA/JPL (2015) IMP: Imager for Mars Pathfinder, http://mars.nasa.gov/ MPF/mpf/sci_desc. html (accessed 27 February 2016).

[87] Oberst, J., Hauber, E., Trauthan, F., Kuschel, M., Giese, B., Roatsch, T., and Jaumann, R. (1998) Mars pathfinder: photogrammetric processing of lander images. International Archives of Photogrammetry and Remote Sensing, 32, 436 - 443.

[88] Kanefsky, B., Parker, T.J., and Cheeseman, P.C. (1998) Superresolution results from pathfinder IMP. Lunar and Planetary Science Conference, 29, 1536.

[89] NASA/JPL (2015) Pathfinder Rover Instrument Description, http://pdsimage .wr.usgs.gov/data/ mpfr - m - apxs - 2 - edrv1.0/ mprv_0001/document/rcinst.htm (accessed 6 December 2015).

[90] Alexander, D. A., Deen, R. G., Andres, P. M., Zamani, P., Mortensen, H. B., Chen, A. C., Cayanan, M. K., Hall, J. R., Klochko, V. S., Pariser, O. et al., (2006) Processing of Mars Exploration Rover imagery for science and operations planning. Journal of Geophysical Research: Planets (1991 - 2012), 111 (E2), doi: 10.1029/2005je002462.

[91] Deen, R., Chen, A., and Alexander, D. (2014) Mars Exploration Rover (MER) Software Interface Specification: Camera Experiment Data Record (EDR) and Reduced Data Record (RDR) Operations and Science Data Products, version 4.4, NASA Planetary Data System, http://pds - imaging.jpl. nasa.gov/ data/mer/opportunity/merldo _0xxx/ document/CAMSIS _ V4 - 4 _ 7 - 31 - 14. PDF (accessed 6 December 2015).

[92] Zamani, P., Alexander, D., and Deen, R. (2009) Phoenix Project Software Interface Specification (SIS): Camera Experiment Data Record (EDR) and Reduced Data Record (RDR) Data Products, version 1.1.2., NASA Planetary Data System, http://pds - imaging .jpl.nasa.gov/data/Phoenix/ phxmos_ 0xxx/document/cam_edr_rdr_sis.pdf (accessed 6 December 2015).

[93] NASA/JPL (2015) Mars Science Laboratory Project Software Interface Specification(SIS); Camera & LIBS Experiment Data Record (EDR) and Reduced Data Record (RDR) Data Products, version 1. 1.2., NASA Planetary Data System, http://pds - imaging . jpl. nasa. gov/data/msl/MSLNAV _ 0XXX/ DOCUMENT/MSL_CAMERA_SIS.PDF (accessed 6 December 2015).

[94] Gruen, A. (1985) Adaptive least squares correlation: a powerful image matching technique. South African Journal of Photogrammetry, Remote Sensing and Cartography, 14 (3), 175 - 187.

[95] Deen, R.G. and Lorre, J.J. (2005) Seeing in three dimensions: correlation and triangulation of Mars Exploration Rover imagery. Systems, Man and Cybernetics, 2005 IEEE International Conference on, vol. 1, IEEE, pp. 911 - 916.

[96] Deen, R.G. (2012) In - situ mosaic production at JPL/MIPL. Proceedings of Planetary Data: A Workshop for Users and Software Developers, Flagstaff, AZ.

[97] Deen, R.G., Algermissen, S.S., Ruoff, N.A., Chen, A.C., Pariser, O., Capraro, K.S., and Gengl, H.E. (2015) Pointing correction for Mars surface mosaics. Proceedings of the 2nd Planetary Data Workshop, vol. 1846, Flagstaff, AZ.

[98] NASA/JPL (2013) Billion - Pixel View from Curiosity at Rocknest, http:// mars. nasa. gov/ multimedia/interactives/ billionpixel/ (accessed 6 December 2015).

[99] NASA/JPL (2015) VICAR Open Source, http://www - mipl. jpl. nasa. gov/vicar _ open. html (accessed 6 December 2015).

[100] Zamani, P., Deen, R., and Alexander, D. (2005) Seeing on a budget: Mars rover tactical imaging product generation. 6th International Symposium on Reducing the Costs of Spacecraft Ground Systems and Operations (RCSGSO), ESA/ESOC, Darmstadt, ESA SP - 601, European Space Agency.

[101] Paar, G., Griffiths, A.D., Bauer, A., Nunner, T., Schmitz, N., Barnes, D., and Riegler, E. (2009) 3D vision ground processing workflow for the panoramic camera on ESA's ExoMars mission 2016. Conference Proceedings of Optical 3D 2009, pp. 1 - 9.

[102] NASA/JPL (2015) PDS: The Planetary Data System, https://pds.nasa.gov/ (accessed 6 December 2015).

[103] Bajpai, A., Burroughes, G., Shaukat, A., and Gao, Y. (2015) Planetary monocular simultaneous localization and mapping. Journal of Field Robotics, 33, (2), 229 - 242, doi: 10.1002/rob.21608.

[104] Shaukat, A., Spiteri, C.C., Gao, Y., Al - Milli, S., and Bajpai, A. (2013) Quasi - thematic features detection and tracking for future rover longdistance autonomous navigation. 12th Symposium on Advanced Space Technologies in Robotics and Automation, ESA/ESTEC, Noordwijk, The Netherlands.

[105] Villefranche, P., Evans, J., and Faye, F. (1997) Rosetta: the {ESA} comet rendezvous mission. Acta Astronautica, 40 (12), 871 - 877.

[106] Kolbe, D. and Best, R. (1997) The {ROSETTA} mission. Acta Astronautica, 41 (4 - 10), 569 - 577. Developing Business.

[107] Keller, H.U., Barbieri, C., Lamy, P., Rickman, H., Rodrigo, R., Wenzel, K.-P., Sierks, H., A' Hearn, M.F., Angrilli, F., Angulo, M., Bailey, M.E., Barthol, P., Barucci, M.A., Bertaux, J.-L., Bianchini, G., Boit, J.-L., Brown, V., Burns, J.A., Buettner, I., Castro, J.M., Cremonese,

G., Curdt, W., Da Deppo, V., Debei, S., De Cecco, M., Dohlen, K., Fornasier, S., Fulle, M., Germerott, D., Gliem, F., Guizzo, G.P., Hviid, S.F., Ip, W.-H., Jorda, L., Koschny, D., Kramm, J.R., Kuehrt, E., Kueppers, M., Lara, L.M., Llebaria, A., López, A., López-Jimenez, A., López-Moreno, J., Meller, R., Michalik, H., Michelena, M.D., Mueller, R., Naletto, G., Origné, A., Parzianello, G., Pertile, M., Quintana, C., Ragazzoni, R., Ramous, P., Reiche, K.-U., Reina, M., Rodríguez, J., Rousset, G., Sabau, L., Sanz, A., Sivan, J.-P., Stoeckner, K., Tabero, J., Telljohann, U., Thomas, N., Timon, V., Tomasch, G., Wittrock, T., and Zaccariotto, M. (2007) OSIRIS - the scientific camera system onboard rosetta. Space Science Reviews, 128 (1-4), 433-506.

[108] Liu, C., Yuen, P.C., and Qiu, G. (2009) Object motion detection using information theoretic spatio-temporal saliency. Pattern Recognition, 42 (11), 2897-2906.

[109] Yan, J., Zhu, M., Liu, H., and Liu, Y. (2010) Visual saliency detection via sparsity pursuit. IEEE Signal Processing Letters, 17 (8), 739-742.

[110] Siagian, C. and Itti, L. (2009) Biologically inspired mobile robot vision localization. IEEE Transactions on Robotics, 25 (4), 861-873.

[111] Borji, A., Sihite, D.N., and Itti, L. (2013) Quantitative analysis of human-model agreement in visual saliency modeling: a comparative study. IEEE Transactions on Image Processing, 22 (1), 55-69.

[112] Itti, L., Koch, C., and Niebur, E. (1998) A model of saliency-based visual attention for rapid scene analysis. IEEE Transactions on Pattern Analysis and Machine Intelligence, 20 (11), 1254-1259.

[113] Walther, D. and Koch, C. (2006) Modeling attention to salient proto-objects. Neural Networks, 19 (9), 1395-1407.

[114] Rensink, R. A. (2000) Seeing, sensing, and scrutinizing. Vision Research, 40 (10-12), 1469-1487.

[115] Rensink, R.A. (2000) The dynamic representation of scenes. Visual Cognition, 7 (1-3), 17-42.

[116] Harel, J., Koch, C., and Perona, P. (2007) Graph-based visual saliency, in Advances in Neural Information Processing Systems, vol. 19, MIT Press, Cambridge, MA, pp. 545-552.

[117] Hou, X. and Zhang, L. (2007) Saliency detection: a spectral residual approach. Computer Vision and Pattern Recognition, 2007 CVPR'07. IEEE Conference on, pp. 1-8.

[118] Seo, H. J. and Milanfar, P. (2009) Static and space-time visual saliency detection by self-resemblance. Journal of vision, 9 (12), 15.

[119] Guo, C. and Zhang, L. (2010) A novel multiresolution spatiotemporal saliency detection model and its applications in image and video compression. IEEE Transactions on Image Processing, 19 (1), 185-198.

[120] Hou, X., Harel, J., and Koch, C. (2012) Image signature: highlighting sparse salient regions. IEEE Transactions on Pattern Analysis and Machine Intelligence, 34 (1), 194-201.

[121] Nascimento, J.C. and Marques, J.S. (2006) Performance evaluation of object detection algorithms for video surveillance. IEEE Transactions on Multimedia, 8 (4), 761-774.

[122] Kasturi, R., Goldgof, D., Soundararajan, P., Manohar, V., Garofolo, J., Bowers, R., Boonstra,

M., Korzhova, V., and Zhang, J. (2009) Framework for performance evaluation of face, text, and vehicle detection and tracking in video: data, metrics, and protocol. IEEE Transactions on Pattern Analysis and Machine Intelligence, 31 (2), 319 – 336.

[123] Woods, M., Shaw, A., Tidey, E., Pham, B.V., Simon, L., Mukherji, R., Maddison, B., Cross, G., Kisdi, A., Tubby, W. et al., (2014) Seekerautonomous long – range rover navigation for remote exploration. Journal of Field Robotics, 31 (6), 940 – 968.

[124] Matson, J. (2010) Unfree Spirit: NASA's Mars rover appears stuck for good. Scientific American, 302 (4), 16.

[125] Nevatia, Y.H., Gancet, J., Bulens, F., Voegele, T., Sonsalla, R., Saaj, C.M., Lewinger, W.A., Matthews, M., Yeomans, B., Gao, Y., Allouis, E., Imhof, B., Ransom, S., Richter, L., and Skocki, K. (2013) Improved traversal for planetary rovers through forward acquisition of terrain trafficability. Proceedings of International Conference on Robotics and Automation. o.A., 5.

[126] Nevatia, Y., Bulens, F., Gancet, J., Gao, Y., Al – Milli, S., Sonsalla, R.U., Kaupisch, T.P., Fritsche, M., Vogele, T., Allouis, E., Skocki, K., Ransom, S., Saaj, C., Matthews, M., Yeomans, B., and Richter, L. (2013) Safe longrangetravel for planetary rovers through forward sensing. 12th Symposium on Advanced Space Technologies in Robotics and Automation, European Space Agency, ESTEC, Noordwijk, The Netherlands.

[127] Spiteri, C., Al – Milli, S., Gao, Y., and de Leon, A.S. (2015) Real – time visual sinkage detection for planetary rovers. Robotics and Autonomous Systems, 72, 307 – 317.

[128] Al – Milli, S., Spiteri, C., Comin, F., and Gao, Y. (2013) Real – time vision based dynamic sinkage detection for exploration rovers. Intelligent Robots and Systems (IROS), 2013 IEEE/RSJ International Conference on, pp. 4675 – 4680.

[129] Sonsalla, R.U., Fritsche, M., Vogele, T., and Kirchner, F. (2013) Concept study for the faster micro scout rover. 12th Symposium on Advanced Space Technologies in Robotics and Automation, European Space Agency, ESTEC, Noordwijk, The Netherlands.

[130] Suzuki, S. and be, K.A. (1985) Topological structural analysis of digitized binary images by border following. Computer Vision, Graphics, and Image Processing, 30 (1), 32 – 46.

[131] Zhang, R., Tsai, P.-S., Cryer, J.E., and Shah, M. (1999) Shape – from – shading: a survey. IEEE Transactions on Pattern Analysis and Machine Intelligence, 21 (8), 690 – 706.

[132] Meirion – Griffith, G. and Spenko, M. (2011) A modified pressure – sinkage model for small, rigid wheels on deformable terrains. Journal of Terramechanics, 48 (2), 149 – 155.

[133] Bekker, M.G. (1956) Theory of Land Locomotion: The Mechanics of Vehicle Mobility, University of Michigan Press, Ann Arbor, MI.

[134] Richter, L.O. (2005) Inferences of strength of soil deposits along MER rover traverses. AGU Fall Meeting Abstracts.

[135] Squyres, S. (2004) Mission to Mars: Risky Business. Astrobiology Magazine.

[136] Estlin, T., Gaines, D., Chouinard, C., Castano, R., Bornstein, B., Judd, M., Nesnas, I., and Anderson, R. (2007) Increased Mars rover autonomy using AI planning, scheduling and execution. Robotics and Automation, 2007 IEEE International Conference on, IEEE, pp. 4911 – 4918.

[137] Francis, R. (2015) Autonomous science for exploration missions. Presentation, 21st Improving

Space Operations Workshop, Pasadena, https://info . aiaa. org/tac/SMG/SOSTC/Workshop ％ 20Documents/2015/Track％ 203％ 20 - ％ 20Exploring％ 20Space％ 20Using ％ 20Game％ 20Changing％ 20Approaches/ 5_1500_RFrancis％ 20Improving ％ 20Space％ 20Ops％ 20Workshop％ 20v2 .pdf (accessed 6 December 2015).

[138] Paar, G., Tyler, L., Barnes, D., Woods, M., Shaw, A., Kapellos, K., Pajdla, T., Medina, A., Pullan, D., Griffiths, A. et al., (2013) The proviscout field trials tenerife 2012 - integrated testing of aerobot mapping, rover navigation and science assessment. 12th Symposium on Advanced Space Technologies in Robotics and Automation (ASTRA 2013).

[139] Paar, G., Hesina, G., Traxler, C., Ciarletti, V., Plettemeier, D., Statz, C., Sander, K., and Nauschnegg, B. (2015) Embedding sensor visualization in Martian Terrain reconstructions. Proceedings of ASTRA Conference, ESA, ESTEC, The Netherlands.

[140] Pugh, S., Barnes, D., Tyler, L. et al., (2012) AUPE - A PanCam emulator for the ExoMars 2018 mission. International Symposium on Artificial Intelligence, Robotics and Automation in Space (iSAIRAS).

[141] Gunes - Lasnet, S., Kisidi, A., van Winnendael, M., Josset, J.-L., Ciarletti, V., Barnes, D., Griffiths, G., Paar, A., Schwenzer, S., Pullan, D., Allouis, E., Waugh, L., Woods, M., Shaw, A., and Diaz, G.C. (2014) SAFER: the promising results of the Mars mission simulation campaign in Atacama, Chile. I - SAIRAS 2014: 12th International Symposium on Artificial Intelligence, Robotics and Automation in Space, 17 - 19 June, Montreal, Canada.

[142] Bishop, C.M. (2006) Pattern Recognition and Machine Learning, Information Science and Statistics, Springer - Verlag, New York and Secaucus, NJ.

[143] Granlund, G. (2006) A cognitive vision architecture integrating neural networks with symbolic processing. Kuenstliche Intelligenz, 2, 18 - 24.

[144] Granlund, G. (1999) The complexity of vision. Signal Processing, 74 (1), 101 - 126.

[145] Windridge, D., Felsberg, M., and Shaukat, A. (2013) A framework for hierarchical perception - action learning utilizing fuzzy reasoning. IEEE Transactions on Cybernetics, 43 (1), 155 - 169.

[146] Granlund, G. H. (2006) Organization of architectures for cognitive vision systems, in Cognitive Vision Systems, Lecture Notes in Computer Science, vol. 3948 (eds H.I. Christensen and H.- H. Nagel), Springer, Berlin Heidelberg, pp. 37 - 55.

第 4 章　星表导航技术

4.1　引言

巡视器导航系统在一次成功的星表探测任务中扮演什么角色？导航系统确保巡视器能够安全、准确地探索周围环境，并能够实现多点原位科学探测，因此，导航系统与任务的成功息息相关。

本章将详细介绍巡视器导航系统。首先，描述了在不同地外天体上的导航技术所面临的挑战，以及过去和现在具有飞行经历的巡视器，主要涉及从俄罗斯的月球车系列到好奇号巡视器。其次，讨论了导航系统的需求和主要设计理念，介绍了导航系统的设计过程。随后，对导航技术进行全面的描述，包括相对定位、绝对定位以及自主导航。最后，讨论行星巡视器的未来发展趋势，回顾了具有在轨飞行经历的巡视器和行星探测任务以及未来可能实现的技术。

行星表面导航一直是轮式巡视器的专项研究领域，因此本章对此进行重点讨论。当然，还有其他类型的移动平台可能会被用于未来的行星探测任务，如飞行器、跳跃器和腿足式机器人，这些同样需要具备导航能力。本章中讨论的许多原则和技术可以在不同的平台之间进行应用，4.6 节着重讨论了一些重要的差异性。

4.2　研究背景

本节介绍了巡视器导航系统的研究背景。首先，定义了与导航有关的重要术语，然后讨论了在不同星表导航面临的技术挑战。最后，介绍了过去和现在具有在轨飞行经历的巡视器导航系统。

4.2.1　术语定义

本节定义了与巡视器导航系统相关的关键术语。这些术语将贯穿本章。

• **位姿**：巡视器在选定的参考坐标系中的位置和方向。例如，位置可以由纬度、经度、高程信息定义，方向可以由其航向角、滚转角和俯仰角定义。

• **绝对定位**：确定巡视器在全局参考坐标系（如纬度、经度、高程等）或另一固定参考坐标系（如相对于静止着陆器）中的位姿过程。

• **相对定位**：以巡视器的某些初始位姿（例如，移动行程的起点）为参照，确定巡视器运动过程中的相对位姿过程。

- **自主性**：巡视器在没有人为干预的情况下规划和实施路径的程度。
- **遥操作**：由操作人员对巡视器的"直接"控制，即通过发送特定的速度和转向指令，而非目标位置。
- **制导**：作为制导、导航和控制的一个组成部分，制导是指路径规划的能力。
- **导航**：作为制导、导航和控制的一个组成部分，其与定位功能相同。
- **控制**：作为制导、导航和控制的一个组成部分，控制是指挥巡视器移动系统的能力。

4.2.2　地外天体导航技术

在月球上导航一辆巡视器与在火星上不同，如同在木卫二或其他天体一样。本节讨论了对导航系统施加的不同约束限制，特别是通信延迟、环境（辐射、热、照明、沙尘、重力、磁场）、天气情况和现有支持资源的影响。

通信延迟是导航的主要考虑因素之一。月球距离地球大约 1.3 光秒，这意味着在从地球发出运动指令到巡视器实际移动之间会有一定的延迟，而且在移动产生的任何遥测返回地球之前，此延迟长度会额外增加。延迟很大程度上取决于通信系统（例如，用于与火星巡视器通信的地球深空网络）所涉及的开销。控制延时限制在几秒钟以内，就有可能实施地面遥操作控制巡视器。这就是苏联月球车被控制的根本原因（在下面的章节中讨论）。根据两颗行星的相对轨道位置，火星距离地球大约需要 3 到 20 光分钟。这种巨大的延时排除了遥操作的可行性，因此，需要更多的导航自主权，就像火星探测漫游者和好奇号巡视器（也在下一节中详细介绍）的情况一样。

巡视器所处的环境是导航考虑的第二项主要因素。重力差不仅对机动性很重要，对导航也很重要：重力差会影响车轮打滑，从而影响轮式里程计的精度。重力也会影响障碍物的类型和大小：例如，月球重力较低，由于风化层的高堆积角，可能会造成更难通行的悬崖和更陡的斜坡。照明也很重要。这里提出的月球极区任务，如美国国家航空航天局计划的资源勘探任务[1]将不得不应对极低的太阳角以及由此产生的影子过长、平行光（太阳位于巡视器后方）、逆光（太阳位于巡视器前方）以及大片阴影区，所有这些都使路径规划和障碍物检测更具挑战性。大气（或缺乏大气）也会影响导航系统：夹杂沙尘的大气（如火星）让星表导航变得更加困难，并会影响对太阳外观和外包络尺寸的认知，从而导致太阳感应技术相关问题。然而，多尘的大气也有利于导航，因为它可以创造环境光照条件，照亮由太阳光直射造成的阴影区域。辐射、热和沙尘等环境也会对导航系统产生影响，因为它们对硬件（如相机和处理器）有所要求。

在不同地外天体上导航的第三个主要考虑因素是资源支持（如轨道探测器）或数据产品（如地图）的可获得性。对于月球，月球勘测轨道器（LRO）自 2009 年以来一直在收集图像［使用 LRO 携带的相机，或者说是月球勘测轨道器相机（LROC）］和地形信息（通过激光高度计）。图像和地形数据的分辨率在极点处最好，其分辨率分别为 0.5 m/pixcel 和 5 m/pixcel[2-3]。在火星上，火星勘测轨道器（MRO）上的高分辨率成像科学实验相机正在收集分辨率低至 25 cm 的图像，并正在对其进行处理以创建地形信息（基于立体图像对），低至 1 m 分辨率[4]。由于 HiRISE 周期性地对好奇号巡视器及其轨迹进行成像，所以好奇号巡视器的导航更简单。与巡视器上配置的"直接对地"通信系统相比，轨道飞行器还可以作为通信链中的一个步骤，增加总体数据带宽。

4.2.3 当前和过去飞行巡视器导航系统

本节描述并比较了当前和过去在轨飞行经历的巡视器导航系统：月球车 1 号和 2 号、阿波罗月球车（LRV）、索杰纳号、火星探测漫游者、好奇号巡视器和玉兔号巡视器。

4.2.3.1 月球车 1 号和 2 号

20 世纪 70 年代初，苏联月球车探索了月球表面。这种 8 轮月球车是地面基于巡视器相机的反馈信息进行遥操作控制其移动的，这在所有的地外天体巡视器中独树一帜。操作人员可以命令巡视器前进、后退（两种速度）和旋转[5]。使用车轮里程计测量行驶距离，自由滚动的第 9 个车轮用来测量打滑[6]。使用陀螺仪测量方位的相对变化，并定期使用太阳和地球成像技术来确定绝对方位[6]。在地面完成导航遥测数据处理，以测量月球车的位置和方位。

遥操作月球车 1 号很有挑战性。相机的视角每 20 s 才刷新一次，立体导航相机距离地面太低，俯仰角太大，它在恶劣的月光照明条件下提供的动态范围极为有限[7]。这种情况将导致月球正午的每个操作都将暂停两天，因为阴影缺乏致使场景几乎没有特征。驱动月球车是一项压力很大的活动。任务结束时，巡视器的平均速度约为4.8 m/h[5]。

月球车 2 号改进了月球车 1 号的遥操作经验。立体导航相机移至更高的位置，图像每3.2 s 刷新一次[8]。巡视器的平均速度为 28 m/h，比原来提高了约 6 倍[8]。月球车 1 号和 2 号的移动总距离分别为 10 km 和 39 km[9]。

4.2.3.2 阿波罗月球车

NASA 对阿波罗月球车导航系统的目标要求是简单、可靠、低重量和低功率[10]。导航系统也必须易于使用，因为这是航天员直接操控的，而且还会有太多其他的操作分散他们的注意力。该系统能够导航到某一规划的目标位置，并具备导航返回着陆器的能力。系统组成包括一个用于定向跟踪的陀螺仪、每个车轮上用于测程的轮式里程计、一个简单的太阳敏感器装置，用于初始化航向测量[10]。阿波罗 17 号月球车的行驶距离最远，接近于36 km，整个行驶过程共有 3 次舱外活动（EVAs）[9]。

4.2.3.3 索杰纳号微型巡视器

索杰纳号是美国国家航空航天局在外星球上部署的第一辆无人车，也是第一个采用自主导航和避障技术的巡视器。导航系统在参考文献［11］中有详细的描述。总之，该系统具体操作如下。

该巡视器有一个适度的定位系统。每个车轮的轮式里程计用于测量行驶的平均距离，配置陀螺仪测量巡视器的方向。加速度计用于测量倾斜角度。位置误差约为行驶距离的

5%～10%。火星探路者立体相机为地面操作人员提供了巡视器位姿真值的信息。

自主导航是通过发送"运动至某一路径点"的指令来驱动巡视器完成的。地面操作人员于每个火星日向巡视器发送一次运动指令，绘制一条通向某一可观测到的目标位置处的规划路径（包含若干路径点），并避开所有可视的障碍物。巡视器利用激光器投射激光条纹以探测规划路径上的障碍物；经过对条纹外观图像的处理分析，即可检测出岩石、悬崖或陡坡等地形（见图 4-1）。巡视器保险杠上也安装有接触式传感器。巡视器每移动 7 cm 就会有一个传感周期。该巡视器的运动行程约为 2～3 m/sol，整个任务过程累计约为 100 m。

图 4-1　来自索杰纳号巡视器采集的图像，显示了用于障碍物检测的激光条纹
（由美国国家航空航天局/JPL-加州理工学院提供）

4.2.3.4　火星探测漫游者

美国国家航空航天局 NASA 推出的火星探测漫游者（MERs）——勇气号和机遇号，极大地提高了行星探测机器人的自主导航能力。在每个独立的火星日内，地面遥操作仅有一次控制指令输入机会[12]，对于巡视器必须实现导航 100 m 的要求而言，自主导航是必不可少的：这一距离比每个火星日在巡视器起始点处对 MER 采集图像完成正确评估的距离要远得多。

使用轮式里程计、惯性测量单元（IMU）和可选的视觉里程计（VO）对巡视器进行定位，其中，视觉里程计通过采集短距离行程开始和结束时拍摄的立体图像对，估计二者之间的相对位姿关系[12]。系统中包含了视觉里程计，以满足巡视器在 100 m 行驶距离范围内，其视觉定位精度不超过路径长度 10%的要求[13]。视觉里程计还用于检测打滑（例如，陷在软土中），这是轮式里程计无法检测的，打滑可能导致巡视器车轮卡滞。4.4.2.2 节更详细地描述了火星探测漫游者的视觉里程计的估计能力。绝对航向角是通过使用配备有太阳滤光片的窄视场全景相机观测太阳成像来测量的。

对火星探测漫游者图像的离线处理改进了在轨定位估计技术。使用两种技术：增量式束调整（IBA）算法用于相对定位，探测器—轨道器的图像匹配用于绝对定位。本文[15]描述的这些技术，将在下面两个段落介绍。这些技术在每个火星日通常执行 1 次[16]。

增量式束调整算法汇集处理所有通过巡视器导航相机和全景相机采集的图像，以估计巡视器沿既定路线运动的实际位置。全景相机采集的图像通常每火星日被收集两次，前向和后向相机通常在火星日中午采集图像（见图 4 - 2）。相邻立体图像对（例如，通过桅杆绕偏航轴旋转至不同位置）的公共特征（对应点匹配，例如岩石）会自动建立对应关系。从不同站位处收集的图像之间的对应特征点可以手动选择，也可以使用自动算法（成功率较高）。从 2007 年开始，自动化方法已用于火星探测漫游者在轨操作。通过寻找所有图像中对应点位置的最佳一致性，确定巡视器沿规划路径行驶的实际位置最优解。这一技术经发射前的外场试验验证表明，里程定位精度为行驶距离的 0.2%［以全球定位系统（GPS）提供的测量结果为基准］。

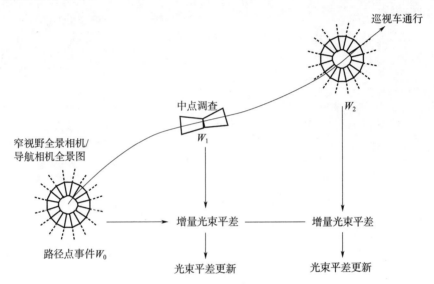

图 4 - 2　火星探测漫游者采用迭代束调整算法构建巡视器图像网络[15]
（由美国地球物理学会提供）

巡视器与轨道探测器之间的图像匹配算法为巡视器提供了绝对定位。轨道探测器的图像数据是高分辨率成像科学实验相机采集图像经正射校正后的，其分辨率可达 30 cm；为了进一步水平精度，可将上述图像与火星轨道器激光高度计生成的数字高程模型（DEM）进行数据融合。前面描述的巡视器全景图像也被转换为"正射图像"，确保其与轨道探测器图像数据相同的观测视角。巡视器图像中的特征（例如，山脉、岩石、陨石坑）经手动匹配处理，与轨道图像中的相同特征（见图 4 - 7）建立一一对应关系。倘若巡视器行驶轨迹在轨道器采集图像中清晰可见，即可校核上述定位方法的位置精度。估计位置与巡视器行驶轨迹之间的平均距离为 0.75 m。

直接比较上述两种离线算法大约产生 1.5% 的行驶距离误差，而该误差主要是由轨道探测器获取的正射图像所固有的误差造成的。将两条路径予以对齐，平均会产生大约 3.8 m 的恒定误差。

　　路径规划几乎是一个手动处理的过程（尽管自主性有助于避障，如以下段落所述）。从导航相机采集的立体图像中选择近 20 m 的短距离路径，而从火星勘测轨道器携带的高分辨率成像科学实验相机图像中选择中长期路径。高分辨率成像科学实验相机图像在火星探测漫游者在轨任务开始后大约 3 年才投入使用，在此之前，巡视器图像将用于所有路径规划活动[17]。

　　巡视器还可以自主行驶到指定的路径点。自主系统的详细介绍可参考文献 [12]，这里只进行归纳总结。使用 45°视场角的导航相机和 120°视场角的避障相机采集一组或多组立体图像对实现地形的三维重建。利用地形评估模块对上述数据进行分析，查找危险，例如，陡坡、台阶或障碍物。地形评估模块的输出是一个栅格化的可通行地图，其中的每个栅格单元包含一个巡视器的可通行分值（假设巡视器中心位于此栅格内），随后将上述局部地图融合至现有的全局地图中，并对其进行裁剪，确保生成的地图数据始终保持在距离巡视器周边 5 m 范围内。基于这一地图，路径搜索模块将规划出一条通向目标位置的可通行路径，并根据每条路径对目标位置的贡献度以及每条路径自身的可通行分值，对所有候选路径进行加权。路径搜索使用贪婪算法，并且只提前规划一步或两步[18]（尽管这种算法已有所升级，后文将详细描述）。巡视器每移动一步后（最多 2 m）将重复此过程。巡视器行驶过程中，为保护巡视器自身的安全性，需要实时监测车体的倾斜度、电机电流和障碍物（使用避障相机检测），用于检测危险情况。此外，地面操作人员可以指定"禁止区域"，确保巡视器始终位于指定的可通行区域内。地形评估可视化结果如图 4 - 3 所示。

　　实际上，火星探测漫游者可选用多种控制模式，可针对具体情况选择使用最合适的控制模式。这在参考文献 [12] 中也有描述，其中，巡视器运动模式包括针对良好地形中的"定向移动"（即向前移动 5 m）或"盲走"（即前往某一特定位置，但让巡视器蒙着眼睛选择通行路径）以及针对未知地形中的"自主导航"（即前往某一特定位置，但是让巡视器根据地形评估结果选择通行路径）。通常，发给巡视器的日常指令序列包括：首先，一个"定向移动"指令，使巡视器通过可评估的地形；其次，一个"自主导航"指令，将巡视器的行驶范围扩展到未知地形。这个控制框架在火星探测漫游者上的工作表现非常好，使得巡视器一天内可行驶距离远超所要求的 100 m（最大可达 124 m）。视觉里程计可以独立打开或关闭，但额外引入了上述每种运动模式的定位精度。

　　如参考文献 [18] 所述，飞行软件开展在轨软件升级为火星探测漫游者导航系统增加了新功能。第一项软件升级是视觉目标跟踪模块，主要通过目标外观而非其位置即可确定目标位置（例如，岩石）。其基本原理是，由于立体视觉测量误差随距离的增加而增大，将导致目标定位结果具有很大的潜在不确定性。第二项改进是增加了"移动—触摸"模式，允许巡视器移动一小段距离接近感兴趣的目标，释放科学仪器对目标开展探测。第三项也是最后一项升级是全局路径搜索能力（要在初始的地面规划路径之后使用），进一步增强了前面所述的路径搜索模块的功能性能。这里所用的全局规划器基于 Field D* 算法[19]，使用一个范围更大的地图，尺寸覆盖 50 m×50 m。

图4-3　火星探测漫游者地形评估可视化。方格颜色越暗表示可通行性越低

（由美国国家航空航天局/JPL-加州理工学院提供）

4.2.3.5　火星科学实验室/好奇号巡视器

好奇号巡视器导航系统继承了火星探测漫游者的许多导航硬件和导航功能，但也对相关的导航功能模块进行了优化改进。好奇号巡视器对火星探测漫游者的继承主要包括：器载工程相机（避障相机、导航相机等）、惯性测量单元和指向估计框架、障碍物检测系统以及自主化软件[20]。与火星探测漫游者一样，来自深空网络的通信限制是每天可执行一次上行通信，每天可执行一次或两次的下行通信[21]，这就要求巡视器必须实现自主性。本节将在上一节介绍的火星探测漫游者系统的背景下，详细介绍好奇号导航系统。

然而，火星探测漫游者和好奇号巡视器的相关导航系统硬件之间存在重要的差别。好奇号的导航相机是按照火星探测漫游者导航相机的设计图纸研制的，但其距离地面的安装高度由5英尺提高为7英尺。好奇号导航相机的双目立体基线更长（42 cm），相比之下，火星探测漫游者导航相机的基线仅20 cm。更高的有利位置使好奇号能够看到更远和更大的障碍物，更长的基线使好奇号能够产生近100 m的三维数据，而MERs立体视觉生成的三维数据最远覆盖25 m[22-23]。好奇号处理器速度大约是火星探测漫游者处理器速度的10倍[20]，这使得视觉里程计等进程的运行时间更短。好奇号的导航相机和避障相机（以及其他相机）在巡视器上的布局位置如图4-4所示。

和火星探测漫游者一样，好奇号仍依靠轮式里程计、惯性测量单元、视觉里程计和离

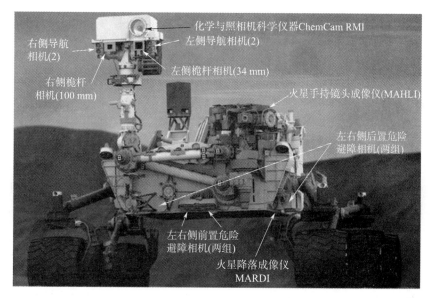

图 4 - 4　好奇号巡视器相机配置布局图。导航相机和避障相机是
巡视器导航主传感器（由美国国家航空航天局/JPL-加州理工学院提供）

线的迭代式束调整技术用于巡视器自身的相对定位。但好奇号视觉里程计的使用频率远高
于 MERs，主要是因为它极大地缩短了处理时间，4.4.2.2 节详细介绍了好奇号视觉里程
计性能。滑移检测也以一种新的方式实现（除了使用 VO）：巡视器车轮胎面可以在行驶
过的土壤表面留下一种特殊图案，通过人工检测车轮印记图像即可判断巡视器车轮是否
打滑[24]。

　　好奇号使用与火星探测漫游者相同的绝对定位技术：将巡视器相机采集、生成的全景
图像与火星勘测轨道器携带的高分辨率成像科学实验相机采集的数字高程模型进行手动配
置与对齐操作[16]。巡视器图像来自于导航相机或桅杆相机，所采用的全景格式或数字高
程模型（基于立体视觉）格式需统一转换至全局俯视投影模型。导航相机生成的数字高程
模型覆盖范围约 50 m，由于相机的视场角较小会造成一定的限制[16]。初始绝对定位（着
陆地点）也是通过上面同样的技术实现的，但使用的是火星降落成像仪（下降成像仪）采
集的图像。

　　好奇号路径规划的工作原理与火星探测漫游者大致相同：短期路径是根据导航相机生
成的立体视觉栅格地图（规划距离通常为 20～40 m，但有时为 80～90 m）手动选择抵达
终点的，而长期路径是根据高分辨率成像科学实验相机采集的图像手动选择的[21]。2015
年 5 月发生了一次例外，地面规划人员使用高倍变焦的桅杆相机在距离 200 m 外发现一个
感兴趣的目标特征，这一发现导致他们改变了巡视器原有的规划路径，以进行科学
勘察[17]。

　　好奇号的自主软件运行方式也与火星探测漫游者非常相似，二者之间的差异很大程度
上是硬件的差异。如前所述，对导航相机生成的立体视觉栅格地图手动规划得出一条抵达
目标点的路径，但全局路径规划器（Field D* 算法）可用于高效地抵达超出导航相机观测

范围的目标[20-21]。巡视器自主行驶的单步步长大约是 0.5～1.5 m；在每次移动之前，巡视器通过旋转导航相机采集四组立体图像对来评估地形[25-26]。评估 7 m 外的地形，并检查危险斜坡、台阶和粗糙度等[20]。巡视速度约为 5 cm/s，每次移动暂停大约需要 2 min[27]。迄今为止，好奇号在火星表面行驶过程中，良好地形相对稀少导致了自主导航模式只能用于演示，而不能作为日常在轨应用[20]。

好奇号在火星探测漫游者的基础上，增强了一系列控制模式，从而提升了处理性能。参考文献［21］描述了这些模式，并在这里进行了总结。"定向移动"仍然可用，它使巡视器盲走且遵循一条预先指定的路径。这也是巡视器最快的运动模式，唯一的安全性检查是对悬架电机电流的监测。好奇号也有多种视觉里程计模式。"全程视觉里程计"表现为每 1 m 左右执行一次视觉里程计，最大限度地提高相对定位精度，防止打滑。这是截至 2014 年 6 月第二个受欢迎的模式。"滑移检查"只是用来检测滑移，通过对车轮每 20 m 左右的短距离移动执行视觉里程计即可实现。最后一个 VO 模式，"自动视觉里程计"与"滑移检查"模式相同，但如果检测到滑移，则切换到"全程视觉里程计"模式。这种模式非常有效，只在必要时使用视觉里程计，截至 2014 年 6 月，这是最受欢迎的方法。"自主"模式用于将行驶距离扩展到以往立体视觉观测范围之外，并使用避障相机和导航相机共同检测障碍物。视觉目标跟踪模式也同样可用，适用于多天计划，例如，第一天是盲操作，第二天是自动化[21]。截至第 740 个火星日（2014 年 9 月 5 日）上述控制模式的在轨故障率统计为："全程视觉里程计"占 40%，"自动视觉里程计"占 40%，"定向移动"占 10%，"自主"模式占 8%，其他模式占 2%[25]。

截止发稿时，好奇号巡视器在火星上的运行时间刚刚超过 1 040 个火星日，其行驶范围覆盖了大约 11.5 km 的地形区域。

4.2.3.6　玉兔号巡视器

2013 年，中国玉兔号巡视器在月球表面着陆。巡视器在驶离着陆器之前发生了机械故障。巡视器设有一个立体视觉相机，用于路径规划和避障[28]。

4.3　导航系统设计

本节讨论设计巡视器导航系统需要考虑的关键因素，包括设计需求和设计要素。这两项议题都将围绕空间导航系统设计展开进一步的深入探讨。

4.3.1　需求分析

本节讨论了巡视器导航系统的需求类型，并解释了这些需求的重要性。这些需求包括性能需求、环境需求、资源需求以及其他需求（例如，冗余性和接口）。

4.3.1.1　性能需求

导航的性能需求决定了巡视器对其位置的了解程度、到达特定目标位置的能力以及巡视器能否自主完成任务。本节着重讨论相对定位和全局定位、控制和自主性能。

相对定位是巡视器的一项关键能力，它决定了巡视器相对于周围地形的位姿的精确程度。相对定位性能会影响巡视器准确执行移动请求（如转弯或直行）、自动抵达目标位置、避开障碍物和检测打滑的能力。相对定位性能主要定义为行驶距离的百分比。同样重要的是相对位姿数据的刷新率：如果位姿信息的更新速度极低，对巡视器运动的控制将变得更加困难，并且对异常情况（如打滑）的检测难度也会增大。相关需求是处理时间或复杂度：这会影响巡视器在估计姿态时是否能够连续移动，或者是否必须暂停去执行定位计算。很大程度上是由于器载处理器的计算资源受限，例如，好奇号通常移动 $10\sim20$ s 后停止并处理 2 min。

绝对定位主要用于获取巡视器相对于一个固定（例如全局）参考坐标系之间的位置关系，它对路径规划非常重要。利用绝对定位估计结果，更新相对定位系统输出的位姿（易漂移）。这种性能通常用米表示。更新率和处理时间对于绝对定位也很重要，尽管这种能力的使用频率远低于巡视器的相对定位系统，而且通常在地面处理（其处理资源不受限）。

与定位紧密结合的是驱动控制性能。这种能力要求巡视器在行驶过程中尽可能确保规划位姿与估计位姿之差最小。这一能力有助于自主系统实现与规划路径相一致的运动，从而提高巡视器在具有挑战性的地形中导航的能力。将定位性能与精准控制相结合，对于实现巡视器的科学探测性能至关重要，例如，使巡视器足够靠近感兴趣的岩石，以便进行不同类型的近距离分析。控制性能需求通常用米表示。

自主性能使巡视器几乎无需人工干预即可移动。这对于每天只能向火星巡视器发送一次控制脚本而言至关重要，而对于月球车 1 号和 2 号等类似遥操作巡视器而言则不是必需的。自主性能需求包括规划到某一路径点的全局路径的能力、局部路径规划的能力（例如，避开巡视器正前方的障碍物）、引导巡视器沿规划路径行驶的能力、可检测到的障碍物的最小尺寸，当然还有处理复杂度。这一类中还包括对控制类型的需求；例如，巡视器完全自主地行驶到某一路径点的能力，或巡视器盲走遵循地面操作人员选择的规划路径的能力。

4.3.1.2　环境需求

所有巡视器子系统都必须考虑环境需求，因为环境会以独特的方式影响导航系统。这里讨论的环境要求包括热/真空、振动、辐射、沙尘和光照。

热/真空要求将直接施加在导航硬件上，影响导航系统的性能。硬件要满足这些需求可能是具有挑战性的，特别是对于像桅杆顶端安装的立体相机这样的硬件，其安装位置远离巡视器本体的控温区域（例如，巡视器底盘），因此很难满足热控要求。此外，这些相机不仅要在较大的温度范围内生存和工作，还必须保持恰当的校准。其他硬件，诸如惯性测量单元（IMU）可能对温度要求更宽松，因为该单元通常可以放置在巡视器底盘中，底盘中的组件均控温在一个更窄的温度范围。也可能有两种温度要求：一种用于发射阶段，一套用于星表巡视。在系统层面，导航系统将根据需求定义热控多层包覆，确保满足热控性能需求。

振动需求不仅施加在导航硬件上，也会影响导航系统的性能。最剧烈的振动通常发生在发射阶段（或空气制动及着陆阶段），但振动对导航系统也有要求，这是因为巡视器行驶过程中也需要考虑振动对运动控制性能的影响。

　　导航硬件也必须满足辐射要求。这些要求通常分为两类：总剂量和单粒子翻转。长期暴露在宇宙辐射下会降低光学元器件（例如，相机探测器）和处理器的性能，因此在给定总辐射剂量的情况下，要求元器件必须能够正常工作。单粒子翻转是瞬时辐射效应，例如，元器件将会发生"闩锁"或可能发生数据损坏。辐射影响的管理策略包括选取抗辐照器件、为敏感器件提供屏蔽保护、设计软件检测损坏数据（例如，通过在不同处理器上重复处理），以及选择通过重新启动清除单粒子翻转效应影响的器件。由于火星拥有稀薄大气层，火星辐射环境远好于月球，但前往任一地外星体的巡视器都必须在发射运输途中经受极为恶劣的辐射环境。

　　沙尘也是影响巡视器导航极为重要的方面之一。沙尘会附着在零部件表面，遮挡光学镜头的观测视场。月球表面未发生侵蚀过程，月尘影响极其尖锐。而火星上，沙尘悬浮在火星大气层中，一旦遭遇强烈的沙尘暴就会四散而落。导航硬件必须在沙尘环境中生存和工作（例如，需要密封、严格选材或其他缓解技术），但导航系统也必须满足在恶劣环境下的性能需求。例如，对视觉里程计的附加要求是即使沙尘对相机镜头造成局部遮挡，仍能保持在一定的光学密度下具有一定水平的性能。此外，由于大气中的尘埃增大了太阳的外观尺寸，因此可能需要太阳搜索算法在规定的精度范围内探测太阳的位置。

　　最后，要求导航系统满足目标任务所需的光照条件。由于月球没有大气层，光照区对比度很高，阴影区是黑色的。月球两极附近的阴影很长，这将给依赖于视觉成像的视觉里程计或遥操作的导航过程带来挑战。永久阴影区是人类特别关注的兴趣焦点，因为它可能含有水-冰沉积物，因此需要强大的照明，以支持基于相机观测的导航技术。由于大气层的原因，火星光照条件比较柔和，太阳强度低于地球或月球。当太阳直接位于巡视器正前方（即太阳可能位于巡视器相机的视场内）或巡视器位于光照强反射区域时，导航性能需求仍十分典型。

4.3.1.3　资源需求

　　资源需求包括成本、尺寸、质量、功耗和处理。导航系统必须平衡这些需求与性能（及其他要求）。例如，增加传感器数量可以提高定位性能，但也会增加资源耗费。通常，每个子系统（例如导航、通信、电源）都有各自的资源预算，但如果有需要，这些资源可以在子系统之间进行调配。

4.3.1.4　其他需求

　　根据巡视器或任务的特性，导航系统还可以有许多其他需求类型。接口需求十分典型，例如与其他子系统的机械、电子、热和软件接口。软件应具有一定的体系架构、模块性、错误报告、代码重用性等。导航系统作为一个整体还应具备内置的冗余性、对某些故障的功能衰减、有效性（例如，地理上的或时域函数）、可用性等。另一个重要需求是上行/下行带宽限制。例如，倘若在地面执行视觉里程计，上述带宽限制即可确定需要下传多少图像至地面处理。

4.3.2　设计要素

本节结合对系统的强制要求，重点讨论了巡视器导航系统设计团队可能考虑的设计决策，主要包括传感器的选择、软件算法、计算平台、硬件设计理念［例如，商用现货（COTS）与宇航级器件的对比］、操作人员控制策略、通信策略、处理流程（即巡视器在线或离线）、鲁棒性或冗余性。

4.3.2.1　功能模块

考虑到对导航系统的功能需求，即可开始规划应包括哪些功能部件。例如，巡视器导航系统通常包括测量行驶距离、测量方向变化和确定绝对方向的方法。如果巡视器必须支持自主控制，则应具备避障、路径规划和行驶过程中的位姿控制功能。

接下来，根据需求的相对重要等级，即可开始选择特定的技术解决方案执行中每个必要的功能。如果定位性能需求具有挑战性，例如，相对定位精度为行驶距离的 1%，则可能需要设置多种测量距离和方向的解决方案以实现优势互补。如果资源需求十分严苛，可能会禁止某些传感器或处理器类型在系统中选用。

4.3.2.2　传感器配置

选择传感器类型和特定的传感器型号将与选择导航系统的技术解决方案同时进行。移动机器人的导航传感器可分为以下类型：视觉、触觉、轮式/电机、航向、信标、主动测距和运动/速度[29]。这些类型中的每一种都将在后文中进行重点描述，4.4 节将对特定传感器以及相应技术进行更详细的讨论。

视觉传感器（相机）是巡视器最灵活的传感器，有许多导航用途（尽管它们用于科学、公共宣传等领域）。相机可向巡视器远程操作人员提供视觉数据。双目立体相机可用于提供场景深度信息，也可依次用于障碍物检测、路径规划或视觉里程计。每一个行星巡视器配有的相机实现至少一项功能。立体图像技术的缺点是需要场景中有足够的纹理、足够的照明，并且需要密集的图像视差能够计算生成三维点云。相机可以与照明灯结合使用，以提高其在恶劣光照条件下的有效性。

触觉传感器包括压力或接触传感器。例如，这些传感器可用于测量每个驱动轮上的压力（有助于检测滑移），或用于检测是否与障碍物接触碰撞。索杰纳号巡视器配有一个用于检测障碍物的接触式传感器。

车轮或电机传感器主要通过测量车轮或电机的转数估计车轮的移动里程。这些传感器都是行星巡视器的标准配置。

方向估计是很重要的，因为即使很小的方向误差都会在巡视器移动时产生较大的位置误差。航向（或方向）传感器可分为测量绝对航向角和测量相对航向变化量的传感器，这两种类型的传感器是互补的。以惯性测量单元为代表的相对航向传感器具有较高的更新频率，短时间内具有很高的准确度和精度，但其输出的方位估计值容易发生漂移。惯性测量单元是巡视器导航系统的基本组成之一，迄今为止已在所有的行星巡视器中使用。绝对航向传感器，如星敏感器或太阳敏感器，通常提供较低精度和较低刷新率的方向估计值，但其输出的估计结果不会发生漂移。

信标主要是指巡视器携带的任一通过检测定位人工信标实现巡视器定位的传感器。这些信标的位置已知，具体实现形式不限，可以是被动目标、反射目标、主动射频发射器（例如，全球定位系统卫星）[29]等。这类传感器还未应用于行星巡视器，因为这将涉及构建信标网络，这个过程是困难且成本巨大的。然而这类传感器可以在信标附近区域非常精确地定位探测器（例如，厘米级）。这种类型的传感器策略在巡视器经常穿行区域中具有重要作用，例如，在未来的月球基地建设阶段，可以利用巡视器挖掘风化层并在定义明确的区域内进行操作。

主动测距传感器包括激光三角测量传感器、激光飞行时间（TOF）测量传感器［例如，激光雷达］和结构光测量传感器[29]。尤其是激光雷达，广泛应用于行星自主探测机器人领域。相比于立体视觉相机等其他传感器，激光雷达具有许多竞争优势：激光雷达能够生成高密度的三维点云数据，测量距离长，对光照和场景纹理不敏感，且不需要开展复杂度高的立体视觉匹配计算。尽管如此，只有索杰纳号这款具有飞行经历的巡视器，配有一个主动测距传感器，主要利用激光条纹投影系统探测障碍物。激光雷达在空间应用中的关键缺点是，它比立体视觉相机外包络尺寸更大、质量更大且能源消耗也更大。在巡视器能够承受激光雷达之前，其尺寸、重量和功耗（SWAP）均需要进一步减少。

速度传感器则利用多普勒效应测量相对速度。多普勒雷达能够适用于深空探测，但目前为止，多普勒雷达尚未在任何行星巡视器上使用过。

最后，必须讨论传感器的设计和采购原则。主要的决策是，是否针对深空探测任务定制研发一款宇航级的新型传感器，还是采购现有的宇航级传感器件，或者采购现有的商用现货零件（例如，工业相机，可能需要通过更改某种特殊的材料完成一些个性化定制，或者确保其符合更严苛的温度要求）。正如人们所料，第一种方案成本最高，第三种方案成本最低。火星探测漫游者和好奇号巡视器配置的相机都是定制研发的，符合宇航级要求，NASA 的策略是如果涉及任务成败的关键部组件，则使用宇航级器件[30]。然而最近，为了降低空间应用的研发成本，各国航天局倾向于使用商用产品相机；例如，日本宇宙航空研究开发机构（JAXA）和意大利航天局（ASI）对商用产品相机进行了辐射测试获得了很好的结果[31]，NASA 已经将符合宇航级标准的商用相机成功应用于国际空间站外部（国际空间站的空间辐射环境远不如月球或火星恶劣）[32]。

4.3.2.3　软件架构

导航软件的设计，包括软件运行所在的计算单元类型，是接下来的重要设计决策。本节讨论导航软件系统设计、软件技术与算法以及硬件计算平台的选择。

为导航系统软件设计一种很好的体系架构对于软件自身的可测试性、维护性和重用性都具有非常重要的意义。软件模块化并将相关导航功能（例如，与避障相关的功能）集成在同一个模块中是很好的开端：便于进行单元测试，单个模块的独立修改和替换，并且可以直观地组织设计[33]。涉及导航功能的总体软件架构的典型分类，主要包括定位、认知、感知和运动控制等[33-34]。例如，MER 导航软件架构具有相类似的设计，但模块名称有所差异[35]，因此，ExoMars 巡视器导航和移动系统软件架构图详见图 4-5 所示。

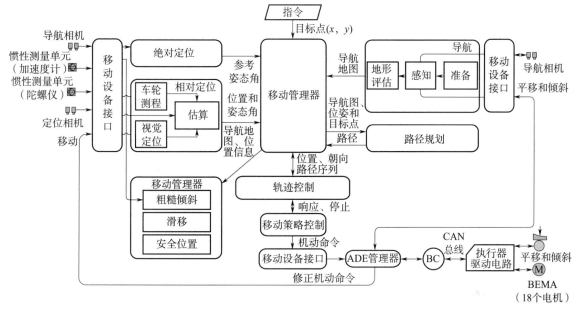

图 4-5　ExoMars 巡视器导航和移动功能架构图[36]（由空中客车防务及航天公司提供）

　　此外，NASA 发布的资源勘探任务巡视器概念报告中[37]讨论了其他重要的软件设计要素。其中包括巡视器状态、遥测、开机自检（POST）/内置测试（BIT）、内部通信协议、图像格式、与地面通信、地面控制软件。正确选择巡视器状态可确保巡视器能够正确响应相关指令和传感器输入。遥测设计的目标是确保有效利用有限的传输带宽，主要用于导航数据传输，只为地面操作人员提供安全操纵巡视器所必需的东西。开机自检和内置测试的设计应确保巡视器处于适当的状态以执行即将进行的操作，并提早发现异常。应选择恰当的内部通信协议，确保各软件模块之间的可靠和实时通信。图像（压缩）格式的选择也非常重要：有损压缩（例如，JPEG2000）减少了带宽要求，可以接受地面操作人员的解析，但无损压缩格式需要在巡视器中使用，以支持视觉里程计等功能需求。与地面通信软件必须妥善管理带宽资源（必要时缓冲数据），并考虑通信延迟和中断。地面控制软件（在 4.3.2.5 节中讨论）必须视情况向操作人员提供遥操作或自主导航所需的数据。

　　决策使用何种算法与前面讨论的选定的功能部件和传感器密切相关。例如，视觉里程计需要立体相机和处理软件快速跟踪三维空间中的图像特征并将其转换为运动估计。视觉里程计可选择的算法有很多种（例如，立体视差匹配、特征检测和跟踪），需要在精度、可靠性和计算强度之间进行权衡。具体的定位和自主算法分别在 4.4 节和 4.5 节中进行详细描述。

　　处理复杂度也是算法选择的关键考虑要素。正如下一节中所讨论的，宇航级处理器性能有限，因此必须限制导航算法带来的计算负担。这就必须高效完成某些涉及密集型计算的导航功能模块（如视觉里程计、避障和路径规划），并且仅包括最必要的功能以满足性能需求。针对 MER 导航系统[38]和 ExoMars 感知系统的研发工作在流水线算法方面留下了足迹[39-40]。

　　算法层的另一个决策是从头开始编写所有代码，或者使用第三方库。前者可对算法进行完整的设计和质量控制（包括代码优化的能力），但需要付出很大的努力。使用第三方库实现算法已经成为行星机器人导航系统开发人员的首要选择，因为这些库已经非常成熟、高效和泛支持。例如，三维点云库（如 PCL[41]）、计算机视觉库（如 OpenCV[42]）、图形库（如 GeographicLib[43]）和数学/物理库（如 Geometric Tools [44]）。

4.3.2.4　计算资源

　　选择承载导航软件的硬件计算资源是一项重要决策，因为巡视器所需的能耗通常是很高的，而目前的空间处理器在性能方面非常有限。就处理速度和存储能力而言，完全抗辐射处理器的性能受限于较长的设计周期以及冗余性设计（避免由辐射导致的异常错误）。例如，"最先进的"是 RAD750 处理器，为好奇号配置；该处理器于 2001 年发布，2005年首次随巡视器发射，每秒能够执行 4 亿条指令（MIPS）[45]。而当代的四核 i7 处理器的性能大约是这个速度的 100 倍。

　　这种差强人意的性能结果表明，处理密集型算法需要在其计算平台上运行大量时间：如前所述，好奇号驱动时间通常为 10～20 s，处理时间为 2 min[27]。该处理时间缩短了重要的任务时间，并限制了这些导航功能的可用性。

　　通用处理器不是处理导航算法的唯一选择，但在在轨巡视器上确实具有重要的优势。其他的选择包括现场可编程门阵列（FPGAs）、数字信号处理器（DSP）和图形处理单元（GPU）等。通用处理器支持任何数据类型的处理，采用传统的软件开发技术；然而它们的性能受到串行计算的限制，每一次计算都要消耗大量的功率，与此同时，必须对实现辐射耐受性投入大量资金支持（例如，实现冗余计算路径）。FPGA 的情况则恰好相反：它们的计算块可以配置为并行计算，可以通过设计实现抗辐射处理[46]，每次计算消耗的功率很少。因此，FPGAs 在实现涉及大量并行计算的视觉算法（例如，视觉里程计）方面具有很大的潜力。不可否认，FPGAs 存在一些缺陷并限制了它的应用：FPGAs 研发过程比处理器复杂，更新固件更具挑战性。虽然 FPGAs 尚未应用于在轨巡视器的导航软件，但有一系列强大的抗辐射 FPGA 可选（可参考文献［46］）。DSPs 和 GPUs 占据了频谱中间位置：DSPs 本质上是并行处理器，经优化后执行信号处理（例如，语音或图像处理）。GPUs 经优化后，即可处理视频帧计算（例如，光线跟踪），并且可以在商用现货显卡上找到 GPU。尽管抗辐射 DSPs 已经可以选用，但其尚未应用于在轨巡视器导航算法处理，主要因为宇航级抗辐射 GPUs 目前还没有上市。如上所述，尽管运行导航软件所需的通用处理器有多种选择，其关键在于必须选择具有飞行继承性的宇航级处理器。

　　美国国家航空航天局和欧洲空间局目前正在开展与此处讨论有关的空间处理器相关项目的研究工作。美国国家航空航天局喷气推进实验室计划在火星 2020 巡视器上集成 FPGA 实现立体视觉重建和视觉里程计，以实现巡视器的快速行驶[27]。欧洲空间局还致力于将视觉里程计算法移植到 FPGA 纳入 SPARTAN/SEXTANT/COMPASS 等项目的研究内容之一。美国国家航空航天局和美国空军研究实验室（AFRL）联合研发的项目目前正在进行中，旨在设计和建造"下一代空间处理器"[48]。该项目的研究目标是在 2025 年制造出一款计算性能是 RAD750（前面讨论过）100 倍的处理器，目前正处于风险退出阶段。这个项目评估了前面讨论的所有主要计算资源设计要素，得出的结论是多核处理器将是最灵活的选择，它最能支持该项目研究的各种空间计算应用程序。对于导航而言，这些应用程序包括行星探测机器人的快速通行、自动 GNC 和自主/遥控机器人操作。因此，需要在提高空间处理器性能和更好地利用可获得的处理方案等方面着力研究并取得进展。

处理最后需要考虑的是：可以在巡视器外进行离线处理吗？地面处理能力成本相对低廉，但这种方法具有明显的缺点，需要增加带宽需求（例如，传输多幅图像）和增加了通信时延（由于通信时间增加）。下一节将详细讨论这个问题。

4.3.2.5　巡视器控制策略

巡视器控制策略是巡视器导航系统设计的另一个支柱。一般来说，人与巡视器之间的交互等级和类型可从直接遥操作（例如，由地面控制器上传离散运动指令）到全自主导航（例如，每"天"上传一个运动指令序列）。所采用的策略在很大程度上取决于通信延时和带宽，并明显影响了其他导航软件设计（例如，遥操作巡视器需要的自主性很少）。本节讨论了各种控制策略，并提供了它们在飞行巡视器上的应用示例，或该领域当前的工作进展等。

从系统设计的角度来看，遥操作是最简单的控制案例。直接驱动指令（如前进速度和旋转角速度）被上传至巡视器，则遥测（如位姿）和图像反馈回控制器。人类是优秀的问题解决者和决策者，因此，遥操作是一种理想的控制方法，因为它将人类控制权直接纳入控制环路中。地面操作人员可以实时进行路径规划和避障，无需将这些功能内置到导航软件中。然而，随着控制延时的增加和带宽的减少，遥操作开始产生故障。在控制延时的约束下，操作人员必须上传单个（或少数个）命令序列，然后等待巡视器执行遥测和图像下传指令。指令上行/遥测下行循环模式将显著延缓巡视器在轨行驶的进度。带宽降低表现为控制延时，因为操作人员必须等待下传的遥测和图像才能进行处理。这种延时效应需要与图像质量（即大压缩比的图像需要较少的带宽）进行折中权衡，但是图像压缩也存在自身问题：操作人员的场景感知能力会降低，障碍物或安全路径会更难识别。这是支持提高巡视器在轨决策能力的一个重要论点：巡视器可以立即访问高质量的图像和位姿信息，不再有通信带宽需求。综上所述，遥操作可以是一种强大的控制方法，但它同样也有缺点。

由于月球十分"接近"地球，因此，月球自然是一个适用于遥操作的地方。苏联的月球车系列巡视器均采用遥操作技术，但是，正如前面所述，这对操作员而言是一项十分艰巨的任务。此外，尽管地-月往返的理论通信延时约为 2.6 s（月球距离地球 1.3 光秒），但实际控制延时会更大。加拿大航天局（CSA）最近一直在研究月球遥操作策略，特别是针对 NASA 开展的月球资源勘探任务。为此，加拿大航天局最近完成了一项外场试验，根据不同用户的应用需求测试了一套原型样机的遥操作接口和安装在巡视器上的相机[49]。

由于深空网络（DSN）通信系统的传输限制，控制延时预计约为 10 s。为了弥补这种延时，加拿大航天局研发出了预测显示等工具，并将其纳入外场试验。美国国家航空航天局也一直在测试遥操作策略，尽管他们的任务类型不同：他们测试了国际空间站的航天员遥操作一个地球上的巡视器，以模拟一个在月球轨道上的航天员控制一个着陆于月球背面的巡视器[50]。欧洲空间局也参与了这一领域的研究，例如，欧空局研发的巡视器自主测试台（RAT）用于测试遥操作和自主策略，以适应不同的通信限制[51]。因此，遥操作更适用于低延时控制场景的应用范畴。

有"监督的遥操作"或"有保护的遥操作"都是遥操作系统的通用术语，主要用于提高速度或安全性。通过赋予巡视器检测非标称态的能力，并在必要时撤销遥操作指令，可以提高其安全性。最常见的做法是让巡视器监测本体的滚转角和俯仰角以及电机电流（例如，火星探测漫游者[12]）。如果上述任一监测数值进入了预先定义的危险区间（例如，当巡视器正接近其车体颠覆角度，或电机电流过大表明巡视器正压向障碍物时），则巡视器将自动停止，并通知操作人员。另一种方案是设置一个更复杂的系统，例如，可以使用立体相机来探测障碍物或危险斜坡（也已经在火星探测漫游者上实现，但很少使用[12]）。为了提高巡视器的行驶速度，另一种提高安全性的方法是在更高的等级上控制巡视器：例如，控制巡视器沿着 5 m 规划路径分段式行进，而不是控制它瞬时前进方向和车轮的旋转速度。加拿大航天局也对此进行了测试。

全自主通常指的是巡视器能够安全地引导自己到达操作人员指定的目标位置。主要包括：规划一条抵达目标点的全局路径，引导巡视器沿着该路径前进，并在前进过程中更新局部路径以避开障碍物。当控制延时较大（例如，在火星上），并且需要巡视器导航至无法从当前位置正确评估的地形时，自主性是很必要的。这也正是火星探测漫游者在轨面临的问题，MERs 需要每天完成 100 m 导航，但地面操作人员每天只发送一次控制指令输入[12]。因此，MERs（以及好奇号巡视器）应具备自主导航到预定目标位置的能力。将自主化融入导航系统的缺陷在于其引入了额外的复杂性：软件需要更长的时间来开发和测试，有更多的异常条件需要管理，以及对巡视器的处理（和功率等）需求增加。当然，也必须与其自身的显著优势相权衡：自主性使巡视器能够自行做出行驶决策，使其能够在没有人为输入的情况下安全地进行远距离导航。

如前所述，MERs 巡视器集成了多种控制模式，从全自主控制至短路径的类似遥操作控制。上述多种控制模式的集成具有很好的灵活性，能够满足 MERs 的测程目标。

因此，巡视器采用的控制策略对导航系统的设计和导航性能有着深远的影响。有许多类型的控制策略可供选择，在选择过程中必须考虑性能要求和通信限制。

4.4　定位技术与系统

这一节涵盖了导航和定位技术的范畴，特别提及了应用这些技术的巡视器案例。讨论了每种技术的优点和缺点，以及每种技术的软件和硬件选择。该技术主要分为方向估计、相对定位、绝对定位和组合定位源。

4.4.1　方向估计

本节讨论了估计巡视器的相对方向和绝对方向的技术。巡视器通常需要两种类型的技术：相对航向测量通常更精确、速率更高，而绝对航向测量则用于制约相对测量的漂移。本节讨论的技术包括太阳和行星敏感器、倾斜仪、惯性测量单元和使用高增益天线等方法。

4.4.1.1　太阳敏感器

已知太阳在行星参考坐标系中的真实位置（即巡视器大概位置和时间的函数）和重力矢量（由加速度计测量），确定太阳在天空中的位置即可获得绝对（方向）定位，如图 4-6 所示。探测太阳通常使用特制的太阳传感器，它具有典型的宽视场角，输出一个指向太阳的方向矢量。另外，还可以使用安装在巡视器上的转台相机探测太阳，并配备适当的滤光片，防止图像探测器输出的亮度值饱和。MERs 使用了基于相机的探测技术：将全景相机放置于指向太阳的某一预定方向，然后对图像进行处理，以确定太阳的实际位置；截至 2007 年 1 月，该方式已经在巡视器上完成了 100 次处理[18]。月球车系列巡视器，也使用了一种技术，通过对太阳和地球进行成像，测量它们的绝对方向。ExoMars 巡视器也将使用相机的探测方法；但是不需要在导航相机中应用滤光片，所以处理过程中必须妥善解决由于成像饱和导致的伪影。太阳相对于地球的角直径大约是 $0.5°$，其相对于火星的角直径大约是 $0.34°$，因此可以进行亚精度的航向估算（尽管这取决于相机的性能和指向精度，以及加速度计的精度等）。由于行星大气层条件的不同，太阳在火星上有时也会显得大很多。最后，当太阳与重力矢量之间有足够大的夹角时，这种太阳探测技术的效果最好。但在低纬度地区，在一天的大部分时间里（当太阳高高挂在天空中时）可能会出现问题。

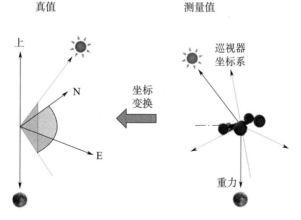

图 4-6　通过测量行星重力和太阳矢量并将其配准至世界参考坐标系中的
对应矢量予以方向估计（由加拿大领先空间传感器公司提供）

将太阳方向的测量数据纳入巡视器导航软件方面的研究是一个热点。例如，Lambert

等人[52]讨论了将太阳传感器的常规测量直接纳入定位系统的问题，并证明了这样做能够提高定位精度。

4.4.1.2　星敏感器

　　一种类似的估计绝对方位的方法是通过识别行星图案确定其自身在行星参考坐标系中的方位。也可以使用相机完成，但更典型的是使用定制的星敏感器，它是卫星常用的一种传感器。星敏感器可以辨识行星图案，并输出方向估计，速率通常大于 1 Hz，精度一般在几十角秒内。

　　星敏感器的主要规格参数如下：首先是测角精度，一般以弧秒为单位。其次是跟踪速率 [（°）/s]，它定义了星敏感器跟踪行星必须达到多快的旋转速度，以防止其"迷失在太空"。更新速率（Hz）是求取解析解的计算频率。最后，捕获时间（s）定义了星敏感器位于初始状态或者处于"迷失在太空"状态，求解行星方向估计值所需的时间。

　　星敏感器尚未与在轨巡视器的其他测量数据相融合，但由于其测量精度高，其在太阳不可视的区域（例如，月球极区的陨石坑里）很有用，是一个不错的选择。至今存在的一个问题是传感器的质量较大。然而，随着小型卫星越来越流行，小型化、轻量化的星敏感器已经研发成功，传感器质量从超过 2 kg（典型的）减少到不足 100 g（例如，Sinclair ST‐16 星敏感器）。另一个问题是大气层：星敏感器在月球上工作表现良好，但火星大气层时常夹杂的雾状可能会妨碍星敏感器在星表导航任务时的使用。将星敏感器纳入巡视器定位系统的研究正处于测试阶段（具体详见文献［53］）。星敏感器也可以用于估计巡视器的位置，这将在 4.4.3 节中讨论。

4.4.1.3　惯性测量单元

　　迄今为止，惯性测量单元已被用于每一个具有飞行经历的巡视器。惯性测量单元主要用于测量三轴角速度（和位置），数据刷新率很高，但输出的测量数据会有漂移，必须定期进行绝对方向测量来校准。IMUs 也测量三轴线加速度。

　　面向空间应用的惯性测量单元通常由 3 个陀螺仪和 3 个加速度计组成。陀螺仪正交排列，主要测量三个轴的旋转角速率。对上述角速率进行积分确定角位置，因此，旋转速率中的微小误差将导致角位置测量的误差累积或"漂移"。惯性测量单元通常还包括三个轴的加速度计。静止时，这些加速度计可以测量重力矢量，它限制了俯仰和滚转方向测量数据的漂移。测得的加速度值也可以通过两次积分来确定位置，但这两次积分会使位置误差迅速增加（特别是当巡视器在岩石地形中移动时，加速度会剧烈波动）。行星惯性测量单元通常包括一个测量方位的磁力计，但月球或火星上缺乏足够强的磁场会使其失去作用。

　　惯性测量单元有几个主要的技术参数。除了常规的尺寸、质量和功耗等参数以外，还包括角度随机游走（ARW）和陀螺零偏。角度随机游走将角度误差（行驶）定义为时间的函数，它是由角速率测量中的随机噪声引起的。火星探测漫游者搭载惯性测量单元输出的姿态角偏移量小于 3（°）/h[13]，并以此作为参考，陀螺零偏是由于角速率测量偏置导致的误差。任何误差常量通常可以在出场发射之前的研制过程中进行校准，但是由于温度等影响，偏差也会随着时间漂移。

《国际武器贸易条例》（ITAR）的相关规定条款是惯性测量单元差异的重要考虑。由于惯性测量单元用于导弹等武器系统，因此，美国研制的惯性测量单元要是其性能达到一定水平，将被归入 ITAR 管制范围。这一点必须考虑，因为 ITAR 的相关规定条款增加了采购惯性测量单元的难度，并可能影响整个巡视器对 ITAR 条款的符合性。

惯性测量单元技术主要包括光纤陀螺仪（FOG）和微机电系统（MEMS）两大类。光纤陀螺仪的惯性测量单元积累了重要的飞行经验。例如，MERs 和好奇号上的 LN200S 型号惯性测量单元，其具有很高的精度，但比 MEMS 惯性测量单元更大、更重、更耗电。MEMS 惯性测量单元积累的在轨飞行经验相对有限，精度较低，但可显著降低传感器自身的尺寸、质量和功耗。为此，参考文献 [37] 指出，最新研究进展正将 MEMS 惯性测量单元逐步引入多种空间应用。一个典型的例子是正在为欧空局开发的一款原型样机[54]。该项目的研究目标是惯性测量单元质量小于 200 g，功耗小于 1 W，而 LN200S 型惯性测量单元的质量是 750 g，功耗是 12 W[55]。

4.4.1.4　视觉定位技术

巡视器的视觉传感器也可以用来估计方向。这些技术在 4.4.2 节和 4.4.3 节中有更详细的描述。首先，通过观察局部地形并构建其与地图或数字高程模型（DEM）之间的相关性，即可手动或自动地估计绝对方向。其次，通过比较巡视器采集的连续图像，即可估计出相对方向。

4.4.1.5　天线定向技术

如参考文献 [37] 所述，巡视器搭载的高增益天线也可以用来确定方向。这项技术尚未在巡视器上使用，基于成熟的"自动定向仪"（ADF）技术，该技术服务于地球上的航空飞机。该技术通过对安装在巡视器上的天线进行快速定向，确定"零位"（极小值），该点将直接远离通信目标（例如，地球或轨道探测器搭载设备）。通过获取通信目标的方向，这种技术能够测量绝对定位。该项技术风险在于通信目标表面材质对信号反射的未知影响。此外，这种技术也会占用通信窗口宝贵的时间。

4.4.2　相对定位

本节讨论的重点是相对定位策略的硬件和软件，主要包括轮式里程计、视觉里程计（二维和三维）、其他基于视觉的技术以及速度感知。

4.4.2.1　轮式里程计

轮式里程计是目前最成熟的巡视器定位方法，已在所有在轨巡视器上使用。它主要通过计算车轮或电机的转数来测量行驶的距离。通常情况下，统计所有轮子的转数均值即可提高精度。方向也可以通过比较左右两边车轮的转数予以测量，不过使用惯性测量单元（如前所述）的测量更为准确。

轮式里程计的准确性在很大程度上取决于地形的类型。在坚硬、平坦的行星表面上，行驶距离估计精度小于 1%，但由于陡峭的坡度或松软的沙土地会导致滑移，可能会大大降低里程估计精度。例如，在视觉里程计投入使用之前的头两年，由于车轮滑移问题，抵达目标位置的过程中，MERs 在轨遭遇了许多挑战[13]。

通过使用一个自由转动的无动力车轮测量里程，可以有效避免滑移误差。这在苏联的月球车系列巡视器中应用过[6]。

4.4.2.2 视觉里程计

视觉里程计是一种成熟的技术，它通过比较巡视器配置的立体相机连续采集的场景上下文信息，测量巡视器行驶位姿的相对变化。该技术已经在行星机器人中得到了广泛应用，它能够提高定位精度（可能小于行驶距离的 1%）和补偿轮式里程计的滑移误差。此外，视觉里程计已经先后在 MERs 和好奇号巡视器上证明了自身价值，不仅能够提高定位精度和行驶效率，还能同时保证巡视器的安全。

视觉里程计主要涉及了一系列连续立体图像对的处理流程。这些步骤在第 3 章有详细的描述，此处做简要总结。加拿大航天局公布的资源勘探任务巡视器的定位报告中也详细描述了上述处理流程（涉及其中每个步骤的操作选项）[56]。第一步是特征检测，从每个立体相机对采集的每一幅图像（如两幅左目图像）中检测感兴趣的特征。第二步是立体匹配，利用双目立体图像对计算出上述每个特征的空间三维位置（即比较每个相机的左、右两目图像）。第三步是特征跟踪或匹配，构建第一幅图像（第一幅左目图像）的特征与第二幅图像（第二幅左目图像）之间的关联性。接下来通常是一个过滤步骤，在这个步骤中，异常特征将被删除。最后一步是确定所有跟踪特征的平均三维运动。最终的结果是估计第一组和第二组立体图像对之间的六自由度相对位姿变化。表 4-1 列举了 MERs 和 ExoMars 两款巡视器执行上述每个步骤的对比[13,57]。

表 4-1 MERs 和 ExoMars 巡视器视觉里程计的计算流程对比

算法步骤	MERs	ExoMars
特征检测	利用 Forstner 或 Harris[58]等角点检测器，对图像进行分块，并从每个分块中提取最强的特征，以确保其在整个图像中的分布	在不同图像尺度下进行 FAST 角点检测[59]。四叉树用于确保特征在图像上的分布
立体匹配	沿外极线方向进行一维搜索（见 4.5.1 节），使用伪归一化相关统计确定最佳匹配关系	沿外极线方向进行一维搜索，使用绝对差值和（SAD）计算匹配分值
特征跟踪	利用轮式里程计提供的运动参数，将特征投射至第二幅图像，基于相关性的搜索重定位特征	利用 BRIEF 特征描述子[60]计算新的立体图像对中的匹配特征整数级像素位置，然后用最小化方案细化到亚像素级
滤波	采用 RANSAC 随机抽样一致性算法剔除异常特征[61]	采用 RANSAC 随机抽样一致性算法剔除异常特征
运动估计	极大似然估计法	最小二乘法

视觉里程计的性能很大程度上取决于源图像质量和内容。相机必须进行准确的双目立体标定，且观测现场必须处于良好的对焦状态。某些照明条件可能会降低里程计性能：倘若太阳位于相机观测视场范围内，场景可能会被淹没；倘若太阳高悬在天空中（导致阴影最小化），场景对比度极小；或者倘若环境照明极弱（需要更长的曝光时间），场景可能会

模糊。场景还必须包含丰富的纹理或对比度，为跟踪算法提供特征。双目立体图像对必须有足够的重叠区域，才能完成特征匹配和跟踪。最后，场景中的任何运动都可能产生错误的位移测量：例如，移动的尘雾（云）甚至巡视器自身的影子（后者实际上经常给MERs[13]的里程估计带来问题）。尽管存在上述这些限制，但视觉里程计可以提供强大的巡视器定位信息源：准确且独立于惯性测量单元或轮式里程计的测量。

　　MERs拥有丰富的视觉里程计的在轨经验。Maimone等人在参考文献［13］中，对轮式里程计和视觉里程计两种算法及其在火星上的在轨应用经验都做了详细描述。这里介绍一下核心要点。视觉里程计已证明了其在MERs上的在轨应用价值，它不仅可以提高定位性能，还能避开障碍物（确保巡视器沿预期规划的路径行驶），更高效地（尽可能少地陷入土壤中）抵达科学目标，同时检测危险行驶条件（特别是软土）。对于MERs而言，视觉里程计是十分必要的，因为巡视器需要具备行驶距离不小于100 m并且定位精度应优于行驶距离10%的能力，这一性能要求单纯依靠轮式里程计是无法达到的。经地面测试，视觉里程计精度约为2%。MERs使用安装在桅杆顶端的导航相机进行视觉里程估计，手动调节导航相机指向感兴趣的特征（有时是巡视器自身的车轮轨迹），以确保算法有足够的图像特征来用于跟踪。轮式里程计主要提供初值辅助视觉里程计测程。计算立体图像对之间的最大距离（这一步增大了误差，与典型视觉里程计高精度性能相反），主要目的在于减少视觉里程计正常运行所需的大量的计算次数。但计算出的最大距离均不超过75 cm。当然，也要慎重使用视觉里程计，因为每次迭代运行大约需要3 min，会使平均行驶速度降低一个数量级。MERs和ExoMars两款巡视器在轨应用测程算法取得了非常好的效果，截至2006年2月，该算法已在95%的情况下收敛于最优解。

　　好奇号巡视器直接继承了MERs使用的视觉里程计软件，其结果也令人印象深刻。第650个火星日的里程估计解的收敛率为99.66%[25]。列举一个实例，视觉里程计实际上检测到IMU测量逻辑错误[25]。

　　好奇号上一个更强大的处理器也使得软件运行的时间不到40 s/次（相比之下，MERs的软件运行时间为3 min），使得视觉里程计的使用频率大大提高（前40个火星日中有34个火星日均可使用视觉里程计[20]）。好奇号巡视器还有一种模式，可以最大限度地利用视觉测距的方式来提高有效的通行效率：这种模式"自动视觉里程计"每隔20 m左右进行一次滑移检测，并根据检查结果自动决定是否应该一直运行视觉测距（每隔1 m左右)[21]。这种模式允许必要的时候采用视觉测距，从而在确保安全的前提下最大限度地提高巡视器的平均行驶速度。

　　即将到来的ExoMars巡视器将视觉里程计与导航系统更紧密地联系在一起[36]。其中，视觉里程计每10 s更新一次（巡视器在运动过程中），并将以闭环方式直接纳入定位解决方案，这与MERs和好奇号巡视器不同，后者在每段路径后使用视觉里程计更新位置。这样就可以持续监测巡视器的滑移情况。车轮滑移估计均值也将按比例融入轮式里程计测量结果，以提高视觉里程计更新时的定位精度。参考文献［57］阐述了视觉里程计算法目前的实现方式。该算法已经通过了外场测试，将作为SEEKER[62]外场试验的一部分。

　　与好奇号巡视器的软件处理时间（约 40 s）相比，ExoMars 巡视器的软件处理时间（约 10 s）显著加快。这可能与许多影响因素紧密相关，但可能的原因是 ExoMars 巡视器有一个专门的视觉里程计处理器，ExoMars 的特征匹配解空间要小得多（ExoMars 特征匹配解空间大约 10 cm，而好奇号特征匹配解空间位于 75 cm～1 m 之间）。

　　未来其他在轨巡视器也将包括视觉里程计，焦点在于减少巡视器的计算足迹路径点。特别是 NASA 的火星 2020 巡视器规划软件包含视觉里程计的 FPGA 实现，这将大大减少在轨计算时间[27,63]。欧空局也在 SEXTANT 项目中，着手开展视觉里程计 FPGA 实现的研究工作[64]。NASA 资源勘探任务提出了一款巡视器，将使用安装于桅杆的相机[65-66]的传统视觉里程计系统与使用下行相机[67]图像的视觉里程计系统有效融合在一起，以最大限度地提高定位精度。

4.4.2.3　其他视觉定位技术

　　其他两种基于视觉的技术可用于进行相对定位。第一种方法是基于立体图像对的离线迭代式束调整算法，目前已在 MERs 和好奇号两个巡视器中使用，具体描述详见 4.2.3.4 节。第二种方法是即时定位与地图构建（SLAM），见 4.4.4.3 节。

4.4.2.4　三维视觉里程计

　　三维视觉里程计——使用主动式（有源）三维传感器（如扫描式激光雷达）作为输入，其目的在于利用这些传感器相对于传统立体相机的优势，改进视觉里程计的性能。如前面所述，无论场景光照环境或纹理特征如何，激光雷达都可以产生远距离、大范围的密集型三维点云，且无需立体视觉的繁杂计算。尽管此方法具有很好的应用前景，但三维视觉里程计和主动式三维传感器截至目前仍未在飞行巡视器上使用（尽管索杰纳号巡视器上配有激光条纹传感器）。这是因为主动式三维传感器当前的尺寸、质量和功耗等参数限制了该项技术在飞行巡视器上的部署。

　　尽管在过去的十年中，地面移动机器人配备了主动式三维传感器，如 SICK、Hokoyu、Velodyne 等激光雷达已经变得十分普及，有利促进了针对三维视觉里程计的研究激增。参考文献［68］中介绍了一种流行的方法，是众所周知的最近点迭代（ICP）算法的改进版，称为广义最近点迭代算法，它是一种鲁棒的且高效的三维点云配准技术。加拿大航天局也基于最近点迭代算法提出了一种原型算法[69]。另一种方法是利用曲率检测特征进行点云配准[70]，其目的是对典型的行星表面环境中的特征稀疏地形具有鲁棒性。其他方法则对激光雷达强度图像[71-72]使用二维视觉里程计处理流程，其中利用了激光雷达对光照不变性的直接优势。参考文献［53］介绍了基于激光雷达强度算法得出的附加外场测试结果。

4.4.2.5　速度感知

　　基于无线电或光学的传感器可以利用多普勒效应来测量自身相对于目标物体的速度。这一原理尚未在飞行巡视器上应用，但正在尝试将其用于各种空间应用任务以及地球上现有的许多相关系统中。VORAD 车载雷达是一种基于雷达的成熟技术，主要用于卡车运输行业，它可以测量分辨率达到 1 km/h 的速度[73]。使用光线可以提高这一分辨率。美国国家航空航天局兰利研究中心正在研发一种基于激光雷达的着陆传感器，目标是速度精度达到 1 mm/s[74]，但这种传感器原型样机的质量太大，目前还不适用于巡视器。

4.4.3 绝对定位

本节讨论的重点是绝对定位策略的硬件和软件，主要包括巡视器至轨道器之间的数据匹配、基于地面和基于其他观测设备的测距、巡视器/轨道器成像匹配、地平线匹配和星敏感器解决方案。

4.4.3.1 巡视器至轨道器之间的成像匹配技术

如第 4.2.3.4 节所介绍的，MERs 使用一种手动操作的巡视器至轨道器之间的成像匹配技术实现精确的全局定位，如图 4 - 7 所示。该过程使用高分辨率成像科学实验相机采集的图像，其分辨率可达 25 cm，因此可以分辨出（某些）目标，而这些目标也可以利用巡视器携带的相机观测。由此可以设想一个类似的配准过程，未来的月球巡视器使用月球勘测轨道器搭载的多相机成像系统（LROC），其成像分辨率最高可达 0.5 m[2,75]。

本节将着重讨论火星背景下巡视器至轨道器之间的成像匹配技术的三个方面。首先，讨论了这种匹配过程为整个任务带来的附加利益，例如路径规划。其次，讨论了实现预期的全局定位精度所面临的挑战。最后，讨论了实现自动匹配过程的可能方法。

高分辨率成像科学实验相机采集的图像可以用于规划巡视器的运动，或者对使用前面讨论的匹配方法实现的巡视器运动学建模进行更新。这种方式的优点是，所有的巡视器图像都在统一的地理空间环境中，可以使用地理信息系统（GIS）方法进行操作处理，其中包括 WebGIS（MERs 使用的一种工具）软件。这使得对巡视器图像开展研究的科学用户以及工程团队都能够获得无缝衔接的三维视觉体验，其中重点是检查整个场景全貌，而不仅仅是巡视器行驶周围的微小地带。

然而，诸如 HiRISE 图像这样的高分辨率图像，目前其地理坐标参照性仍很差。因此，为了确保巡视器的地理位置能够转换为全局坐标，需要将其配准到一个较低分辨率的源图像中，而源图像的地理坐标参照误差较小（约几十米量级，而不是几百米量级）。其中一种可能的源图像是 NASA 火星勘测轨道器搭载的背景相机（CTX）采集的图像，分辨率可达 6 m。然而，背景相机图像本身的地理参照性也很差。欧空局火星快车携带的高/超分辨率立体彩色（HRSC）成像仪采集的 30～150 m 数字地形模型和图像分辨率可达 12 m 的正射校正图像（ORIs），是目前唯一可用的高分辨率图像，它们采用基于火星轨道器激光高度计的全局坐标系进行全局地理信息定位[76]。使用上述图像分辨率可达 12 m 的高/超分辨率立体彩色成像仪采集的正射校正图像，可为背景相机构建一个地标源信息，确保背景相机处于一个类似的具有良好地理参照性的全局坐标系中，然后，将 HiRISE 采集的数字地形模型与正射校正图像均配准至背景相机全局坐标系中，最后，由此配准至高/超分辨率立体彩色成像仪火星轨道器激光高度计的全局坐标系中。

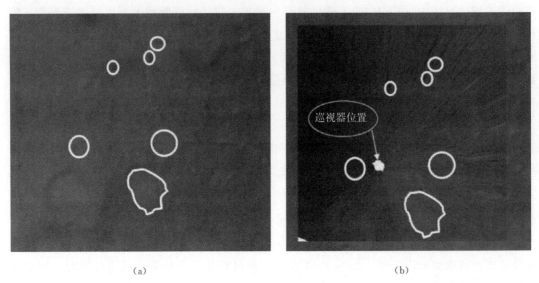

　　　　　　　（a）　　　　　　　　　　　　　　　　　　（b）

图 4 - 7　轨道器搭载的高分辨率成像科学实验相机采集的图像：（a）与巡视器相机采集
的图像；（b）联合用于 MERs 定位过程中的图像匹配算法[15]（由美国地球物理学会提供）

　　参考文献［77］阐述了这种正射校正影像涉及的级联式配准可实现全自主生成，参考文献［78］做了进一步的改进和提炼。

　　当 HiRISE 图像被精确配准至火星全局地理坐标系中，即可分别在高分辨率成像科学实验相机采集的正射校正图像与巡视器导航相机或全景相机采集的正射校正图像中，手动检索相应的地标特征。对巡视器相机在不同站位处采集的图像，提取一系列地标特征，即可找到一组同时位于巡视器视角和轨道视角内的共同特征。对于巡视器图像而言，这意味着其使用的远距离（大于 10 m）主图像具有与 HiRISE 图像相类似的分辨率。蒂姆·帕克博士（来自美国国家航空航天局喷气推进实验室）研发了一种交互式巡视器漫游生成器，它通过操纵巡视器采集的正射校正图像并将其连续锁定在 HiRISE 采集的正射校正图像中的光栅背景中。Tao 和 Muller[78]最近研发了一种用于巡视器漫游构造的全自动系统，已应用于 MER 和 MSL 巡视器在轨漫游轨迹生成。

　　从尽可能多的全景图像和/或多个站位处采集的宽基线立体图像中获取足够多的重叠图像，则巡视器采集的图像可用于生成轨道器可视的地表特征，从而规划出巡视器全自主漫游轨迹（即特征自动匹配）。最终的结果是巡视器在轨漫游，它可以显示在轨道器采集的正射校正图像的背景中，既能够通过观景搜寻新的漫游路径，还能够评估整体地形全貌和选择未来的科学探测目标。

　　具备在轨道器和巡视器图像之间自动匹配特征的能力，可有效确保巡视器未来在轨的精确定位。参考文献［79］给出了一份针对下一代制导、导航与控制技术体系的调查报告，以基于模型的火星精准着陆［样本转移巡视器（SFR）］任务为例，提出了一系列新技术的建议，这些新技术有助于巡视器执行在轨全自主长距离漫游任务。这些技术包括一个称为星座匹配的定位系统，其原理是将轨道器图像（粗略地图）中的特征与巡视器搭载相机拍摄的图像（局部地图）中提取的特征进行自主匹配，辅助巡视器定位。

其中，局部地图中检测的（岩石）特征需要与更大的轨道地图上的可见特征进行配准，该轨道地图已离线生成并于发射前预加载在巡视器上。每隔一段时间，巡视器就会停下来拍摄一系列立体图像构建 360°全景图。特征检测系统试图辨识场景中的大石块，过滤掉那些外形尺寸太小而无法在轨道图像中观测的石块。这些特征的中心可以映射到真实世界坐标系中，从而生成一个自顶向下的局部特征地图。根据巡视器位姿估计结果及其置信度区间，在全局地图上画一个椭圆，也就是预先加载的轨道器成像特征地图。这个椭圆提供了一个大型石块特征的搜索空间，并匹配局部地图上的石块分布。利用最近点迭代算法将两幅地图予以配准，输出二者之间的旋转矩阵和平移量，从而提供巡视器在全局地图上的绝对定位。

参考文献［80 - 81］介绍了最新研发出的两种星座匹配的具体实现方法，通过使用从轨道成像设备获得的全局地图和巡视器立体视觉成像获得的局部地图，实现对行星巡视器在轨行驶的绝对定位。

4.4.3.2　巡视器至轨道器之间的地平线匹配技术

倘若轨道器平台采集了星表地形的数字高程图，便可从不同的巡视器站位处估计地平线的外观，而这些站位主要是与巡视器实际观测的地平线进行配准。最佳匹配结果即为巡视器的位置估计值。尽管这一概念尚未应用于飞行巡视器，但文献中记录了很多改进型研究。例如，一种针对山地地形为目标的方法[82]以及其他方法，这些方法专门以巡视器为目标，开展了大量的算法测试，测试所用数据或者基于模拟月球数据或来自地面模拟试验场的真实数据[83-85]。

4.4.3.3　巡视器至轨道器之间的数字高程模型匹配技术

与此相关的一种方法是，将巡视器感知构建的数字高程模型与轨道器观测获得的数字高程模型进行更直接的配准。此类方法尚未应用于飞行巡视器，但研究人员已经研发了许多方法，并利用仿真模拟数据和模拟试验场采集的真实数据进行了测试。参考文献［86］介绍的算法是针对资源勘探任务巡视器原型样机提出的，利用相关性统计和基于特征的技术将巡视器激光雷达数据与轨道器数字高程模型进行配准，配准结果将与投票决策相结合以求取最优解。参考文献［83］和［87］也提出了类似的方法，后者使用粒子滤波器（见4.4.4.2 节）估计巡视器的位置。最后，参考文献［88］提出了一种算法，将轨道器获得的数字高程模型中的地形峰值特征与巡视器配备的激光雷达检测到的峰值特征进行配准。这是在加拿大高纬度地区的一个地形模拟试验场开展的外场测试。

4.4.3.4　基于轨道器或基于地球的定位技术

众所周知，地球上利用轨道卫星进行定位的技术已经非常成熟：使用全球定位系统（GPS），在地球的大部分地区都可以实现亚米级的定位精度。然而，这只有在大量投资建设和维护多卫星网络的情况下才可能实现，而在其他行星上几乎是不可能的。也就是说，可以将简化的系统概念化，在某些情况下可以利用现有的卫星来确定巡视器的位置，本节将对此进行讨论。另外，直接从地球上采集的测量数据也可以辅助巡视器定位。

MERs 着陆后不久，巡视器定位一方面可以利用两个 DSN 天线测距和多普勒测速结果来实现，另一方面，也可以使用来自于火星全球勘察者和火星奥德赛号等两个火星轨道器提供的多普勒测量[89]结果实现。在这些来源的定期输入（每天输入 1~3 次）下，仅使用 DSN 天线测量即可在 5 天后将巡视器定位到 1 km 以内，而引入轨道器的多普勒测量结果，可在 2 天后将巡视器定位到 10 m 以内。

还可以构想一个为火星或月球定制的全球定位系统。美国国家航空航天局喷气推进实验室开展了对火星全球定位系统的设计演练，预计该系统由 6 颗卫星组成，可以实现火星表面任何地方的定位，定位精度可达 10 m 以内，计算稳定时间约 1.5 h[90]。美国国家航空航天局 Chelmins 等人[91]针对月球讨论使用两颗卫星加一个地面站估计航天员/巡视器位置的可行性，其定位精度可达 1 m 以内，计算稳定时间约 5 min（已知初始不确定度为 100 m）。然而，上述方案是在星座计划研究阶段时设计的。

参考文献 [37] 指出，绝对定位也可以使用基于地球的测距和三角测量技术完成，该技术依赖于待检测目标的反射光强度。月球车 1 号巡视器最近使用这种技术进行定位，其定位精度可达厘米以内量级[92]。这种技术涉及了对巡视器的多种测量距离进行三角测量，主要通过（使用大型望远镜）射出一束激光覆盖巡视器的通用区域并检测来自角锥棱镜的反射光实现。未来巡视器使用这项技术还有很多需要考虑的因素。首先，巡视器必须配备一个角锥棱镜，然后想办法将其对准地球。通过与该项工作首席研究员 Tom Murphy 教授的讨论，得出了一个可能的月球方案测试用例：即对同一个保持静止状态的巡视器进行两次测距，两次测量大约相隔一个小时，所得的定位精度可达 5 m。其约束条件是，（放置于美国新墨西哥州的）望远镜所在环境必须是夜间，且天空必须是晴朗的。

4.4.3.5　固定设备/信标定位技术

如果巡视器与一个或多个固定设备保持相对接近，则该设备可用于辅助巡视器定位。一种可能是将这种设备固定安装在着陆器上，这样可以简化部署并为设备供电。另一种可能是使用巡视器部署的多设备网络，许多地面原型样机和商用系统均可以提供这样的功能。迄今为止，只有索杰纳号巡视器使用了这种类型的定位，但其位置是用探路者着陆器上的立体相机监测的。本节讨论这些类型设备的辅助定位。

第一种情况是由单一固定设备（如着陆器上）向巡视器提供定位信息，可能会涉及功能性和复杂性。例如，这种设备可以使用无线电脉冲测量到巡视器的距离，或者可以确定从着陆器到巡视器的方向，或者可以使用安装在转台组件上的激光测距仪确定巡视器的相对三维位置。每组测量数据都可以纳入到定位解决方案中。参考文献 [93] 中提出了一个特殊的例子，为巡视器引入了一个定位框架，利用单个信标跟踪巡视器实现测距功能。参考文献 [94] 讨论了另一种基于着陆器的定位系统。这种原型系统在着陆器上使用（基于激光的）全站仪跟踪系统跟踪巡视器的三维位置。该系统在距离着陆器大约 1 km 的地方展示了厘米级的定位精度。这种基于激光的方法的一个局限性是它需要光线来定位巡视器，但如果光线中断只是暂时的，这种方法可以提供常规的绝对位置更新，以控制相对测量的漂移。

倘若巡视器要在某个特定区域停留一段时间，比如，在月球基地建设场景中，巡视器本体部署的设备实际上可能是一个用于定位的设备网络。这些设备可以是主动式（有源的），也可以是被动式（无源的）：选择主动式设备可以提高准确性或可靠性，但代价是复杂性的增加。在主动式设备类型中，"伪卫星"是一个典型的例子：它是可以提供类似GPS 定位精度的地面 GPS 接收器。例如，美国国家航空航天局艾姆斯研究中心所做的工作[95]表明，将巡视器远离三颗伪卫星（三颗星呈现出边长为 10 m 等边三角形排列），巡视器行驶里程达 174 m 时，可能实现的定位精度约 40 cm。现在可以从一家名为 Locata 的公司采购商业伪卫星了。其他主动式设备涉及的技术包括无线（局域）网 WiFi（例如，Ekahau 公司推出的一款商用系统）、无线网络 WLAN（见参考文献 [96]）和超波段（见参考文献 [97]，是美国国家航空航天局的研究成果）。被动式设备可以是任何一种可辨识的对象，例如，ARToolKit 开源增强现实引擎系统中的类似条形码的目标[98]。主动式/被动式混合方法是一个图案简单的具有主动照明的信标，很容易从大范围、远距离的周边场景环境中识别出来。

关于固定设备网络定位系统还有许多需要考虑的问题。首先是如何部署这些设备以及该系统是否容易标定（在有关伪卫星的参考文献 [95] 中提出了一个自标定概念）。对于主动发光式信标，其中一个主要问题是如何为它们供电。此外，多路返回（反射）的激光信号混扰也是主动信标系统需要妥善解决的一个问题。对于被动式信标而言，主要的问题是：信标的最大识别范围是多少，是否有观察的角度限制？一般来说，固定设备网络定位系统可以在特定区域内提供非常高的精度，但系统设置的开销成本很高。

4.4.3.6　天体定位技术

通过精确估计天体参考坐标系中的局部重力矢量方向，即可实现巡视器定位。重力矢量将由倾角仪测量，天体参考坐标系将由星敏感器确定。参考文献 [99] 记录了月球单次测量精度可能达到数百米量级，参考文献 [100] 指出，多次测量并滤波后的测量精度可提高至 60 m。在地球上对包含星敏感器和倾角仪的定位系统开展外场试验[101]，结果表明定位精确度优于 800 m。

相关技术主要利用观测到的其他天体目标的位置（例如太阳、月球或火星）来估计位置信息。参考文献 [100] 中，Ning 和 Fang 归纳总结了一些其他方法。

4.4.4　组合定位源

正如 4.3.2.1 节所讨论，巡视器定位系统通常需要测量行驶距离、相对方向和绝对方向。这些功能需求对于在轨飞行巡视器而言，分别由轮式里程计、惯性测量单元和太阳敏感器提供测量结果。使用视觉里程计主要目的在于提高定位精度以及确保巡视器在车轮滑移情况下的安全。而一些周期性的绝对定位方法都具有典型的代表性：无论是通过轨道器的距离测量，还是通过比较地表特征和轨道图像特征。

本节重点讨论将不同定位源获取的测量数据有效融合过程中存在的问题，期望提供一套统一的巡视器姿态估计结果。巡视器位姿信息可直接来源于位姿数据获取源（例如，从轮式里程计计算出的行驶距离和从惯性测量单元输出的方向信息），但这种方式有一些缺点。首先，如果定位源自身有噪声，则噪声将直接传递给巡视器位姿信息。其次，如果有多个定位源为巡视器提供状态输入，例如，轮式里程计和视觉里程计均能测量巡视器的行驶距离，那么如何将这些测量数据有效融合就已经没有那么简单了。这一问题的常规解决方法是利用某种类型的过滤器，将多源位姿数据有机融合在一起。

巡视器定位常用的两类滤波器是高斯滤波器和粒子滤波器。高斯滤波器，例如扩展卡尔曼滤波器（EKF）和扩展信息滤波器（EIF）将巡视器状态表示为多元高斯分布。考虑到巡视器模型和测量模型本质上均不可能服从高斯分布，因此，在算法中引入了上述模型的线性近似解，并假设含有均值为零的高斯噪声，即可使用高斯估计法处理。

巡视器定位的另一种可选方法是使用一种称为即时定位与地图构建（SLAM）的技术。这是一种概率统计技术，主要用于估计移动智能体在未知环境中的位置，同时创建局部特征地图。SLAM 技术通常是高斯滤波器或粒子滤波器的特殊实现。

高斯滤波器、粒子滤波器和 SLAM 技术将在后面的章节中做进一步讨论。

4.4.4.1　高斯滤波器

高斯滤波器的两种类型是扩展卡尔曼滤波器和扩展信息滤波器。高斯滤波通过融合不同的、有噪声的测量数据，估计感兴趣的参数。高斯滤波也可用于在缺失信息的情况下预测参数的未来值。对于行星巡视器和地面巡视器，高斯滤波主要是将各有其噪声特性的定位数据源以最佳方式融合在一起的方法[102]。

本节不再详细介绍这些滤波器，因为在其他地方已经有很多材料叙述过。关于卡尔曼滤波的详细讨论请参见文献 [103]，扩展卡尔曼滤波器的交互式辅助教程请参见文献 [104]。下文将对这些滤波器进行简要概述。

用于巡视器定位的高斯滤波包括以下概念。首先是巡视器状态 x_t，它是一个矢量，通常包括巡视器位置、方向以及时间 t 对应的可选项速度或加速度。其次是状态测量 z_t，例如，它可以包括来自于惯性测量单元、视觉里程估计过程以及星敏感器和太阳敏感器等输出的数据。所有这些数据源也会有一个相应的误差余量（协方差），以及对应于巡视器状态的测量结果所得的测量模型。第三个是控制输入（u_t）概念，通常以高级控制的形式传递到移动系统。轮式里程计通常被作为这种控制的度量值。

巡视器状态是根据以前所有时间的状态和以前所有控制数据与测量数据为条件的概率分布来估计的

$$P(x_t \mid x_{(0:t-1)}, z_{(0:t-1)}, u_{(0:t)}) \tag{4-1}$$

马尔科夫假设说明确规定巡视器当前的状态只依赖于当前的输入，过去输入的所有数据都包含在上一步的状态中，也就是说，状态是完整的。因此，该算法是递归的，则状态概率分布可以写成

$$P(x_t \mid x_{(t-1)}, u_t) \tag{4-2}$$

这个概率称为状态转移概率。当然，也可以做这样的假设：如果状态是完整的，则在

环境中观测特征的概率可以定义为

$$P(z_t \mid x_{(0:t)}, z_{(0:t-1)}, u_{(0:t)}) = P(z_t \mid x_t) \qquad (4-3)$$

这个分布被定义为测量概率，它在已知巡视器完整状态的情况下，即可预测测量结果。这两个概率允许为巡视器状态生成一个置信状态。

这种置信状态是机器人对其当前状态的后验估计。已知控制信号输入 $u_{(0:t)}$ 和环境观测值 $z_{(0:t)}$，当前状态 x_t 用置信函数表示如下

$$bel(x_t) = P(x_t \mid z_{(0:t)}, u_{(0:t)}) \qquad (4-4)$$

构建置信状态主要分为两个步骤：预测步骤和更新步骤。

1）利用控制信号，移动假设状态。这个预测是巡视器状态的先验置信 $bel(x_t) = P(x_t \mid x_{(t-1)}, u_t)$。该预测将蕴含噪声，因为它只基于控制信号和之前的巡视器状态。

2）传感器测量巡视器的真实状态。巡视器使用先验状态来预测测量值。已知巡视器状态的后验估计后，利用预测值与实际测量值之差以更新巡视器的置信状态，使其更接近真实状态。

扩展卡尔曼滤波器估计巡视器状态的均值和协方差，而扩展信息滤波器（EKF 的对偶）则使用信息向量和信息矩阵代替。这种差异会导致扩展信息滤波器中某些步骤的复杂度降低，因为它减少了计算成本很高的大矩阵求逆次数。

4.4.4.2　粒子滤波器

粒子特征与高斯滤波器共享置信状态、位姿测量和控制输入的概念。然而，二者之间的重要差异在于，粒子滤波器并未假设巡视器模型和测量模型服从高斯分布，取而代之的是试图直接取近似分布。粒子滤波器是一种非参数滤波技术，它通过从后验数据中随机抽取一组样本进行后验建模。这些随机样本被称为粒子，而那些误差较低的样本数据被保留下来并用于执行迭代重采样。

4.4.4.3　同时定位与地图创建

SLAM 是一种技术的总称，这种技术可以在未知环境下估计巡视器的位置，同时创建局部特征地图。SLAM 技术通常是高斯滤波器或粒子滤波器的特殊实现，后续将对此进行介绍。截至目前，SLAM 系统尚未在飞行巡视器上实施。

SLAM 有效扩展了巡视器状态 x_t 的定义，它可以包括一个地图，即局部环境中的特征。特征检测是指辨识传感器数据中的特征。

这里的传感器通常是指视觉传感器，例如单目或双目立体相机，或激光雷达。SLAM 算法的具体实现中，最常见的传感器数据形式来自于激光雷达；然而，激光雷达技术尚未广泛应用于空间探测任务，特别是尚未在巡视器上使用。如上所述，迄今为止，所有的行星巡视器都配备了相机，因此，基于视觉的 SLAM 技术非常适合于行星应用。

特征检测使用诸如加速稳健特征（SURF）[105]等算法用于辨识图像中的兴趣点。如果能够在连续的图像中识别出这些点，即可跟踪其相对于相机的位置关系，因此有可能恢复出有关巡视器的位置信息。

SLAM 实现还在"预测"和"更新"步骤中添加了"增强"步骤。在这一步骤中，新

检测到的特征被添加到地图中（继而添加到状态中）以及巡视器移动过程中，通过构建特征之间的映射关系，可有效改进其定位估计并减少重匹配特征的配准误差。这种机制称为闭环检测。

SLAM 两种主流的粒子过滤器分别是 FastSLAM[106] 和 FastSLAM 2.0[107]。在这些技术中，巡视器的状态和地图是彼此分离的。每一个粒子都包含一个巡视器的位置估计，以及地图中每个特征对应的扩展卡尔曼滤波器。其中每个扩展卡尔曼滤波器的协方差之和主要用于确定每个粒子的权重系数，再对状态分布进行重新采样。

SLAM 的实现可以达到很高的定位精度，这有助于提高行星巡视器自主导航能力，但在行星探测任务中部署 SLAM 算法并非易事。这对行星地形环境和巡视器平台提出了极大的挑战。现阶段的地面 SLAM 技术已趋向于在结构化室内或室外环境中使用，其中结构化环境使得特征跟踪变得更简单。行星探测任务提供了一个更具挑战性的场景，因为行星地形是非结构化的，而且相当均匀。此外，行星巡视器的计算能力也极其有限，因此，任何 SLAM 系统的应用都需要适应约束更严苛、宇航级的硬件环境，且能够正常运行。SLAM 涉及了大量密集型计算，因为它的复杂性是关于其地图尺寸大小的函数。参考文献 [108] 对比分析了三种算法（FastSLAM 算法、基于 EKF 的 SLAM 算法和基于 EIF 的 SLAM 算法）分别在行星环境中的应用。参考文献 [109] 介绍了行星巡视器 SLAM 方法的另一个在工作地点场景下的例子。

减小地图尺寸的一种方法是将显著特征与基于点的特征（如 SURF 特征）联合在一起。视觉显著性特征检测算法（例如，参考文献 [110]）是一种生物启发式方法，用于在图像中识别感兴趣区域（ROIs），如行星表面的岩石。然后，仅需要在这些感兴趣区域内检测基于点的特征，而不是在整个图像中检测。对连续图像的跟踪可以使用基于点的特征，但只有显著特征需要存储在地图中。行星单目 SLAM[111] 是这种算法的一个典型示例。该算法还使用单目图像作为系统输入，进一步降低了系统的复杂性。

虽然 SLAM 技术尚未应用于行星巡视器，但其应用前景一片光明。SLAM 可以提供准确的定位，因为它会一次性同时考虑巡视器配备的所有传感器的测量数据，以便对巡视器的位置和地图特征匹配生成最优估计。闭环检测概念也可以使 SLAM 在涉及回访任务（如样本取回任务）中发挥理想作用。其主要挑战是如何在巡视器处理器的资源受限的情况下实现 SLAM。

4.4.5　定位系统案例

本节列举了巡视器定位系统的例子：被提议的、原型的和实际的。上述每种案例均给出了所使用的传感器配置与测量数据融合方法。本文对这些系统定位可能的实现方式进行了深度剖析，其中实现方式的不同主要取决于每个目标任务所特有的约束限制要求。

4.2.3 节介绍了目前和过去飞行巡视器在轨部署的导航（和定位）系统，4.6.1 节和4.6.2 节分别介绍了计划中的飞行巡视器和未来深空探测任务推出的巡视器概念各自所采用的导航（和定位）系统。这些系统通常涉及以下几个方面：基于惯性测量单元的相对定位、某种太阳敏感器的绝对定位、针对行驶距离的轮式里程计、用于提高旅行距离定位精度和车轮打滑检测正确率的视觉里程计。

参考文献［91］描述了星座项目（及其相关的月球卫星）实施阶段建造的月球绝对定位系统。该系统使用扩展卡尔曼滤波器将局部地面站和两颗卫星的测量结果有效融合在一起。

该系统的焦点在于如何提高巡视器的绝对航向测量性能[52]。为此，Lambert 等人阐述了如何将专用太阳敏感器和倾角仪的常规测量直接纳入视觉里程计的处理流程中，有效抑制方向漂移误差。外场试验结果表明，定位精度可大幅提高至行驶距离的 1％ 以下（在行星模拟地形中，行驶 1 km 测量所得数据）。使用捆绑调整方法（类似于扩展卡尔曼滤波器）也可以用于多源测量数据融合。这种方法不同于 MERs 在轨使用策略，后者只是偶尔更新 MERs 的绝对方向。

该研究小组的其他工作提出了一种太阳敏感器系统的替代方案，即只适合于全暗（微光）场景的传感器，这种微光场景通常出现于月球两极附近区域[53]。这些传感器包括轮式里程计和一个常用的惯性测量单元，还包括一个星敏感器。该系统的外场测试结果表明，巡视器行驶过程中，其行驶里程达 7.5 km 时，定位精度可达 0.85％，星敏感器输出的测量数据刷新率为 1 Hz。

参考文献［112］详细介绍了一款为支持美国国家航空航天局公布的资源勘探任务而设计的巡视器原型样机的定位系统。这款命名为 Artemis Jr 的巡视器有效融合了下列系统提供的测量数据并统一纳入扩展卡尔曼滤波器处理：一个惯性测量单元、两个互补的视觉里程计系统（其中一个系统使用了俯视观测的双目立体相机对）、轮式里程计、一个太阳敏感器、一个基于地图的绝对定位器以及一个基于着陆器的绝对定位器。

参考文献［83］描述了一种"无基础设施"的定位系统。该系统在巡视器原型样机上完成了部署，将车轮里程计、IMU、视觉里程计感知设备采集的三维地形等信息映射至轨道器生成的地形图的配准技术，以及巡视器感知到的地平线映射至轨道器地形图之间的配准技术等提供的测量结果有效融合在一起。后两项属于绝对定位测量，引入它们主要用于抑制相对测量的漂移误差。

参考文献［113］描述了 Zoe 巡视器的定位系统，已经在卡内基梅隆（Carnegie Mellon）大学开展的 Atacama 研究项目中得到了应用。这款配有铰链式轴承的巡视器使用了轮式编码器、IMU、倾角仪和太阳敏感器等传感器。这里研发出了一种卡尔曼实施方案，用于融合测量数据，但具体实施过程中面临的问题是，需要创建一种简单的技术以融合测量数据。并且这种简单的技术应满足定位误差为 5％ 的指标要求。经测试，最终的定位误差为 3.3％，其行驶里程达 3.9 km。

参考文献［114］介绍了为滑移式微型巡视器原型样机定制研发的简单系统。该系统融合了倾角仪、仅输出方位角的陀螺仪以及左右驱动电机里程表等设备的测量数据。该系统具有两种特性：一是执行零位更新（例如，巡视器静止时，其位姿固定不变，此时即可估计陀螺仪的测量偏差）；二是利用巡视器方位角的冗余测量数据（来源于不同的里程计和陀螺仪）估计车轮滑移情况。

Batista 等人[93]提出了一种定位系统，它使用卡尔曼滤波器将 IMU 输出的测量数据与根据安装在着陆器上的单个信标所获得的距离测量数据融合在一起。该系统适用于距离着陆器不太远的巡视器定位。

另一类定位系统是 SLAM 系统，已经在 4.4.4 节中予以讨论。该部分还提供了示例系统介绍。

综上所述，定位系统的实现方法多种多样，其性能需求将直接决定所需的传感器和技术的种类。

4.5　自主导航

本节讨论了自主导航的各个方面：感知、建图、地形评估、路径规划（局部和全局）以及控制。

4.5.1　感知技术

自主导航的第一步是感知局部地形的三维几何形貌。所有的自主飞行巡视器均配备了双目立体视觉相机用于实现三维地形感知，但主动式（有源）三维传感器（例如，激光雷达）也是实现三维地形感知的另一种选择（请参见 4.6.4.4 节）。本节介绍了一种典型的双目立体视觉处理流程，生成三维数据。主动式三维传感器将生成原始三维点云数据，因此不需要进行下列计算。

立体视觉生成三维数据的处理过程主要涉及：图像校正、图像滤波和立体（或对应）匹配等步骤。图像校正过程采用了由标定推导出的图像坐标转换，以消除镜头畸变影响。校正结果是双目相机之间的外极线对齐，这意味着其中一幅校正后图像中的每个像素所定义的光线将在另一幅图像中的同一水平行中出现。这对于简化立体匹配至关重要。图像滤波是将"差分算子"（例如，Sobel 模板）应用于图像以突显边缘并使恒定光强区域归零，其重要性在于增大了原图像的光强之差及对比度，确保立体匹配更具鲁棒性。最后，其中一幅图像逐个像素进行立体匹配：对于每个像素，只需在另一幅图像中的对应行中搜索即可确定最佳匹配点。对应匹配点列数的差异称为"视差"，随着视差的增加，测量距离将逐步减小。基于窗口的相关性方法（例如，绝对差值和算法）通常适用于此任务。

MERs，好奇号和 ExoMars 等巡视器均使用上述立体视觉处理流程的改进方案。MERs 和好奇号巡视器通过对导航相机图像进行二次采样，使其图像分辨率从 1 024×1 024 降至 256×256[38]来减轻计算负担，而 ExoMars 巡视器将图像分割为图像的上半部分，其中保留了全分辨率（1 024×1 024）（以改善远距离测量数据），而下半部分仅保留一半的分辨率[39]。MERs 和好奇号巡视器均具有固定的最大视差值，而 ExoMars 有与行相关的最大视差值。

4.5.2　建图技术

建图是自主导航的下一步。建图过程的典型输出形式是三维点云或网格，随后可将其传递到地形评估步骤（下一节将详细介绍）。本节讨论了建图的典型处理流程，此外，还讨论了飞行巡视器与某些地面系统自主实现建图的差异。

特别值得一提的是，除了巡视器生成的单组点云或网格以外，还有许多类型的数据产品都属于"地图"类别。"全局地图"可以是一幅二维图像，通常是由轨道器搭载的相机采集组合而成的，例如，轨道器搭载的高分辨率成像科学实验相机采集的遥感图像生成的全局地图可用于 MERs 和好奇号巡视器的路径规划（具体参见 4.2.3.4 节）。全局地图也可以是数字高程模型，可以从轨道器采集的遥感图像（和轨道测距）衍生而来，用于绝对定位等处理（请参见 4.4.3.3 节）。此外，建图还生成了可通行地图或代价地图，巡视器通常在这两种地图的基础上，规划行驶路径，这部分将在下一节重点讨论。最后，拓扑地图属于一种抽象地图，主要由图像的边缘特征（例如，SURF 要素或图像集）组成，具有可搜索性。这种地图类型可用于 SLAM 系统（参见 4.4.4.3 节）或束调整定位系统，后者已经成功应用于 MERs（参见 4.2.3.4 节）。"地图"作为专业术语，显然具有其广泛的定义。

建图过程通过引入感知步骤反馈的点云或网格图等数据，构建（和更新）局部地形图。上一节介绍了巡视器感知局部地形信息并生成表征该地形特征的三维原始点云数据。构建这些三维数据通常来源于双目立体相机在某一个站位采集的图像或通过旋转或移动相机至多个不同站位采集的图像。巡视器的位姿可将上述三维数据统一转换至本地参考坐标系中。剔除某些异常数据点，例如，地平面以下的点。接下来，数据精简过程通常用于减小点云数量的同时保留感兴趣的特征（例如，障碍物）。数据精简具有多种不同的实现方式：点云的选择性抽取（有关数据精简方法的比较请参见参考文献［115］），或者点云的体素化/栅格化（将多个点划分为一个规则栅格）处理。此时，建图步骤生成的数据产品即可视为一幅地图，它可用于后续的地形评估处理。

上述方法的一种改进是在数据精简过程的前后，对原始点云数据进行三角网格划分。网格为路径规划提供了一种十分有用的格式，因为它们提供了可通行路径序列点之间的连接关系。简单的 Delaunay 三角化可用于生成三维网格数据。当前在开源社区中流行的另一种方法是"贪婪三角化"［116］，这是一种快速三角剖分方法，并且允许使用新信息快速更新网格。参考文献［117］介绍的 QSlim 方法即为网格精简技术的一个示例。

使用基于点云或基于网格的方法，可以将巡视器在单个站位处生成的局部地图融合至现有的全局三维地图中。完成地图配准之后，巡视器就能够记住从其当前站位的观测角度可能被遮盖（或太远看不到）的障碍物位置。但其主要挑战在于不同地形场景感知测量所得的巡视器位姿数据存在不确定性，往往导致地图中出现裂缝或瑕疵。4.4.2.4 节中介绍的多种点云配准技术主要用于最大程度地减少这些裂缝或瑕疵。

MERs，好奇号和 ExoMars 巡视器都是通过对巡视器在某一固定站位处采集的多组立体图像对进行处理并生成三维地图。对于 MERs 和好奇号巡视器而言，基于立体视觉图像对生成的整个测距数据集均保留在建图阶段[118]。将这些数据与现有地图进行有效融合将在地形评估阶段的自主化过程中实现（请参见 4.5.3 节）。

　　这里列举一个相关的地面建图案例，是由卡内基梅隆大学创建的可靠自主地面移动（RASM）系统，现已在多种不同的地面巡视器原型样机上实现。RASM 系统旨在自主引导巡视器移动，最高时速可达 5 km/h。根据参考文献 [119] 可知，RASM 系统的建图处理流程具体如下：使用基于协方差的处理算法对点云（来源于任何三维传感器）数量进行大量精简，该技术仅保留感兴趣的几何特征区域中的空间点分布，删除无特征区域中的三维点云。然后，使用 Delaunay 三角化法对三维点云进行网格化，再有选择地移除对整体网格形状影响最小的顶点，进一步压缩网格尺寸。RASM 系统随后使用最近点迭代算法将当前压缩后的网格数据与内存中的已有的网格数据（在巡视器行驶过程中采集的）进行有效融合，并对新、旧两组网格数据之间的接口界面实施平滑处理。RASM 系统对遮挡区域（例如，障碍物后面）进行"乐观"地网格化处理，这意味着巡视器默认该区域是可通行的。基于现场观测得出的结论是，RASM 系统应用于典型的巡视器导航时，往往更倾向于岩石散落的地形场景，能够为巡视器规划更多的可通行路径；并且当巡视器接近遮挡区域时，它可能会找到更好的观测视角查看遮挡区域。图 4 - 8 显示了由 RASM 系统生成的抽样化网格地图。

图 4 - 8　RASM 系统自主处理软件生成的抽样化网格地图，还显示了巡视器的候选运动路径
（由加拿大领先空间传感器公司和卡内基梅隆大学提供）

第二个地面巡视器示例是由加拿大航天局实现的系统[120]，该系统包括在地面巡视器原型样机上实现的建图处理流程，其中建图所需的原始点云数据是由巡视器在某一观测视角处采集的。巡视器使用了激光雷达采集了覆盖 360°点云数据，使用 Delaunay 法进行网格化，并使用 QSlim 算法进行数据精简。

4.5.3　地形评估

建图处理后的下一步操作即为地形评估。通过考虑巡视器自身的移动能力（例如，离地间隙和最大安全坡度），分析地图的可通行性。地形评估过程的输出结果是一幅可通行地图，随后传递给巡视器在轨自主路径规划器。

MERs，好奇号和 ExoMars 等巡视器均通过分析三维点云地图生成一个基于网格化的局部可通行地图，然后将其统一融入更大的地图。特别是对于 MERs 和好奇号巡视器而言，网格化地图中的每个栅格单元中心巡视器直径范围内的三维点集通过分析处理，拟合成一个平面并估计其法线、残差和最大/最小高程值[118]。该信息可用于检查巡视器本体尺寸大小所占据的地形是否存在危险的斜坡、台阶和崎岖程度。地形评估生成的地图将配准至一个更大的地图（根据巡视器行驶轨迹中的其他位置获得的测量结果构建），新地图数据将对原有地图数据进行局部修改或更新。ExoMars 巡视器也使用了相类似的地形评估处理过程。考虑到 ExoMars 巡视器的定位精度随时间的增加而下降，将局部地图有效融合至更大的原有地图，并为原有地图中显示的"旧"障碍物提供了更宽的占位。

两个原型样机系统利用独特的方式评估地形。上一节介绍的 RASM 系统[119]并未在整个地图上进行地形评估。它通过仅检测有效短距离（即 5 m 以内）的候选路径上的障碍物信息，极大地减少了计算负荷。加拿大航天局提出的原型系统（参见参考文献［120］）通过简单地剔除具有非常陡峭坡度的三角网格，再去除一些未与主地图建立映射关系的三角网格后，即可检测网格地图中的障碍物信息。

前面对地形评估功能的描述和示例都可以归纳为几何地形评估，但是可以通过其他不常用的方式进行地形评估。Sancho – Pradel 和 Gao 等人[121]提供了对地形评估技术的详细调查，并讨论了以下 5 种类型的定义：几何、外观、土壤、科学价值和语义地图。基于外观的地形评估技术通过使用相机（例如，颜色，纹理）的视觉信标补充原有的几何评估法，估计地形的可通行性。这种方法对于某些无法获得几何信息的长距离地形特别有用。尽管如此，由于类内存在显著差异，基于外观的方法定义和/或学习分类器可能会面临技术挑战。接下来，基于土壤的地形评估技术可用于估算土壤特性，从而估算其可通行性。这些技术可以使用诸如电机电流、视觉里程计输出以及车轮编码器刻度等可测数据，以检测车轮沉陷、扭矩和车轮载荷等特征。科学价值类型主要涉及对场景自动评估，以确定要探测的目标，例如感兴趣的岩石或峭壁。随后，检测结果将联合其他指标共同表征地形区域的地貌信息，该地形有助于优化巡视器安全行驶路径和执行感兴趣的科学探测任务。最后一类语义地图主要涉及从传感器数据（例如，目标、平面）中提取感兴趣的特征，并将其与地形图建立映射关系。语义地图类似于 4.5.2 节中讨论的拓扑地图概念。

4.5.4　路径规划

已知一幅可通行地图、当前的巡视器位姿以及目标点位置，自主路径规划器将确定一条通往该目标点的安全有效路径。路径规划的目标点通常是由操作人员从轨道器图像或巡视器变焦相机采集的图像中手动选择目标（例如，MERs 和好奇号巡视器）。此外，操作人员通常在巡视器某个站位处清晰可见的地形图中手动规划一条路径，然后，使用自主路径规划器在未知区域中规划一条可通行路径（MERs 和好奇号巡视器均存在此类案例）。本节讨论了路径规划器的影响要素，然后讨论了不同类型的路径规划器，最后讨论了各种飞行巡视器的具体在轨配置情况。

选择或研发一种路径规划器时，需要考虑许多影响要素。首先，路径规划器必须考虑巡视器自身的约束限制。例如，一条由直线和直角转弯（例如，在网格地图上）构成序列的路径不适用于无法转向的巡视器。接下来，路径规划器在接收新信息后，应能够有效地重新规划（或更新）路径。在行星表面地形环境中，我们不希望地形发生变化，但是我们确实希望传感器定期提供有关地形的更新信息。然后，路径规划器应该能够保证路径在某种程度上的最优性。且这种最优性不仅包括行驶距离和安全性，还包括所需的功耗。例如，对于滑行转向的巡视器而言，直线行驶比转向行驶更加节省功耗。另一个考虑要素是计算路径时间（即计算负荷）。一些路径规划器的特性是"随时"（后续将讨论），能够在预定的任意时间段内生成路径，但是路径的质量会随着时间的增加而增加。

本节将路径规划细分为局部规划器和全局规划器。局部规划器通常仅使用当前传感器采集的信息为巡视器生成一段短距离路径。而全局路径规划器是通过使用有关地形的所有可视化信息，为巡视器生成一条从当前位置到目标位置的完整路径。局部路径规划器当然更易于实现，但存在比如陷入死胡同等缺陷。

4.5.4.1　局部路径规划与避障

本节将着重讨论局部路径规划和避障：这两个概念具有功能一致性。局部路径规划器通常仅使用当前的传感器数据，用于选取短期路径，有效避障的同时朝目标位置行进。障碍物出现的形式多种多样，无论是大岩石、壕沟还是陡坡地区。

有多种类型的局部路径规划器。最简单的示例是"漏洞"算法[122]，该算法假设仅利用接触式传感器进行障碍物检测，并在巡视器路径上绕过每个障碍物，从而找到最佳的位置，以避开通往目标路径上的每个障碍物。在此基础上，还有许多扩展性研究，包括 Bug2（第 2 代漏洞）算法和 TangentBug（正切漏洞）算法，前者避免了对每个障碍物的完全环绕，后者则融合了一个测距传感器的功能，可以更好地决策要朝哪个方向行驶。参考文献［123］提出了多种漏洞算法的比较。势场法属于一种更复杂的局部规划器类型。其中，目标点用负粒子建模，障碍物用正粒子建模，此时，巡视器也用正粒子建模，最终规划的结果遵循"异性相吸，同性相斥"的原则，巡视器被负粒子建模的目标点强势吸引且远离正粒子建模的障碍物。这是一种简单的方法，但是很难对巡视器的行为建模，且这种方法存在容易陷入局部极小值的问题。参考文献［124］介绍的欧空局推出的地面巡视器原型样机是实现这一方法的应用实例。文献［125］介绍了许多其他类型的局部路径规划器。

火星探测漫游者的路径规划器 GESTALT（应用于 2006 年软件升级之前）也是一种典型的局部路径规划器。正如参考文献［126］所述，规划器 GESTALT 使用了投票机制以规划巡视器下一步或下两步的短距离或小角度的行驶策略。共计有三类投票：避险，最小化转向时间以及朝着目标前进。尽管仅考虑局部数据（最大覆盖范围为 6 m），但避险类投票主要基于前面介绍的可通行地图。转向时间投票越大，则巡视器开始转向所需的转弯角度越少。朝着目标前进投票的依据是每次转向时巡视器相对于目标点之间的距离统计。最终，选择总体投票率最高的转向弧或移动距离即可。

局部路径规划器也可以与全局规划器结合使用（将在下一节予以介绍）：例如，局部规划器能够针对全局路径规划出一段较小的偏离路径，比如绕过全局路径规划时未看到的单独障碍物。这样避免了每次遇到此类障碍物时都要重新规划全局路径（通常是计算量庞大的过程）的情况。

障碍物检测可以通过多种方式进行。MERs 和好奇号巡视器使用安装在巡视器本体的双目立体相机来检测各种障碍物类型。激光雷达已经在地面巡视器中普遍应用，其应用领域可能会拓展至未来的空间巡视器。索杰纳号巡视器使用接触式传感器来检测与障碍物的接触。加速度计（倾角仪等传感器）可以检测巡视器是否处于危险的斜坡上。一旦检测到障碍物，巡视器可以使用任一局部或全局方法（分别在本节和下节予以讨论），选择停止或重新规划路径。

4.5.4.2　全局路径规划

全局路径规划器将使用当前和最近的传感器信息来规划抵达目标点的路径，这些数据通常以可通行地图的形式显示，如之前在 4.5.2 节中所述。与局部规划器的不同之处在于全局规划器将规划出从巡视器到目标点之间的完整路径，因此，即可估计达到目标点所需的时间。本节介绍了一种图形搜索方法，可用于在可通行地图上规划路径，还阐述了如何进一步处理可通行地图以提高算法的鲁棒性或运行时间。最后，介绍一个应用示例系统。

基于栅格或基于网格的可通行地图可直接用于路径规划，具体采用本节讨论的其中一种图形搜索算法来实现，但还需要进一步处理可通行地图以改进规划结果。例如，倘若无法从巡视器当前位置到达目标点，则图形搜索算法通常需要大量的计算时间才能完成。洪水填充算法可用于删除地图上不可达区域，并由此快速确定目标点是否可达（已经在MERs 和好奇号巡视器实现[126]）。当然，还需要从地图中删除死胡同路径（或"手指型路径"），以提高图形搜索方法的性能指标。

可通行地图还可以转换为除规则的栅格或网格之外的其他形式，其目的是减少地图中的节点数量以提高图形搜索算法的性能。这里简要介绍两类转换方法：单元格分解和路谱图（详细描述，参见文献［127］）。单元格分解主要涉及寻找可通行地图中的基于单元的物理表示，它不同于规则的方格（或三角形）单元。例如，使用四叉树法将这些单元格予以合并，其中，大范围可通行区域可由几个大尺寸单元格表示，而更多的拥塞区域则由更小的单元格集合予以详细表示。另一方面，路谱图舍弃了单元格的概念，而是将可通行地图表示为可通过路径（或道路）的网络。这方面的一个例子是"可见度图"，其中的道路分段生成，即在同一个站位处，同时位于巡视器观测视场内的每个障碍物角点特征与其他障碍物角点特征之间生成了一段道路（这当然会导致巡视器沿可通行地图行驶时，过于贴近障碍物）。相反，可通行地图的 Voronoi 泰森多边形图可用于生成一个道路网络，该道路网络可将与所有障碍物的间距最大化。最后一个例子是概率统计路谱图，图中的节点都是在地图上随机采样而得的，且彼此互相连接，确保任一结果路段均可通行。

　　所有这些方法都将大大减少可通行地图中的节点数量，但是这些技术尚未在任何飞行巡视器自主系统中实现，而且，它们在地面巡视器上的部署也并不常见。原因可能是：后续介绍的许多流行的图形搜索方法都是在考虑规则网格的情况下开发的，并且使用可通行地图可有效降低整体实现的复杂性（测试和性能特征的复杂度）。对可通行地图使用图搜索算法将产生从巡视器当前位置到目标点的路径。这是一个十分活跃的研究领域，因此有很多研究成果供选择。参考文献［128］介绍了许多基于图的路径规划器，在此进行简要归纳和总结。

　　A* 算法于 1968 年首次提出[129]，它从初始节点（即巡视器位置）开始，采用最佳优先搜索向外扩展直至抵达目标点。对于每个评估节点，分别存储抵达该节点的代价，以及从该节点抵达目标点的估计代价。该信息可用于确定节点之间的首选连接，这些节点将作为算法的中间过程量予以保存。当算法到达目标点位置时，即可从上述节点连接中直接提取最佳路径。可变的地形代价（即可通行代价）将与距离代价等参数一起代入代价函数计算，这使得该算法非常适合应用于基于网格的可通行地图。A* 算法的缺点是重新规划路径需要重新运行整个算法，并且在已知规则网格的情况下，它将产生一条仅限于巡视器做水平、垂直和对角线移动的路径。图 4-9 显示了基于网格和基于连接图的 A* 路径简单示例。

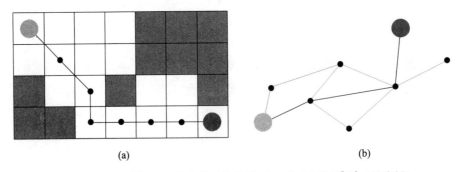

|(a)|(b)|

图 4-9　基于网格（a）的和基于连接图（b）的 A* 路径[130]（见彩插）

　　研究学者研发了许多其他算法来改善 A* 算法的性能。D*（或"动态 A*"）算法[131]通过支持路径的快速重新规划来改进 A* 算法。以巡视器为例，D* 算法可用于快速更新可通行地图。D* - Lite算法[132]与 D* 算法的性能相匹配，但前者的算法实现更简单。

Field D* 算法[19]是 D* 算法和 D* – Lite 算法的一种改进，它允许在网格之间进行插值，即可实现任意角度的移动（不仅局限于 45°或 90°）。增量式 Phi* 算法[133]改进了 Field D* 算法生成的路径质量，同时保持了快速重新规划的能力。最后，Anytime D* 算法[134]是 D* – Lite 算法的一种改进，可在"任何时间"生成一条路径，即任何时间都能获得一条路径，但路径质量会随时间的增加而增加。

　　尽管如此，最终的图形搜索路径并未考虑巡视器自身的运动约束，例如，转弯半径。为解决这一问题，提出了一种可行的解决方案，已应用于 MERs，好奇号和 ExoMars 巡视器，首先考虑巡视器能够实现的一组有效短路径（例如，转向弧），再利用图形搜索法规划从每条短路经的终点到目标点之间的路径。一方面，MERs 和好奇号巡视器考虑了一组转向弧线（一个或两个弧长），然后利用 Field D* 算法作为规划器中三类投票的其中一项（取代了"朝目标前进"的投票）[126]。另一方面，ExoMars 巡视器将使用 A* 算法，但搜索空间将从（可选）拐点开始，随后是三条曲线，再往后即为基于规则网格的标准路径。前面讨论过的地面 RASM 系统根据障碍物和向目标前进等度量指标，也从一组转向弧中选取了短期路径。其中，前进性测量使用 A* 算法即可完成。

　　本节阐述了已知巡视器当前位置和目标位置，全局路径规划器如何在可通行地图上生成一条全局路径。还介绍了 MERs，好奇号和 ExoMars 巡视器所采用的全局路径规划器的具体实现方式。

4.5.5　控制技术

　　自主化难题的最后一部分是控制：即如何下发运动指令引导巡视器沿其选择的路径行驶。本节讨论影响控制的重要因素以及各种飞行巡视器使用的控制策略。

　　控制模式可以分为闭环控制和开环控制。巡视器借助闭环控制模式，在运动过程中，实时估计自身位置和方向，以便尽可能沿着规划路径行驶。可以使用陀螺仪、轮式里程表、视觉里程计等方式进行定位。然而，巡视器在开环控制模式下将执行一小段盲走：即下发指令控制车轮严格按照预先规定的量值转动且实时可测，确保巡视器遵循规划路径行驶。巡视器仅在分段路径之间使用其定位传感器更新其位置和方向。闭环控制自然会产生更好的性能，特别是在湿滑的地形或斜坡的情况下，很难估计地形对巡视器移动的实际影响。ExoMars 巡视器将实施闭环控制策略，确保其能够严格按规划路径行驶（巡视器运动过程中，每间隔 10 s 使用一次视觉里程计），倘若已知巡视器未来可能遭遇的地形可通行的难易程度，则闭环控制具有很高的优先级。但是，MERs 和好奇号巡视器采用开环控制模式运行：下发一条转向弧指令，巡视器将尽可能严格按指令弧线执行，且行进过程中不引入实时反馈。这些巡视器均可以检测车轮打滑（已在 4.2.3 节中讨论），但在运动过程中无法实时监测。

　　巡视器控制的第二个影响因素是所使用的控制算法。例如，Astolfi 控制算法[135]输出的巡视器运动控制量包括：距离目标点（或下一路径点）的距离、指向目标点的航向角增量以及指向目标方向（指定目标方向）的角度增量。将上述控制量的具体数值（通过调整参数进行比例缩放）合并至控制律中，最终输出前进距离和旋转速度。前面介绍的势场局部规划器也将输出行驶方向和行驶速度以控制车辆移动。ExoMars 巡视器具有独立的控制器，将路径的横向误差和方向误差控制在限制范围内[36]。鉴于巡视器行驶速度缓慢，巡视器运动控制相对容易，无须考虑巡视器动力学特性。

4.6　未来星表导航技术

本节重点讨论了未来星表导航技术。简要介绍了 ExoMars 巡视器和火星 2020 巡视器的导航系统，以及未来计划发射任务所需的多种新型巡视器。接下来，重点介绍了近期开展的外场试验的地面模拟试验场，它们可用于验证未来巡视器任务。最后，阐述了未来巡视器的部分功能性能，主要涉及新型传感器、其他新型移动理念等。

4.6.1　计划发射的飞行巡视器

本节重点介绍了两个目前计划发射的巡视器导航系统，这两款巡视器是：欧空局 ExoMars 巡视器和 NASA 火星 2020 巡视器。通过对 ExoMars 巡视器导航系统的详细介绍，便于读者深入了解该导航系统所涉及的前沿技术。

4.6.1.1　欧洲火星太空生物漫游者巡视器

欧空局计划于 2018 年发射 ExoMars 巡视器登陆火星，其目的在于确定火星上是否存在过生命[36]。ExoMars 巡视器将必须实现自主化，而该项技术尚未在任何行星表面应用过。

巡视器导航系统的设计主要取决于环境需求、自主性需求和性能指标驱动等因素。巡视器必须具备生存和正常工作的能力，自主适应极端温度和沙尘等恶劣环境。巡视器携带的仪器设备的生存温度范围是 $-120\sim+40\ ℃$，其正常工作温度范围 $-50\sim+40\ ℃$ 之间。另外，火星车必须能够在 2 个火星日的控制环路中，在没有地面控制人员参与的情况下继续执行任务。这可能会将巡视器带出操作人员能够安全评估的地形（最大范围不超过 20 m）区域；因此，迫切需要自主化确保行驶过程中的安全性。性能指标需求（取决于科学探测需求）包括巡视器启动最大化自主导航模式，每个火星日最多可行驶 70 m。完成单日最大自主行驶距离后，巡视器也必须置于以预定目标点为中心、7 m 为半径的圆形区域内，且与目标点之间的航向角小于 5°。

传感器保护罩和处理器硬件包含了大量部组件。其中，立体导航相机主要用于支持感知、导航和路径规划等功能。但其采集的图像也可用于确定太阳的方位。由此测得的太阳方位连同加速度计（加速度计是惯性测量单元的一部分，除此之外，IMU 还包括一个三轴陀螺仪）测得的重力方向一起，即可用于初始化巡视器的绝对姿态角。导航相机固定安装于距地面 2 m 高的桅杆顶端，使用转台装置（含回转和俯仰机构）作为导航相机的指向机构。而定位相机与导航相机的设计完全相同。它们提供了图像分辨率为 1 024×1 024（或 512×512）的 8 位（量化位数）全色立体图像。当巡视器移动时，定位相机采集图像进行视觉定位处理，每隔 10 s 即可更新一次巡视器的姿态。这些传感器均已在图 4-5 的巡视器导航和移动功能架构图中进行了展示。其中，导航算法使用的处理器型号是 LEON2 处理器，其主频是 96 MHz、内存 512 MB、CPU 处理速度 75 MIPS（即每秒钟执行 7 500 万条指令）。

巡视器支持覆盖全自主控制到全手动控制的多种行驶模式。顶级控制模式对应于最大化自主模式，其中涉及所有功能。巡视器常用的标称工作模式是指地面操作人员提供目标点在火星局部大地测量坐标系下的坐标位置，巡视器即可自主行驶抵达目标位置。这种模式对应于巡视器的最低行驶速度。再低一级的控制模式是指巡视器沿着一条预定义路径前进，但必须反复校核路径是否安全。随着自主化水平的进一步降低，巡视器也能够沿着预定义路径前进，而无须开展路径安全性校核工作，但仍然执行闭环轨迹控制。接下来就是地面直接发送指令实现开环控制，例如，阿克曼几何跟随控制（受限于持续时间或距离，后轮仍需要定位）或原地转向控制。如果放弃定位，则只能实施短暂持续时间内的控制，此时允许直接向每个驱动器发送控制指令。最后，在大幅精简的控制模式下，可以绕过大多数功能，利用总线通信直接控制每个驱动器。

绝对定位过程与 MERs、好奇号巡视器在轨使用的绝对定位过程十分类似。将轨道器采集的遥感图像（例如，高分辨率成像科学实验相机采集图像）中能够分辨出的地标特征与巡视器全景图像中的对应地标特征进行配准。其结果将有助于引导巡视器的长期路径规划（例如，避开大型陨石坑）。

巡视器的绝对方向是通过惯性测量单元和探测太阳在天空中的位置来估计的。每次巡视器运动停止后，引入惯性测量单元输出的高频测量数据，即可对滚转角和俯仰角进行更新[36]。执行一天在轨任务的开始和/或结束阶段，当巡视器处于静止休息状态时，其绝对姿态信息都将被重新初始化。此时采用 triad 双矢量定姿算法，将重力矢量和太阳方向矢量作为输入。低太阳高度角有助于最大化分离上述两个矢量[36]。为了获得太阳方向矢量，必须处理导航相机采集的图像并提取方向矢量。由于导航相机并未配置专用的滤光片采集太阳图像，所以采集图像中的伪影需要利用专业算法予以消除。

相对定位主要通过轮式里程计、惯性测量单元和视觉里程计实现。相比于 MERs 和好奇号巡视器，对视觉里程计（VO）的使用更加频繁：巡视器行驶过程中，每间隔 10 s 对相机采集的图像进行视觉里程估计处理，这意味着相机采集立体图像时，巡视器通常处于运动状态。视觉里程计结果将更新由轮式里程计和陀螺仪计算得到的位置和方位的帧间估计。上述高频、定期更新的定位信息源是巡视器一项极为关键的安全特征，因为它允许对巡视器的滑移情况进行持续监测。所估计的车轮平均滑移量也可用于按比例调整轮式里程计的测量数据，以提高视觉里程计相邻两帧数据更新周期间隔内的定位精度[36]。ExoMars 巡视器视觉里程计功能的其他讨论已在 4.4.2.2 节中予以阐述。

通常，地面操作人员根据巡视器所处的在轨工作场景，针对巡视器采集图像或轨道器采集图像手动选取目标位置并下发指令给巡视器，随后，巡视器将自主行驶到达目标位置。如果在某一火星日的结束时刻，巡视器仍未抵达目标点，它将在下一个火星日继续向该目标位置行驶。根据要求，为了检测与地面（安全性）之间的通信是否存在错误或异常，巡视器在毫无任何地面通信的情况下，只能连续行驶两个火星日。

巡视器通过反复规划搜索可通行地形区域，并严格按照通向目标位置的路径序列行驶。每个路径序列最长可达 2～3 m，其中包括直线、曲线和原地转向等。平均而言，根据巡视器单个火星日自主行驶距离 70 m 的扩展任务需求，导航处理器必须在 135 s 或更短的时间内规划一条有效的安全路径序列。规划路径序列的能力通常可分为三个模块：感知、导航和路径规划，接下来将详细讨论。图 4 - 10 展示了上述完整的处理流程。

感知模块处理导航相机采集的立体图像生成视差图，每对立体图像的平均处理时间要求不超过 15 s。此外，使用多分辨率算法可显著提高远距离视差精度，且同时满足上述立体视觉处理时间要求[39]。

在路径序列之间的每个导航停止点处，导航模块创建的地图供路径规划模块使用[36]。完成这一过程的平均时间必须控制在 78 s 或更短的时间以内。在同一导航停止点，首先，通过平移转动导航相机采集的 3 组立体图像对，经立体视觉处理后生成对应的视差图，即可创建一个基于数字高程图的三维地形模型。其次，根据移动系统能力，对上述三维地形图进行量化分析并转换为一幅二维导航所依据的可通行地图，该地图的表示形式采用笛卡儿网格格式。地图明确指定了可通行区域、不可通行区域和未知区域。此外，根据巡视器面临的行驶困难程度和危险性，定义可通行区域不同地形所对应的代价值。随后，将地图数据融合至一个区域导航地图，后者包含了巡视器先前定位所需的数据。需要注意的是，这张地图必须考虑到，每一次导航停止时，先前建图区域的相对位置的不确定性将增加——例如，如果探测器检测到一个距其左侧 2 m 处的障碍物，然后巡视器向前直行大约 30 m 后，由于定位系统估计的不确定性，刚才的障碍物很可能不在巡视器后方 30 m、距其左侧 2 m 的位置了。因此，巡视器的建图系统不再知道障碍物的精确坐标，但利用定位系统的不确定性估计，它可以定义一个包含障碍物的更大区域。

每次导航停止点生成三个输出量：第一个是最终确定的区域导航地图，据此，路径规划模块将顺序规划下一段路径序列；第二个是逃逸边界（地图），指定了长期路径规划中可能的分段路径终点；第三个是可通行监测地图，允许在指定区域内代入巡视器位姿估计结果。

当巡视器行驶至下一路径序列时，上述输出量均考虑了相对定位系统和轨迹控制系统的预期性能。例如，连续区域导航地图中的未知区域或不可通行区域将导致该区域尺寸略微扩大，其中不允许巡视器位姿估计结果代入可通行监测地图。考虑到巡视器行驶至下一个路径序列时位置估计的不确定性，这就需要确保巡视器自身的安全性。而同样的区域将扩展至一个更大的区域范围，但最终确定的区域导航地图不允许规划路径序列。这是为了避免运动控制器（由于岩石或斜坡等干扰）触发安全故障，暂时无法在规划路径上保持位姿估计的精准性。

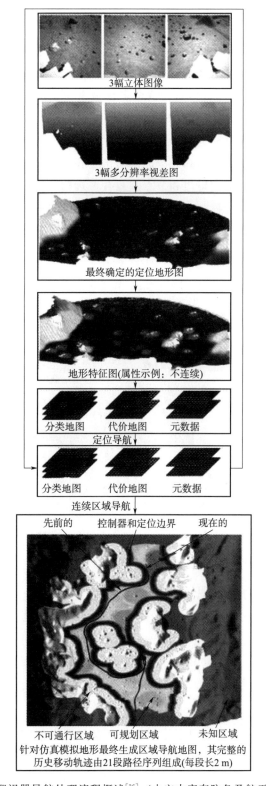

3幅立体图像

3幅多分辨率视差图

最终确定的定位地形图

地形特征图(属性示例：不连续)

分类地图　　　代价地图　　　元数据

定位导航

分类地图　　　代价地图　　　元数据

连续区域导航

先前的　　　控制器和定位边界　　　现在的

不可通行区域　　可规划区域　　　未知区域

针对仿真模拟地形最终生成区域导航地图，其完整的
历史移动轨迹由21段路径序列组成(每段长2 m)

图 4 - 10　ExoMars 巡视器导航处理流程概述[36]（由空中客车防务及航天公司提供）（见彩插）

　　路径规划模块在区域导航地图中规划了一条通向目标点的安全路径序列，其平均执行时间必须控制在 12 s 或更短的时间内[36]。在每个导航停止点，路径规划模块为巡视器规划出下一段待行驶的路径序列。绝大多数时间，从巡视器到目标之间的大部分地形都是未知的，主要是因为目标离当前巡视器的位置太远。因此，路径规划模块通常在逸出边界（地图）上选择一个点作为临时目标点，这个点称为逃逸点。接下来，路径规划模块规划出一条通向逃逸点的路径，该路径由如下分段路径依次排列而成：一个可选的原地转向、三条平滑曲线和一条非平滑路径。路径选择过程采用了一种基于混合搜索图操作的 A* 算法，主要包括表示初始的原地转向和光滑曲线的格边和节点，以及实现在初始光滑曲线和逃逸点之间搜索的经典笛卡儿网格边和节点。只有可选的初始原地转向和前两个光滑曲线作为当前路径序列输出至轨迹控制。创建剩余路径需要考虑后续路径序列的代价和动态特性。图 4 - 11 提供了路径规划功能的可视化结果。

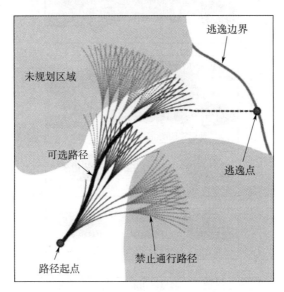

图 4 - 11　ExoMars 巡视器路径规划功能的可视化结果[36]

（由空中客车防务及航天公司提供）

　　ExoMars 巡视器将使用闭环控制策略，遵循规划路径行驶。独立的控制器将规划路径和航向角的横向误差控制在指标限制范围以内[36]，在轨巡视器实时使用包括视觉里程计在内的完整定位估计。ExoMars 巡视器根据其行驶在挑战地形中的预期指定行进策略，因此需要更精确的轨迹控制。行驶过程中，需要实时监控巡视器是否陷入危险境地，具体表现包括：倾角过大、大向角度过大、打滑严重或者误入禁区。

4.6.1.2　火星 2020 巡视器

　　火星 2020 巡视器本质上是按照图纸制造的好奇号巡视器的复制品，但它有一个增强版的有效载荷包。根据 NASA 的说法，火星 2020 巡视器还将继承好奇号巡视器的 C++ 代码库[25]。这意味着火星 2020 巡视器导航系统与好奇号巡视器导航系统基本一致，但也存在一些改进。第一个改进是工程相机（导航相机和避障相机）将是彩色的，相比于好奇号携带的相机，其图像分辨率更高[136]，这将有助于提升视觉里程计和三维感知能力。第二，正如前面所讨论的，NASA 计划在巡视器上实现一种快速通行能力，主要是在 FPGA 上实现视觉里程计，以减少算法运行时间[27]。这将意味着巡视器可以拥有更短的停留时间和更长的漫游时间。火星 2020 巡视器发射之前，可能还会对导航系统进行改进，请读者跟踪并关注预先任务的更新。

4.6.2　未来巡视器任务

本节主要讨论了当前处于设计阶段的巡视器导航要求和任务能力。首先介绍的是欧空局火星精准着陆器任务，其中将包括一个样本转移巡视器（SFR）。接下来，介绍了 NASA 提出的资源勘探任务以及一个巡视器的概念原型。

4.6.2.1　火星精准着陆器

计划中的欧空局火星精确着陆器任务本就是国际火星采样返回任务的一部分。这一任务将发射一个小型（约 85 kg）样本转移巡视器和一个上升飞行器降落到火星表面待采集样本附近的位置[137]（可能被火星 2020 巡视器缓存）。巡视器着陆时，其与样本缓存位置之间的最远距离可达 10 km。与其他巡视器不同的是，样本转移巡视器必须返回它的起始位置——这是一个有趣的问题，有很多可能的解决方案（例如，基于 SLAM 的闭环控制，留下一系列可跟踪的信标，基于视觉的路径跟随）。

参考文献［138］介绍了样本转移巡视器的概念原型以及对导航需求的详细分析。这里归纳总结如下。据估计，巡视器的平均导航速度为 55 m/h，每个火星日计划行驶距离为 210 m。导航系统的基线包括基于单个立体视觉相机（用于导航和定位）和惯性测量单元的联合获得的感知结果，实现连续导航。小型巡视器的外形尺寸限制了能够承载的传感器数量和尺寸。通过比较轨道器采集的遥感图像中的自然特征位置与巡视器携带的相机采集的降落图像的对应特征，即可在地面利用束调整算法实现绝对定位。本文还强调了欧洲技术发展的优先领域，包括将基于视觉的算法移植到 FPGA（例如，SLAM）上，进一步开发图像匹配技术，以及研发一款小质量、低功耗的 IMU。低优先级的技术发展领域包括研发能够提高巡视器感知能力的主动式（有源）传感器（例如，激光雷达）和危险土壤特性（例如，软土）检测。

因此，样本转移巡视器体现了一个令人兴奋的新的导航挑战。它能够满足高速、小质量和低功率等要求，必须能够发现和获取缓存的样本，并执行转移样本至上升飞行器的一项全新任务。

4.6.2.2　资源勘探任务

美国国家航空航天局规划的资源勘探任务旨在展示对挥发份的勘探和从月球风化层中直接提取氧元素[1]。该任务计划于 2019 年发射，目标是月球极区，其中包括一个能够执行勘探任务的巡视器。任务持续时间极短，大约一周或更短——这是由于月球极区严酷的光照和热环境导致的结果。探测活动将在以着陆器为中心、半径 1 km 的范围内开展，将对月球极区风化层进行多点钻采作业。本次任务也是一个"D 级"任务，它属于风险容忍度最高且研制成本低的 NASA 深空探测任务类型。这项特定任务将需要为巡视器配置一款独特的导航系统，不仅成本要低，还要能够在极具挑战性的极区环境中正常运行。

参考文献 [37] 是加拿大航天局（CSA）发布的一份报告，其中阐述了资源勘探任务的巡视器概念。报告中，CSA 针对该项目提出了额外的要求和细节说明，最值得注意的是：假设通信延时为 10 s，则要求巡视器的相对定位精度为 5%（目标定位精度：2%）。先将导航系统概念介绍如下。首先，安装于桅杆顶端的宽视场立体相机可支持多种用途：遥操作、视觉里程计、地形成像和障碍物检测。使用星敏感器进行方位估计，并配置一款低成本惯性测量单元留作备份。巡视器至轨道器成像建图可用于绝对定位。巡视器每次短距离行驶后，将图像发送到地面进行处理即可完成视觉里程计，此处的轮式里程计将作为定位方法的备份。此外，可以利用有监督的遥操作模式控制巡视器，通常地面会向巡视器下发运动指令，但巡视器在轨障碍物检测结果有时对地面下发的运动指令进行修正或重写。因此，巡视器既能够沿着预定的规划路径行驶，还能有效避开检测到的小障碍物。导航系统力求将成本和复杂性降到最低（例如，有限的自主性，精简传感器数量），但仍具备必要的任务功能。

4.6.3　为未来导航技术提供试验场地

本节重点讨论了外场试验和任务模拟仿真的开展情况，后续可用于测试未来巡视器导航技术的功能和性能。为了有序承接上下文，首先对测试场地的类型进行简要概述。

从广义上讲，测试场地按照保真度由低到高，主要分为四类：室内测试场地、室外测试场地、局部外场和远程外场。典型的室内测试场地，例如，空中客车防务及航天公司的测试场地（专门为 ExoMars 巡视器开展地面测试建造），主要包括：具有代表性的表面材料（例如，沙子）、障碍物分类、可调节的照明灯阵列和重要的基础设施（例如，测量、通信和电源等）。室外测试场地，例如，加拿大航天局模拟地形场（见图 4 - 12），其外观与室内测试场地相似，但占地规模更大，可能还会减少一些基础设施，而且显然无法控制光照条件或其他环境因素。局部外场是一种典型的具有代表性的地形，它比室外测试场地（例如，砾石坑或采石场）的规模更大，但几乎没有配套的基础设施。最后，远程外场通常选择与目标任务地形环境相类似的地点，例如，类似于火星地形的阿塔卡马沙漠。这些场地的占地面积通常极为广阔（绵延数千米的可通行地形），但自然地，也需要大量运输和物流工作，并且几乎没有配套的基础设施。

显然，上述不同类型的测试场地都有其各自的优势。例如，室内测试场地对于早期的技术验证具有重要价值，因为它们提供了一个略有代表性的测试环境，并且对于开发人员来说非常节省时间（几乎不需要移动，设备可以按日常摆放，不间断的测试，等等）。移动至更加遥远的测试场地，则需要在时间与效率、真实性与保真度之间进行权衡。远程外场则特别适合于技术研发阶段后期开展测试。它对于验证所研发技术在现实场景中的鲁棒性是极为有价值的（例如，持续时间长、光照条件恶劣、未知新地形）。表 4 - 2 给出了不同类型的测试场地对比表，并为每种类别提供了示例。

图 4 - 12　加拿大航天局模拟地形场

　　最近，国际空间机构越来越意识到在远程外场中开展高保真的外场试验验证（和"任务模拟"）具有非常重要的价值。这些外场试验不仅能够用于测试导航（和其他）技术自身的功能性能，还能够用于测试一些操作任务概念，例如，任务规划和操作人员控制策略。后续章节将归纳总结欧空局、美国国家航空航天局和加拿大航天局近期相继开展的一些导航相关的外场试验目标和结果。

4.6.3.1　（美国国家航空航天局/加拿大航天局）RESOLVE 资源勘探任务

　　该任务模拟仿真工作是由 NASA 和 CSA 研究团队联合开展的，并于 2012 年 7 月在夏威夷莫纳克亚山坡上完成了测试[139]。该项工作的目的在于对 NASA 规划的月球风化层和环境科学探测以及氧元素和月球挥发份提取任务（现在简称 RP 任务）开展高保真的模拟仿真（见 4.6.2.2 节）。该项工作共涉及 6 个任务日，在此期间，操作人员通过遥操作或下发指令的方式控制巡视器从远程任务控制位置自动行驶至探测区域，使用美国国家航空航天局配置的有效载荷中的传感器探测土壤中的挥发物质。

表 4 - 2　不同类型测试场地的对比汇总表

场地类型测试	场地案例	环境控制	时间效率	基础设施	真实性/测试保真度
室内测试场地	空中客车防务及航天公司的火星试验场（30 m×3 m，斯蒂夫尼奇，英国），多伦多大学火星穹顶试验场（40 m 直径，多伦多，加拿大）	是	高	高	低

续表

场地类型测试	场地案例	环境控制	时间效率	基础设施	真实性/测试保真度
室外测试场地	法国国家空间研究中心火星试验场(80 m×50 m,土鲁斯,法国),喷气推进实验室火星试验场Ⅲ(66 m×36 m,加利福尼亚,美国),加拿大航天局模拟地形试验场(120 m×60 m,蒙特利尔,加拿大),卢瑟福·阿普尔顿实验室(哈维尔,英国)	否	中/高	中/高	中
局部外场	海滩,沙坑,采石场等	否	中	低	中/高
远程外场	阿塔卡马沙漠(智利),得文岛(加拿大北极地),特内里费岛(西班牙),莫纳克亚山(夏威夷,美国),火星沙漠研究中心(犹他州,美国)	否	低	低	高

　　NASA 指定了该项任务模拟工作的强制要求和理想目标。其中,与巡视器导航系统相关的要求,主要包括:强制要求在点到点距离至少100 m 范围内的地形中,构建挥发份分布地图;理想目标是巡视器共计行驶距离不少于 3 km,在点到点距离至少 500 m 范围内的地形中,构建挥发份分布地图。其中,巡视器总共行驶了 1.1 km,并未实现行驶 3 km 的理想目标。

　　CSA 研发的巡视器 Artemis Jr 主要用于任务模拟仿真(如 4.4.5 节所介绍的),其定位系统技术细节详见参考文献[112]介绍。图 4-13 展示了外场测试中的巡视器(以及远处的"着陆器")。

图 4-13　CSA 研发的 Artemis Jr 巡视器在夏威夷莫纳克亚山参与 RESOLVE 任务模拟仿真

　　参考文献[140]中归纳总结了巡视器在任务模拟仿真中的功能性能测试结果,并在本节中进行了讨论。巡视器定位信息主要由一个基于着陆器的定位系统提供，该系统跟踪固定安装于巡视器顶板的反射目标，并将计算出的笛卡儿坐标数据传递给巡视器。任务期间，需要将定位误差控制在 1 m 以下。然而，有两次由于巡视器自身的遮挡，导致着陆器跟踪观测巡视器携带的反射目标的视线中断或丢失。此时，巡视器只能依靠其自身的相对定位系统行驶 60～70 m，该系统包括轮式里程计、IMU 和视觉里程计。巡视器将其自身的相对定位系统估计的位置信息传递给着陆器系统，允许着陆器稍后能够重新获取反射目标的跟踪信息，并开始再次跟踪巡视器。上述两种情况下，着陆器、巡视器的相对定位误差实测值约为 2%。巡视器的遥控操作主要是使用桅杆相机作为输入来进行的，但它确实执行了两次总距离为 200 m 的自动行驶。巡视器的平均行驶速度约为 1.5 m/min，其中包括为了导航和科学决策而暂短停留的时间。

4.6.3.2　探索与安全试验（欧空局）

欧洲空间局在阿塔卡马沙漠进行的两次现场试验分别是 2012 年 6 月的探索外场试验和 2013 年 10 月的安全外场试验。这两次外场试验都使用了相同的导航与自主系统。

探索外场试验是欧空局的一种大胆尝试，它将火星巡视器的原型样机放置于智利北部的阿塔卡马沙漠开展长距离自主导航测试[62]。此次外场试验目标是以 3 天为一个周期，巡视器必须每天自主行驶 2 km。如此，即可检验当前最先进的视觉和导航技术能否胜任这项任务，或者是否有必要开展进一步的研发工作。此次试验目标遵循的基本原理是，为满足下一代月球和火星探测任务的挑战性要求，巡视器必须实现更长距离的自主行驶（目前巡视器的行驶距离大约 200 m/d）。

这次外场试验比欧空局之前在法国国家空间研究中心火星试验场或西班牙特内里费岛开展的外场试验要求巡视器的行驶距离更远，且地形环境更具代表性。该试验场占地面积约为 2 km×3 km。

巡视器自身部署的相对定位系统和绝对定位系统各具特性，均已在外场试验过程中得到了演练。其中，巡视器使用车轮里程计、IMU 并且引入两种不同立体相机的视觉里程估计技术，将多种测量结果与卡尔曼滤波器相结合，即可实现相对定位。英国外场测试的初步结果表明，这种方法的相对定位误差可达 0.5%（行驶距离的百分比）。另外，立体视觉相机还可用于生成粗略的（远场）数字高程图和精细的（近场）数字高程图。将粒子滤波方法获得的粗略数字高程图与先前已有的三维地图进行比对，即可实现绝对定位。当环境中存在强局部特征且巡视器经历长距离行驶后，研究团队将视具体情况偶尔使用上述方法。先前已有的三维地图主要是由无人机高空采集正射校正图像生成的。其地图产品被简化为 1 个像素对应于 1 m 的物理长度，以表征实际任务。

路径规划功能利用所有可获得信息引导巡视器。其最高水平要求操作人员使用数字高程图规划了一条通行路径，同时避开了航拍图像中的障碍物。将该路径分段转换成若干局部目标点序列，相邻目标点间隔 2 m，并传递至基于巡视器的自主系统。该系统使用巡视器携带的立体相机生成局部数字高程图，导航至各局部目标点。此处使用的地形评估方法，充分考虑了离地高度、最大坡度和粗糙度等因素，将数字高程图转换成一个可通行栅格地图，其中的每个栅格尺寸为 15 cm。自主系统将尝试引导巡视器顺序到达每一个局部目标点（相邻目标点间隔 2 m），有时为了躲避新检测到的障碍物会错过个别目标点，但只要与全局规划路径足够接近就不会有太大影响。尽管此时尚未实现实时障碍物检测功能（例如，使用避障相机），但巡视器每移动 2 m，重新运行自主路径规划算法即可替代实时障碍物检测功能。其中的路径规划采用 D* 搜索算法。

即使没有完全达到测试的既定目标，外场测试结果也是值得肯定的。在准备期间，巡视器共计行驶了 10 km。在为期 3 天的正式测试中，巡视器又行驶了 5 km，其中包括一次全自主行驶的 1.2 km。另外，此次测试成功地验证了绝对定位算法的有效性。这两种视觉里程计算法在具有挑战性的光照和地形环境中得到了很好的演练。其中一种算法的定位结果更加精准，其定位误差为 1.9%，相比之下，另一种算法的定位误差为 11.2%。或许最重要的是，研究团队终于认识到在典型的具有代表性的环境中开展外场试验验证的必要性：

尽管研究团队在英国的火星试验场、采石场和海滩等地点进行了大量、广泛和渐进的测试，但在测试基于视觉的系统时，不利地形和光照条件的多样性和随机组合是无可替代的。模拟场地面临的主要挑战包括：无特征、饱和地形、不可预测的滑移和变化的坡度、大小不等的卵石场。

2013 年 10 月在阿塔卡马沙漠进行的安全外场试验的主要目标是执行部分 ExoMars 巡视器参考面任务（特别是样品采集过程）。次要目标是测试欧空局哈维尔的一个操作中心对巡视器的控制（因此，项目组分成了智利和哈维尔），并继续研究提升欧空局的外场试验体验。这次外场试验使用的是空中客车防务及航天公司研发的 Bridget 巡视器，其自主系统来源于 SEEKER 系统。

巡视器在 5 天（6 个模拟火星日）中总共行驶了 300 m，所有的移动都是自主完成的。并在最后一个任务日连续行驶了 134 m。随着任务时间的推移，遥操作团队开始更加信任自主系统。这使得巡视器自主行驶的距离更长，执行科学探测获得的产出更多。巡视器定位系统对远程操作团队同样至关重要，它可以精确定位探地雷达的位置，并调整窄视场相机的观测指向，从而获取期望的科学数据[142]。

从安全 SAFER 外场试验得出另一个特别的经验教训，其是现场团队和远程团队共同参与的结果。现场团队注意到，远程团队经常会错过识别巡视器周边场景中一些有趣的特征——这一发现表明，传感器和带宽限制可能会影响科学信息反馈。这为巡视器未来的传感器封装设计和自主化科学探测等未来概念设计提供了新见解和新思路。

4.6.3.3　遥操作机器人测试平台（加拿大航天局）

2013 年秋天，加拿大航天局在当地一个采砂场开展了为期数周的外场试验。这个现场试验，在 4.3.2.5 节中进行了介绍[49]。聚焦于测试在具有数秒控制延时的月球场景下的巡视器遥操作策略。该试验将 NASA 提出的资源勘探任务设定为参考任务目标。

特别地，加拿大航天局尤其需要探寻以下方面：研究操作人员如何使用巡视器携带的一组宽视场相机进行情景感知，并测试一些增强型控制策略和工具。由于相机提供了巡视器周边全包围的视觉图像覆盖，从而验证了相机的助益，但测试结果显示，某些类型的三维传感器将特别有助于解决二维图像模糊问题，进而确保巡视器的安全。此外，增强型控制策略也被证明是有用的，主要包括预测显示（减小控制延时的影响）和生成短路径指令序列的方法（如直行 5 m）。

这项试验的独特之处在于加拿大航天局采用的试验方法。测试内容十分详尽：共计 16 对操作人员，他们在不同的背景下，每人利用 3 小时执行相同的任务。此外，所有操作人员均未见过测试现场。最终，月球车以每分钟 2～4 m 的平均时速行驶覆盖了 5.8 km 的地形。

4.6.3.4　其他外场试验

其他一些外场试验也得到了相关研究项目的资助，例如，欧盟资助的 FP7 空间项目——行星机器人视觉侦察（PRoViScout）外场试验或英国航天局资助的变色龙（Chameleon）外场试验。

2012 年 9 月，在西班牙特内里费岛（Tenerife）组织开展了行星机器人视觉侦察（PRoViScout）外场试验[143]。其主要目标是自主采样识别，次要目标是演示基于视觉的导航技术。这里使用的巡视器原型样机有一个基于激光扫描仪的障碍检测系统，并使用视觉里程计（基于立体视觉相机）、车轮里程计和 IMU 进行定位。其中，立体视觉相机还用于生成数字高程图 DEM，在此基础上，即可生成标注障碍物和斜坡的地图。试验现场部署了一个绳系飞行器提供航拍图像，用于为外场试验绘制全局地图。尽管试验期间主要是以独立模式运行，但同样展示了自主目标选择功能。当然，试验也面临了一些挑战，例如，照明和场景杂乱，这是值得关注的。虽然试验期间完成了两次自主行驶，但巡视器的运动控制仍依赖于遥操作模式，主要使用巡视器携带的相机实现巡视器周边地形环境的态势感知。

2014 年秋天，探索和安全试验团队的部分成员返回阿塔卡马沙漠参与英国航天局资助的变色龙项目外场试验。该项目设定的具体的导航目标是测试一个自适应系统，该系统可以根据地形中蕴含的视觉特征选择其自主模式[144]。这些视觉特征，例如地面纹理或三维形态，经系统分析后，决定修改其功能，例如关闭不必要的传感器。假设这种自主模式可以有效节省能源，增加巡视器的行驶距离，这对未来的巡视器（例如，前面介绍的样本转移巡视器）至关重要。外场试验设备主要包括一款名为 SOLO 的巡视器和一架提供模拟轨道数据的无人机。除了典型的导航传感器以外，巡视器配置的传感器套装还包括一个激光测距仪和一个红外（IR）相机。此次外场试验本质上是一次数据采集的演练，用于支持离线分析[144]。研究团队注意到这样一个明确的结果，基于视觉的算法显然是最耗电的，因此，降低图像分辨率极有可能显著节省能源。

4.6.4　未来能力

未来的行星探测任务要求巡视器行驶距离比现在的在轨巡视器更长，并且需要巡视器适应更有挑战性的环境，比如阴影区或者崎岖地形。自主、感知、在轨处理甚至移动平台的研究进展都将有助于实现必要的性能指标。本节讨论有助于克服这些挑战的具体技术，特别是即时定位与地图构建（SLAM）系统、协作机器人、新型移动概念、增强处理器、新型传感器和使用轨道图像的新方法。

4.6.4.1　即时定位与地图构建系统

未来的火星任务，比如火星精准着陆任务，很可能会涉及采样返回需求。多点采样并转移至样品封装容器非常适合于即时定位与地图构建算法（参见 4.4.4.3 节），其主要利用闭环控制回路完成。这项任务可能涉及长距离行驶并穿越不同类型的地形区域。巡视器必须能够高精准地确定自身的位置，以便定位有价值的样本、找到封装容器并存放样本。这种算法的其他用途是建造场景，例如在月球着陆平台周边修建坡道主要是为了巡视器能够经常返回同一位置。

利用即时定位与地图构建还有其他益处。由 SLAM 算法生成的三维地图或特征地图适用于多种应用任务需求。SLAM 算法通过使用低端传感器（例如，惯性测量单元）提升定位性能指标，显著降低了巡视器硬件成本。

4.6.4.2　协作机器人技术和新型移动概念

未来的星表探测机器人可能并不像我们过去20年习惯看到的独立六轮巡视器。为满足未来行星探索任务需求，不同移动概念遵循的逻辑依据是机器人正常作业所需的环境类型。例如，极为崎岖的地形可能已经不适合研发轮式（甚至车辙/轮胎印）机器人，另外，诸如小行星等超低重力行星也可能更需要非轮式（足式）机器人。为什么要将这种恶劣环境作为目标？因为它们可以获取高收益，其中的收益是指通过采集数据或样本产生的高效益。

不同的星表移动概念可以采取多种实现方式：行走、跳跃、不同的轮式移动概念，甚至是用于低海拔探索的固定翼或旋翼概念。这些新型移动概念将带来新的导航挑战和机遇：行走机器人的里程估计技术将具有挑战性，但由于此类机器人的移动性能逐步增加，障碍物检测和避障的优先级和必要性可能降低很多。本节将进一步讨论导航技术研究背景中的新型移动概念。

对于足式移动系统的研究动机是由于其能在极为崎岖的地形中通行作业。然而，考虑足式移动方案揭示出崎岖地形问题实际上可能存在一个优势：环境中的所有结构特征（例如，岩石、小山、洼地等）都将为视觉里程计提供大量而显著的统计特征，而这些特征在平滑环境中是无法找到的。此外，足式移动系统将提供丰富的遥测数据用于评估运动，如当前消耗量、频率、摆动幅度、着陆位姿，甚至步行速度和步态。因此，足式移动系统里程估计可能不是一个挑战，而只是需要将地形环境与巡视器系统有机结合在一起，重新考虑如何计算。

在过去的十年里，足式移动系统也有了巨大的发展。首先，与十年前相比，现在的驱动器都是高强度且轻量化的。微型控制器在提高性能的同时，降低了重量和功耗。电池具有更高的能量密度，这对于相同质量的足式移动系统而言，其在两次充电之间，能够自由移动一段较长的里程。综上所述，足式移动系统可能需要配置比之前更为复杂的传感器套装（比如，激光雷达）。

协作机器人是解决未来挑战性任务需求的另一种方法。这里给出了一个示例——探测巡视器前向采集土壤和地形数据（FASTER）任务概念[145]。该任务设想在主巡视器前方放置一个高度移动的勘察巡视器，主要用于评估地形，为主巡视器制定未来路径规划决策提供信息，从而加快整体的行进速度。上述概念设想特别针对于火星采样返回任务（参见4.6.2.1 节）中的样本转移巡视器，该任务对巡视器的通行速度提出了十分具有挑战性的指标要求。

同样地，飞行机器人技术也可能在未来的星表探测任务中发挥重要作用。与主巡视器配对，一个飞行机器人还可以充当侦察者用于生成地图产品并传递给路径规划系统。其中一个典型的示例就是可能伴随火星 2020 巡视器的直升机[27]。

最后，跳跃巡视器更适合于接收遥操作指令穿越低重力的目标星体，如彗星或小行星。比如，Minerva 跳跃巡视器是 10 年前日本隼鸟任务[146]的一部分，但它从未在目标小行星上着陆。Minerva-Ⅱ跳跃巡视器是隼鸟 2 号任务的一部分，目前正在飞往一颗近地小行星[147]的途中。该巡视器配备了一个 MEMS 三轴陀螺仪，一个加速度计和 8 个光电二极管，用于实现导航。陀螺仪主要用于实时姿态估计和辨识巡视器当前的运动状态是跳跃的还是静止的。而光电二极管主要用于检测太阳以实现绝对姿态估计。另外，巡视器还配备了一对立体相机，用于近距离拍摄彗星表面图像——其基线极小，只有 3 cm。对于质量仅有 1.1 kg 的微型飞行器而言，这种传感器套件令人印象深刻[148]。可以想象，未来的跳跃机器人或微型巡视器都会基于这种极其轻量化的机器人研制。

4.6.4.3　增强处理性能

在轨处理资源是制约巡视器行驶速度的重要因素之一。当代自主巡视器必须停在原地不动，等待处理器感知地形（并执行立体视觉处理）、地图建模并规划路径。随着任务要求越来越严苛，巡视器自身配备的处理器必须能够增加巡视器的运动占空比。

如 4.3.2.4 节所述，目前正在努力解决这个问题：从将算法移植于器载 FPGA（例如，火星 2020 巡视器，ESA 开展相关工作）到开发更强大的通用空间处理器（美国国家航空航天局/美国空军研究实验室开展的相关工作[48]）。另一种即将来临的可能性是研发一种宇航级的图形处理单元，可用于高效地处理图像。

不断增加的计算资源可有效提高巡视器的运行速度，并且也有附加的益处，比如为科学探测开辟了更多的处理空间（例如，自动在轨处理图像只需将感兴趣区域回传地面）。

4.6.4.4　新型传感器

现阶段，可供选择的巡视器导航传感器主要包括：可见光谱段立体相机，车轮里程计和惯性测量单元。本节将讨论有助于提高导航性能的其他传感器，主要包括主动式（有源）三维传感器（例如，激光雷达）、红外相机和星敏感器。

机械扫描式激光雷达，例如 Velodyne HDL32[149]，已经成为地面自主机器人导航和建图的首选传感器。这是由于不受光照影响、生成的宽视场三维数据具有密集型、远距离（大范围）和厘米精度等特点。激光雷达也具有空间继承性，其典型案例有：航天飞机和天鹅座货运飞船与国际空间站的交会对接所使用的激光雷达。尽管如此，飞行巡视器尚未配备激光雷达等传感器，这主要是由于激光雷达相比于立体相机（首要的替代品）而言，具有更大的尺寸、质量和功耗。

未来规划的发射任务要求越来越严苛，可能会推动激光雷达等传感器纳入未来巡视器设计。首先，前面讨论的月球极区资源勘探任务的特点是恶劣的光照条件（由于太阳高度角极低），并且需要在短期时间内完成长距离行驶，这使得激光雷达成为一个极有吸引力的导航传感器。此外，样本转移巡视器是前面讨论的火星精密着陆任务的一部分，它也必须长途跋涉才能完成任务要求。这也有力支持了未来巡视器对基于激光雷达的导航系统的迫切需求，用于实现远程路径规划和地形评估。

此外，目前开展相关研究工作，努力解决激光雷达尺寸、质量和功耗等限制约束问题。加拿大航天局最近完成了一项紧凑型主动传感器技术的初步研究，该项目致力于研发小型化激光雷达概念样机。欧空局也资助了一个小型激光雷达研究项目 MILS。参考文献 [150 - 151] 指出，紧凑型激光雷达原型样机主要瞄准了巡视器应用场景。美国国家航空航天局最近也发布了一份对于巡视器激光雷达的需求说明，要求激光雷达质量不超过 5 kg，功耗低于 25 W，计划最早将于 2019 年应用于月球探测任务。

在过去的 10 年里，其他的主动视觉技术也相继出现，但由于其工作原理的限制，尚没有一种技术能够如扫描式激光雷达一般可用于巡视器导航。这些技术包括 TOF 光扫描激光雷达（参见文献 [152 - 153]）和结构光传感器（如微软 Kinect 体感相机）。TOF 光扫描激光雷达与机械扫描式激光雷达的主要不同之处在于，前者可以一次性收集完整图像，并将激光照分散至传感器的整个视场上。但由于需要在测量范围与视场角之间进行权衡，这也在一定程度上限制了传感器自身的性能。这些传感器的动态响应范围通常较差，这对于巡视器应用来说是个问题，因为传感器必须同时对巡视器近处和远处的地形进行成像。近年来，商用结构光传感器因其低廉的成本越来越受欢迎；但是其测量范围有限，易受环境光照干扰，无法在户外进行有效测量。

红外相机适用于空间应用，主要是由于其价格适中、较低的尺寸质量和功耗，且对环境光照条件具有很强的抗干扰性。为实现巡视器导航功能，红外相机可以用于阴影区，它能够区分岩石和沙地（进一步区分障碍物和平坦地面之间），并可以检测近期受扰动的土壤（例如，检测巡视器运动轨迹，以便安全返回）。这样即可增加行星巡视器在恶劣光照条件下的操作范围。此外，热成像仪可用于跟踪巡视器，或者定位具有特定热特征的样本封装容器。

红外相机已有相关的空间应用经历。MERs 配备的微型热发射光谱仪（Mini - TES）是一种窄视场科学探测仪器，主要用于研究岩石矿物学，但它也收集了导航所需的潜在信息数据。将表征 Mini - TES 相机典型观测视场范围的多次测量数据拼接在一起，可以看出，火星上岩石的热特征显示与周围松散地形（温暖，红色）的热特征显示不同（冷，蓝色）[154]。火星奥德赛号轨道器携带的 THEMIS 红外相机也证明了上述结论[155]。最后，好奇号巡视器的桅杆相机也配备了红外滤光片用于科学探测，但到目前为止尚未应用于导航。

　　在 4.4.1.2 节中讨论的星敏感器也是未来导航系统的候选传感器之一。星敏感器能够以相对较高的速度检测绝对方向，可以代替惯性测量单元以计算巡视器方向。

　　本节描述了新型传感器在巡视器导航中的应用性。这些新型传感器包括主动式三维传感器（激光雷达）、红外相机和星敏感器。未来严苛的巡视器任务可能会导致下一代巡视器采纳这些新型传感器的某些或全部。

4.6.4.5　轨道遥感图像新应用

　　本节讨论轨道图像辅助巡视器导航的未来应用。首先讨论了超分辨率重建（SRR）图像及其可能的用途，然后总结了自主匹配巡视器与轨道器之间的图像特征的优势。

　　火星轨道器携带的高分辨率成像科学实验相机生成的正射校正图像（以及类似的月球勘测轨道器相机采集的图像）意味着利用现有这些图像即可构建一个面向各种不同任务的图像库（见 4.4.3.1 节）。然而，分辨率达 25 cm 的图像对于许多日常操作任务（相当于 10 m 范围内的巡视器导航相机采集的图像）仍然是十分粗略的，例如生成障碍物地图。

　　参考文献［156］首次提出了一种高分辨率成像科学实验相机替代方案，能保持其原始图像分辨率不变。倘若获取 5 幅或更多重复的图像分辨率 25 cm 的 HiRISE 图像，且这些图像均拥有足够高的清晰度，则每幅图像能够与高分辨率成像科学实验相机生成的正射校正图像进行自动配准，联合使用每幅图像中每个像素的畸变模型即可生成最高 5 cm 分辨率的超分辨率重建图像。图 4 - 14 显示了勇气号火星巡视器探索的所谓"本垒板"地区的原始图像和超分辨率重建图像。请注意，超分辨率重建图像中存在巡视器的行驶轨迹。

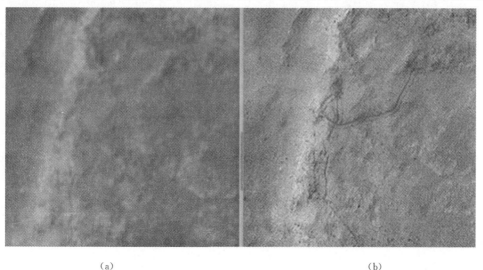

　　　　　　　　　　（a）　　　　　　　　　　　　　　　　　　　　　（b）

　　图 4 - 14　（a）由 HiRISE 立体相机对生成的分辨率 25 cm 的 HiRISE 正射校正图像示例；（b）由历经 7 年拍摄的 8 幅分辨率 25 cm HiRISE 图像叠加而成的分辨率 5 cm 超分辨率重建图像示例

（左图：由美国国家航空航天局/喷气推进实验室/美国亚利桑那大学联合提供；

右图：由行星空间科学实验室提供）

下面将讨论这种超分辨率重建的遥感图像的多种可能应用。首先，它可以用于辅助路径规划，生成非常高分辨率的岩石障碍物地图，以及由于陡峭的斜坡、高密度的表面岩石或表面不连续而导致的"禁止通行"区域。第二，通过消除岩石或其他导航障碍物过于恶劣的区域，它们可以用于辅助选择未来的着陆点。第三，它可用于更好地选择相机站位，尽可能平衡极其有限的下传链路带宽和最大限度地勘探一个地区二者之间的矛盾冲突。

好奇号和 MERs 巡视器能力的一个限制因素是，需要遥操作人员的输入才能找到最精确的位置估计结果（或者迭代式束调整，或者巡视器到轨道器之间的图像匹配）。这意味着当巡视器完成了一段漫长的旅程后，它将会在一定程度上偏离预定的位置——这只能通过与地面下发遥操作控制指令予以修正。这样即可精简巡视器携带的用于科学观测的仪器设备部署。

4.4.3.1 节引用的参考文献［79］讨论了巡视器与轨道遥感图像之间的自动匹配特征。如此即可自主定位，巡视器可以实现多个站位执行处任务，而不需要地面操作人员的指令输入。精准建图有助于巡视器轻松回访之前经过的地点，而不是重新规划一条全新的路线。减少巡视器所需的人工干预次数，即可显著提升其执行科学探测任务的执行效率。

参 考 文 献

[1] Andrews, D. (2014) Resource prospector mission to the moon. International Astronautical Congress.

[2] Arizona State University (2015) Lunar Reconnaissance Orbiter Camera Data Node, http://lroc.sese. asu.edu/ (accessed February 2015).

[3] Massachusetts Institute of Technology (2015) LOLA Data Archive, http:// imbrium. mit. edu/ LOLA.html (accessed February 2015).

[4] The University of Arizona (2015) High Resolution Imaging Science Experiment, https://hirise.lpl. arizona.edu/ (accessed February 2015).

[5] Harvey, B. (2007) Soviet and Russian Lunar Exploration, Chapter 7, Springer - Verlag, Berlin, p. 255.

[6] Kassel, S. (1971) Lunokhod - 1 Soviet Lunar Surface Vehicle. Technical Report R - 802 - ARPA, RAND Corporation. Prepared for the Advanced Research Projects Agency.

[7] Harvey, B. (2007) Soviet and Russian Lunar Exploration, Chapter 7, Springer - Verlag, p. 257.

[8] Harvey, B. (2007) Soviet and Russian Lunar Exploration, Chapter 7, Springer - Verlag, p. 267.

[9] NASA Jet Propulsion Laboratory (2015) Driving Distances on Mars and the Moon, http://www.jpl. nasa.gov/images/ mer/2014 - 07 - 28//odometry140728.jpg (accessed February 2015).

[10] Young, A. (2007) Navigation subsystem, Lunar and Planetary Rovers, Springer - Verlag, p. 42.

[11] Matijevic, J. (1998) Autonomous navigation and the sojourner microrover. Science, 276 (592), 454 - 455.

[12] Maimone, M. and Biesiadecki, J. (2006) The Mars exploration rover surface mobility flight software: driving ambition. IEEE Aerospace Conference.

[13] Maimone, M., Cheng, Y., and Matthies, L. (2007) Two years of visual odometry on the Mars exploration rovers. Journal of Field Robotics, Special Issue on Space Robotics, 24 (3), 169 - 186.

[14] NASA Jet Propulsion Laboratory (2015) Mars Exploration Rovers - Mission Page, http://mars. nasa.gov/mer/mission/ spacecraft_rover_eyes.html (accessed February 2015).

[15] Li, R., He, S., Chen, Y., Tang, M., Tang, P., Di, K., Matthies, L., Arvidson, R., Squyres, S., Crumpler, L., Parker, T., and Sims, M. (2011) MER Spirit rover localization: comparison of ground image - and orbital image - based methods and science applications. Journal of Geophysical Research, 116, E00F16, doi: 10.1029/2010JE003773.

[16] Parker, T.J., Malin, M.C., Calef, F.J., Deen, R.G., Gengl, H.E., Golombek, M.P., Hall, J.R., Pariser, O., Powell, M., and Sletten, R.S. (2013) Localization and 'Contextualization' of curiosity in gale crater, and other landed Mars missions. International Astronautical Congress.

[17] Lakdawalla, E. (2015) Curiosity update, sols 949 - 976: Scenic road trip and a diversion to Logan's Run, http://www .planetary. org/blogs/emily - lakdawalla/ 2015/20150506 - curiosity - update - sols - 949 - 976.html (accessed May 2015).

[18] Maimone, M., Leger, C., and Biesiadecki, J. (2007) Overview of the Mars Exploration Rovers' autonomous mobility and vision capabilities. IEEE International Conference on Robotics and Automation.

[19] Ferguson, D. and Stentz, A. (2005) The Field D* Algorithm for Improved Path Planning and Replanning in Uniform and Non-uniform Cost Environments. Technical report CMU-RI-TR-05-19, Robotics Institute.

[20] Maimone, M. (2013) Curiouser and Curiouser: surface robotic technology driving Mars rover curiosity's exploration of gale crater. International Conference on Robotics and Automation.

[21] Maimone, M. (2014) What drives curiosity? Robotic technologies on the Mars science laboratory (plenary session). International Symposium on Artificial Intelligence, Robotics and Automation in Space.

[22] Maki, J., Thiessen, D., Pourangi, A., Kobzeff, P., Litwin, T., Scherr, L., Elliott, S., Dingizian, A., and Maimone, M. (2012) The Mars Science Laboratory Engineering cameras. Space Science Reviews, 170 (1-4), 77-93.

[23] Maki, J.N. et al., (2003) Mars exploration rover engineering cameras. Journal of Geophysical Research, 108 (E12), 1-23.

[24] Lakdawalla, E. (2014) Curiosity update, sols 671-696: out of the landing ellipse, into ripples and pointy rocks, http://www.planetary.org/blogs/ emily-lakdawalla/2014/07241401-curiosityupdate-sols-671-696.html (accessed May 2015).

[25] Maimone, M. (2014) C++ on Mars: incorporating C++ into Mars rover flight software. The C++ Conference.

[26] Maimone, M. (2013) Leave the Driving to Autonav, Curiosity Rover Report, http://www.nasa.gov/mission_pages/ msl/multimedia/curiosity20130919.html (accessed May 2015).

[27] Volpe, R. (2014) 2014 robotics activities at JPL. International Symposium on Artificial Intelligence, Robotics and Automation in Space.

[28] Liu, H. (2014) An overview of the space robotics progress in China. International Symposium on Artificial Intelligence, Robotics and Automation in Space.

[29] Siegwart, R. and Nourbakhsh, I.R. (2004) Introduction to Autonomous Mobile Robots, Chapter 4, MIT Press, p. 91.

[30] Yoder, G. (2004) Implementation of COTs hardware in non critical space applications: a brief tutorial. 17th Annual Microelectronics Workshop.

[31] Zampato, M., Finotello, R., Ferrario, R., Viareggio, A., and Losito, S. (2004) Radiation susceptibility trials on COTS cameras for international space station applications. SIRAD Workshop.

[32] Gazarik, M., Johnson, D., Kist, E., Novak, F., Antill, C., Haakenson, D., Howell, P., Pandolf, J., Jenkins, R., Yates, R., Stephan, R., Hawk, D., and Amoroso, M. (2006) Development of an Extra-Vehicular (EVA) Infrared (IR) Camera Inspection System. Defense and Security Symposium.

[33] Siegwart, R. and Nourbakhsh, I.R. (2004) Introduction to Autonomous Mobile Robots, Chapter 6.3, MIT Press, p. 291.

[34] Moreno, S. (2013) CNES robotics activities - towards long distance on-board decision-making navigation. Advanced Space Technologies in Robotics and Automation.

[35] Biesiadecki, J. and Maimone, M. (2006) The Mars exploration rover surface mobility flight software: driving ambition. IEEE Aerospace Conference.

[36] Winter, M., Barclay, C., Pereira, V., Lancaster, R., Caceres, M., McManamon, K., Nye, B., Silva, N., Lachat, D., and Campana, M. (2015) ExoMars rover vehicle: detailed description of the GNC system. Advanced Space Technologies in Robotics and Automation.

[37] Artemis Jr/DESTiN Rover Team (2013) Lunar Tele - Operated ISRU Platform Concept Study. Technical report NDG01183, Neptec Design Group, Prepared for the Canadian Space Agency.

[38] Goldberg, S., Maimone, M., and Matthies, L. (2002) Stereo vision and rover navigation software for planetary exploration. IEEE Aerospace Conference.

[39] McManamon, K., Lancaster, R., and Silva, N. (2013) ExoMars rover vehicle perception system architecture and test results. Advanced Space Technologies in Robotics and Automation.

[40] Yuen, P.C., Gao, Y., Griffiths, A., Coates, A., Muller, J.-P., Smith, A., Walton, D., Leff, C., Hancock, B., and Shin, D. (2013) ExoMars rover PanCam: autonomy & computational intelligence. IEEE Computational Intelligence Magazine, 8 (4), 52 - 61.

[41] Open Source (2015) Point Cloud Library, http://pointclouds.org/ (accessed June 2015).

[42] Open Source (2015) OpenCV, http:// opencv.org/ (accessed June 2015).

[43] Karney, C. (2015) GeographicLib, http://sourceforge.net/projects/ geographiclib/ (accessed June 2015).

[44] Geometric Tools, LLC (2015) Geometric Tools, http://www.geometrictools .com/ (accessed June 2015).

[45] BAE Systems (2008) RAD750 Radiation - Hardened PowerPC Microprocessor. Component Datasheet PUBS - 08 - B32 - 01, BAE Systems, Manassas, VA.

[46] Violante, M., Battezzati, N., and Sterpone, L. (2011) Reconfigurable Field Programmable Gate Arrays for Mission - Critical Applications, Chapter 5, Springer - Verlag, p. 179.

[47] Lentaris, G., Stamoulias, I., Diamantopoulos, D., Maragos, K., Siozios, K., Soudris, D., Rodrigalvarez, M.A., Lourakis, M., Zabulis, X., Kostavelis, I., Nalpantidis, L., Boukas, E., and Gasteratos, A. (2015) Spartan/- sextant/compass: advancing space rover vision via reconfigurable platforms, in Applied Reconfigurable Computing, Lecture Notes in Computer Science, vol. 9040 (eds K. Sano, D. Soudris, M. Hübner, and P.C. Diniz), Springer International Publishing, pp. 475 - 486.

[48] Doyle, R., Some, R., Powell, W., Mounce, G., Goforth, M., Horan, S., and Lowry, M. (2014) High Performance Spaceflight Computing (HPSC) Next - Generation Space Processor (NGSP) a joint investment of NASA and AFRL. International Symposium on Artificial Intelligence, Robotics and Automation in Space.

[49] Gingras, D., Allard, P., Lamarche, T., Rocheleau, S., and Gemme, S. (2014) Lunar rover remote driving using monocameras under multi - second latency and low - bandwidth: field tests and lessons learned. International Symposium on Artificial Intelligence, Robotics and Automation in Space.

[50] Bualat, M., Fong, T., Schreckenghost, D., Kalar, D., Pacis, E., and Beutter, B. (2014) Results from testing crewcontrolled surface telerobotics on the international space station. International Symposium on Artificial Intelligence, Robotics and Automation in Space.

[51]　Visentin, G. (2013) ESA robotics overview. Advanced Space Technologies in Robotics and Automation.

[52]　Lambert, A., Furgale, P., and Barfoot, T. (2012) Field testing of visual odometry aided by a Sun sensor and inclinometer. Journal of Field Robotics, 29 (3), 426 – 444.

[53]　Gammell, J.D., Tong, C.H., Berczi, P., Anderson, S., and Barfoot, T. (2013) Rover odometry aided by a star tracker. IEEE Aerospace Conference.

[54]　Rehrmann, F., Schwendner, J., Cornforth, J., Durrant, D., Lindegren, R., Selin, P., Carrio, J. H., Poulakis, P., and Kohler, J. (2011) A miniaturized space qualified MEMS IMU for rover navigation: requirements and testing of a proof of concept hardware demonstrator. Advanced Space Technologies in Robotics and Automation.

[55]　Grumman, N. (2013) LN200S Inertial Measurement Unit.

[56]　Bilodeau, V. S. and Hamel, J. - F. (2013) Lunar Tele - Operated ISRU Platform: Relative Localisation Trade - Offs. Technical report 7_LTOIP - TN - 001 - NGCCA, NGC Aerospace, Prepared for the Canadian Space Agency.

[57]　Shaw, A.,Woods, M., Churchill, W., and Newman, P. (2013) Robust visual odometry for space exploration. Advanced Space Technologies in Robotics and Automation.

[58]　Harris, C. and Stephens, M. (1988) A combined corner and edge detector. Proceedings of 4th Alvey Vision Conference, pp. 147 – 151.

[59]　Rosten, E. and Drummond, T. (2006) Machine learning for high speed corner detection. 9th European Conference on Computer Vision, pp. 430 – 443.

[60]　Calonder, M., Lepetit, V., Strecha, C., and Fua, P. (2010) BRIEF: binary robust independent elementary features. Proceedings of the 11th European Conference on Computer Vision: Part IV, ECCV'10, Springer - Verlag, Berlin, Heidelberg, pp. 778 – 792.

[61]　Fischler, M.A. and Bolles, R.C. (1981) Random sample consensus: a paradigm for model fitting with applications to image analysis and automated cartography. Communications of the ACM, 24 (6), 381 – 395.

[62]　Woods, M., Shaw, A., Tidey, E., Pham, B.V., Artan, U., Maddison, B., and Cross, G. (2012) SEEKER - autonomous long range rover navigation for remote exploration. International Symposium on Artificial Intelligence, Robotics and Automation in Space.

[63]　Howard, T.M., Morfopoulos, A., Morrison, J., Kuwata, Y., Villalpando, C., Matthies, L., and McHenry, M. (2012) Enabling continuous planetary rover navigation through FPGA stereo and visual odometry. IEEE Aerospace Conference.

[64]　Lourakis, M., Chliveros, G., and Zabulis, X. (2014) Autonomous visual navigation for planetary exploration rovers. International Symposium on Artificial Intelligence, Robotics and Automation in Space.

[65]　Bilodeau, V.S., Hamel, J.-F., and Iles, P. (2013) A rover vision - based relative localization system for the RESOLVE moon exploration mission. International Astronautical Congress.

[66]　Bilodeau, V.S., Beaudette, D., Hamel, J.-F., Alger, M., Iles, P., and MacTavish, K. (2012) Vision - based pose estimation system for the lunar analogue rover 'Artemis'. International Symposium on Artificial Intelligence, Robotics and Automation in Space.

[67] Wagner, M., Wettergreen, D., and Iles, P. (2012) Visual odometry for the lunar analogue rover 'Artemis'. International Symposium on Artificial Intelligence, Robotics and Automation in Space.

[68] Segal, A., Haehnel, D., and Thrun, S. (2009) Generalized – ICP. Robotics: Science and Systems.

[69] Gemme, S., Gingras, D., Salerno, A., and Dupuis, E. (2012) Pose refinement using ICP applied to 3 – D LiDAR data for exploration rovers. International Symposium on Artificial Intelligence, Robotics and Automation in Space.

[70] Ahuja, S., Iles, P., and Waslander, S. (2014) 3D scan registration using curvelet features in planetary environments. International Symposium on Artificial Intelligence, Robotics and Automation in Space.

[71] McManus, C., Furgale, P., and Barfoot, T. (2013) Towards lighting – invariant visual navigation: an appearance – based approach using scanning laserrangefinders. Robotics and Autonomous Systems, 61 (8), 836 – 852.

[72] Tong, C.H., Anderson, S., Dong, H., and Barfoot, T. (2014) Pose interpolation for laser – based visual odometry. Journal of Field Robotics: Special Issue on Field and Service Robotics, 31 (5), 731 – 757.

[73] Siegwart, R. and Nourbakhsh, I.R. (2004) Introduction to Autonomous Mobile Robots, Chapter 4, MIT Press, p.117.

[74] Amzajerdian, F., Pierrottet, D., Petway, L., Hines, G., and Barnes, B. (2012) Doppler LiDAR descent sensor for planetary landing. Concepts and Approaches for Mars Exploration.

[75] Robinson, M.S.et al., (2010) Lunar Reconnaissance Orbiter Camera (LROC) instrument overview. Space Science Review, 150 (1 – 4), 81 – 124.

[76] Gwinner, K.et al., (2010) Topography of Mars from global mapping by HRSC high – resolution digital terrain models and orthoimages: characteristics and performance. Earth and Planetary Science Letters, 294 (3 – 4), 506 – 519.

[77] Kim, J.R. and Muller, J.P. (2009) Multiresolution topographic data extraction from Martian stereo imagery. Planetary Space Science, 57 (14 – 15), 2095 – 2112.

[78] Tao, Y. and Muller, J.- P. (2014) Automated navigation of Mars rovers using HiRISE – CTX – HRSC Co – registered orthorectified images and DTMs. EGU General Assembly Conference Abstracts.

[79] Shaukat, A., Al – Milli, S., Bajpai, A., Spiteri, C., Burroughes, G., Gao, Y., Lachat, D., and Winter, M. (2015) Next generation rover GNC architectures. Advanced Space Technologies in Robotics and Automation.

[80] Lourakis, M. and Hourdakis, E. (2015) Planetary rover absolute localization by combining visual odometry with orbital image measurements. Advanced Space Technologies in Robotics and Automation.

[81] Boukas, E., Gasteratos, A., and Visentin, G. (2015) Matching sparse networks of semantic ROIs among rover and orbital imagery. Advanced Space Technologies in Robotics and Automation.

[82] Baatz, G., Saurer, O., Köser, K., and Pollefeys, M. (2012) Large scale visual geo – localization of images in mountainous terrain. Proceedings of the 12th European Conference on Computer Vision – Volume Part II, ECCV'12, pp. 517 – 530.

[83] Nefian, A., Bouyssounousse, X., Edwards, L., Dille, M., Kim, T., Hand, E., Rhizor, J., Deans, M., Bebis, G., and Fong, T. (2014) Infrastructure free rover localization. International Symposium on Artificial Intelligence, Robotics and Automation in Space.

[84] Palmer, E., Gaskell, R., Vance, L., Sykes, M., McComas, B., and Jouse, W. (2012) Location identification using horizon matching. 43rd Lunar and Planetary Science Conference.

[85] Cozman, F., Krotkov, E., and Guestrin, C. (2000) Outdoor visual position estimation for planetary rovers. Autonomous Robots, 9 (2), 135 – 150.

[86] Hamel, J.- F., Langelier, M.- K., Alger, M., Iles, P., and MacTavish, K. (2012) Design and validation of an absolute localisation system for the lunar analogue rover 'Artemis'. International Symposium on Artificial Intelligence, Robotics and Automation in Space.

[87] Van Pham, B., Maligo, A., and Lacroix, S. (2013) Absolute map – based localization for a planetary rover. Advanced Space Technologies in Robotics and Automation.

[88] Carle, P., Furgale, P., and Barfoot, T. (2010) Long – range rover localization by matching LiDAR scans to orbital elevation maps. Journal of Field Roboticss, 27 (5), 534 – 560.

[89] Guinn, J. and Ely, T. (2004) Preliminary results of Mars exploration rover in – situ radio navigation. 14th AAS/AIAA Space Flight Mechanics Meeting.

[90] Ely, T., Anderson, R., Bar – Sever, Y., Bell, D., Guinn, J., Jah, M., Kallemeyn, P., Levene, E., Romans, L., and Wu, S. (1999) Mars network constellation design drivers and strategies. AAS/AIAA Astrodynamics Specialist Conference.

[91] Chelmins, D., Nguyen, B., Sands, S., and Welch, B. (2009) A Kalman Approach to Lunar Surface Navigation using Radiometric and Inertial Measurements. Technical report NASA/TM—2009 – 215593, NASA Glenn Research Center.

[92] Murphy, T.W., Adelberger, E.G., Battat, J.B.R., Hoyle, C.D., Johnson, N.H., McMillan, R.J., Michelsen, E.L., Stubbs, C.W., and Swanson, H.E. (2011) Laser ranging to the lost Lunohod 1 reflector. Icarus, 211 (2), 1103 – 1108.

[93] Batista, P., Silvestre, C., and Oliveira, P. (2010) Single beacon navigation: observability analysis and filter design. American Control Conference.

[94] Molina, P., Iles, P., and MacTavish, K. (2012) Lander – based localization system of the lunar analogue rover 'Artemis'. International Symposium on Artificial Intelligence, Robotics and Automation in Space.

[95] Matsuoka, M., Rock, S.M., and Bualat, M.G. (2004) Autonomous deployment of a self – calibrating pseudolite array for Mars rover navigation. Position Location and Navigation Symposium.

[96] Patmanathan, V. (2006) Area localization using WLAN. Master of Science Thesis. Royal Institute of Technology (KTH).

[97] Ni, J., Arndt, D., Ngo, P., Phan, C., Dekome, K., and Dusl, J. (2010) Ultrawideband time – difference – of – arrival high resolution 3D proximity tracking system. Position Location and Navigation Symposium.

[98] University of Washington (2015) ARToolKit homepage, http://www . hitl. washington. edu/ artoolkit/ (accessed March 2015).

[99] Sigel, D.A. and Wettergreen, D. (2007) Star tracker celestial localization system for a lunar rover.

International Conference on Intelligent Robots and Systems.

[100] Ning, X. and Fang, J. (2009) A new autonomous celestial navigation method for the lunar rover. Robotics and Autonomous Systems, 57, 48 – 54.

[101] Enright, J., Barfoot, T., and Soto, M. (2012) Star tracking for planetary rovers. IEEE Aerospace Conference.

[102] Siegwart, R. and Nourbakhsh, I.R. (2004) Introduction to Autonomous Mobile Robots, Chapter 5, MIT Press, p. 227.

[103] Grewal, M.S. and Andrews, A.P. (2001) Kalman Filtering – Theory and Practice Using MATLAB, John Wiley & Sons, Inc.

[104] Levy, S. andWashington and Lee University (2015) The Extended Kalman Filter: An Interactive Tutorial for Non – Experts, http://home.wlu.edu/~levys/ kalman_tutorial/ (accessed July 2015).

[105] Bay, H., Ess, A., Tuytelaars, T., and Van Gool, L. (2008) Speeded – up robust features (SURF). Computer Vision and Image Understanding, 110 (3), 346 – 359.

[106] Montemerlo, M., Thrun, S., Koller, D., and Wegbreit, B. (2002) FastSLAM: a factored solution to the simultaneous localization and mapping problem. Proceedings of the AAAI National Conference on Artificial Intelligence, AAAI, pp. 593 – 598.

[107] Montemerlo, M., Thrun, S., Koller, D., and Wegbreit, B. (2003) FastSLAM 2.0: an improved particle filtering algorithm for simultaneous localization and mapping that provably converges. Proceedings of the International Conference on Artificial Intelligence (IJCAI), pp. 1151 – 1156.

[108] Shala, K. and Gao, Y. (2010) Comparative analysis of localisation and mapping techniques for planetary rovers. International Symposium on Artificial Intelligence, Robotics and Automation in Space.

[109] Tong, C.H., Barfoot, T.D., and Dupuis, E. (2012) Three – dimensional SLAM for mapping planetary work site environments. Journal of Field Robotics, 29 (3), 381 – 412.

[110] Shaukat, A., Spiteri, C., Gao, Y., Al – Milli, S., and Bajpai, A. (2013) Quasi – thematic feature detection and tracking for future rover long – distance autonomous navigation. Advanced Space Technologies in Robotics and Automation.

[111] Bajpai, A., Burroughes, G., Shaukat, A., and Gao, Y. (2015) Planetary monocular simultaneous localization and mapping. Journal of Field Robotics, 33 (2), 229 – 242.

[112] Iles, P., Wagner, M., Hamel, J.- F., Simard – Bilodeau, V., MacTavish, K., and Molina, P. (2012) Localization system of the lunar analogue rover 'Artemis Jr.'. Global Space Exploration Conference.

[113] Villa, D. (2005) Position estimation for a planetary, autonomous, longdistance rover. Masters of Science Thesis, Carnegie Mellon.

[114] Polotski, V., Ballotta, F.J., and James, J. (2014) Terrain exploration, planning and autonomous navigation with MRPTA rover. International Symposium on Artificial Intelligence, Robotics and Automation in Space.

[115] Pauly, M., Gross, M., and Kobbelt, L. (2002) Efficient simplification of point – sampled surfaces. Visualization.

[116] Open Perception Foundation (2015) Fast Triangulation of Unordered Point Clouds, http://

pointclouds.org/documentation/tutorials/greedy_ projection.php/ (accessed June 2015).

[117] Garland, M. and Heckbert, P. (1997) Surface simplification using quadric error metrics. International Conference on Computer Graphics and Interactive Techniques (SIGGRAPH).

[118] Autonomous Navigation Results from the Mars Exploration Rover (MER) Mission (2004) An overview of the space robotics progress in China. International Symposium on Experimental Robotics.

[119] Wettergreen, D. and Wagner, M. (2012) Developing a framework for reliable autonomous surface mobility. International Symposium on Artificial Intelligence, Robotics and Automation in Space.

[120] Gingras, D., Lamarche, T., Bedwani, J.-L., and Dupuis, E. (2010) Rough terrain reconstruction for rover motion planning. Canadian Conference on Computer and Robot Vision.

[121] Sancho - Pradel, D. L. and Gao, Y. (2010) A survey on terrain assessment techniques for autonomous operation of planetary robots. Journal of the British Interplanetary Society, 63 (5 - 6), 206 - 217.

[122] Lumelsky, V. and Skewis, T. (1990) Incorporating range sensing in the robot navigation function. IEEE Transactions on Systems, Man, and Cybernetics, 20 (5), 1058 - 1068.

[123] Ng, J. and Braunl, T. (2007) Performance comparison of bug navigation algorithms. Journal of Intelligent and Robotic Systems, 50, 73 - 84.

[124] Gingras, D., Dupuis, E., Payre, G., and Lafontaine, J. (2010) Path planning based on fluid mechanics for mobile robots using unstructured terrain models. IEEE International Conference on Robotics and Automation.

[125] Siegwart, R. and Nourbakhsh, I.R. (2004) Introduction to Autonomous Mobile Robots (Obstacle Avoidance), Chapter 6.2.2, MIT Press, pp. 272 - 290.

[126] Carsten, J., Rankin, A., Ferguson, D., and Stentz, A. (2009) Global planning on the mars exploration rovers: software integration and surface testing. Journal of Field Robotics, 26 (4), 337 - 357.

[127] Siegwart, R. and Nourbakhsh, I. R. (2004) Introduction to Autonomous Mobile Robots (Path Planning), Chapter 6.2.1, MIT Press, pp. 261 - 267.

[128] Molina, P. (2013) Surface Reconstruction Algorithm and Path Planning Integration: Final Report. Technical report. Carleton University, Neptec Design Group, Prepared for Neptec Design Group.

[129] Hart, P., Nilsson, N., and Raphael, B. (1968) A formal basis for the heuristic determination of minimum cost paths. IEEE Transactions on Systems Science and Cybernetics, 4 (2), 100 - 107.

[130] Imms, D. (2015) A* Pathfinding Algorithm, http://www .growingwiththeweb.com/2012/06/ a - pathfinding - algorithm.html (accessed November 2015).

[131] Stentz, A. (1993) Optimal and efficient path planning for unknown and dynamic environments. International Journal of Robotics and Automation, 10, 89 - 100.

[132] Koenig, S. and Likhachev, M. (2002) D* lite. 18th National Conference on Artificial Intelligence, American Association for Artificial Intelligence, Menlo Park, CA, pp. 476 - 483.

[133] Nash, A., Koenig, S., and Likhachev, M. (2009) Incremental Phi * : incremental any - angle path planning on grids. Proceedings of the International Joint Conference on Artificial Intelligence (IJCAI), pp. 1824 - 1830.

[134] Likhachev, M., Ferguson, D., Gordon, G., Stentz, A., and Thrun, S. (2005) Anytime dynamic

A*: an anytime, replanning algorithm. Proceedings of the International Conference on Automated Planning and Scheduling (ICAPS).

[135] Astolfi, A. (1999) Exponential stabilization of a wheeled mobile robot via discontinuous control. Journal of Dynamic Systems, Measurement, and Control, 121 (1), 121.

[136] Farley, K. and Williford, K. (2015) Mars 2020 mission update. Mars Exploration Program Analysis Group.

[137] Visentin, G. (2014) ESA AI and robotics at iSAIRAS 2014. International Symposium on Artificial Intelligence, Robotics and Automation in Space.

[138] Merlo, A., Larranaga, J., and Falkner, P. (2013) Sample Fetching Rover (SFR) for MSR. Advanced Space Technologies in Robotics and Automation.

[139] Sanders, G. B. et al., (2012) RESOLVE Lunar Ice/Volatile Payload Development and Field Test Status, Lunar Exploration Analysis Group.

[140] Reid, E. et al., (2014) The Artemis Jr. rover: mobility platform for lunar ISRU mission simulation. Advances in Space Research, 55 (10), 2472 – 2483.

[141] Gunes – Lasnet, S., Van Winnendael, M., Chong Diaz, G., Schwenzer, S., and Pullan, D. (2014) SAFER: the promising results of the Mars mission simulation in Atacama, Chile. International Symposium on Artificial Intelligence, Robotics and Automation in Space.

[142] Woods, M., Shaw, A., Wallace, I., Malinowski, M., and Rendell, P. (2014) Demonstrating autonomous Mars rover science operations in the Atacama Desert. International Symposium on Artificial Intelligence, Robotics and Automation in Space.

[143] Paar, G. et al., (2013) The PRoViScout field trials tenerife 2013 – integrated testing of aerobot mapping, rover navigation and science assessment. Advanced Space Technologies in Robotics and Automation.

[144] Woods, M., Shaw, A., Wallace, I., and Malinowski, M. (2015) The Chameleon field trial: toward efficient, terrain sensitive navigation. Advanced Space Technologies in Robotics and Automation.

[145] Nevatia, Y., Bulens, F., Gancet, J., Gao, Y., Al – Milli, S., Kandiyil, R., Sonsalla, R., Frische, M., Vogele, T., Allouis, E., Skocki, K., Ransom, S., Saaj, C., Matthews, M., Yeomans, B., Richter, L., and Kaupisch, T. (2013) Safe long – range travel for planetary rovers through forward sensing. Advanced Space Technologies in Robotics and Automation.

[146] Yoshimitsu, T., Nakatani, I., and Kubota, T. (1999) New mobility system for small planetary body exploration. International Conference on Robotics and Automation (ICRA), pp. 1404 – 1409.

[147] Yoshimitsu, T., Kubota, T., Tomiki, A., and Kuroda, Y. (2014) Development of hopping rovers for a new challenging asteroid. International Symposium on Artificial Intelligence, Robotics and Automation in Space.

[148] Yoshimitsu, T., Kubota, T., and Tomiki, A. (2015) MINERVA – II rovers developed for Hayabusa – 2 mission. Low Cost Planetary Missions Conference.

[149] Velodyne (2015) HDL – 32e, http:// velodynelidar.com/lidar/hdlproducts/ hdl32e.aspx (accessed June 2015).

[150] Bakambu, A. J., Nimelman, M., Mukherji, R., and Tripp, J. W. (2012) Compact fast scanning LiDAR for planetary rover navigation. International Symposium on Artificial Intelligence, Robotics

and Automation in Space.

[151] Ishigami, G. and Mizuno, T. (2014) Towards space - hardened small - lightweight laser range imager for planetary exploration rover. International Symposium on Artificial Intelligence, Robotics and Automation in Space.

[152] Advanced Scientific Concepts (2015) DragoneEye 3D Flash Li - DAR Space Camera, http://www . advancedscientificconcepts.com/ products/older - products/dragoneye .html (accessed June 2015).

[153] Dissly, R., Weimar, C., Masciarelli, J., Weinberg, J., Miller, K., and Rohrschneider, R. (2012) Flash LiDAR for planetary missions. International Workshop on Instrumentation for Planetary Missions.

[154] Arizona State University (2015) Mini - TES Project Page, http://themis.asu .edu/projects/minites (accessed June 2015).

[155] Arizona State University (2014) THEMIS Project Page, http://themis . asu. edu/node/5402 (accessed June 2015).

[156] Muller, J.P.et al., (2014) European geospatial image understanding tools for Mars exploration. 8th International Conference on Mars.

第 5 章　操控与控制

5.1　前言

近年来，机器人系统在行星探测方面的应用已经取得了成功，例如机遇号、勇气号和好奇号等火星巡视器。行星探测任务第一阶段偏向于对未知区域的"被动"原位探测，主要利用相机探测，借助器载仪器测量行星大气参数值等。只要样本（如土壤或者岩石）能够被带回地球或者进行原位分析，科学实验即可开展。在任何一种情况下，探测器需要具备收集样本、在岩石上钻孔或者把样本送到探测器搭载的科学仪器里开展分析的能力。因此，机械臂是这些任务中一个重要功能部件。在一些高级任务中，如在月球上建立地外前哨站的任务中，机器人需要具备一个或者多个机械臂，完成抓取、运输以及设施装配等任务。

第一部分综述了当前面向行星探测的机械臂系统。剩余部分讨论了相关设计要求、规格以及过程，介绍了重点技术，如机械臂动力学与运动控制，并提出了此领域的未来需求和发展方向。

5.1.1　行星机械臂综述

正如第 1 章所述，行星探测机器人系统因需要在有限质量、动力、处理能力的条件下下实现鲁棒性和准确性而自成一类。因此，空间机械臂的设计与操作极具有挑战性，在此情况下更甚。迄今为止，设计、飞行或者运行成功的行星探测机械臂的数量少于成功着陆于地外星体的任务的总数。本节回顾了实际探测任务中研制的机械臂以及所代表的行星机器人先进技术。图 5 - 1 和表 5 - 1 总结和比较了这些机械臂系统的性能。

5.1.1.1　火星勘测者 98/2001

火星勘测者 2001 机械臂是一个小质量的四自由度（DOF）机械臂，具有延续自火星勘测者 98 机械臂的反铲，如图 5 - 2 所示[1-2]。末端执行器包括用于挖掘和土壤样本采集的铲子，用于刮擦的二次叶片，用于测量摩擦电荷和大气电离的静电计，以及用于将巡视器从着陆器部署到星球表面的三角架。机械臂的控制是通过在着陆器计算机上执行的软件和安装在机械臂电子设备上的固件的组合来实现的。该机械臂是实现火星勘测者 2001 任务科学目标的重要工具，它为火星勘测者 2001 的其余科学仪器提供支持，并进行专门针对机械臂的土壤力学实验。虽然该机械臂没有发射，但它符合太空发射条件，可以执行被取消的火星勘测者 2001 任务。除了采集样本，它还被设计用于部署一个 10 kg 的小型巡视器，其大小与索杰纳号巡视器差不多。2.2 m 长的石墨/环氧树脂结构具有重量小、精高度等特点。

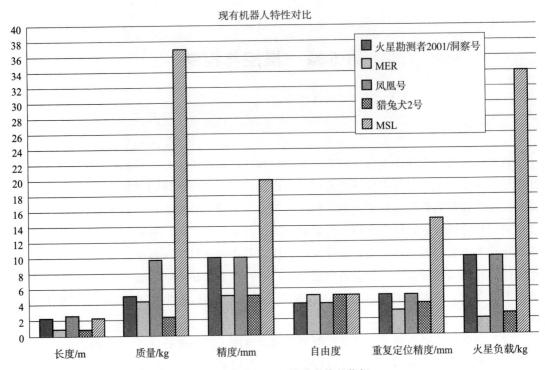

图 5-1　现有行星机械臂系统的指标

表 5-1　现有行星机械臂性能汇总

机械臂	长度/m	质量/kg	精度/mm	自由度	重复定位精度/mm	负载/kg	材料特性	最大速度/[(°)/s]
猎兔犬 2 号	0.75	2.2	5	5	4	2.5	钛关节-碳纤维	0.5
火星勘测者 2001	2.2	4.1	10	4	5	10	石墨环氧树脂	2~6
MER	0.7	4.2	5	5	3	2		
凤凰号	2.4	9.7	10	4	5	≈10	铝/钛	
MSL	2.2	37	20	5	10	34		3.2~5.2

5.1.1.2　凤凰号

以火星勘测者 2001 的设计作为基础，凤凰号火星着陆器机械臂（如图 5-3 所示）是一个 2.4 m 的机械臂，铝/钛结构让其质量达到创纪录的 9.7 kg[4]。它在 2008 年 5 月 25 日着陆后运行了 149 个火星日。在执行任务期间，在火星表面风化层上挖了许多沟槽，获取了火星干燥冰冷的土壤样本。

(a) 机械臂照片

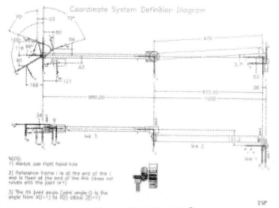

（b）运动学尺寸图[①]

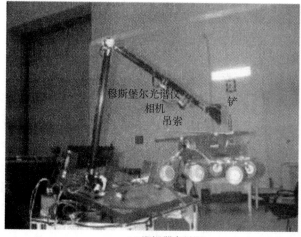

(c) 巡视器布局图

图 5-2　火星勘测者 2001 机械臂[2,3]　（由美国国家航空航天局/JPL -加州理工学院提供）

① 原图不清晰。

(a) 标定和测试

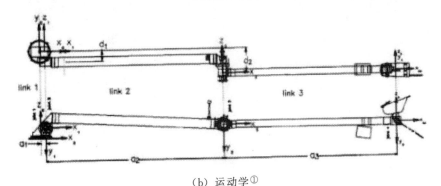

（b）运动学①

图 5-3　凤凰号机械臂[4]（由美国国家航空航天局/JPL-加州理工学院提供）

5.1.1.3　火星探测漫游者（MERs）

如图 5-4 所示，仪器部署装置（IDD）已成功用于两个 MERs，IDD 具有五个自由度，全长 0.7 m，质量为 4.2 kg[5]。它包含了一系列的有效载荷，并将其直接部署到岩石和表面的目标位置。IDD 的驱动系统要求主要涉及将工具放置在期望目标上的绝对和相对定位性能，这些目标包括岩石和土壤目标以及巡视器安装目标。绝对定位要求指出，每个原位工具应保持定位误差在 10 mm 之内，对于其余原位工具未曾接触过的科学物体的表面法线控制在 10°以内。这一要求可分解为两个误差预算，分别为 IDD 实现特定工具位置和方向的能力以及前避障立体相机对解算科学目标的三维位置和表面法线的能力。因此，整体绝对定位和方向误差要求被平均分割为两个误差预算。IDD 必须在灵巧工作空间的自由空间内，达到 5 mm 的位置精度和 5°的角精度。影响 IDD 满足这一要求的因素包括 IDD 运动学信息（连杆长度、连杆偏移量等）、用于复位驱动器的驱动器急停的位置、驱动器间隙影响、闭环运动控制器分辨率以及 IDD 刚度参数信息。影响 IDD 定位性能的参数通

---

① 原图不清晰。

过标定程序实验确定。误差预算的另一半分配给前避障立体相机对，使视觉系统能够确定科学目标的位置，并使其位置精度为 5 mm，相对于目标物体表面的法线角精度为 5°。影响立体相机对这一要求的因素包括相机标定误差、立体相关误差和图像分辨率问题。对于岩石打磨工具（RAT）的磨削操作，IDD 需要以指定的预紧力将 RAT 放置并固定在岩石目标上。IDD 需要在可达科学目标工作空间的 90% 范围内为 RAT 提供至少 10 N 的预紧力。如前所述，每个工具都需要携带近距离传感器以检测仪器与目标表面之间是否接触。

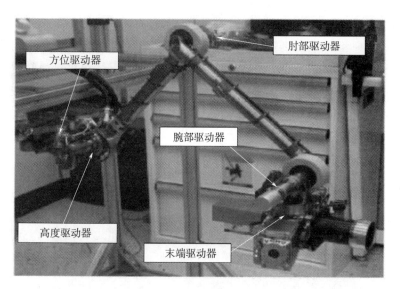

(a) 试验板

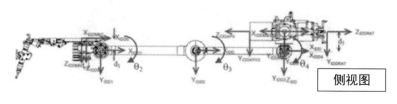

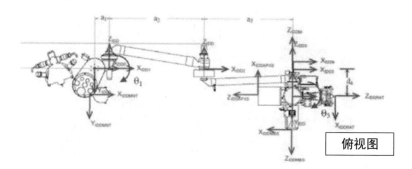

（b）运动学[1]

图 5 - 4　MER IDD [5]（由美国国家航空航天局/JPL -加州理工学院提供）

---

① 原图不清晰。

5.1.1.4　猎兔犬2号

如图5-5所示，猎兔犬2号机械臂[6]被设计、制造和分配空间用于猎兔犬2号任务，是迄今为止欧洲唯一一个设计到飞行应用水平的行星机械臂，包括具备行星保护资质。它的长度为0.75 m，具有5个自由度，可部署2.5 kg的工具工作台。这个机械臂特别紧凑，仅重2.5 kg，是送往火星的最轻机械臂，最大的质量与有效载荷比约为1∶1。每个关节由Maxon直流有刷电机和高减速比行星齿轮箱组成，通过100∶1谐波传动齿轮箱驱动。关节位置由直接安装在输出轴上的电位器检测。关节所有结构件都由钛制成，以便紧密匹配轴承热膨胀，同时将质量最小化。这同样是碳纤维臂管与末端执行器相连的最佳的选择。机械臂的性能由在位置可调的工作平台（PAW）上的立体相机对的精度（±2 mm）和用于测量关节位置的电位计的分辨率（±0.2 mm）决定。机械臂整体定位精度达到了±5.34 mm。PAW上用于检测岩石的所有仪器都需要施加一个接触力。因此，机械臂能够施加所需的5 N接触力（见表5-2）。

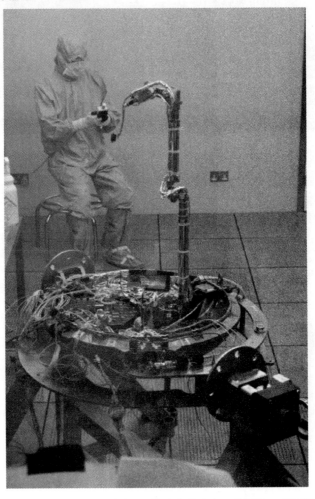

图5-5　猎兔犬2号机械臂（工作中的猎兔犬2号团队）（见彩插）

表 5 - 2　猎兔犬 2 号机械臂参数

特征	指标
质量/kg	2.2
最大可达距离/m	0.709
最大输出转矩/(N·m)	25
反驱转矩/(N·m)	21
最大转速/[(°)/s]	0.5
供电电压/V	12
驱动电流/mA	100(Max)
位置反馈	10 kΩ,0.1%线性电位器
运行温度范围/℃	-40~30
非运行温度范围/℃	-100~+125

5.1.1.5　火星科学实验室

如图 5 - 6 所示,火星科学实验室机械臂在 MSL 科学任务中是一个关键的单容错机制,它必须将探测器 12 个科学仪器中的 5 个送到火星表面[7]。

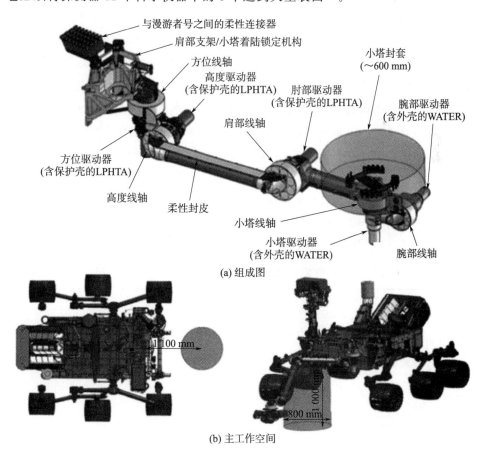

(a) 组成图

(b) 主工作空间

图 5 - 6　MSL 机械臂 [8] (由美国国家航空航天局/JPL -加州理工学院提供)

火星科学实验室机械臂主要属性如下：

- 5 个自由度；
- 从基座至工具转台的伸展距离为 2.2 m；
- 无工具转台的质量为 67 kg；
- 5 个工具转台总重 34 kg；
- 具有 920 路传输信号的电子布线系统贯穿于机械臂；
- 两个两用的储存机构，能够承受超过 20g 的着陆载荷，在部署后被动地重新装载 RA，并能够承受驱动巡视器 8g 载荷；
- 能在 −128～+50 ℃ 的温度范围内生存，并能在 −110～+50 ℃ 的温度范围内工作。

火星科学实验室机械臂的主要功能是相对于火星表面或巡视器安装的目标部署转台安装的仪器与工具[8]。对绝对定位精度提出的关键要求是，机械臂的位置精度应达到 20 mm，在相对于立体成像中所选目标的表面法线方向精度达到 10°。可感知的与目标接触的仪器定位精度要求为 15 mm（横向精度）。机械臂重复定位精度要求为 10 mm。一个关键的接触科学要求是，该系统能够在立体图像确定的地面目标上部署和放置仪器，在一个指令周期内收回仪器并放置其他仪器或工具。一切有关接触科学的要求适用于巡视器倾斜最大至 30°时。针对机械臂的主要工作空间（1 m 高，半径为 800 mm 的圆柱，如图 5 - 6 所示），明确了科学目标操作要求。它位于巡视器前面板之前 1.1 m 处和延伸至巡视器前轮下 200 mm 处。系统需要能够在主要工作空间内获取 90% 的可达目标。此外，该系统还须在巡视器的倾角达到 20°时能够采集、处理并将样本送到科学仪器上。5 个机械臂关节都由一个驱动器驱动，该驱动器由集成了编码器的无刷直流电机、行星齿轮减速箱、旋转变压器、制动器和急停硬件组成。电机的角位置由增量式编码器测量。驱动器输出角（关节角）由电机位置通过减速比推断。关节角也可由旋转变压器直接测量。关节运动完成后，在没有伺服（也没有动力）的情况下，制动器被用来保持电机的位置。两个肩关节和肘部使用低功率大力矩执行器（LPHTAs）。剩余关节采用腕部与云台组合执行器（WATERs）。表 5 - 3 对这些执行器的性能进行了总结。

表 5 - 3　好奇号机械臂参数

参数	LPHTA	WATER
齿轮减速比	7 520	4 624
最大输出转矩/(N・m)	1 143	259
最大电流限制/A	5	3
最大速度/rpm	0.532	0.865
齿隙/mrad	3.64	4.36
制动保持力矩/(N・m)	1313	517
质量/kg	7.8	4.24

5.2　机械臂系统设计

5.2.1　规格和要求

行星机械臂系统的设计需要首先调查性能要求（如准确性和重复性），环境要求（如照明、灰尘和热）以及设计要求（如尺寸、质量、功率、速度、载荷、范围、自由度数量、冗余、工作区或工作包络面和自动化性能）。

行星机械手的设计要求是由机械手期望执行的任务转换而来的。例如，在制造业中进行简单的拣放操作时，三自由度的机械臂就足够了。同样地，机械臂的有效载荷也取决于要处理的目标物体。理想情况下，机械手应设计为具有额外的灵活性，以具有执行各种任务的潜力。但是空间系统设计的限制（通常是关于质量的）会对设计施加限制（例如，最终限制自由度以减小质量）。

5.2.1.1　性能需求

机械手的性能主要由所选的运动学结构、驱动器技术和控制算法决定。这些决定会影响一些性能指标，但基本上与以下方面有关。

• 精度：这一指标表明机械手在空间的某一特定位置定位的良好程度，尤其当机械手非重复运动时更是一个重要指标。机械手的精度反过来也会受到可用的手臂运动学模型的精度的影响，这通常需要经过实验标定提高。工业机械手要求的精度大约是十分之一毫米。

• 可重复性：这个指标表明当给定相同的目标位置时，机械手重复返回到完全相同的位置的能力，这是可靠机械手的一个重要指标，特别是对于具有预编程位置的重复任务。所需重复精度的大小取决于任务要求，例如，典型的工业机器人低于 1 mm 或 2 mm，即比精度低一个数量级。

5.2.1.2　设计规范

• 工作空间：工作空间是机械手能够工作的空间体积，即机械手在空间中能够到达的位置和方向。它由机械设计的 3 个特征来定义，即每个连杆的长度，每个关节的运动范围，以及所使用的关节类型（转动关节或移动关节）。设计应尽量最大化所谓的"灵巧工作空间"（空间中机器人末端执行器可以从多个方向到达的位置集）。"灵巧工作空间"不仅在机械设计阶段非常关注，而且可以在机械手运动时计算和使用，从而在最方便区域重新部署巡视器或机械臂进行操作。

• 可达范围：可达范围可以看作是"可达"工作空间的最大范围（"可达工作空间"是由位置定义的工作空间，至少可以在一个方向上到达）。它的价值取决于机器人需要完成的任务和所要抓住的物体（在巡视器前面、侧面、后面）相对于在巡视器或着陆器上的机器人系统的位置。

• 尺寸：机械手的尺寸（长度）主要由对机械手工作空间的要求决定，即机械手应达到的距离。机械手多么"笨重"，主要是由负载要求（负载越多，需要更大驱动，结构重量越大）和所需的精度（机械臂越精确，其刚度要求越大，也就是说，通常结构较厚，因此连杆重量越大）决定。

• 有效载荷：有效载荷是机械手能够举起的最大载荷（不包括机械手自身的重量）。显然，有效载荷与物体需要移动的加速度或速度有关。加速度越大，同一个机器人能够移动的有效载荷就越低。在地外天体中，通常情况下低重力和低运动速度允许相对大的有效载荷而不需要大的扭矩（因此不需要重载电机）。

• 质量：机器人系统的质量取决于与系统尺寸相关的前几个点。它的最大值可能作为机器人最大质量的任务约束，从而影响机器人的尺寸和结构。

• 动力：同样的，驱动机械臂所需的动力取决于机械臂的大小、有效载荷和质量。此外，行星体的环境条件（昼夜持续时间）影响供能系统的大小。机器人需要能够在白天工作，并保持足够的能量来承受寒冷的夜晚，在这期间可能会有部分能量被用来加热某些子系统。

• 自由度数量：自由度的数量（等于通常的串联开链机械手的关节数量）由任务的需求决定。在机器人的"灵巧工作空间"中，需要 6 个自由度将末端执行器放置在任意位置和方向。但是，许多任务由于不需要任意方向运动，因此可以用较少的自由度完成。例如，如果可以只从上面垂直抓取对象，那么只需 3 个自由度就可以实现简单的拾取和放置操作。

• 冗余度：机械手运动学上的冗余度是指拥有比任务要求更多的自由度。例如，如果任务需要 3 个自由度（只需将其定位在某个位置，而忽略方向），机器人具有 4 个或更多自由度称为冗余。然而，一个经典冗余机器人是拥有 7 个或更多自由度的机器人，因为通常一个机械手能够达到一个给定的三维位置和方向需要 6 自由度。冗余度的好处之一是在不修改末端执行器位置和方向的情况下为机器人的运动提供额外的标准。举一个典型的例子，一个冗余机械手能够在三维空间中抓住一个物体，保持末端执行器的固定位置和方向，同时移动其"肩膀"（或任何其他）关节，以避免障碍或重新调整机械臂姿态等。另一方面，由于需要使用某种冗余解决方法，其控制算法更加复杂。

• 自主能力：机器人需要的自主化等级（LoA）从手动遥控系统到完全自主系统（如1.2 节中介绍的，并在 2.6.2 节中从系统设计的角度进行解释）对机器人系统提出了一个额外的要求。所选择的自主化等级决定硬件系统设计，例如，为了实现完全自主，机器人需要配备强大的器载计算资源和专用的传感器设备。第 6 章详细讨论了行星机器人的自主能力问题。

• 在线或离线处理：根据所需的自主化等级，机上处理能力或多或少地需要集成到机器人中。对于远程遥控系统，机器人需要最小器载计算能力来控制底层控制器，底层控制器根据远程接收到的命令控制机器人的关节。但是如果机器人需要为手臂规划无碰撞的轨迹，那么对器载处理的要求就会大幅增加。

• 软件控制算法：低级（关节水平）控制算法是手臂驱动关节的最低要求，主要通过反馈控制器发送命令到关节（位置或速度），并使用传感器监测命令完成。此外，前馈信号可用于补偿动态效应。在使用轻型材料的情况下，可能会引入振动或机械臂连杆弯曲造成的定位不准确，振动抑制算法也需要器载。顶层控制算法（底层控制器的输出参考）是额外的要求，可以在机器人上以计算能力为代价实现，也可以在地面上以上行链路通信延迟为代价实现。

以安装在火星科学实验室巡视器（好奇号）上的机械臂为例[8]。好奇号巡视器需要收集土壤样本并钻探岩石，以便为巡视器上的仪器提供样本。此外，机械臂必须能够将科学仪器放置在感兴趣的目标表面上，以研究其化学成分和矿物组成。因此，对机械手有四个主要要求以实现这些任务[8]：1）能够将仪器放置在表面目标（岩石和风化层），这需要立体相机系统获得的目标三维位置；2）能够部署机械臂采集土壤样本或将钻头放在岩石目标；3）能够摇晃器载仪器处理样本；4）能够将样本放到器载仪器上。基本上，机械臂必须能够在火星表面或巡视器携带的仪器上，将工具相对于预期目标进行定位。成功完成这些任务要求位置精度小于 20 mm，方向精度小于 10°，重复精度小于 10 mm。机械臂工作空间被定义为一个垂直放置的圆柱体，高度为 1 m，半径为 800 mm，位于巡视器前方1.1 m。机械臂最后的设计确定为 5 自由度结构，具有 30 kg 的有效载荷，伸展达约 2 m。关节由无刷直流电机驱动，安装了增量编码器、行星齿轮减速箱、制动器。机械臂底层控制包括正、逆运动学计算，轨迹生成和偏转补偿等。后者是由于机械臂的长伸展（超过2 m）和重负载（30 kg）导致的连杆偏差。正运动学和逆运动学使用刚体假设，根据当前机械臂姿态利用机械臂臂杆刚度模型计算偏差自动进行补偿。利用此种方式定位误差才能达到要求。顶层控制行为是一系列低级行为的序列，用于简化巡视器的重复操作。例如，行为 ARM _ PLACE _ TOOL 将按顺序调用一系列低级行为将工具放置在指定的目标位置。

5.2.1.3　环境方面设计注意事项

对于行星机械臂来说，特定的外星球环境条件在很多方面影响着机器人部件的设计和选择。在 2.4 节中，我们对环境驱动的设计注意事项进行了全面的研究。在这里，一些设计因素是根据机械手系统再次说明。

• 光：迄今为止，对地外天体最感兴趣的探索区域之一是陨石坑，使用机械手从陨石坑内部收集样本可能具有很高的科学价值。在陨石坑内，那些"永远黑暗"的区域对科学来说是最有价值的，例如，在月球南极著名的沙克尔顿撞击坑，月球勘测轨道器/LCROSS 的测量仪器表明那里存在水冰。然而，在设计机械手识别目标的视觉系统时，需要考虑到永恒黑暗的影响。

• 灰尘：沙尘暴一直是火星任务面临的主要问题。2007 年，尘暴覆盖了勇气号和机遇号的太阳能电池板，阻止了太阳能发电。此外，安装在勇气号上的显微成像仪的镜头上的灰尘降低了该相机所提供图像的质量。灰尘的研磨性质使其穿过密封装置进入机械装置并降低驱动器效率，导致堵塞并最终失败。对于行星机械臂，灰尘问题需要考虑，要么通过某种方式进行自我清洁，要么通过设计系统使其能够在降低性能、能源或图像质量的情况下工作。

• 重力：与地球相比，在低重力的环境下，机械手的重量会更低，从而需要更低的力矩来驱动其关节,反之亦然。例如,在太空中工作的加拿大机械臂在地球上工作时可能会遇到麻烦,因为机械臂的驱动器可能无法在地球表面重力下举起自身的重量。重力(低或高)也会影响机器人的动态特性。例如,机械手设计使用计算的力矩控制(如5.3.1.3节所述),需要识别机器人机械手的动力学模型,动力学模型需要再识别(或者至少调整)才能在其他星球上使用。

• 温度:众所周知,其他行星上的温度常常会发生突然变化。例如,在火星上,在赤道上中午时温度可达 20 ℃,而在两极时温度可低至−150 ℃。如前所述,极地地区(及其环形山)的样本采集和处理通常最具科学意义。电子和机械部件的设计需要考虑承受这样的温度范围和极端温度。

5.2.2 设计权衡

考虑到之前介绍的机械臂设计要求,本节给出了研制行星机械臂系统的设计权衡,包括运动学选择(奇异性、可操作性等)、结构和材料,以及所需的传感器。

5.2.2.1 机械臂运动学

• 奇异性:机械臂结构的选择决定了机器人进入"奇点"的特定构型数,即机器人在某个方向上末端执行器无法产生速度(或力)的构型。在奇点附近,达到一定的笛卡儿速度所需的关节速度非常大。换句话说,机器人"失去"自由度:从数学上讲,机械手的雅可比矩阵不满秩,即雅可比矩阵的两列或多列变为线性相关。考虑到机械臂的自由度通常是为了完成某一任务而精心选择的,进入奇点从而失去自由度需要仔细研究。一方面,机械设计可以尽量减少奇点的数量和类型(通过选择机械结构),另一方面,控制算法也需要了解奇点,以避免进入或接近它们。

• 可操控性:为了评价机械手离奇点有多近(或多远),定义了"可操控性"的概念。它描述了机器人在其工作空间内向各个方向自由移动的能力(因此,它与机器人的奇点密切相关)。可操纵性可以参考:1)抵达一定位置的能力(有关机器人的工作空间,因此这是全局测量);2)机械臂构型一定情况下改变位置或方向的能力(当前构型附近的一个小运动,因此,这是一个局部测量)。为了研究可操纵性,我们研究机械手的雅可比矩阵,将无穷小的关节运动和无穷小的笛卡儿运动联系起来。为了达到这个目的,文献中提出了许多不同的可操作性度量,最初由吉川[9]介绍。通过使用这些信息,机械手可以调整其构型(如果可以的话,利用机器人冗余)实现可操作性最大化,从而最大化操作任务成功执行的概率。参考文献 [9] 的最初工作将可操控性指数描述为到奇点的距离

$$w = \sqrt{\det(\boldsymbol{J}(q) \cdot \boldsymbol{J}^{\mathrm{T}}(q))} \tag{5-1}$$

式中,$\boldsymbol{J}$ 为机械臂雅可比矩阵,q 为关节位置。可操控性 w 值越高,表示机器人在当前构型下的全方位移动能力越强。

5.2.2.2 结构和材料

通常,机械臂的刚度被设计得尽可能大,以便在移动自身重量或有效载荷时尽量减少连杆的偏转。机器人刚度越大,越可以在不需要复杂控制算法的情况下实现更精确的定

位。然而，连杆刚度越大通常意味着机械结构更重，这在空间应用中是主要关注的问题。因此，可以利用较轻的材料（通常更易弯曲的材料，例如碳与玻璃纤维复合材料）设计机械臂，但这样可能会降低定位精度，增加运动中振动的风险，因此需要更复杂的算法来处理这些问题。

5.2.2.3　传感器

显然，从前面的部分可以看出，需要对机械臂上传感器做出选择，并需要考虑通过使用能够完成分配任务所需的最小传感器集减小重量。

• 位置和速度传感器：关节位置（和速度）是机械手的基本传感器之一，同样非常重要。可以采用不同的技术：从简单的低分辨率电位器到可以提供高分辨率的光或磁编码器。同样，它们也可以是增量编码器或绝对编码器。第一种类型在通电后开始从电机的当前位置计算转数；因此，在通过一个参考点之前，无法获得电机绝对的位置。这通常需要在每次启动后运行复位程序（关节移动直到找到它的"零"位置）。另一方面，正如名字一样，绝对编码器可以获得电机旋转所在绝对位置。

• 力或力矩传感器：典型的力传感器安装在机械手的手腕上，测量机械臂末端执行器三个笛卡儿方向上的力和三个旋转轴的力矩。这些测量对于精确控制机器人施加的力可能是重要的。每个关节上的扭矩传感器很少被使用，尽管它们可能有一些用途：实现计算转矩控制或振动控制算法，特别是在关节具有一定柔性的情况下。

• 相机：相机的使用是行星机械臂使用的基本外部感知传感器之一。一方面，需要识别要抓住的物体的位置，这通常通过使用一对相机组成立体视觉系统来完成。另一方面，由于任务有效载荷的限制，机械臂可能是用轻质材料设计的，因此机械手比刚性的精确度较差。在这种情况下，可以执行一个精确的标定来提高机械臂的精度，但通常结合使用相机信息来驱动机械手向目标的运动（被称为"视觉伺服"）。

5.3　机械臂控制

操控是指在环境中移动或重新安排对象的过程。为了控制机械臂系统执行预期的运动，需要几个控制部件。这些组件可以分为三个功能部分，如图 5-7 所示。

1）顶层控制：机械臂的最高控制层，为末端执行器规划路径并实现机器人的自主化，根据自主化水平不同，可以从遥操作到完全自主操作。

2）轨迹生成：为关节控制器提供参考的部分，基本上充当高级指令和低级指令之间的接口。

3）底层控制：在关节层面处理命令以实现顶层控制（通常在笛卡儿空间中给出）所要求的运动的控制策略。

除了三层控制之外，在控制策略需要避免机械臂与环境碰撞和自身碰撞（自碰撞）时，避撞策略常常被明确地考虑，特别是对于复杂和冗余的机器人。在下面的章节中，我们将介绍这些功能的基本概念和最先进的设计示例。

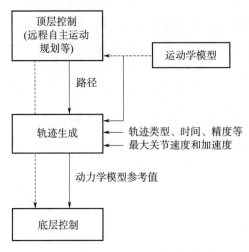

图 5 - 7　机械手运动控制的分层结构

5.3.1　底层控制策略

5.3.1.1　位置控制

理想情况下,机械手应该能够根据运动学约束遵循接收到的位置(或速度)轨迹,而且尝试尽可能接近跟踪轨迹。这通常称为运动控制。

但在实践中,由于机器人的动力学特性(如惯性、摩擦),这些轨迹并不总是能够实现。机器人的动力学模型是高度非线性、多变量、耦合和时变的,这使得动力学控制成为一个难题。因此,在实际应用中,通常会采取一些简化控制方案的假设。像传动比或粘性摩擦等因素实际上可以帮助简化动力学模型。例如,在工业机器人中常见的高齿轮传动比允许将机器人的连杆视作解耦的。在这些条件下,为每个关节设置独立的比例微分(PD)控制器可能是一个更合适的解决方案。但是要注意,高传动比并不是没有缺点,它会增加不期望的粘性摩擦、关节间隙和关节弹性。

本节给出了刚性机器人(高齿轮比)的两种典型的独立关节反馈控制方案,将机械手假设为一个解耦系统(一个关节的运动对其他关节的运动不产生影响)。在本节的其余部分,使用了以下符号:

• 末端执行器的位置和方向记为 X。这个 6×1 向量定义为 $X = (p^T \varphi^T)^T$,矢量 p 代表末端执行器的位置,φ 是一组描述末端执行器方向的旋转矩阵中欧拉角集合。

• 机器人末端执行器施加的三维力 f 和三维力矩 m 为扭矩 $h = (f^T m^T)^T$ 的组成部分。

• 关节位置用 q 表示。

• 所要求的力矩用 τ 表示。

• 下标 d 表示具体数值的"期望"参考值(在笛卡儿空间或关节空间中的力或位置/方向)。

具有参考位置的反馈位置控制:机器人关节控制最简单、最常见的形式是独立 PD 控

制，如下所示

$$e_p = q_d - q \tag{5-2}$$

$$\tau = K_P \cdot e_p + K_D \cdot \dot{e}_p \tag{5-3}$$

将关节位置基准与当前的关节位置测量结果进行比较，形成误差信号。控制器的比例部分（P）和微分部分（D）二者之差用于消除（或最小化）误差。控制器参数 K_P 和 K_D 的选择决定了控制器的性能。控制器方案如图 5-8 所示。

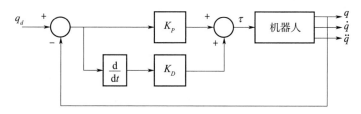

图 5-8　带位置参考的反馈控制器

具有位置和速度参考的反馈位置控制：除了位置参考之外，还可以使用速度参考获得稍好一点的性能，如下所示

$$e_p = q_d - q \tag{5-4}$$

$$e_d = \dot{q}_d - \dot{q} \tag{5-5}$$

$$\tau = K_P \cdot e_p + K_D \cdot e_d \tag{5-6}$$

控制器方案如图 5-9 所示。

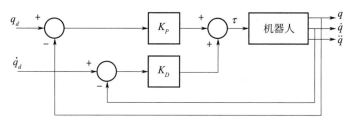

图 5-9　带位置以及速度参考的反馈控制器

5.3.1.2　力控制

只要不需要（或很少）与环境接触，位置控制是最好的解决方案。然而，在非结构化环境下，如行星体，其环境信息是不精确的，或在复杂的运动约束任务中，需要力控制，以实现机器人的目标。更具体地说，机器人需要感知与环境的接触，遵守当前的环境，而不管其未知的性质。

一个鲁棒且自适应的机器人的要求是，当操纵一个对象或接触一个表面（在这个领域中，与机器人接触的任何物体/表面通常被定义为"环境"）时，能够调节接触力。这个问题通常称为柔顺控制，它试图保证机器人能够调节接触力，而不是抵抗与环境接触。

主动柔顺控制方法将接触力（和力矩）和机器人运动测量结果，反馈到控制器，以便根据期望的机器人运动产生适当的运动命令。在过去的 30 年里，对提供鲁棒力控制的主动方法研究越来越重要，有大量的研究论文可供参考。对 20 世纪 80 年代最先进研究的介绍可以参见文献［10］。类似地，文献［11］回顾了 20 世纪 90 年代的研究状况。一些专注研究力控制的书也在那个时候出现[12]。最近，Lefebvre 等人[13]研究了最新主动柔顺系统所需的子部分。最近的《机器人学手册》[14]还包括一章回顾机器人力控制研究的状态。在行星巡视器领域，安装在火星科学实验室巡视器（好奇号）上的机械臂具备了自主钻岩的能力，在钻探过程中控制力的力反馈回路是主要组成部分。在参考文献［15］中介绍了实现这些操作的算法。好奇号巡视器上的钻头是第一个自主钻入岩石的地外钻子。

一般而言，任何主动控制方法都试图增加或合并运动和力的误差，并使用一个或一组控制器向机械臂的关节驱动器发送最适当的命令。这些误差的组合方式造成了直接和间接柔顺控制方法之间的基本区别。

- 直接力控制方法是指控制器直接调节接触力到一个期望力。经典的力控制策略、力位混合控制都属于这一类。

- 间接力控制方法是指通过运动控制间接控制力的方法。阻抗控制属于这一类。

这两种方法在指定交互任务的方式上有所不同。例如，在力位混合控制（或直接法）中，任务是在几何空间中指定的，正如后文可以看到的那样，用户定义了哪些方向是由力控制的，哪些方向是由位置控制的。在阻抗控制（间接法）的情况下，设计者可以建立力和运动之间的动力学关系。最后，所定义的阻抗参数集将决定机器人的行为。当在实际意义上与阻抗控制设计方法比较时，两者非常相似：设计师设计力位混合控制，会确定一个约束方向，当使用阻抗控制器时，他可能会定义一个更柔顺的行为；设计师设计力位混合控制，将确定一个不受约束的方向，当使用阻抗控制器时，他可能定义更生硬的行为。交互控制方法也可以根据控制方法的静态或动态性能进行分类：

- 基于动态模型的控制方法是指与瞬态系统的动态响应有关的控制方法。阻抗控制，以及混合和并行的力/运动策略属于这一类。对于这些控制方法而言，都需要一个完整的机器人动力学模型，因此设计和实现都更加复杂。此外，力的测量是必要的，以获得更加容易处理的解耦和线性的模型。

- 基于静态模型的控制方法只关心系统稳态响应。在静态情况下阻抗控制称为刚度控制。在静态情况下导纳控制称为柔顺控制。也就是说，柔顺控制和刚度控制分别是导纳和阻抗控制的子集。这些方法更容易实现，因为不需要动态模型，只需要重力项。

参考文献［16］介绍了几种交互控制方法，分为基于动态模型和基于静态模型的交互控制方法，并给出了实验评价。

力位混合控制　该方法将接触相互作用视为一个几何问题，需要考虑一组几何约束。在仔细检查接触任务后，机器人的一些自由度采用"力控制"，而其余的则采用"运动控制"。这意味着混合控制器只控制不受约束的"运动控制"方向和受约束的"力控制"方向的力/力矩。这种方法是基于对于大多数受约束的机器人任务，可以将任务分解为两个相互独立的子空间，一个控制接触力，另一个控制机器人运动。因此，利用不同的子空间，运动和力可以被同时控制。图 5 – 10（a）是一个力位混合控制示意图。

并行力位控制　图 5 – 10（b）所示的并行方法[18]属于直接控制方法，因为它从力位混合控制的几何约束开始，也用于力位混合控制。

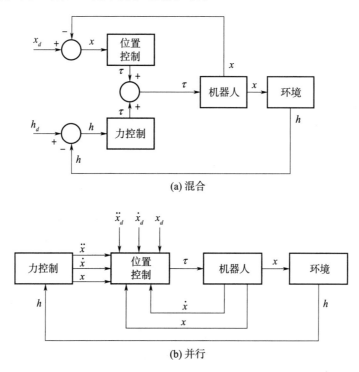

(a) 混合

(b) 并行

图 5 – 10　力/运动控制

与力位混合方法的不同之处在于，并行力位控制并不使用不同的控制子空间来控制力和运动，而是使用单个矩阵将运动和力控制器的权重合并到一个控制器中。在这种情况下，控制器优先考虑决定控制器响应的力误差。因此，位置误差将沿着一个约束的方向"被容忍"，以确保适当的力跟踪。

阻抗控制　当涉及阻抗或导纳控制时，阻抗控制术语通常被模糊使用。两者都追求同样的目标——主动修改机器人的机械阻抗——但两种方法从不同的角度来做。阻抗控制主要通过测量位置和输出力来实现，导纳控制主要通过测量力和输出位置来实现。由于解决控制问题的方法不同，柔顺方法的准确性取决于不同的因素。阻抗控制取决于位置传感器的精度和带宽以及力控制驱动器的精度，而导纳控制的精度取决于力传感器精度和带宽以及位置控制驱动器的精度。

图 5 – 11（a）所示的主动阻抗控制通过产生适当的运动来间接调节接触力，最终使机器人与环境之间形成所需的动态关系。与混合力/控制方法不同，阻抗控制采用单一控制律，通过指定位置和力之间的目标动态关系，同时控制位置和力。换句话说，它使用一系列权重矩阵来衡量力和运动控制器的作用。与同样有权重矩阵的混合力/控制相反，主动

阻抗控制中使用的矩阵具有阻抗的物理尺寸：即刚度、阻尼和惯性参数。这些参数改变了机器人的动力学模型，就好像机械弹簧、阻尼器和额外惯性被安装到机械臂的末端执行器中。设计目标阻抗以确保适当的行为并不是一项容易的任务。显然，需要接触环境的机械臂运动与自由移动时不同，特别是在自由空间需要良好位置跟踪特性时（一个刚度大的机器人是一个很好的位置跟踪器，而接触环境时不柔顺）。此外，良好阻抗最终取决于环境动态，这需要进行尽可能好的评估，以不仅确保初级稳定性，而且提高必要的机械臂性能。

Hogan[19]的工作被认为是阻抗控制研究的标杆，因为它第一个描述控制机器人-环境相互作用力的虚拟机械阻抗的概念。然而，这并不是初次使用虚拟机械元件来控制力。在参考文献［20］中，提出了用于力控制的广义弹簧和阻尼系统，随后在参考文献［21］中实现。当前使用主动阻抗控制的最好例子之一是 DLR[22] 的 LWR 轻型臂。从那时起，为了解决原始描述的陷阱或处理实现问题，围绕阻抗控制发表了大量的文献。例如，Hogan[23]和后来的其他学者[24]分析了阻抗控制律的稳定性或接触刚性环境后产生的不稳定性[25]。为了解决环境和机器人模型参数不确定问题，一些研究提出了应对不确定性的自适应[26-29]或鲁棒[30-31]阻抗控制策略。此外，由于原始描述缺乏力的跟踪能力，一些研究提出了增强控制器跟踪力的方法[32-33]。阻抗控制也使用了神经网络实现控制器[34-35]，在大多数情况下被用作一种方法来最小化模型的不确定性带来的问题。学习算法也被提出用于阻抗控制[36-37]，使其能够不仅应用于单臂系统，也能够应用于多臂系统[38-40]。

刚度控制　　刚度控制只关注末端执行器的稳态，因此这是一个完全阻抗控制的简化。刚度控制策略只需要一个比例动作（一个单独的矩阵）定义控制器的行为，控制器像控制 6 自由度弹簧一样，控制机器人末端执行器上的力（和力矩）。由于该方法只关注稳态响应，它不需要机器人的整个动力学。在这种情况下，只需要系统动力学的拉格朗日方程中的重力项。简而言之，刚度控制调节施加在环境上的力与期望的位置和方向的偏差（如果必要的话）之间的静态关系。图 5－11（b）是刚度控制的框图，因为它不处理位置的高阶导数，所以只接收关于位置的信息。

导纳控制　　导纳控制原理与阻抗控制基本相同。然而，它明确地分离了位置控制和阻抗控制。位置控制器是一个内环，就像工业机器人一样，设计刚度大，以鲁棒地抑制位置误差。诀窍在于位置控制器不直接接收所需的运动，而是接收"阻抗控制器"的输出。图 5－12（a）是导纳控制的示意图。可以看到，"导纳控制器"相对更正确，因为输入是力（转矩），输出是位置，接收期望位置和末端执行器转矩（力和力矩）两个输入。一个适当的目标阻抗可以产生一个机械臂合适位置/方向的输出，以保持力和运动之间的期望动力学关系。

需要注意的是，导纳控制框图与前面并行力/运动控制具有相似性，都需要交互任务的信息以定义几何约束。与导纳控制的区别是定义力控制器的标准（物理阻抗参数与力控制任务方向）。

柔顺控制　　正如刚度控制相对于阻抗控制一样，柔顺控制是导纳控制的一个子类，柔

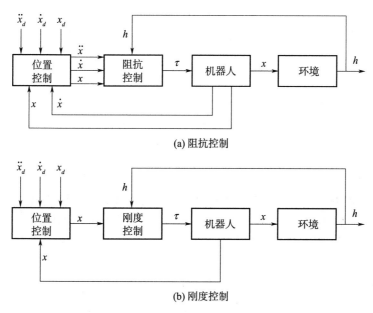

(a) 阻抗控制

(b) 刚度控制

图 5-11   控制方法

顺控制只关心机器人施加的力与期望位置/方向偏差之间的静态关系。图 5-12（b）介绍了柔顺控制的框图，其中控制器仅为位置控制器生成一个参考位置（无高阶导数）。

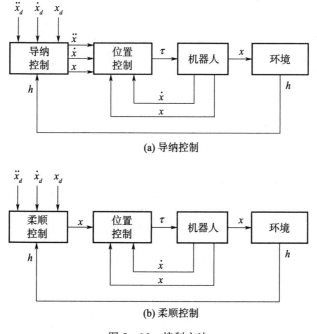

(a) 导纳控制

(b) 柔顺控制

图 5-12   控制方法

5.3.1.3　动力学控制

动力学研究作用在物体上的力与其产生的运动之间的关系。因此，机器人动力学模型的目的是获得机器人的运动与作用于其上的力之间的关系。动力学模型可用于实现以下几个目标：

- 模拟机器人的运动。
- 机器人机械结构的设计与评估。
- 为机器人选择所需的执行机构。
- 机器人动态控制的设计与评估。

最后一点非常重要，因为动力学控制的性能决定了机器人的运动精度和速度。换句话说，使用动力学控制策略是为了确保机器人遵循的轨迹尽可能接近运动学控制所建议的轨迹。

然而，大多数情况下与动力学模型方程相关的高度复杂性迫使对模型进行简化。无需多言，一个完整的机器人动力学模型不仅包括其连杆的动力学，还包括传动系统、驱动器和能源/控制电子元件的动力学。新的惯性、摩擦和饱和效应，这些因素使动力学模型更加复杂。

动态控制的目的是计算力矩 τ，以获得期望关节位置 q（也可能是关节速度和加速度）。显然，力矩不是直接发送到电机，而是由计算机产生一些与力矩相关的"量"，这些量依次由 PWM 生成器转换成模拟电压。然后，再由电动机产生力矩，通过图 5 - 13 所示齿轮传动提供关节处驱动力矩。

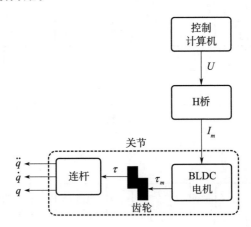

图 5 - 13　直流无刷电机关节力矩控制框图

力矩 τ 和位置 q 之间动力学方程是众所周知的

$$\tau = M\ddot{q} + C\dot{q} + G + \tau_f = M\ddot{q} + H \tag{5-7}$$

式中，M 为连杆的惯性矩阵（$n \times n$），C 为科里奥利力/力矩（$n \times 1$），G 为重力/力矩矢量（$n \times 1$），τ_f 为摩擦力/力矩矢量（$n \times 1$）。

机械电机模型　简化后的（不考虑科里奥利力）电机机械部分的动力学方程为

$$\tau_m = J_m \ddot{q}_m + f_m \dot{q}_m + C_m \tag{5-8}$$

式中，τ_m 是电机扭矩，$\boldsymbol{J}_m$ 是电动机惯性矩阵，$\ddot{q}_m$ 是电机加速度，$\dot{q}_m$ 是电机速度，$\boldsymbol{f}_m$ 是电机粘性摩擦，C_m 是电动机抗力矩。我们可以利用齿轮传动比（N）通过 $\dot{q}_m = N\dot{q}$ 连接电动机和连杆速度/角度。因此，电机抗力矩与连杆力矩的关系是

$$C_m = N^{-1}\tau \tag{5-9}$$

利用齿轮传动比 N 和式（5-8）及式（5-9），用式（5-7）中的表达式替换了 τ，得到

$$\tau_m = \boldsymbol{M}'\ddot{q} + \boldsymbol{H}' \tag{5-10}$$

式中

$$\boldsymbol{M}' = \boldsymbol{J}_m N + N^{-1}\boldsymbol{M} \tag{5-11}$$

和

$$\boldsymbol{H}' = \boldsymbol{f}_m N\dot{q} + N^{-1}\boldsymbol{H} \tag{5-12}$$

电机模型　在电机动力学模型的电气部分，以直流电机模型为例[①]。可以定义电机输入的电压矢量为

$$U_m = r_m I_m + L_m \frac{\mathrm{d}I_m}{\mathrm{d}t} + E_m \tag{5-13}$$

其中，r_m 为电机线圈电阻，I_m 为电机线圈电流，L_m 为电机电感，E_m 为电机反电动势电压。对于直流电动机，另外有

$$E_m = K_e \dot{q}_m \tag{5-14}$$

和

$$\tau_m = K_c I_m \tag{5-15}$$

最后缺失的是能源电子元件（H 桥）模型，可以假设输入电压 U 与 I_m 电机电流具有比例关系

$$U = K_v I_m \tag{5-16}$$

前馈加反馈控制　利用逆模型作为前馈信号，实现了最简单的动态控制器。这允许它直接（并且单独）从位置/速度/加速度的参考信号计算，因此可以离线计算。控制器描述如下式所示

$$e_p = q_d - q \tag{5-17}$$

$$e_d = \dot{q}_d - \dot{q} \tag{5-18}$$

$$\tau_{FB} = K_P \cdot e_p + K_D \cdot e_d \tag{5-19}$$

$$\tau_{FF} = \hat{M}(q_d)\ddot{q}_d + \hat{C}(\dot{q}_d, q_d)\dot{q}_d + \hat{G}(q_d) \tag{5-20}$$

$$\tau = \tau_{FB} + \tau_{FF} \tag{5-21}$$

控制器方案如图 5-14 所示。在这个方案中，由于我们将一个"未来"信号反馈入内部反馈环，因此可能需要在逆模型计算后将零阶延迟包含在内。

计算转矩控制　本控制策略在控制器的反馈回路中采用了逆模型，即需要在线计算。

---

① 该假设适用于采用矢量控制策略的直流无刷电机，该策略从数学上将直流无刷电机转换为"纯"直流电机。

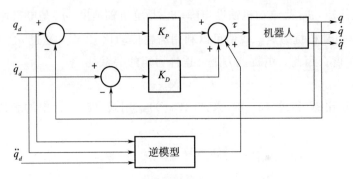

图 5-14 前馈（逆模型）加反馈控制

此外，计算转矩控制有一个借助简单加速度线性模型的 PD 控制器。考虑到式（5-7），非线性解耦控制器可以写成 $\tau = \alpha \cdot \tau' + \beta$，并选择 $\alpha = M$ 和 $\beta = H$。这可以解耦系统并给出了 $\tau' = \ddot{q}$，这意味着 PD 控制器只需要处理一个线性系统。综上所述，控制器如下式所示

$$e_p = q_d - q \tag{5-22}$$

$$e_d = \dot{q}_d - \dot{q} \tag{5-23}$$

$$\tau' = K_P \cdot e_p + K_D \cdot e_d + \ddot{q}_d \tag{5-24}$$

$$\tau = \hat{M} \cdot \tau' + \hat{H} \tag{5-25}$$

在计算转矩控制方案中使用逆模型（及其组件）的原理图如图 5-15 所示。完整的控制器方案如图 5-16 所示。

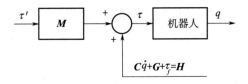

图 5-15 解耦机器人模型的逆模型

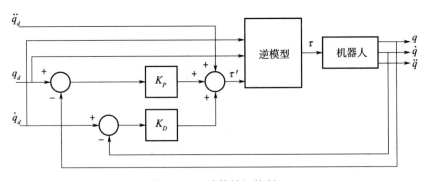

图 5-16 计算转矩控制

5.3.1.4　视觉伺服

当机器人在非结构化环境中运行时，不可避免地需要使用基于传感器的控制策略来确保操作任务的成功执行。正如我们在前面章节中看到的，位置或速度控制在大多数机器人系统中使用。如前所述，在不确定的情况下操作时，力控制和其他柔顺控制方法也很重要。另一个信息来源是视觉，利用来自相机的信息作为控制机械手运动反馈的方式，通常被称为视觉伺服。该方法能够实时处理物体相对于机器人的相对位姿变化，具有较高的精度和鲁棒性。与前面所述的方法相比，视觉伺服不需要明确的参考信号，但总是试图通过最小化对象的姿态和夹具的姿态之间的误差来向对象移动。

为了区别于之前的研究，Hill 和 Park[41]引入了视觉伺服这一术语。在这种方法中，利用相机图像中的视觉特征进行定位，例如机器人的夹持器与被抓取物体之间的定位。相机可以放置在相对于机械臂的一个固定位置上（所谓的眼至手方法），或者可以直接安装在机械臂的末端执行器上（所谓的眼在手上方法）。眼至手方法的优点是相机不会移动，通常对工作空间和对象/手爪有更好的概览。另一方面，在这种情况下，机器人需要同时跟踪对象和机械臂的末端执行器。在眼在手上方法中，由于相机安装在夹具上，可以直接从相机的姿态提取夹具的姿态。

第一个手眼系统是 1973 年由 Shirai 和 Inoue[42]研制的。在参考文献［43］中，静态相机被用于捕捉在平面上运动的物体。Kragic[44]使用了一个与夹具模拟器连接的运动跟踪系统来规划抓取运动。然而，眼在手上方法使用得更频繁，参见参考文献［45～46］。通过使用两个相机，即使物体是未知的，也可以获得物体完整的 3D 信息。第一个立体视觉伺服系统是使用眼至手配置实现的[47]。

除了相机的位置和数量，视觉伺服也可以根据使用的控制策略分类，即基于图像的、基于位置的或混合策略[48]。在基于图像的视觉伺服（见图 5-17）中，直接从图像的特征中提取夹具的位置，计算所谓的特征灵敏度矩阵[49-50]。通过使用这个矩阵，机械臂向被抓住物体的运动可以被估计。在基于位置的视觉伺服（见图 5-18）中，从相机信息中提取目标对象完整的三维位置和方向（位姿），使末端执行器的位姿与目标位姿之间的误差为零[51-52]。图像方法的优点是不需要立体摄像系统，但需要处理跟踪特征从图像中丢失的问题。当使用基于位置的方法时，由于控制是在笛卡儿空间中完成的，因此可以考虑路径上可能的约束，例如避免碰撞。然而，这些方法需要更高的计算量和物体 3D 信息。

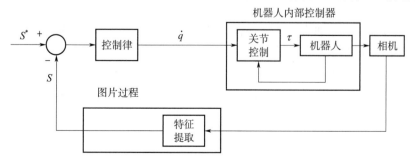

图 5-17　基于图像的视觉伺服控制流程

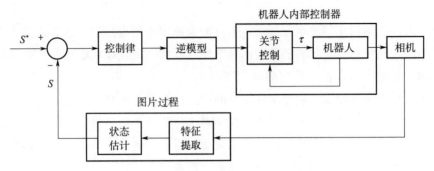

图 5-18　基于位置的视觉伺服控制框图

5.3.2　机械臂轨迹生成

本节重点介绍如何驱动机械臂从初始笛卡儿位置 X_0 移动到某个期望的最终位置 X_f。通常，可遵循的路径由顶层控制给出（例如，由自主路径规划模块）。路径由机器人经过的起始点、终点和通过点组成。轨迹还包括每个关节到达某个位置、速度和加速度时的时间信息。换句话说，轨迹的产生是指由顶层控制生成的时间参数化的路径。因此，轨迹生成模块建立了每个关节关于时间的轨迹，以满足用户的要求，例如，目标位置、轨迹类型、运动所用的时间等。

5.3.2.1　轨迹插值

在大多数情况下，路径是在笛卡儿（任务）空间中给出和制定的，在这个空间中更容易定义任务和机械臂的运动。此外，在任务空间中工作，也简化了无碰撞轨迹的生成。另一方面，在关节空间上规划可以避免奇点问题，减少计算量。在任何一种情况下，在向机械手的关节发送指令之前，都需要将笛卡儿轨迹转换到关节空间。

为了将笛卡儿轨迹转换为关节空间轨迹，采用了机械臂逆运动学。这个主题超出了本章的范围，但是有两件重要的事情需要记住：笛卡儿轨迹和关节空间轨迹之间的映射不是唯一的，它取决于机械臂的自由度数。也就是说，多个关节空间轨迹可能产生相同的笛卡儿轨迹。此外，逆运动学问题可能无解。这可能是因为机械臂的奇点或者因为目标位置在可达的工作空间之外。

给定笛卡儿轨迹或关节空间轨迹，不可能把所有轨迹点都存储在内存中，也不可能找到解析表达式来描述它。通常的程序是存储机械臂需要通过的轨迹的初始点、最终点和中间点。这组离散点和要发送给机器人的连续轨迹点之间的转换叫做轨迹插值。

最简单的情况是使用线性插值器。给定轨迹的两个已知点（及其相关的时间戳），线性插值器在它们之间画一条直线。该函数可以帮助找到两个初始已知点之间的中间点。这种方法非常简单并可以确保位置的连续性。然而，它也不是没有缺点：速度在两个连续点之间保持恒定，可能会造成相邻点之间速度的突然变化，理论上，这些变化可能需要无限的加速度。这也是机器人动作不平稳的常见原因之一。

　　为了避免这些问题，可以采用高阶多项式来表示轨迹。通常的选择是一个三次插值器，它使用一个三次多项式，也就是说，用四个系数描述两个相邻点。换句话说，通过使用一个三次插值器，允许指定四个约束，确定三次轨迹的约束通常是初始和最终的位置（像线性插值器一样）加上初始和最终的速度。

　　式（5－26）表示一个三次多项式

$$\theta(t) = a_0 + a_1 \cdot t + a_2 \cdot t^2 + a_3 \cdot t^3 \tag{5-26}$$

其中，a_0, a_1, a_2, a_3 是定义三次轨迹的四个系数。例如，给定的边界条件设置为 0，初始位置和速度 $[\theta(0)$ 和 $\dot\theta(0)]$ 以及最后的位置和速度 $[\theta(t_f)$ 和 $\dot\theta(t_f)]$ 定义为 0，求解式（5－26）我们得到四个未知系数值

$$a_0 = \theta_0 \qquad\qquad a_1 = 0$$

$$a_2 = \frac{3}{t_f^2}(\theta_f - \theta_0) \qquad a_3 = \frac{2}{t_f^3}(\theta_f - \theta_0)$$

因此，t 时刻三次轨迹定义为

$$\theta(t) = \theta_0 + \frac{3}{t_f^2}(\theta_f - \theta_0) \cdot t^2 + \frac{2}{t_f^3}(\theta_f - \theta_0) \cdot t^3 \tag{5-27}$$

　　图 5－19 给出了一个使用式（5－27）的示例，输入参数：初始位置 $\theta(0) = 0$，初始速度 $\dot\theta(0) = 0$，最终位置 $\theta(t_f) = 10°$，最终速度 $\theta(t_f) = 0$，总时间 5 s。曲线开始和结束处的斜率都是 0，对应于给定的初始速度和最终速度都是 0。

　　利用这种三次轨迹，相邻两点之间的加速度能够保持线性。在某些情况下，这可能会导致问题，因为机器人有最大加速度的上限（例如，力矩）。在这种情况下，可以使用其他插值器来保持加速度恒定或小于上限。例如，可以使用抛物线过渡线性插值器。这个插值器被分为三个部分：一个线性部分（轨迹的中间部分）和定义轨迹开始与结束的二次函数部分。插值器从二次部分过渡到线性部分，从线性部分过渡到二次部分，以保持加速度恒定。类似地，一个最小时间的轨迹插值器可以限制最大加速度到一个期望的值，并且另外在最小的时间内创建一个从一个点到下一个点的轨迹[53]。

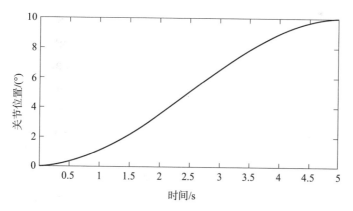

图 5－19　使用三次轨迹在两点间插值示例

5.3.2.2 在线轨迹生成

上述插补是离线计算轨迹，也就是说，在运行期间修改是困难的。有时，在机器人的运动过程中，轨迹可以轻微（或主要）调整，以处理动态环境或对特定传感器信号做出反应[54-55]。

最近的一个在线轨迹生成算法的例子是 Reflexxes 软件库[56]。这个库可以在一个控制周期内计算受抖动限制的运动，这样机器人几乎可以对（意外的）传感器信号立即做出反应。由于计算执行得非常快（约在 1 ms），根据任意初始运动状态与运动学约束可以为同一个控制周期计算一个新的时间最优的运动状态，以达到理想的目标运动状态。输出值可以直接发送到底层控制器，从而实现快速运动。

5.3.3 碰撞规避

碰撞规避传统上与顶层控制联系在一起，特别是在路径规划领域，其目的是寻找无碰撞的轨迹（即保证机械手在不与环境碰撞的情况下达到目标姿态）。5.3.4.1 节中介绍了底层控制执行无碰撞轨迹。

显然在动态变化环境中，在机器人规划轨迹和执行轨迹之间的时间内，物体可能会改变其位置或障碍物可能会进入机械臂规划的轨迹。理想情况下，底层控制器也应该能够对可能发生的碰撞做出实时反应。在 5.3.2.2 节中已经介绍了一种可以使用的控制器：传感器反馈和底层控制器之间的连接确保对传感器信息做出即时反应。例如，在末端执行器上测量到的一个意外的力。

这一领域的开创性工作在参考文献 [57] 中进行了介绍。本文基于人工势场的概念，介绍底层控制下的实时避障。势场力的原理是，目标位置是末端执行器的吸引点，路径上的障碍物则是排斥点。在这种情况下，底层控制能够实时避让进入移动机械手路径的已知障碍物。然而，作为一种局部方法，它可能会陷入局部极小值，并且它没有考虑与机器人本身的碰撞，还有可能包含关节限幅。在参考文献 [58] 中，还提出了一种实时避碰方法，当机械臂进入禁止区域（即障碍）时，使用弹簧-阻尼模型来产生虚拟力。通过改变末端执行器的笛卡儿坐标位置，力控制外环使这些力保持在零，避免与环境碰撞。在参考文献 [59] 中，介绍了一种实时检测和反应碰撞的方法，它使用机器人的总能量和广义动量检测异常（即碰撞），并移动机器人远离碰撞区域来对碰撞做出反应。在参考文献 [60] 中，提出了一种快速检测机器人与移动障碍物之间碰撞的方法。该方法根据微软 Kinect 传感器的深度数据直接评估机器人和障碍物之间的距离，以生成干扰正在执行轨迹的排斥性向量。该工作强调快速感知距离障碍，以实现系统对不确定风险的反应，因为其基本原理是控制精度，可以通过对碰撞的快速反应进行补偿。

5.3.3.1 自碰撞规避

之前的方法主要是为了避免机器人与静止或移动的障碍物发生碰撞。然而，对于安装在铰接躯干上的多自由度机械手来说，还需要提供一些方法来避免机器人的一个或多个连杆与自身的部分碰撞。参考文献 [61] 中介绍了该领域的一项初步研究，其中使用凸壳最小距离的几何方法用于检测连杆之间的干扰。参考文献［62］只关注与人类合作的机器人自碰撞避免方法。在这种情况下，自碰撞方法将机器人表示为弹性元件，并加入两个优先级函数，在自碰撞避碰运动中同时考虑任务约束和环境约束。检测弹性元件之间的接触，产生一个虚拟作用力，控制机器人的运动。在参考文献［63］中介绍了叫作 skeleton 的方法来实现实时避免自碰撞。该方法利用整个机器人模型（骨架）对骨架上与碰撞最接近的点进行解析计算，通过势场产生排斥力，通过雅可比矩阵转置计算需要加到驱动关节力矩中力矩命令。参考文献［64］提出了一种基于势场的避免自碰撞的新方法，扩展了之前的工作[63]。这种方法增加了一个阻尼，以避免在以往方法中存在的不稳定和振荡的情况。此外，还包括确定碰撞是否可通过斥力方法避免的机制，否则应激活制动。碰撞模型基于扫掠体积的概念，如本段后面所述[65]。参考文献［66］提出了一种基于速度的自碰撞控制器，并利用球面和环面的补偿进行新距离计算，以确保梯度连续，从而确保平滑规划轨迹。参考文献［65］中也提出了另一种方法。该算法利用机身各部分的扫掠体积对碰撞进行两两检查。这些掠过的体积通常以凸壳表示，但在这种情况下，被扩展一个缓冲区半径，以实现高效和数值稳定的计算，从而可以在硬实时条件下运行。该算法以关节角和速度为输入，计算是否（以及何时）应该启动制动，以便在碰撞发生前有时间让机器人停止。该算法需要两个模型：机器人的运动学模型和机器人刚体的几何模型（碰撞模型）。在参考文献［5，67］中，介绍了机遇号和勇气号火星巡视器用于避免机械手和巡视器之间碰撞的自碰撞规避机制。这些机械臂接收一系列来自地球的计划指令，在执行运动之前，每个通过点都进行笛卡儿和关节空间中碰撞检查。该算法可以确定臂和巡视器的几何模型（以及可能的有效载荷）之间是否有交集。碰撞检查也被用作地面验证发送到月球车指令的一部分。此外，地面验证还包括与地形的碰撞检测。

5.3.4 顶层控制策略

顶层控制是通过对应于机械臂自主水平的不同控制策略，对机械手末端执行器的路径进行规划。正如 1.2 节所介绍的，任何航天器或空间系统的器载操作的自主水平都由欧洲空间标准化组织（ECSS）定义成四个级别（E1～E4）。因此，一个行星机械臂（作为一个空间系统）可以被设计为在所有四个级别上操作，例如，在完全用户控制（或遥操作）下操作称为 E1，在半自主下操作称为 E2 或 E3，以及在完全自主下操作称为 E4。

5.3.4.1 路径规划

一般来说，路径规划确定了一条路径，连接机械臂的初始和最终期望构型，同时避免了路径上可能的障碍。根据所使用的自主水平，机械手具有相应器载自主能力来寻找和选择所使用的轨迹以达到目标末端执行器的位置。

机械臂运动规划在历史上分为全局规划机械手路径（总运动规划）和处理不确定性、力、摩擦和机器人接触环境出现的情况（细规划）两个阶段[14]。自主运动规划使用概率算法在构型空间搜索连接开始和目标构型的无碰撞路径[68]。在该领域，基于采样的规划是一组广泛使用的方法，它们使用避碰算法来搜索无碰撞机械臂构型。这样的规划器是不完整的，因为它们不能在有限的时间内保证求解，但是提供了一种较弱的完整性形式，即如果有足够的时间并且存在一个解决方案，规划器最终会找到它。该算法一般分为多查询方法和单查询方法。前一种算法一旦构造了路线图，就可以接受多个查询。最好的例子是概率路线图方法（PRM）[69]。后一种算法在每次查询时在线建立路线。这类算法最好的例子是快速探索随机树（RRT）算法[70]。另一种基于势场的技术被提出来用于有效地解决具体问题[71]。该方法源于避障中使用的方法，在避障中不需要构建明确的路线图，而是由势场表示的函数来引导机器人到达目标构型。势场是基于将机器人吸引到目标位置的引力场和将机器人推离障碍物的斥力场构造的。

也有一些方法不使用自主运动规划。例如中央模式发生器（CPGs），用于产生节律运动。这些节律模式已被用于执行操作任务，如捶打、锯、敲鼓[72-73]或多指抓取[74]。用于操作和抓握的学习方法也被开发出来[75]。在这一领域中，由于仿人机器人具有同人类相似的运动学特性，主要用于解决人类任务，因此示教学习[76-77]和模仿学习[78]被认为是合适的学习方法。

火星探测漫游者（勇气号和机遇号）结合了基于地面运动规划序列（E1）与自主的器载运动规划（E4）[5,79,80]。E4 运动规划仅用于巡视器导航，而机械臂运动规划通过地面执行，器载软件仅检查手臂和巡视器之间的碰撞，然后执行轨迹。火星科学实验室巡视器（好奇号）的前 7 个月的操作中机械臂运动控制的创建和验证由地面控制站批准后通过巡视器上的规划器完成[81]，它对应于自主水平 E2 和 E3。

5.3.4.2　遥操作

通过操作人员的遥控操作来控制机械手的情况通常称为遥操作。在遥操作中，操作人员远程控制机械手所有动作。如果机械手是可编程的，能够通过自身的传感器适应环境，操作者只需与机械手间断通信进行监督，这种机器人也被称为遥操作机器人。

在遥操作中，一个关键因素是将传感器信息通过远程系统反馈给操作者。实现这一点的最简单的方法是在远程部署一些相机。在精细的操作任务中，来自远程机械手的力反馈有助于简化操作者的工作。在控制方面，遥操作系统中的机械手称为"从机"系统，操作者使用的装置称为"主机"系统。

单向控制　在最简单的遥操作中，所使用的控制策略被称为单向控制，在这种控制下，没有反馈从"从机"回到"主机"，因此"主机"不需要装备电机单元，只需用编码器来测量关节位置。这样的"主机"通常被称为"被动的"主机。单向控制的名称来源于控制只在一个方向上运行，即从主机到从机。主机产生参考信号（位置或速度），发送到"从机"的底层控制器。"从机"或机械臂从远处接收参考信号，而不是本地控制计算机。由于不需要计算逆运动学或动力学，遥控从属机械手的控制比典型的工业机械手的控制简单得多。

双向控制　为了提高遥操作系统的性能，减轻操作人员的工作负担，将力传感器信息从远程操作臂反馈给操作人员是有益的。这样的系统允许双向控制，因为参考信号沿着两个方向传输，也就是说，"主机"发送位置或速度参考信号给"从机"，而"从机"传递施加在机械臂的力给操作者。为了实现双向控制，"主机"需要配备驱动器。

基于机械臂控制的变量，有两种双向控制方案：

• 位置—位置控制：该控制方案由 Goertz 和 Thompson 首先提出并应用[82]，并在之后得到广泛应用。控制原理是利用一个局部位置控制环控制主机，其参考是从机当前位置，如图 5-20（a）所示。从机也处于位置控制模式，其参考信号为主机当前位置。因此，该方案在控制方面是完全对称的。

• 力位控制：这可能是遥控操作中最常用的控制方式。与位置—位置方案相似，以主机当前位置作为参考信号控制从机位置。然而，主机从从机上的力传感器接收到一个反馈，使得操作员可以接收到作用在从机控制器上的外力，如图 5-20（b）所示。

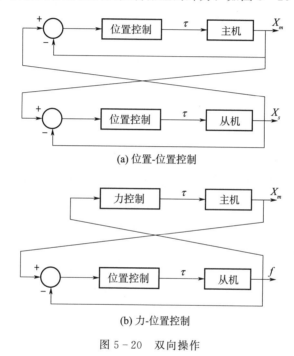

图 5-20 双向操作

性能参数 如前所述，有许多参数可用于评估遥操作系统的性能：

• 稳定性：可能是需要考虑的最重要的标准。双向控制方案往往是不稳定的，特别是当从机与坚硬环境接触；例如，一个微小的位置变化可能转化为大的接触力。另一个不稳定的主要来源是由于主从机之间的通信延迟。

• 误差：主从机之间的位置和力误差。

• 力反馈比：定义为从机与环境之间的反作用力与主机为反映给操作者而产生的力的关系，需要选择比率，使其匹配工作人员的能力，避免工作人员疲劳。

• 透明化：实现在主从机之间传递位置和力的目标，使操作者感觉与环境完美结合。换句话说，遥操作系统（主机、控制和从机）在操作者和远程区域之间"透明"地运行。

第一个太空遥操作系统是 ROTEX（机器人技术实验）[83]，由德国宇航中心（DLR）开发，1993 年在国际空间站（ISS）上运行。机器人"从机"系统是一个长度约 1 m 的小型 6 自由度机械臂，装备有 6 自由度力/扭矩腕部传感器、触觉传感器和立体相机等。机械臂控制方式有以下几种：航天员在国际空间站上通过电视屏幕（E1）遥控，从地面遥控（E1），运行地面预编程的指令（E2）。控制系统的亮点是多个局部传感器反馈，使得机器人具有更高的自主能力，以及使用预测性“显示”或模拟，以应对地面遥操作时高达 7 s 的传输延迟[84]。在随后的 ROKVISS 任务中，2005 年 1 月在国际空间站外安装了一个双关节机械手，可以通过直接通信链路从地面进行遥操作[85]。由于采用直接连接，通信延迟仅有大约 20 ms，这种情况允许使用力反馈双向控制策略。由于与机械手通信窗口被限制在最大 7 min，系统也有 E2 模式。2015 年 1 月，美国国家航空航天局航天员通过一个装有力反馈的操纵杆，从国际空间站遥控位于欧洲空间局远程机器人实验室的设备。实验重点是了解人类在失重环境中操纵和施力的能力[86]。

5.3.4.3　更高的自主控制能力（E2～E4）

在执行诸如火星之类的行星任务时，典型通信延迟常常妨碍对机器人进行合适的直接远程操作。这要求机器人拥有高于 E1 的自主控制水平才能独立完成任务。在机械手顶层控制研究的文献中，已经开发了各种策略（特别是代表自主水平 E2 和 E3），如监督控制、共享控制或交互控制。在所有情况下，任务都是通过结合机械手的遥操作和器载传感反馈来完成的，因此涉及不同的自主水平操作。

监督控制或 E2 自主化等级　在监督控制[87]中，操作员指定高级计划并启动它们，而机器人以自主化的方式运行任务。如上所述，在各种火星任务（包括勇气号、机遇号和好奇号巡视器）中，器载机械臂的运动规划是在地面上运行的，并由机械臂自身验证和执行[81,88,89]。

共享控制或 E3 自主化等级　在共享控制中[90-91]，机器人系统和人类操作员一起完成同一项任务。在该方案中，由操作者产生总动作，然后由机器人利用局部传感器反馈进行校正。如果没有延迟，这个反馈也会发送给操作员。如果有延迟，操作员和机器人同时工作，但解决任务的不同部分。一个例子是虚拟限制的概念，即虚拟表面或物体叠加在操作员的视觉和力反馈上。在某种意义上它们作为“主动约束”，限制机器人的运动，以减轻任务，避免错误或危险的动作。想象一下在计算机屏幕上控制鼠标指针的类比：远程系统（指针）由主机（鼠标）控制在计算机屏幕任何地方，但不能离开屏幕框架（虚拟限制）施加的限制。这样，用户就可以将精力集中在任务上，而不用担心指针会跳出限制或进入限制区域。

交互控制或 E4 自主化等级　在交互控制中[92-93]，操作员和机器人系统也在不同的时间从事相同的任务。在这种控制方案中，机器人主要是自主执行任务，但在某些时候，人类可以介入来完成任务的特定部分，这通常是机器人自己要求的（例如，在机器人识别出未知的情况或任务后）。

设计机械臂自主控制水平　根据任务约束和工作要求，机械臂可以在一定范围的自主能力或者不同自主水平内操作。以下研究了系统级自主水平设计：

- 适应性自主控制，机器人系统对自主水平的确定具有控制能力；

- 可调自主，用户可以调整自主水平；
- 混合主动性，即用户和机器人对选择自主水平的决策负有同等的责任[94]。

机器人执行任务的效率与操作者的注意力或压力水平（与自主能力间接相关）存在一定的关系[95]，如图 5 - 21 绘制的效率忽视曲线所示。当用户完全专注于任务时，远程操作系统就会获得更高的效率，但如果操作员注意力涣散，效率就会突然下降（忽视系统）。另一方面，一个完全自主的机器人系统可能会有较低的效率，但这一水平可以保持恒定，而不受操作者的注意力水平的影响。半自动系统被期望在中途某个地方发挥作用，即使在操作员的注意力较低情况下也具有相对较高的效率。

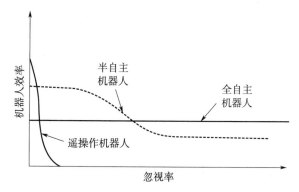

图 5 - 21　效率忽视曲线（摘自参考文献［95］）

5.4　测试和验证

测试和验证是行星机械臂设计和实现的关键。它们是设计过程中的重要步骤，最终确定控制方案，测试机械臂在代表性环境条件下的操作，并验证设计性能。机械臂设计和测试活动是内在联系的，并且是在项目开始时建立的基础开发和测试策略的一部分，平衡了对现实测试场景的需求。

5.4.1　测试策略

如 2.4 节所述，行星探测机器人系统预计将面临各种环境条件，例如有空气或无空气的地外天体、极冷或极热的温度。机器人系统还将经历各种重力，从小行星或小卫星上发现的低重力，到行星的重力场（如火星和金星）。重力是影响机械臂设计和测试的关键环境因素。有 3 种测试策略可用于计算重力效应，每一种都有其自身的工程和系统挑战。

- 针对目标重力的设计：这种策略包括机械臂的设计，以承受目标行星的重力场，这可能为机械臂提供最小质量。但是，这种方法使得测试更具挑战性，因为在验证过程中需要减小机械臂重力。卸载设置可以使用一系列配置，如质量滑轮系统或气球，以减小手臂的重力来模拟目标重力。然而，这样的设置本质上限制了测试的某些方面，主要是因为手臂要完成的一系列姿势可能与卸载机制不兼容。

• 具有一定质量载荷的自我支撑臂：这种策略设计一种可以在地球条件下测试的（在 $1g$ 下）机械臂，但要携带有效载荷质量达到目标重力。例如，设计在火星上工作的机械臂可以携带三分之一质量的载荷在地球上测试。与前一种方法相比，这种方法能够测试更重的机械臂，但由于取消了重力卸载平台，测试方案的范围也更广。使用典型的设计边界可以在一定程度上缩小两种重力环境之间的差距。例如，一个火星机械臂通过两倍参数设计（一个关节扭矩能力翻倍，以处理系统各种低效和意外事件）可以允许没有余量在地球上工作，减小了对机械臂设计的影响（特别是产生的质量）。

• 全臂质量和有效载荷：这一策略要求全臂设计与配备实际全部质量载荷的地面测试完全兼容。这种方法根据地球重力场（而不是目标重力场）调整机械臂和有效载荷，从而产生最大的质量，导致关节明显过大。实际有效载荷的操作将为任务操作人员提供一个强有力的工具，以验证操作并实际演练有效载荷活动。然而，手臂控制环的调整将受到机械臂动力学的显著影响。地球上较高的重力不仅对机械臂和关节动力学有阻尼影响，而且对机械臂和关节的弯曲也有影响，这与实际地外环境是不同的。

前面介绍的每种策略都有其优缺点，主要影响系统整体质量以及测试的真实性。"带缩放载荷的可自行支撑臂"提供了一个良好的中间策略，具有足够的范围或地面测试，并将所需的额外质量最小化。大多数使用机械臂的任务都选择了这种策略，从猎兔犬 2 号着陆器上的小机械臂到凤凰号和洞察号着陆器上的长机械臂（见图 5-22），后者优势更明显。

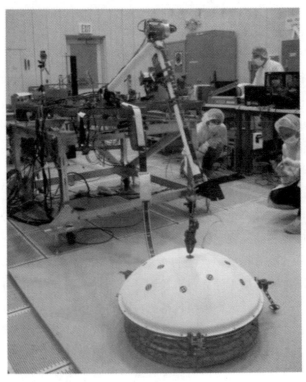

图 5-22　洞察号比例重量载荷测试

5.4.2 测试活动范围

行星臂的用途在不同的任务中可能有所不同。但是，它总是涉及在特定位置精确部署末端执行器。无论是将仪器或工具放置到目标位置，还是在将样本精确地传送到器载仪器处理之前从表面获得的样本，机器人都必须能够可靠地、持续地执行其任务。

测试的目的有两方面：1）对机械手进行物理检测，以执行控制标定；2）评估机械臂运行任务的性能，如分辨率、重复性和准确性，定义如下：

- 分辨率是机械手能产生的最小增量移动。
- 可重复性是衡量机器人移动回某个姿态（位置和方向）的能力。
- 精度是指机械手在三维空间中精确达到某个位姿的能力。
- 此外，机械臂的运动引入了动态精度和可重复性的概念，这捕获了机械手遵循规定轨迹的能力。

如 Roth 和 Mooring[96-97] 所讨论的，对于机械臂的标定具有 3 个等级，分别是关节级、运动学模型级和动力学模型级。

- 关节标定的重点是确定关节传感器信号与实际关节位移之间的准确关系。
- 运动学标定的重点是臂的物理特性，以减小几何误差的影响。这些是定义运动轴之间几何关系的参数的误差。这些误差源于加工公差、连杆长度和关节定位产生的制造和加工误差。由于加工技术，这些可以最小化，但本质上是不可避免的。因此，测试将产生一个具有正确的关节角关系的运动学模型。
- 动力学标定的重点是处理其他由固有的关节柔顺、齿轮齿隙、摩擦和连杆挠度引入的非几何（非运动学）误差。

关节标定可以通过最简单的设置进行，但运动学和动态标定需要更广泛的测试方案。机械手的标定是一项复杂操作，也是工业机械手广泛研究的课题。参考文献［97］从功能和数学上提供了标定过程的全面描述。鉴于行星机械臂运动学标定的重要性，本节将进一步讨论。

5.4.2.1 运动学标定

一旦运行了关节标定，运动学标定就紧随其后，并与实际位姿和预期目标位姿之间的误差最小化有关。一旦构建完成，机械臂的物理模型通常是固定的，不能改变的，但是这些误差可以通过软件减小。基于运动学模型的标定过程分为 4 个步骤[97]：

1）建模：生成一个运动学模型，提供一个完美机械手的数学表示。D - H 法或其他方法可以用来描述臂杆和关节之间的性质和关系。

2）测量：转移到真实的硬件上，此活动关注于收集必要的数据，这些数据将用于测量误差并最终帮助补偿它们。为此，对机械手进行了跨工作空间操作，并将其实际位置与理论模型预测的位置进行了比较。为了精确测量末端执行器的位置，可以使用多种测量方法，包括单点测量或完整位姿测量。单点测量，顾名思义，精确地测量一个单点的位置，可以使用经纬仪、激光干涉仪、声学传感器或坐标测量机（CMMs）。改变机械臂姿态并且测量过程是漫长和耗时的。近年来，通过光学系统的使用，完整位姿测量变得容易，如一个标记点/相机设置可以准确分辨标记点位置。这些系统可以通过多种方式实现，包括使用典型的相机和基准标记，红外相机和主动红外照明反射标记，或者红外相机和主动红外标记。近年来，由于电影和娱乐行业对动作捕捉（MoCap）系统的需求，这些系统在频率和精度方面都有了显著的发展和改进。通过以适当的频率精确地捕捉大范围点的位置，这些系统能够记录动态事件如轨迹、振动以及机械臂偏转，为运动学标定和动力学标定提供有价值的数据。

3）参数识别：为了弥合理想化模型和测试数据之间的差距，参数识别重点在于量化运动学参数，使计算的姿态尽可能接近测试数据。它本质上是一个优化问题，可能涉及许多方法，取决于误差或模型的性质（例如，确定性/随机、线性/非线性），通常涉及最小二乘法的使用（详细的讨论见参考文献［97］）。

4）补偿的实现：一旦确定了运动学参数，通过将新模型引入到控制器中来提高机械手的精度。前面的建模、测量和参数识别步骤解决了前向模型中关节到末端执行器位姿误差的传播问题，因此解决了臂的前向标定问题。因此，研制阶段期间提高逆模型的标定非常关键。

5.4.2.2　超出标定

在实验室环境下进行校正，可以为新造的机械臂提供一个良好的模型，然后将其安装到其部署的平台上。然而，在整个机械臂使用周期中，环境和机械方面一系列的问题需要考虑。

• 发射和着陆：在发射和着陆过程中，系统会受到一系列猛烈的机械载荷，包括点火、降落伞打开和着陆时的振动冲击等。这些可能会影响关节的结构或元件的机械对准。

• 操作：在机器人平台（如月球车）上操作可能会经受一系列的冲击，例如平台越过岩石并从岩石上掉下来。在其整个使用寿命中，齿轮和轴承的磨损，以及可能渗入机构的灰尘，都会以不同的方式影响每个关节的性能，影响内摩擦或定位精度。

• 热环境：机械臂在较大温度范围内的运行需要考虑其结构的热膨胀系数（CTE）。随着材料的加热和冷却，它们会收缩和膨胀，这可能会通过变形或扭转影响末端执行器放置的精度。为了避免这些问题，需要匹配关键零件的热膨胀系数，以最小化温度变化导致的局部应力和变形。

为了在整个任务期间监控和弥补这些错误，可以将机械手分派到着陆器或巡视器内的已知位置，以评估系统中的错误。通过记录末端执行器最终位姿，一个原位测量步骤，可以更新运动学参数来修正这些误差，提高机械手的整体精度。未来的任务预计将实现某种程度的视觉伺服，使机械臂精确标定不像以前那样关键，因为机械臂由一个监督操作或者放置在末端执行器（眼在手上）的相机控制。

5.4.3　验证方法

由于缺乏来自行星环境的直接详细测量数据和操作经验，使得需要评估的机器人关键参数难以确定。此外，在某些情况下，很难回答这些参数应该在哪里进行测试：地球上还是目的地？考虑到这些不确定性，基于现有知识，在机械臂操作之前，需要测量以下几项内容：

1）由于重力降低，巡视器与地面的连接较弱。机械手运动可能产生过高的反应而不能转移到地面上。这可能会破坏着陆器或巡视器的稳定性。

2）由于机械臂的结构和关节的刚度相对较低，因此频率特性可能是评估机械臂对其他子系统（如太阳能电池板或者齿轮）潜在影响一个很好的切入点。

3）在低重力环境下，机械手关节的主要载荷来自于动力学。因此，经常会出现扭矩过零点和反作用力显著影响机械臂操作的情况。这种效应可以通过真空中机构的特定摩擦学行为予以增强。

4）行星探索通常包括风化层取样过程，这通常是机械手和取样机构的联合任务。由于事先不知道风化层参数，需要测试机械臂和风化层之间的相互作用。

有很多方法可以用来模拟一些预测影响：

·一种可能的模拟接近零重力条件的方法是在抛物线飞行期间进行实验。在这样的飞行过程中，飞机飞行轨迹可以提供大约 25 s 的自由落体。

·另一种可能是在落塔中实验，此方法最大实验时间很短，在大多数设施中，自由落体只持续 10 s，剩余重力加速度约为（$10^{-3} \sim 10^{-6}$）g。

·在重力降低但非零的情况下，使用带有可移动平台的气浮台（ABTs）可能是一种选择。在这种方法中，测试对象（例如，用于采样操作的机械手）安装在一个平面的气浮台上，实现在模拟重力的平面进行没有摩擦的运动。实际上，由具有两个平动和一个转动自由度的机构来减小重力，剩余重力加速度在（$10^{-3} \sim 10^{-5}$）g 左右，这取决于工作台表面类型与其他参数。因此，使用气浮台的干扰比使用抛物线飞行和大多数坠塔要小。根据空气容器的大小，实验的持续时间可以至少持续几分钟，甚至数十分钟，大大超过前两种选择。使用气浮台的主要缺点是自由度数量有限。由此可见，在一个平面内，只要有两个平移自由度和一个转动自由度，就可以实现无扰动的运动。特殊的设计允许利用球面空气轴承附加的旋转自由度，但剩余重力较高，只能分析一阶影响。最初用来测试在太空工作的轨道机器人的气浮台如图 5 - 23（a）所示[98-99]。平台的大小（2×3 m）允许执行复杂的机动，如交会机动、最终对接或对接目标的释放[100]。一个开发用于经典测试航天器姿态控制的圆形气浮台，如图 5 - 23（b）所示[101]。

5.4.3.1　气浮台的使用

气浮台可以通过根据目标星体将工作台倾斜不同的角度来实现（如月球 9°，火星的卫星 Phobos 0.05°）。为了模拟和分析机械手在行星条件下的行为，可以使用花岗岩建立平面气浮试验台，如图 5 - 24 所示。着陆器或巡视器的模型可以站在小车上，对着花岗岩台面产生空气，以实现无摩擦运动。着陆器或巡视器上的机械臂可以安装在侧面。机械臂可

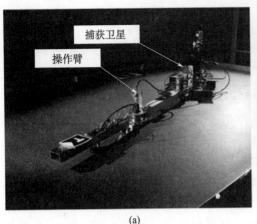 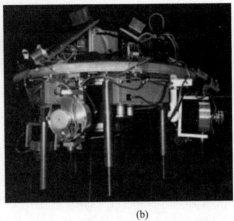

(a)　　　　　　　　　　　　　　　　　(b)

图 5-23　两种气浮台构型：(a) 平面气浮台使用机械臂仿真捕获卫星（由 CBK PAN 提供）；
(b) 圆形气浮台模拟绕滚转、偏航、俯仰轴旋转运动（由萨里空间中心提供）

以用来测量机械手和机器人相互作用，包括力、动量传递、感应着陆器运动。给定不同的任务场景，可以添加额外的有效载荷进行模拟，例如，针穿硬度计、采样工具或风化层表面模型[102]。

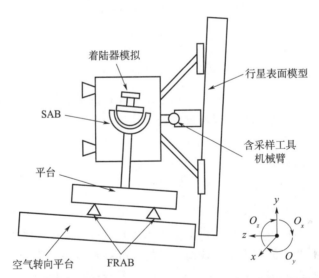

图 5-24　通过具有空气轴承的倾斜花岗岩平台上移动的球形空气轴承安装的
着陆器模型，着陆器腿部与竖直放置的行星表面模型接触（由 CBK PAN 提供）

　　分析气浮台和低重力行星上的真实环境之间的相似性和差异是至关重要的，因为不是所有的测量参数都能被试验台真实地复制。在低重力条件下，无锚着陆器可以自由移动 3个自由度并旋转 3 个自由度。如图 5-25 所示，重力矢量沿 $-z$ 轴，风化层表层局部法线沿 $+z$ 轴。着陆器在 $-z$ 轴上的运动受到与行星表面相互作用的限制。作用在着陆器上的载荷是由机械手动力学产生的，可能会造成着陆器在表面上运动，在某些特定情况下，着

陆器会反弹甚至从行星表面逃逸。如果机械手末端执行器与风化层相互作用，**静态或准静**
态反应可能出现在各个方向。

　　值得一提的是，采样工具、钻头或渗透计与风化层之间的相互作用可以通过机械手产
生力和扭矩，从而导致着陆器相对于采样工具的运动。这可能对机械手本身产生重大影
响，因为它的最后一个关节将使所有相关后果作用到第一个关节，如负载增加和控制
问题。

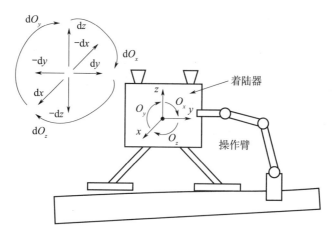

图 5 - 25　行星表面着陆器与机械臂可能的构型（由 CBK PAN 提供）

　　如上所述，图 5 - 24 所示的带有着陆器模型的小车运动受到气浮台平面的限制，其中
子系统的主要运动和所产生的力/力矩具有平面特性。例如，模拟着陆器、操作臂或其他
设备的测试的选择应使力产生不受地球重力影响的运动。如图 5 - 26 所示，力 F_x 和 F_z 产
生着陆器的 x 、z 轴和绕 O_y 方向的运动，所有的这些运动不受地球重力的影响。在另一
种情况下，采样工具生成扭矩 M_z 和力 F_z，着陆器模拟生成的沿 x 和 z 方向线性运动以
及绕 O_z 轴旋转运动，其影响可以利用球形空气轴承（SAB）分析。然而，这种类型运动
是有限的，因此只能分析其一阶效应。

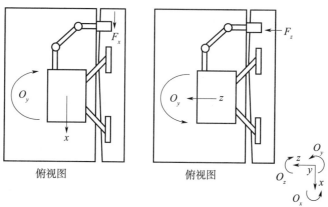

图 5 - 26　利用力（F_x，F_y）和平台产生运动的允许测试取样工具相互作用的气浮台

综上所述，利用气浮台作为验证行星机械臂的实验平台的主要优势在于其动量的自然守恒性，这有助于研究机械臂与其安装平台之间的相互作用。平面 ABT 的限制是，它只有两个方向而无法充分研究弹性或振动现象和关节摩擦，这是二维平面所欠缺的。

气浮试验台通常用于测试航天器的姿态控制系统或验证动力学模型与数值仿真。除了测试算法和概念，还可以仿真传感器和仪器的飞行硬件和工程模型。这些实验的典型应用包括交会机动、对接过程中的接触动力学、近距离导航、制导和控制与低重力物体的着陆。一般来说，通过诸如气浮台等试验台在地球上进行尽可能多的试验是一种良好做法或建议，并在可能的情况下在真正的空间环境轨道上开展进一步试验（例如，在国际空间站）。

5.5　未来趋势

本节的目的是阐明未来行星操纵机器人的潜在能力，因此选择双臂操纵、全身控制和移动操纵等领域展示一些示例技术。其中一些系统或技术已经在地球上研究了多年，并支持不同的地面应用；例如，最近出现了移动操作，被认为是一个具有自身优点的研究领域。

5.5.1　双臂操作

双臂操纵是一个越来越重要的研究领域，其中操作机器人装备了两个相互合作的手臂，类似于人类的灵巧度来完成任务。出于制造更像人的机器人的目标，双臂机器人也被认为在执行复杂的装配任务时更有效。这可能与未来的行星探测任务极其相关，比如在月球或火星建立基础设施，供人类永久居住。

当使用双臂操作计划和执行任务时，双臂之间的协调是至关重要的。例如，用两只手臂握住和搬运一个物体需要保持两臂之间的相对姿态（位置和方向），这通常被称为有约束的规划。控制双臂系统的第一类方法是使用主从配置，最小化双臂相对姿态之间的误差[103]。另一种方法使用了类似的概念[104]，一个机器人作为领导者，另一个机器人作为追随者。在考虑要保持的相对位姿所施加的约束情况下，追随者跟踪领导者的运动。Hayati[105] 的工作第一个解决了同时控制多臂系统的运动和力的挑战，在多臂系统中，机械臂的力在两臂之间解耦。参考文献 [106] 中研究开发了双臂系统的闭环动力学模型。这一课题的最新发展[107] 描述了能够运送刚性物体双臂系统的合作控制方案。所提出的控制方案综合了力和位置控制以及最小化振动。参考文献 [108] 中提出了一种分散控制方案，该方案中多臂系统在不使用臂间几何关系的情况下以协调的方式移动单个物体。在双臂机器人平台上有一些著名的研究，例如 DLR 的 Justin 机器人，如图 5-27 所示，提出并行计划和执行双手操作的方法[109]，以及德国卡尔斯鲁厄理工学院（KIT）的人形 ARMAR-Ⅲ 机器人提供了一个冗余双臂操纵系统[110] 和有效的运动规划方案，特别是这些策略对于冗余机器人的适应[111]。

　　双臂操纵系统可以与额外的机动性（如车轮或腿）结合，因此需要更强大的整体控制策略。这种全身控制系统代表着未来行星任务中有前景的技术，就像应用在地球上的机器人一样。

图 5 - 27　Justin 机器人（由 DLR 提供）（见彩插）

5.5.2　全身运动控制

　　未来的、复杂的、高度冗余的机器人系统应该具有移动性（轮子或腿等的运动）和操纵能力，因此这些不同的能力不应该相互独立对待。因此，将复杂机器人系统的控制作为一个整体考虑的整体方法是近年来最受欢迎的方法。这种方法也被称为全身控制。例如仿人机器人用两条腿行走，必须在任何时候特别是当机械臂操纵或接触环境时保持平衡，选择简单的固定腿和躯干关节以保持在一个固定姿态操作能够解决问题但相当低效。

　　全身控制框架在单关节控制器和顶层控制器之间运行。这些框架可以处理多个同时控制的目标，尤其适用于高度冗余的机器人，如类人机器人或移动机械手。此外，他们利用实时反馈控制机器人。因此，使用全身控制方法的机器人具有更强的适应性，能够对意外的传感器反馈信号做出迅速反应，在运行时解决可用自由度的最佳使用问题。

　　全身运动生成的起源是仿人机器人在保持系统平衡的同时产生行走，不考虑操纵或与环境的接触，而只考虑仿人机器人脚边的接触。在早期，一种常见的方法是将问题分为三个独立的阶段[112]：第一个阶段是计算所有自由度的粗略移动。这通常通过使用运动跟踪系统来观察人类行走或执行某些动作来完成[113-114]。也可以使用概率路径规划器，它可以根据一定的约束和目标自动生成路径[68-69]。人类和类人机器人的运动学模型可能是相似的，但它们的动力学模型却不一样。因此，第二阶段是从观察到的或计算得到的粗运动中计算出物理上可行的运动[115]。最后一个阶段是在运动执行过程中通过传感器反馈提供在线稳定，以处理不可预见或未建模的动态。第一种产生全身运动的方法在参考文献［116］中提出，其中作者使用一组由视觉选择的离散的脚步进行运动，并使用自动路径规划进行操作。在运动执行过程中使用零力矩点（ZMP）轨迹在线修改的工作也记录在参考文献 [117] 中。最近提出的方法更侧重于产生实时的全身运动。

在参考文献 [118–119] 中，"全身控制"首次用于指一种基于浮动基的面向任务的动态控制和优先化框架，使仿人机器人能够实现实时控制目标。几个控制器优先级和协调是通过处理冲突和选择最高优先级的一个层次来实现的。与之前的方法相比，这种方法是第一个不仅关注行走，而且关注双腿行走时运行任务的方法。这个团队最近的工作被重新命名为"全身操作空间控制"（WBOSC），以避免与现在使用更广泛的术语"全身控制"混淆[120]。WBOSC 的系统原型也被扩展到包括内力控制，可作为名为"ControlIt!"的开源软件而方便获取[121]。图 5-28 为 WBOSC 提出的总体控制框图以及关节转矩控制器。本质上，它是一个分布式控制系统，关节控制器负责执行器的动力学，而中央控制或WBOSC 负责机器人的整体动力学。

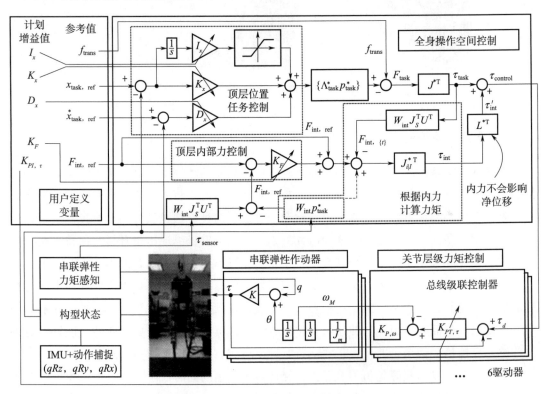

图 5-28　全身操作空间控制（WBOSC）
（由得克萨斯大学奥斯汀分校 HCRL 的路易斯·桑迪斯提供）

参考文献 [122] 中提出了一种广义层次控制，它能够处理任意数量任务中的严格和非严格优先级。在动态环境中，一个非严格的优先级可能变成严格的优先级，该方法可以通过切换任务优先级来处理这些情况。另一种突出的全身控制方法是基于控制机器人在每个时间点的动量和角动量[123]，即所谓的解析动量控制（RMC）。参考文献 [124] 中所采用的方法是使用一组先验的典型基本姿态，组合起来执行当前任务，使其动态平衡。软件框架 iTaSC 还可以通过指定机器人各部分之间以及机器人与环境之间的约束来生成全身运动，允许对复杂的机器人任务进行修改和基于传感器的反应控制，这些任务需要同时进行多个子任务[125]。可以在图 5 - 29 中看到一个使用实例[126]，其中机器人 AILA 利用全身反应控制在模拟 ISS 上执行任务。类似地，在参考文献 ［127］ 中，框架通过使用基于传感器的控制任务来控制机器人，这些任务通过"任务堆栈"同时执行和同步。参考文献 ［128］ 中提出的另一个框架被实现为一种遥操作系统，该系统允许操作者选择和控制机器人身体上进行操作的必要部位。一种切换方法允许操作者在身体部分中选择特定的点，然后基于 RMC 自动生成全身运动，以保持稳定性和最大化可达工作空间。参考文献 ［129］ 中的方法是用动作捕捉系统观察人类，并从捕获的数据中生成动态稳定且物理上可行的全身运动。

　　最近关于全身控制的框架主要用于移动操作（下一节将讨论）和类人机器人。只要涉及操纵，与环境的接触是可行的，而不被视为干扰。复杂的机器人系统需要同时承受多接触力（例如，脚之间或移动基座与地面之间，或机械手与物体之间），以保持平衡或最佳姿态。这就需要基于实时反馈的高效在线控制策略，使机器人系统的冗余得到最佳利用。

图 5 - 29　AILA 机器人借助全身控制在国际空间站模型开展任务

5.5.3　移动操作

　　移动操作领域与类人机器人领域重叠，两者都与之前描述的"全身控制"密切相关。这些机器人领域专注于安装在移动平台上的操作系统（在轮子或腿上，有或没有人类操作）。与全身控制主要集中在机器人自由度的最佳选择以及子任务的优先级和执行不同，移动操作重点关注移动机械手能够解决未知、非结构化、变化环境中复杂的任务（如在外层空间）。因此，移动操作将可能使用全身控制概念作为移动机械手系统一个组成部分。

近年来,自主移动操作已成为机器人领域的一个新研究课题,并被认为是未来机器人应用的关键[130]。自主移动操作的研究重点在于产生一个超当前技术水平的新技术以便能够解决在非结构化和不断变化环境中的复杂任务,该工作需要在具有挑战性的环境中处理需要移动操作的复杂操作任务(如从一个位置移动到另一个)。许多机器人解决方案都在静态环境中被部署,比如工厂,在那里不确定性和意外事件被最小化。受益于移动操作的未来机器人有望在家庭环境、人为或自然灾害期间以及用于地外探索等方面具有可靠性和可使用性。这些机器人需要能够在完全或部分未知情况下执行大量任务,通过获得和重用通用技能,这些技能可以适应新的或意外的情况。

移动操作旨在最大化任务的通用性,即增加机器人可以自主完成的任务的多样性,同时最小化对部署机器人环境的先验信息的依赖。与大多数机器人技术研究类似,主要挑战是如何将各种子系统集成在一起(包括感知、操作、规划、控制、认知、人工智能和移动性等),从而使移动操作系统能够应对广泛的现实情况。

5.5.3.1 作为研究平台的移动机械手

现有地面移动机械手的一些显著例子包括(但不限于):

• Willow Garage[131]开发的PR-2机器人。这是一个带有全方位移动基座的双臂机器人。它包括多种传感器,如头部倾斜的激光扫描仪,移动基座上的激光扫描仪,两对立体相机和体内的IMU。目前,PR-2可能是最先进的能够执行复杂操作和导航任务的自主移动机械手。

• 英特尔研究实验室与卡内基梅隆大学合作开发了"管家"机器人HERB[132]。这是设计用来在家庭环境执行复杂操作任务的自主移动的机械手。机器人能够搜索、识别、存储新物品,还能操纵门把手和其他物品,并在杂乱的环境中导航。

• Rollin' Justin是在DLR机器人和机电一体化研究所开发的[133]。Justin手臂在DLR(LWR-Ⅲ)的轻型手臂上建造的升级板,后来装备了一个移动基座来扩大机器人的工作范围。

• 来自马萨诸塞大学阿姆赫斯特分校机器人和生物实验室的UMan[134]。该机器人由一个改装的Nomadic XR4000完整移动基座、一个WAM 7自由度机械手和一个Barret技术4自由度的手组成。

• DFKI机器人创新中心研发的机器人AILA[135]。该机器人是作为移动操作研究平台而开发的移动机器人双臂系统。AILA有32个自由度,包括7自由度手臂、4自由度的躯干、2自由度头部和一个装有6个轮子的移动基座,每个轮子有2个自由度。

5.5.3.2 DARPA机器人挑战赛(DRC)

DRC及其2015年的最新比赛确立了移动操作工业机器人平台的基准[136]。该比赛由美国国防高级研究计划局(DARPA)组织,旨在促进半自主机器人的发展,以在现实的灾难场景中执行复杂的任务。这些工作包括驾驶车辆、在碎石中行走、清除挡道的碎石、开门、爬梯子、使用工具在墙上钻洞和转动阀门。比赛始于2012年,第一次虚拟挑战赛在2013年举行,之后进行了两次现场演示,包括2013年12月的试赛和2015年6月的决赛。在试验中，大多数团队使用远程操作系统来解决大部分任务。在决赛中，来自不同国家的 25 个机器人系统参加了比赛，其中一些机器人应用了一定的自主化等级。在本次决赛中，三支队伍获得了最高分数（见图 5 - 30 中的照片），包括：

• 来自韩国的韩科院团队和他们的机器人 Hubo，Hubo 是 2002 年开发的，它完整和更强大的版本是专门为 DRC 的比赛设计的。该双足机器人总高度 180 cm，质量 80 kg。

• 来自美国的 Tartan Rescue 队和他们在卡内基梅隆大学开发的机器人 Chimp，身高 150 cm，质量 201 kg。Chimp 将高级操作命令与某些低级自主结合起来（例如，自主规划执行关节和机械臂运动或者抓取）。机器人四条腿像坦克一样借助橡胶履带滚动。为了进行操作，机器人用两条腿站立，用前肢操作。

• 来自美国佛罗里达人类机器认知研究所（IHMC）的机器人团队及其 Atlas 机器人，该机器人由波士顿动力公司开发，供 IHMC 团队参加 DRC 使用。这个两足机器人身高 190 cm，质量 175 kg。

比赛以机器人完成所有任务的时间长短来决定获胜者，因此，韩科院团队获得第一名。

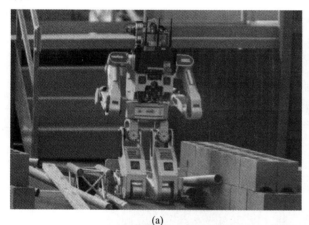

(a)

(b)

(c)

图 5 - 30 2015 年决赛 DRC 机器人（见彩插）

5.5.3.3　可移动空间机械臂

　　美国国家航空航天局的约翰逊航天中心（JSC）研制了一个人形机器人（最初命名为Valkyrie，最新的原型称为"R5"，见图 5 - 31）。在 DRC 比赛期间，JSC 与爱丁堡大学和IHMC 合作研究其控制。然而，R5 的发展状况并不能让机器人在比赛中充分展示自己的能力（事实上，机器人只是参加了比赛，并没有在试验中取得成功）。2015 年 11 月，美国国家航空航天局将两台 Valkyrie 机器人交付了两支大学团队（麻省理工学院和西北大学），以准备即将到来的旨在为将类人机器人送入太空特别是火星储备相关技术的 NASA 太空机器人挑战（SRC）。正如在一份新闻稿中报道的那样，NASA 对类人机器人的兴趣来自于发现它们在人造环境中高效运行以及与航天员有效合作的巨大潜力。为 DRC 研制的机器人展示了用于灾难场景机器人与用于行星等极端环境的机器人之间的共性。在写这本书的时候，Valkyrie 机器人需要在 SRC 完成的任务还没有发布，尽管最初的想法已经公开了。预计在 2017 年，这两个机器人相互竞争执行各种任务，如使用梯子离开基地，通过不规则地形将电缆从一个仓库运送至另一个位置，修理部件（如破坏的阀或轮胎），以及在行星任务中常见的采集土壤或岩石样品。

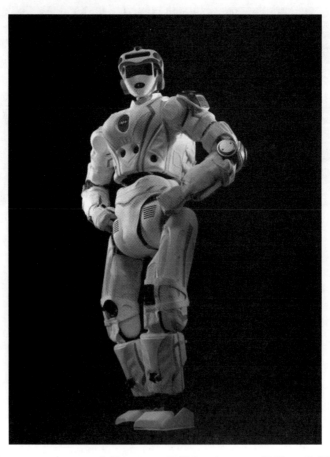

图 5 - 31　NASA R5 或者 Valkyrie 机器人（由 NASA 提供）（见彩插）

参 考 文 献

[1] Bonitz, R.G. (1997) Mars surveyor'98 lander MVACS robotic arm control system design concepts. Proceedings of the 1997 IEEE International Conference on Robotics and Automation, Albuquerque, New Mexico, USA, April 20 – 25, 1997, pp. 2465 – 2470.

[2] Bonitz, R.G., Nguyen, T.T., and Kim, W.S. (2000) The Mars surveyor'01 rover and robotic arm. Aerospace Conference Proceedings, 2000 IEEE, Vol. 7, pp. 235 – 246.

[3] Barnes, D., Phillips, N., and Paar, G. (2003) Beagle 2 simulation and calibration for ground segment operations. Proceedings of the 7th International Symposium on Artificial Intelligence, Robotics and Automation in Space.

[4] Shiraishi, L. and Bonitz, R.G. (2008) NASA Mars 2007 Phoenix lander robotic arm and icy soil acquisition device. Journal of Geophysical Research, 113, pp. 1 – 10.

[5] Baumgartner, E.T., Bonitz, R.G., Melko, J.P., Shiraishi, L.R., and Leger, P.C. (2005) The Mars exploration rover instrument positioning system. Aerospace Conference, 2005 IEEE, pp. 1 – 19.

[6] Phillips, N. (2001) Mechanisms for the Beagle 2 lander. Proceedings of the 9th European Space Mechanisms and Tribology Symposium, pp. 25 – 32.

[7] Fleischner, R. and Billing, R. (2011) Mars science laboratory robotic arm. ESMATS.

[8] Robinson, M., Collins, C., Leger, P., Kim, W., Carsten, J., Tompkins, V., Trebi – Ollennu, A., and Florow, B. (2013) Test and validation of the Mars Science Laboratory Robotic Arm. 8th International Conference on System of Systems Engineering (SoSE) 2013, Maui, HI, USA, 2 – 6 June 2013, pp. 184 – 189.

[9] Yoshikawa, T. (1985) Manipulability of robotic mechanisms. International Journal of Robotics Research, 4 (2), 3 – 9.

[10] Whitney, D.E. (1987) Historical perspective and the state – of – the art in robot force control. International Journal of Robotics Research, 6, 3 – 14.

[11] De Schutter, J., Bruyninckx, H., Zhu, W.– H., and Spong, M.W. (1997) Force control: a bird's eye view, in Control Problems in Robotics and Automation: Future Directions (ed. B. Siciliano), Springer – Verlag, pp. 1 – 17.

[12] Siciliano, B. and Villani, L. (eds) (1999) Robot Force Control, Kluwer Academic Publishers, Boston, MA.

[13] Lefebvre, T., Xiao, J., Bruyninckx, H., and De Gersem, G. (2005) Active compliant motion: a survey. Advanced Robotics, 19 (5), 479 – 499.

[14] Siciliano, B. and Khatib, O. (eds) (2008) Springer Handbook of Robotics, Springer – Verlag, Berlin, Heidelberg.

[15] Helmick, D.M., McCloskey, S., Okon, A., Carsten, J., Kim, W.S., and Leger, C. (2013) Mars science laboratory algorithms and flight software for autonomously drilling rocks. Journal of Field

Robotics，30 (6)，847 - 874.

[16] Chiaverini, S., Siciliano, B., and Villani, L. (1999) A survey of robot interaction control schemes with experimental comparison. IEEE/ASME Transactions on Mechatronics，4 (3)，273 - 285.

[17] Raibert, M. H. and Craig, J. J. (1981) Hybrid position/force control of manipulators. Journal of Dynamic Systems, Measurement, and Control，102，126 - 133.

[18] Chiaverini, S. and Sciavicco, L. (1993) The parallel approach to force/position control of robotic manipulators. IEEE Transactions on Robotics and Automation，9，361 - 373.

[19] Hogan, N. (1985) Impedance controlan approach to manipulation, part I - theory, part II - implementation, part III - application. Journal of Dynamics Systems, Measurement, and Control - Transactions of the ASME，107 (1)，1 - 24.

[20] Nevins, I. and Whitney, D. E. (1973) The force vector assembler concept. Proceedings of 1st CSIM - IFToMM Symposium on Theory and Practice of Robots and Manipulators.

[21] Whitney, D. E. (1977) Force feedback control of manipulator fine motions. ASME Journal of Dynamic Systems, Measurement, and Control，99，91 - 97.

[22] Albu - Schäffer, A. and Hirzinger, G. (2002) Cartesian impedance control techniques for torque controlled lightweight robots. ICRA，pp. 657 - 663.

[23] Hogan, N. (1988) On the stability of manipulators performing contact tasks. IEEE Journal of Robotics and Automation，4，677 - 686.

[24] Surdilovic, D. (1996) Contact stability issues in position based impedance control: theory and experiments. Proceedings of IEEE ICRA96，pp. 1675 - 1680.

[25] Kazerooni, H. (1990) Contact instability of the direct drive robot when constrained by a rigid environment. IEEE Transactions on Automation and Control，35，710 - 714.

[26] Seraji, H. and Colbaugh, R. (1993) Adaptive force - based impedance control. Proceedings of the 1993 IEEE/RSJ International Conference on Intelligent Robots and Systems，pp. 1537 - 1544.

[27] Colbaugh, R., Seraji, H., and Glass, K. (1993) Direct adaptive impedance control of robot manipulators. Journal of Robotic Systems，10 (2)，217 - 248.

[28] Singh, S. K. and Popa, D. O. (1995) An analysis of some fundamental problems in adaptive control of force and impedance behavior, theory and experiments. IEEE Transactions on Robotics and Automation，11，223 - 228.

[29] Matko, D., Kamnik, R., and Badj, T. (1999) Adaptive impedance force control of an industrial manipulator. Proceedings of IEEE International Symposium on Industrial Electronics，pp. 129 - 133.

[30] Lu, A. A. and Goldenberg, Z. (1995) Robust impedance control and force regulation: theory and experiments. International Journal of Robotics Research，14，225 - 254.

[31] Jung, S. and Hsia, T. C. (2000) Robust neural force control scheme under uncertainties in robot dynamics and unknown environment. IEEE Transactions on Industrial Electronics，47 (2)，403 - 412.

[32] Seraji, H. and Colbaugh, R. (1997) Force tracking in impedance control. International Journal of Robotics Research，16，97 - 117.

[33] Jung, S., Hsia, T. C., and Bonitz, R. G. (2001) Force tracking impedance control for robot manipulators with an unknown environment: theory, simulation, and experiment. International

Journal of Robotics Research, 20 (9), 765 – 774.

[34]　Jung, S. and Hsia, T.C. (1998) Neural network impedance force control of robot manipulator. IEEE Transactions on Industrial Electronics, pp. 451 – 461.

[35]　Jung, S., Yim, S.B., and Hsia, T.C. (2001) Experimental studies of neural network impedance force control for robot manipulators. Proceedings of IEEE International Conference on Robotics and Automation (ICRA), 2001, vol. 4, pp. 3453 – 3458.

[36]　Cheah, C.C. and Wang, D. (1995) Learning impedance control for robotic manipulators. Proceedings of IEEE International Conference on Robotics and Automation (ICRA), vol. 2, pp. 2150 – 2155.

[37]　Cohen, M. and Flash, T. (1991) Learning impedance parameters for robot control using an associative search network. IEEE Transactions on Robotics and Automation, 7 (3), 382 – 390.

[38]　Bonitz, R.G. and Hsia, T.C. (1996) Robust internal – force based impedance control for coordinating manipulatorstheory and experiments. Proceedings of IEEE International Conference on Robotics and Automation (ICRA), vol. 1, pp. 622 – 628.

[39]　Lin, S. and Tsai, H. (1997) Impedance control with on – line neural network compensator for dual – arm robots. Journal of Intelligent Robotics Systems, 18 (1), 87 – 104.

[40]　Moosavian, S. A. A. and Papadopoulos, E. (1998) Multiple impedance control for object manipulation. Proceedings of IEEE/RSJ International Conference on Intelligent Robots and Systems (IROS), vol. 1, pp. 461 – 466.

[41]　Hill, J. and Park, W. (1979) Real – time control of a robot with a mobile camera. Proceedings of the 9th International Symposium on Industrial Robots, pp. 233 – 246.

[42]　Shirai, Y. and Inoue, H. (1973) Guiding a robot by visual feedback in assembling tasks. Pattern Recognition, 5 (2), 99 – 106.

[43]　Buttazzo, G.C., Allotta, B., and Fanizza, F.P. (1994) Mousebuster: a robot for real – time catching. IEEE Control Systems Magazine, 14 (1), 49 – 56.

[44]　Kragic, D. (2001) Visual servoing for manipulation: robustness and integration issues. PhD thesis. KTH, Numerical Analysis and Computer Science, NADA.

[45]　Espiau, B., Chaumette, F., and Rives, P. (1992) A new approach to visual servoing in robotics. IEEE Transactions on Robotics and Automation, 8, 313 – 326.

[46]　Hashimoto, H., Ogawa, H., Umeda, T., Obama, M., and Tatsuno, K. (1995) An unilateral master – slave hand system with a force – controlled slave hand. ICRA'95, pp. 956 – 961.

[47]　Andersson, R.L. (1989) Dynamic sensing in a ping – pong playing robot. IEEE Transactions on Robotics and Automation, 5 (6), 728 – 739.

[48]　Vahrenkamp, N., Wieland, S., Azad, P., Gonzalez, D., Asfour, T., and Dillmann, R. (2008) Visual servoing for humanoid grasping and manipulation tasks. Humanoid Robots, 2008. Humanoids 2008. 8th IEEE – RAS International Conference on, pp. 406 – 412.

[49]　Weiss, L., Sanderson, A., and Neuman, C. (1987) Dynamic sensor – based control of robots with visual feedback. IEEE Journal of Robotics and Automation, 3 (5), 404 – 417.

[50]　Hosoda, K. and Asada, M. (1994) Versatile visual servoing without knowledge of true Jacobian. Intelligent Robots and Systems'94. 'Advanced Robotic Systems and the Real World', IROS'94. Proceedings of the IEEE/RSJ/GI International Conference on, vol. 1, pp. 186 – 193.

[51] Wilson, W.J., Williams Hulls, C.C., and Bell, G.S. (1996) Relative end – effector control using Cartesian position based visual servoing. IEEE Transactions on Robotics and Automation, 12 (5), 684 – 696.

[52] Martinet, P. and Gallice, J. (1999) Position based visual servoing using a non – linear approach. Intelligent Robots and Systems, 1999. IROS' 99. Proceedings. 1999 IEEE/RSJ International Conference on, vol. 1, pp. 531 – 536.

[53] Rajan, V. (1985) Minimum time trajectory planning. Robotics and Automation. Proceedings. 1985 IEEE International Conference on, vol. 2, pp. 759 – 764.

[54] Biagiotti, L. and Melchiorri, C. (2008) Trajectory Planning for Automatic Machines and Robots, Springer – Verlag, Berlin Heidelberg.

[55] Kröger, T. (2010) On – Line Trajectory Generation in Robotic Systems, Springer Tracts in Advanced Robotics, vol. 58, Springer – Verlag, Berlin, Heidelberg, Germany.

[56] Kröger, T. (2011) Opening the door to new sensor – based robot applications – The reflexxes motion libraries. Proceedings of the IEEE International Conference on Robotics and Automation, Shanghai, China.

[57] Khatib, O. (1986) Real – time obstacle avoidance for manipulators and mobile robots. International Journal of Robotics Research, 5 (1), 90 – 98.

[58] Seraji, H. and Bon, B. (1999) Real – time collision avoidance for positioncontrolled manipulators. IEEE Transactions on Robotics and Automation, 15 (4), 670 – 677.

[59] De Luca, A., Albu – Schaffer, A., Haddadin, S., and Hirzinger, G. (2006) Collision detection and safe reaction with the DLR – III lightweight manipulator arm. Intelligent Robots and Systems, 2006 IEEE/RSJ International Conference on, pp. 1623 – 1630.

[60] Flacco, F., Kroger, T., De Luca, A., and Khatib, O. (2012) A depth space approach to human – robot collision avoidance. Robotics and Automation (ICRA), 2012 IEEE International Conference on, pp. 338 – 345.

[61] Kuffner, J., Nishiwaki, K., Kagami, S., Kuniyoshi, Y., Inaba, M., and Inoue, H. (2002) Self – collision detection and prevention for humanoid robots. Robotics and Automation, 2002. Proceedings. ICRA'02. IEEE International Conference on, vol. 3, pp. 2265 – 2270.

[62] Seto, F., Kosuge, K., and Hirata, Y. (2005) Self – collision avoidance motion control for human robot cooperation system using robe. Intelligent Robots and Systems, 2005. (IROS 2005). 2005 IEEE/RSJ International Conference on, pp. 3143 – 3148.

[63] De Santis, A., Albu – Schaeffer, A., Ott, C., Siciliano, B., and Hirzinger, G. (2007) The skeleton algorithm for self – collision avoidance of a humanoid manipulator. Advanced intelligent mechatronics, 2007 IEEE/ASME international conference on, pp. 1 – 6.

[64] Dietrich, A., Wimbock, T., Taubig, H., Albu – Schaeffer, A., and Hirzinger, G. (2011) Extensions to reactive self – collision avoidance for torque and position controlled humanoids. Robotics and Automation (ICRA), 2011 IEEE International Conference on, pp. 3455 – 3462.

[65] Taubig, H., Bauml, B., and Frese, U. (2011) Real – time swept volume and distance computation for self collision detection. Intelligent Robots and Systems (IROS), 2011 IEEE/RSJ International Conference on, pp. 1585 – 1592.

[66] Stasse, O., Escande, A., Mansard, N., Miossec, S., Evrard, P., and Kheddar, A. (2008) Real - time (self)- collision avoidance task on a HRP - 2 humanoid robot. Robotics and Automation, 2008. ICRA 2008. IEEE International Conference on, pp. 3200 - 3205.

[67] Leger, C. (2002) Efficient sensor/model based on - line collision detection for planetary manipulators. Proceedings of the 2002 IEEE International Conference on Robotics and Automation, ICRA 2002, May 11 - 15, 2002, Washington, DC, USA, pp. 1697 - 1703.

[68] Kuffner, J., Nishiwaki, K., Kagami, S., Inaba, M., and Inoue, H. (2005) Motion planning for humanoid robots, in Robotics Research, Springer Tracts in Advanced Robotics, vol. 15 (eds P. Dario and R. Chatila), Springer - Verlag, Berlin / Heidelberg, pp. 365 - 374.

[69] Kavraki, L.E., Svestka, P., Latombe, J.C., and Overmars, M.H. (1996) Probabilistic roadmaps for path planning in high - dimensional configuration spaces. IEEE Transactions on Robotics and Automation, 12, 566 - 580.

[70] Lavalle, S.M. and Kuffner, J.J. (2000) Rapidly - exploring random trees: progress and prospects. Algorithmic and Computational Robotics: New Directions, pp. 293 - 308.

[71] Ge, S.S. and Cui, Y.J. (2002) Dynamic motion planning for mobile robots using potential field method. Autonomous Robots, 13, 207 - 222.

[72] Williamson, M.M. (1999) Robot arm control exploiting natural dynamics. PhD thesis, Massachusetts Institute of Technology.

[73] Ijspeert, A.J., Nakanishi, J., and Schaal, S. (2002) Learning rhythmic movements by demonstration using nonlinear oscillators. Proceedings of the IEEE/RSJ International Conference on Intelligent Robots and Systems, pp. 958 - 963.

[74] Kurita, Y., Lim, Y., Ueda, J., Matsumoto, Y., and Ogasawara, T. (2004) CPGbased manipulation: generation of rhythmic finger gaits from human observation. ICRA, pp. 1209 - 1214.

[75] Saxena, A., Driemeyer, J., Kearns, J., Osondu, C., and Ng, A. (2008) Learning to grasp novel objects using vision, in Experimental Robotics, Springer Tracts in Advanced Robotics, vol. 39 (O. Khatib, V. Kumar, and D. Rus), Springer - Verlag, Berlin / Heidelberg, pp. 33 - 42.

[76] Zöllner, R., Asfour, T., and Dillmann, R. (2004) Programming by demonstration: dual - arm manipulation tasks for humanoid robots. IEEE/RSJ International Conference on Intelligent Robots and Systems (IROS).

[77] Argall, B.D., Chernova, S., Veloso, M., and Browning, B. (2009) A survey of robot learning from demonstration. Robotics and Autonomous Systems, 57 (5), 469 - 483.

[78] Billard, A., Epars, Y., Calinon, S., Schaal, S., and Cheng, G. (2004) Discovering optimal imitation strategies. Robotics and Autonomous Systems, 47 (2 - 3), 69 - 77.

[79] Tunstel, E., Maimone, M.W., Trebi - Ollennu, A., Yen, J., Petras, R., and Willson, R.G. (2005) Mars exploration rover mobility and robotic arm operational performance. SMC, IEEE, pp. 1807 - 1814.

[80] Trebi - Ollennu, A., Baumgartner, E.T., Leger, P.C., and Bonitz, R.G. (2005) Robotic arm in - situ operations for the Mars exploration rovers surface mission. Proceedings of the IEEE International Conference on Systems, Man and Cybernetics, Waikoloa, Hawaii, USA, October 10 - 12, 2005, pp. 1799 - 1806.

[81] Robinson, M., Collins, C., Leger, P., Carsten, J., Tompkins, V., Hartman, F., and Yen, J. (2013) In – situ operations and planning for the Mars Science Laboratory Robotic Arm: the first 200 sols. System of Systems Engineering (SoSE), 2013 8th International Conference on, pp. 153 – 158.

[82] Goertz, R. and Thompson, R. (1954) Electronically controlled manipulator. Nucleonics, 12 (11), 46 – 47.

[83] Hirzinger, G., Brunner, B., Dietrich, J., and Heindl, J. (1993) Sensor – based space robotics – rotex and its telerobotic features. IEEE Transactions on Robotics and Automation, 9 (5), 649 – 663.

[84] Hirzinger, G., Heindl, J., and Landzettel, K. (1989) Predictive and knowledge – based telerobotic control concepts. Robotics and Automation, 1989.Proceedings., 1989 IEEE International Conference on, vol. 3, pp. 1768 – 1777.

[85] Preusche, C., Reintsema, D., Landzettel, K., and Hirzinger, G. (2006) Robotics component verification on ISS Rokviss – preliminary results for telepresence. Intelligent Robots and Systems, 2006 IEEE/RSJ International Conference on, pp. 4595 – 4601.

[86] European Space Agency (2015) First Handshake and Force – Feedback with Space.

[87] Ferrell, W. R. and Sheridan, T. B. (1967) Supervisory control of remote manipulation. IEEE Spectrum, 4 (10), 81 – 88.

[88] Wright, J., Hartman, F., Cooper, B., Maxwell, S., Yen, J., and Morrison, J. (2006) Driving on Mars with rsvp. IEEE Robotics Automation Magazine, 13 (2), 37 – 45.

[89] Wright, J.R., Hartman, F., Maxwell, S., Cooper, B., and Yen, J. (2013) Updates to the rover driving tools for curiosity. System of Systems Engineering (SoSE), 2013 8th International Conference on, pp. 147 – 152.

[90] Sheridan, T.B. and Verplank, W.L. (1978) Human and computer control of undersea teleoperators (Man – Machine Systems Laboratory Report).

[91] Crandall, J.W. and Goodrich, M.A. (2002) Characterizing efficiency of human robot interaction: a case study of shared – control teleoperation. Intelligent Robots and Systems, 2002. IEEE/RSJ International Conference on, vol. 2, pp. 1290 – 1295.

[92] Hayati, S. and Venkataraman, S.T. (1989) Design and implementation of a robot control system with traded and shared control capability. Robotics and Automation, 1989. Proceedings., 1989 IEEE International Conference on, vol. 3, pp. 1310 – 1315.

[93] Kortenkamp, D., Bonasso, P., Ryan, D., and Schreckenghost, D. (1997) Traded Control with Autonomous Robots as Mixed Initiative Interaction. Haller, S. and McRoy, S. (Eds.). Symposium on Mixed Initiative Interaction.

[94] Dorais, G. A., Bonasso, R. P., Kortenkamp, D., Pell, B., and Schreckenghost, D. (1999) Adjustable autonomy for human – centered autonomous systems. Proceedings of the 1st International Conference of the Mars Society.

[95] Crandall, J.W. and Goodrich, M.A. (2001) Experiments in adjustable autonomy. Systems, Man, and Cybernetics, 2001 IEEE International Conference on, vol. 3, pp. 1624 – 1629.

[96] Roth, Z.S., Mooring, B.W., and Ravani, B. (1987) An overview of robot calibration. IEEE Journal on Robotics and Automation, 3 (5), 377 – 385.

[97] Mooring, B., Driels, M., and Roth, Z. (1991) Fundamentals of Manipulator Calibration, John

Wiley & Sons, Inc., New York.

[98] Rybus, T. et al. (2013) New planar air – bearing microgravity simulator for verification of space robotics numerical simulations and control algorithms. Proceedings of the 12th ESA Symposium on Advanced Space Technologies in Robotics and Automation (ASTRA 2013).

[99] Rutkowski, K., Rybus, T., Wawrzaszek, R., Seweryn, K., and Grassmann, K. (2015) Design and development of two manipulators as a key element of a space robot testing facility. Archive of Mechanical Engineering, LXII (3), doi: 10.1515/meceng – 2015 – 0022.

[100] Banaszkiewicz, M. and Seweryn, K. (2008) Optimization of the trajectory of a general free – flying manipulator during the rendezvous maneuver. AIAA Guidance, Navigation, and Control Conference.

[101] Wu, Y.-H., Gao, Y., Lin, J.-W., Raus, R., Zhang, S.-J., and Watt, M. (2013) Low – cost, high – performance monocular vision system for air bearing table attitude determination. Journal of Spacecraft and Rockets, 51 (1), 66 – 75.

[102] Wawrzaszek, R., Banaszkiewicz, M., Rybus, T., Wisniewski, L., Seweryn, K., and Grygorczuk, J. (2014) Low velocity penetrators (LVP) driven by hammering action – definition of the principle of operation based on numerical models and experimental test. Acta Astronautica, 99, 303 – 317.

[103] Alford, C.O. and Belyeu, S.M. (1984) Coordinated control of two robot arms. Proceedings of IEEE International Conference on Robotics & Automation, pp. 468 – 473.

[104] Zheng, Y.F. and Luh, J.Y.S. (1986) Joint torques for control of two coordinated moving robots. Proceedings of the IEEE International Conference on Robotics and Automation, pp. 1375 – 1380.

[105] Hayati, S. (1986) Hybrid position/force control of multiarm cooperating robots. Proceedings of IEEE International Conference on Robotics and Automation, pp. 1375 – 1380.

[106] Tarn, T., Bejczy, A., and Yun, X. (1987) Design of dynamic control of two cooperating robot arms: closed chain formulation. Robotics and Automation. Proceedings. 1987 IEEE International Conference on, vol. 4, pp. 7 – 13.

[107] Yamano, M., Kim, J.-S., Konno, A., and Uchiyama, M. (2004) Cooperative control of a 3D dual – flexible– arm robot. Journal of Intelligent and Robotic Systems, 39, 1 – 15.

[108] Wang, Z.-D., Hirata, Y., Takano, Y., and Kosuge, K. (2004) From human to pushing leader robot: leading a decentralized multirobot system for object handling. Robotics and Biomimetics, 2004. ROBIO 2004. IEEE International Conference on, pp. 441 – 446.

[109] Zacharias, F., Leidner, D. et al. (2010) Exploiting structure in two – armed manipulation tasks for humanoid robots. The IEEE International Conference on Intelligent Robots and Systems (IROS).

[110] Vahrenkamp, N., Do, M., Asfour, T., and Dillmann, R. (2010) Integrated Grasp and motion planning. Robotics and Automation (ICRA), 2010 IEEE International Conference on, IEEE, pp. 2883 – 2888.

[111] Vahrenkamp, N., Berenson, D., Asfour, T., Kuffner, J., and Dillmann, R. (2009) Humanoid motion planning for dualarm manipulation and re – grasping tasks. IEEE/RSJ International Conference on Intelligent Robots and Systems (IROS'09).

[112] Azevedo, C., Poignet, P., and Espiau, B. (2004) Artificial locomotion control: from human to robots. Robotics and Autonomous Systems, 47 (4), 203 – 223.

[113] Lee, N., Rietdyk, C.S.G., and Naksuk, S. (2005) Whole – body human – tohumanoid motion

transfer. IEEE – RAS International Conference on Humanoid Robots, pp. 104 – 109.

[114] Mombaur, K. and Sreenivasa, M.N. (2010) HRP – 2 plays the yoyo: from human to humanoid yoyo playing using optimal control. ICRA, pp. 3369 – 3376.

[115] Yamane, K. and Nakamura, Y. (2003) Dynamics filter – concept and implementation of online motion generator for human figures. IEEE Transactions on Robotics and Automation, 19, 421 – 432.

[116] Kuffner, J.J., Kagami, S., Nishiwaki, K., Inaba, M., and Inoue, H. (2002) Dynamically – stable motion planning for humanoid robots. Autonomous Robots, 12, 105 – 118.

[117] Nishiwaki, K., Kagami, S., Kuniyoshi, Y., Inaba, M., and Inoue, H. (2002) Online generation of humanoid walking motion based on a fast generation method of motion pattern that follows desired ZMP. IEEE/RSJ International Conference on Intelligent Robots and Systems, pp. 2684 – 2689.

[118] Sentis, L. (2007) Synthesis and control of whole – body behaviors in humanoid systems. PhD thesis, Stanford University, Stanford, CA.

[119] Sentis, L., Petersen, J., and Philippsen, R. (2013) Implementation and stability analysis of prioritized whole – body compliant controllers on a wheeled humanoid robot in uneven terrains. Autonomous Robots, 35, 301 – 319.

[120] Sentis, L., Park, J., and Khatib, O. (2010) Compliant control of multicontact and center – of – mass behaviors in humanoid robots. IEEE Transactions on Robotics, 26 (3), 483 – 501.

[121] Fok, C.-L., Johnson, G., Yamokoski, J.D., Mok, A.K., and Sentis, L. (2015) Controlit! – A software framework for whole – body operational space control. CoRR, abs/1506.01075.

[122] Liu, M., Tan, Y., and Padois, V. (2015) Generalized hierarchical control. Autonomous Robots, XX 1 – 15.

[123] Kajita, S., Kanehiro, F., Kaneko, K., Fujiwara, K., Harada, K., Yokoi, K., and Hirukawa, H. (2003) Resolved momentum control: humanoid motion planning based on the linear and angular momentum. Proceedings IEEE/RSJ International Conference on Intelligent Robots and Systems, pp. 1644 – 1650.

[124] Nishiwaki, K., Kuga, M., Kagami, S., Inaba, M., and Inoue, H. (2005) Wholebody cooperative balanced motion generation for reaching. International Journal of Humanoid Robotics, 2 (4), 437 – 457.

[125] Smits, R., De Laet, T., Claes, K., Bruyninckx, H., and De Schutter, J. (2009) iTASC: a tool for multi – sensor integration in robot manipulation, in Multisensor Fusion and Integration for Intelligent Systems, Lecture Notes in Electrical Engineering, vol. 35, Springer – Verlag, pp. 235 – 254.

[126] de Gea Fernandez, J., Mronga, D., Wirkus, M., Bargsten, V., Asadi, B., and Kirchner, F. (2015) Towards describing and deploying whole – body generic manipulation behaviours. Space Robotics Symposium.

[127] Mansard, N., Stasse, O., Chaumette, F., and Yokoi, K. (2007) Visually – guided grasping while walking on a humanoid robot. Proceedings of 2007 IEEE International Conference on Robotics and Automation, pp. 3042 – 3047.

[128] Neo, E.S., Yokoi, K., Kajita, S., Kanehiro, F., and Tanie, K. (2005) A switching command – based wholebody operation method for humanoid robots. IEEE/ASME Transactions on Mechatronics, 10 (5), 546 – 559.

[129] Kim, S., Kim, C.H., You, B.-J., and Oh, S.-R. (2009) Stable whole-body motion generation for humanoid robots to imitate human motions. IROS, pp. 2518-2524.

[130] Brock, O. and Grupen, R. (2005) NSF/ NASA workshop on autonomous mobile manipulation (Amm), Houston, USA, http://robotics.cs.umass.edu/amm.

[131] Chitta, S., Cohen, B., and Likhachev, M. (2010) Planning for autonomous door opening with a mobile manipulator. Proceedings of IEEE International Conference on Robotics and Automation (ICRA).

[132] Srinivasa, S.S., Ferguson, D., Helfrich, C.J., Berenson, D., Collet, A., Diankov, R., Gallagher, G., Hollinger, G., Kuffner, J., and Vande Weghe, M. (2009) HERB: a home exploring robotic butler. Autonomous Robots, 28 (1), 5-20.

[133] Fuchs, M., Borst, Ch., Giordano, P.R., Baumann, A., Kraemer, E., Langwald, J., Gruber, R., Seitz, N., Plank, G., Kunze, K., Burger, R., Schmidt, F., Wimboeck, T., and Hirzinger, G. (2009) Rollin' Justin - design considerations and realization of a mobile platform for a humanoid upper body. ICRA'09: Proceedings of the 2009 IEEE International Conference on Robotics and Automation, IEEE Press, Piscataway, NJ, pp. 1789-1795.

[134] Katz, D., Horrell, E., Yang, O., Burns, B., Buckley, T., Grishkan, A., Zhylkovskyy, V., Brock, O., and Learned-Miller, E. (2006) The UMass mobile manipulator UMan: an experimental platform for autonomous mobile manipulation. Workshop on Manipulation in Human Environments at Robotics: Science and Systems.

[135] Lemburg, J., de Gea Fernandez, J., Eich, M., Mronga, D., Kampmann, P., Vogt, A., Aggarwal, A., Shi, Y., and Kirchner, F. (2011) AILA - design of an autonomous mobile dual-arm robot. Robotics and Automation (ICRA), 2011 IEEE International Conference on, pp. 5147-5153.

[136] Iagnemma, K. and Overholt, J. (2015) Special issue: DARPA robotics challenge. Journal of Field Robotics, 32 (2), 87-188.

第 6 章　任务操作和自主性

6.1　引言

近年来，自动化和自主性在空间任务和系统运行中变得越来越重要，涵盖了在地球观测、空间站、行星与深空探测中的应用。空间自主系统的能力已经从第一颗人造卫星的简单自动化发展至火星科学实验室（MSL）巡视器的目标导向驾驶。尽管如此，自主性在行星机器人领域还有很多工作要做，包括完成目标导向的任务操作。

对于我们的讨论来说，自主性的最佳定义是智能系统基于其对世界、自身和环境情况的知识和理解，能够独立地构成和选择不同的行动方案以实现目标的能力。一般来说，它可能需要各种功能以帮助建立认知、学习以及做决定等。例如，计划行为的执行和监测、故障检测和恢复策略的部署，达到特定目标的行动计划，有科学价值的特性的辨识，多个航天器之间协作或合作，等等。

在行星机器人任务中，有 3 个主要因素说明了自主性的必要性，即通信延迟、环境不确定性和运行成本[1]：

通信延迟　由于通信链路的不连续可用性和不可避免的往返延迟，机器人任务必须具有一定程度的自主化等级（LoA），尤其是涉及远距离通信链路时。例如，地球和火星之间的距离为 5 460 万～40 100 万 km，这导致单向传输延迟约 3～22 min。有限的通信带宽增加了问题的复杂性。

环境的不确定性　一般来说，对自主性的需求随着与系统交互的环境的不确定性程度而增加。地面控制所涉及的航天器环境只是航天器所运行的真实环境的一小部分，由于固有的通信限制，该模型不能实时提供。这限制了操作人员与环境进行最佳交互的能力。

运行成本　传统的航天器在地面控制中心运行，工程师团队通常负责大量功能，如规划、精化和执行、航天器内部硬件状态跟踪和功能验证。由于空间任务日益复杂，预算有限，行动小组和通信费用可能受到限制。通过增加航天器的自主性，人类操作员可以发送高级命令，并上传程序，使系统能够对环境作出反应。在从错误中复位的情况下，或者在处理航天器需要能够理解错误对其先前计划序列的影响并根据具有潜在退化能力的新信息重新安排的特殊情况时，自主性变得更加重要。

这些考虑因素也可以用来衡量任务中所需的自主化等级。这三个方面考虑的问题越多，自主性的程度就越高。所需的全部自主化等级和这种自治的性质取决于任务本身的特点。以行星巡视器任务为例，可以进一步阐述这三个因素的含义：

- 由于距离越来越远并且长时间没有直接对地通信，因此通信限制将是巨大的。在火星上执行任务时，每个火星日的通信窗口仅有 2 h。

　　• 行星表面是一个具有内在不确定性的环境，巡视器需要与之进行大量互动，例如，前往目标位置所需的能量是难以确定的。

　　• 任何降低运营成本的努力都是是有价值的。以火星探测漫游者（MER）为例，根据参考文献 [2]，此次任务涉及 240 名操作人员，在名义任务期间 24/7 工作，每天花费 450 万美元[2]。

　　本章 6.2 节介绍了行星机器人系统的任务操作的基本概念、各种过程和程序以及典型的操作模式。6.3 节讨论了为给定任务操作建立软件体系结构的设计问题。6.4 节介绍了能够在任务操作中实现高度自治的规划和调度核心技术及其代表性的设计技术/解决方案。6.5 节介绍了核心技术，允许在任务操作中重新配置自主软件。6.6 节介绍了用于自主软件验证和确认（V&V）的各种工具和技术。6.7 节给出了火星探测器任务操作软件的设计示例。6.8 节概述了未来行星机器人任务中实现自主操作和系统的一些超视距研发理念。

6.2　背　景

　　行星机器人任务的标准操作包括航天器、地面控制站及其接口，这些操作可能很复杂，并且充满了技术术语和特定程序。本节旨在澄清、阐明和定义这些术语和过程。

6.2.1　任务操作概念

　　任何一个空间系统的操作都被分成若干部分，有些是由硬件强制执行的，有些是由环境强制执行的，有些是为了简化子系统的创建和操作而制造的。欧洲空间标准化组织（ECSS）将空间系统定义为由两个高级别部分组成[3]：空间（或器载）部分和地面部分（见图 6-1）。这显示了空间航天器的硬件、软件和操作程序与地面控制站之间的抽象和物理分离。这种分离可以看作是对潜在的复杂空间系统的一种简单的看法；然而，即使画出一个隐喻性的分离也是有用的。从本质上讲，人类操作员可以完全实时地访问地面部分，但不能访问器载部分。

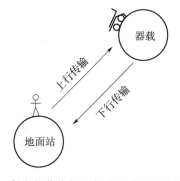

图 6-1　任务操作中的两部分及其之间的通信连接

由于空间飞行任务操作中固有的通信限制，这种分离更加明显。地面段和器载段之间的通信或接口是有限的；因此，应使用一些特定的程序来最大限度地发挥通信潜力。在这种通信中使用的两个过程称为上行链路和下行链路[1]。

· 下行链路是将信息（例如遥测或有效载荷数据）从空间发送到地面段的过程。

· 上行链路是将诸如命令等信息从地面传输到空间段的过程。

地面和空间部分由硬件和软件进一步划分，它们之间有不同的抽象层，这在大多数计算机系统中都很常见（见图6-2）。例如，地面部分需要在软件层的顶部有一个用户界面，该界面以用户友好的方式为人类操作员提供可用的信息和选择。地面上的机组人员通常包括任务科学家、工程师、项目经理或协调员。不同的团队可能有不同的目标或优先事项，具有竞争关系。人机界面通常是在一个精心设计的过程后编排的，以最大限度地发挥任务的效用。此外，这些界面程序按其特征时间长度分割，并在6.2.2节中进一步讨论。

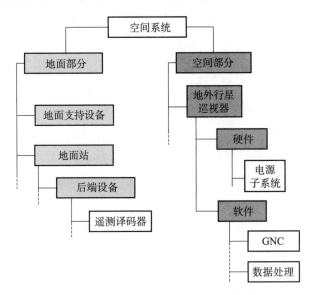

图6-2　欧洲空间标准化组织空间系统模型

为了确保兼容性、互操作性、安全性、可重复性和工程质量，一系列的规范任务操作和自主性设计的标准逐渐被制定。例如，上述ECSS成立于1993，是一个致力于改善欧洲空间部门标准化的组织。空间数据系统协商委员会成立于1982年，是国家空间机构讨论和制定空间数据和信息系统标准的一个更具洲际性质的组织。

一些现有的电子对抗系统标准是针对任务操作和自动化的，包括：

· 空间段可操作性[4]：本标准规定了无人航天器器载功能设计的一系列要求。它提出了器载运行自主性的ECSS概念："在给定时间段内，无地面段干预的情况下，空间段管理正常或应急运行的能力。"尽管通常的空间段都具备一定的自主性，显然，地面部分在任何空间系统中都起着至关重要的作用。因此，如果要评估系统级的性能改进，就必须将系统作为一个整体来构思，考虑到当空间段的LoA增加时对地面段的影响。此外，为了支持自主航天器的运行，在地面段部分还应包含一个有效的LoA。

• 遥测和遥控数据包利用率[5]：该标准通常称为 "PUS"（来自其以前的 ESA 版本，"数据包利用率标准"），定义了地面和空间段之间的应用层接口。它依赖于空间数据系统咨询委员会标准（CCSDS）协议进行数据传输，并描述了满足一组服务的一些操作概念。这些服务几乎包括所有控制和监测空间段的常见操作。在这种情况下，空间段是服务提供者，而地面段是 "主要" 消费者；器载应用程序也可以使用服务。段之间的接口根据分组请求（遥控）和报告（遥测）进行了定义。在特定任务中采用 PUS 可以促进自主行为的逐渐增加。它的实现从最小的功能集（仅具有航天器运行所需的基础）开始，到扩展的功能集，这些功能集转移到航天器的高级功能，例如，有条件地执行带时间标签的互锁命令，甚至是器载程序。由任务设计者来定义每种服务实现什么功能。

• 监测和控制数据定义[3]：本标准定义了空间任务自主性的两个主要概念：空间系统模型（SSM）和领域特定视图。SSM 是 "空间系统分解为系统元素、在这些系统元素上可以执行的活动、反映这些系统元素状态的报告数据以及为控制这些系统元素而引发和处理的事件、活动或报告数据。" SSM 是获取空间系统知识的一种手段。它是对整个任务文字和图形的综合描述，涵盖了任务的所有部分。领域特定视图是与给定应用程序相关的 SSM 的子集。例如，姿态控制仿真软件的领域特定视图可以作为 AOCS 元素的根（见图 6-2）。SSM 和领域特定视图是实现自主软件的重要概念。

CCSDS 标准的 6 个技术领域专门针对任务操作和自主性[6]：

• 航天器器载接口服务；
• 空间连接服务；
• 空间互联网服务；
• 任务操作和信息管理处；
• 交叉支持服务；
• 系统工程。

6.2.2　任务操作步骤

根据文献 [7]，行星机器人任务的整个操作过程可以分为几个子过程，如图 6-3 所示。

（1）正式和扩展的科学操作过程

• 周期：几个月。
• 团队：工程师、科学家、协调员、首席研究员（PIs）。
• 范围：这一过程涉及所有利益相关者团队的高级成员，收集并确定高级别的任务或科学目标。这些目标可能需要几个月才能完成，并且没有详细具体的行动计划。他们还可能讨论高层管理问题，如员工事务。此过程可以生成扩展任务文档，如火星科学实验室扩展任务 1 科学计划[8]。

（2）战略操作过程

• 周期：几天到几周。

• 团队：工程师、科学家。

• 范围：该过程可定义为一系列地面行动，用于规划中期机器人活动，以确保任务的高水平科学目标，并支持战术行动过程。在战略行动中，可以确定机器人在科学上重要的目标位置。该过程包括以下活动：

➤ 机器人工程模型更新。

➤ 跟踪任务科学目标。

➤ 器载软件管理，例如，软件补丁。

➤ 发射后数据产品生成（即存档和分发）。

➤ 通信窗口规划、任务间协调和中期规划。

➤ 离线工程和科学产品生产及非操作关键数据。

➤ 新活动/任务的详细说明和确认，或现有活动/任务的重新设计。

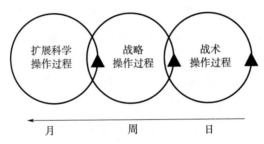

图 6-3　三种操作流程和各自的时间框架

（3）战术操作过程

• 周期：几天。

• 团队：工程师、科学家。

• 范围：战术操作过程用于算法过程，以确定和执行短期科学实验。

如图 6-4 所示，典型的战略和战术作战过程通过地面段与空间段对接。上行链路和下行链路都包含由不同人员组合执行的操作过程的不同步骤。一些步骤可以自动执行，例如，使用数据库处理和计划验证技术。在这个过程中有许多步骤需要科学和工程团队共同参与。鉴于大多数任务有多个目标，各利益攸关方可能需要争夺资源。

以欧空局未来的 ExoMars 任务为例，设想中的战略运作过程包括各个科学小组分析来自下行链路的数据，并制定一个科学计划雏形。随后，这些科学计划雏形由科学行动工作组（SOWG）合并，以产生一个初步的科学计划。由工程团队同时生成的工程计划将与综合科学计划集成。这些计划将在反馈回路中进一步验证，直到巡视器综合规划团队（RIPT）通过最终计划为止。RIPT 将由来自工程团队和 SOWG 的代表组成。验证过程将涉及对拟议计划的各种度量和模拟。在此之后，将由战术操作过程所作的决定驱动到器载段的上行链路。然后，预计器载部分将在计划的自主化等级（LoA）中执行计划任务，范围从人工遥控操作到面向目标的自主性。器载部分的一些强制性任务包括：

• 自我报告；

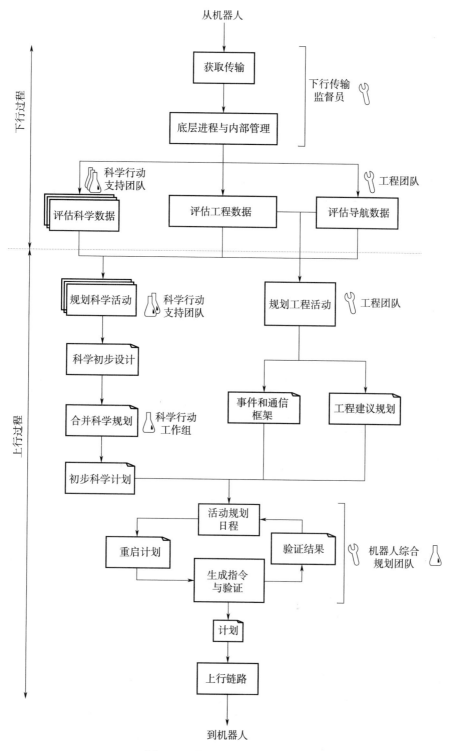

图 6-4　战略和战术操作流程

- 安全监控；
- 电源管理；
- 数据库管理；
- 通信管理；
- 故障检测、隔离和恢复（FDIR）。

不同操作过程（地面段或空间段）的自动化和自主性非常强大。例如，内务管理可以自动执行；计划、时间线创建和验证过程可以潜在地进行控制和自动执行。但是，由于必须在较短的时间内执行操作，因此在实现自主操作方面存在挑战。这会影响到流程规划和执行的速度或效果。自动化计划创建的复杂性随着计划的详细程度和长度的增加而增加。行星机器人任务往往需要冗长、复杂和详细的计划，而最优计划可能无法在给定的时间窗口内生成。在实时空间任务操作中，即使计划是次优的，也必须在截止日期前生成计划。

6.2.3　器载部分运行模式

如表 6-1 所示，ECSS 为空间系统的器载部分确定了四个等级。行星机器人系统或其器载部分通常设计为在不同的操作模式下工作，以反映任务操作旨在实现的不同的自主化等级。

表 6-1　ECSS 标准下空间系统器载部分的自主化等级

自主化等级 LoA	内涵描述	ESA 命名	NASA 命名
E1	在地面控制下执行任务；针对安全性问题的器载自主处理能力有限	实时控制	遥操作
E2	在轨执行地面定义的预编程的任务操作	预编程	盲走
E3	在轨自适应执行任务操作	自适应	半自主
E4	在轨自主执行目标导向的任务操作	目标导向的全自主操作	全自主

从 E1 到 E4 的自主化等级代表自主性增加和人类控制的减少。在评估风险和设想的任务目标后，可以由战术和战略行动过程之间的地面部分设定空间段的自主化等级或相应的行动模式。例如，行星巡视器在接近陨石坑边缘之前，可以在自主化等级 E4 或在自主的目标导向的模式下工作；在下行链路之后，战术操作过程可以决定，一旦进入陨石坑脊，巡视器必须切换到自主化等级 E1 或实时控制、遥控模式，以确定安全。这是一个合理的操作模式的改变，以降低巡视器的风险，从而完成任务。

在行星机器人系统的实际设计中，基于实际考虑，它们的器载段操作模式可能会更加复杂，而不仅仅是一对一地映射到自主化等级。例如，在 MER 任务中，如表 6-2 所示，巡视器的运行模式因其最大行驶速度而不同。自主化等级较低时的盲驱动模式允许巡视器以更快的速度行驶，但风险较高，因此必须限制在低风险穿越；而 VisOdom 模式相对较慢，但风险系数最低，使得它适合未知场景。

表 6 - 2　MER 器载操作模式

模式	内涵	LoA	速度/(m/h)	风险
盲走	仅执行被动运动和安全检查的定向命令	E2	124	进入危险地形的风险增加;偏离规划轨迹的风险更大
自动导航	使用视觉引导避障	E3	36	降低了进入危险地形的风险,与盲走一样,存在偏离规划轨迹的风险
视觉测程（平坦地形）	所有步骤都遵循视觉测程	E3	10	平坦地形和侧滑路面的最低风险策略

在行星机器人的设计中,还存在着其他的操作模式,如 MER,这些模式不一定是基于自主化等级的。这些模式往往与任务的安全运作有关,例如:

·安全模式:当检测到并报告重大故障时,车载段可将自身设置为安全模式,以暂停内务活动外的运行计划。从安全模式中恢复包括重新建立空间段和地面段之间的通信,下载任何诊断数据,并将电源排序返回航天器子系统以重新开始任务。恢复时间可以是几个小时到几天甚至几周,这取决于重建通信链路的困难程度、航天器上发现的情况、与航天器的距离以及任务的性质等。

·冬眠模式:在沙尘暴季节之前,MER 进入低功耗休眠模式。在这种模式下,巡视器时钟保持运行,但通信和其他活动暂停,以便将可用能量用于加热和电池充电。当电池充满电时,巡视器试图唤醒并按给定的时间表进行通信。

6.3　任务操作软件

该操作软件适用于任何空间任务的地面和器载部分,但可能有不同的设计标准和优先级。两个分区之间最明显的区别是资源限制,具体来说,器载部分往往资源稀缺,而地面部分除了时间之外资源相对地不受限制。

6.3.1　设计考虑

任务操作软件包括地面和空间部分以及它们各自的子系统,有各种各样的设计考虑。这些考虑的优先顺序可能因所需的自主化等级而异。

对于操作软件的**地面部分**,可预见以下注意事项:

·数据:支持通过地面站的高效数据流,以及如何/哪些数据被存储和存档。

·工程:能够重建器载行动,诊断器载故障,生成详细的地形图和环境图,以及确定器载部分的新计划。易用性、速度和准确性是重要的设计标准。

·图形用户界面（GUI）:提供可用、有效的人机界面。

·人的可读性:有任务计划和计划推理,对操作者不言自明。

·人的责任:允许人在操作中的任何决策步骤的循环中。

·射频链路:支持自动和高效的上下行链路处理,以及广泛的射频频段和任务。

·可扩展性:允许在不进行重大重新设计的情况下将硬件或软件配置扩展到操作,并允许同时操作多个任务和/或航天器。

- 调度：对团队、个人、会议和处理事件的过程进行调度。
- 科学：识别机会主义科学目标、分析有效载荷数据、识别新目标等的能力。易用性、速度、可靠性和准确性是重要的设计准则。
- 标准：应用或遵守标准以提高互操作性、可重用性、可扩展性和良好的工程实践。
- 验证与确认：提供地面段运行过程、软件和生成计划的验证与确认（例如，通过仿真）。

操作软件的**器载部分**有自己的一套考虑因素，包括：

- 适应性：具有适应不断变化的环境和能力的规划能力。
- 数据：允许正确高效地保存和存档数据。
- 环境：检测和使用运行时的环境条件，确保车载段的安全。
- 故障探测、隔离与重构（FDIR）：允许检测、诊断和抑制多部件、初次发生的和间歇性的所有故障。
- 制导、导航和控制（GNC）：通常包含机器人的 GNC 功能，例如，精确有效地定位、绘制地图和/或在未知地形上移动的能力。
- 正常降级：当硬件组件开始出现故障或降级时，能够在某些低级功能下运行。
- 操作模式：能够选择适当的操作模式（如安全模式）。
- 有效载荷：进行科学实验和分析数据或结果的能力。
- 射频链路：支持自动高效的下行和上行流程。
- 资源管理：资源效率。
- 标准：应用或遵守标准以提高互操作性、可重用性、可扩展性和良好的工程实践。
- 可更新：在运行时更新、修补和/或升级软件的可更新性，而不存在继续使用的风险。
- 验证和确认：提供空间段操作过程、软件和生成计划的验证和确认。

此处介绍的许多设计注意事项将导致操作软件中的功能根据给定的设计标准可以提供不同的自主化等级。表 6-1 介绍了 ECSS 确定的 LoA。在任务操作的实际设计中，在操作软件的相关功能〔如信息解释（II）、GNC、决策（DM）、有效载荷（PL）和故障探测、隔离与重构（FDIR）〕内，定义可能更为复杂。表 6-3 解释了这些子系统的自主化等级。

表 6-3　操作软件中与实际功能对应的自主化等级

子系统	LoA	内涵描述
信息子系统(II)	1	自动信息处理
	2	自动建模
	3	模型参数自动调整
	4	模型架构自动调整

续表

子系统	LoA	内涵描述
决策子系统（DM）	1	遵循人类操作员的计划和时间表
	2	基于人类操作员生成的高级计划的低级别行动和调度
	3	针对变化信息的低级别行为的适应性决策
	4	自主规划和安排所有行动
故障探测、隔离与重构（FDIR）	1	没有 FDIR，只有硬件驱动的安全开关
	2	基于组件的
	3	基于子系统的
	4	基于故障的系统重构
导航、制导与控制（GNC）	1	地面控制的全远程操作
	2	遵循预先规划的路径
	3	自适应路径点跟踪
	4	面向目标的自主导航、制导与控制（GNC）
有效载荷（PL）	1	有效载荷完全远程操作
	2	遵循有效载荷计划
	3	自适应有效载荷计划跟踪
	4	目标导向的自主性或随机科学目标的有效载荷

　　更详细的定义反映在操作软件的实际设计中。例如，图 6-5 显示了许多过去、现在和未来的行星巡视器任务（包括月球车、索杰纳号、MER、MSL 和 ExoMars）实现的自主化等级。

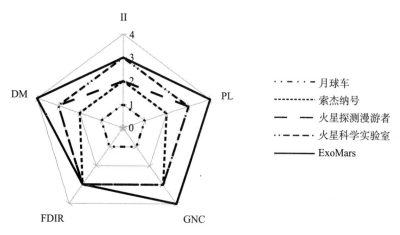

图 6-5　现有探测器任务的自主化等级

6.3.2　地面操作软件

　　地面操作软件旨在管理和支持 6.2.2 节中概述的上下行链路处理，该过程要求操作软件负责数据流、基本内务管理、归档、通信窗口管理、人员管理和调度。此外，软件必须帮助任何特定的任务，如机器人的路径侦察构建，工程计划创建，科学规划，计划合并，验证和模拟[9]。

地面操作软件的一个标志性例子是欧空局地面操作系统（EGOS），该系统由欧洲航天飞行控制中心（ESOC）开发，用于协调地面段内开发和维护的所有软件[10]。它成为了一个通用的承载各种 ESA 地面软件的平台，如：

• MICONYS：任务控制系统（MCS）基础设施，包括 SCOS - 2000 及其辅助应用[11]。

• SIMULUS：模拟系统基础设施，包括卫星模拟器、一组模拟卫星环境不同方面的模型以及地面站设备[12]。

• TEVALIS：地面测试和验证系统，用于模拟和测试从 MCS 到航天器的整个设备链。

• NAPEOS：用于地球轨道卫星任务的便携式导航软件[13]。

• DABYS：通用数据库软件，一个用于构建数据库管理应用程序的 EGOS 专用框架[14]。

• EUD：EGOS 用户桌面，提供一个通用的用户界面，可供所有 EGOS 应用程序使用[10]。

代表卫星控制和操作系统 2000 的 SCOS - 2000 是通用的 MCS 软件基础结构。MCS 为人类操作员监视和控制一个或多个航天器提供了手段。它提供命令链、遥测链和存档。指挥链基于 CCSDS 帧标准。命令堆栈可以手动或自动加载，并在发布之前根据预先定义的约束进行验证。遥测链基于 CCSDS 帧和包标准。CCSDS 帧通过空间链路扩展接口从地面站接收，并解复用成遥测数据包。在接收到遥测数据包后执行的典型功能包括检查参数是否在范围内（硬限制和软限制检查）和验证发送的遥控指令。最后，该软件提供自动化的数据包和参数档案，能够满足现代太空任务所需的人工老化高数据量。MCS 不提供科学数据处理，这通常是在任务的专门科学中心执行的。为行星机器人任务开发的地面操作系统通常遵循类似的模式，例如，欧空局即将进行的 ExoMars 任务的巡视器操作控制中心（ROCC）[7]。

在地面操作软件中集成操作和规划工具的另一个例子是 NASA 的 Ensemble[15]，用于凤凰号、MER 和 MSL 等三个火星任务的扩展操作。因此，集成是用于构建活动规划和排序系统的多任务工具包。它负责战略任务规划、科学观测规划、工程活动规划和序列命令上行链路，因此可以支持修改活动计划所需的用户和自动推理操作。Ensemble 在不同的任务阶段使用大量的软件工具，例如：

• APGEN：混合式初始行为运动规划生成器（MAPGEN）的一部分，具有三个核心功能/组件：

——活动计划数据库：包含一组活动的数据库，每个活动在特定时间进行。这个数据库没有活动之间的约束的概念，但是支持上下文无关的活动扩展。

——资源计算：使用正向模拟计算从简单布尔状态到复杂数值资源范围内的资源状态的方法。

——图形用户界面：用于查看和编辑计划和活动的界面。

• EUROPA：一个基于人工智能（AI）的规划工具（见 6.4.3 节和 6.4.4 节详细信息），也是 MAPGEN 的一部分。

• 约束编辑器：APGEN 没有变量和约束的概念。约束编辑器是作为 APGEN 接口的增强而开发的，用于处理协调科学观测的日常约束。

• SAP：科学团队用于促进科学遥测分析和科学活动规划的科学活动规划器。

• RSVP：用于高级火星表面和巡视器可视化的巡视器排序和可视化程序，并生成实际的巡视器命令序列。

• SEQGEN：序列生成器，用于预测由于序列而在航天器上发生的事件，当序列违反规则或导致航天器子系统被误用时发出警告。

• SLINC：航天器语言解译器和接收器负责将航天器序列以航天器序列文件（SSF）的形式转换为命令包文件（CPF）。此外，二进制 UNIX 文件可以格式化为 CPF 以传输到航天器。

• RSFOS：重新设计的空间飞行操作计划是一个程序，它读取用户可维护的 ASCII 表和 SEQGEN 生成的输入预测事件文件（PEF），以生成两个输出文件。

• CAST：通用分配调度工具是一套集成的多任务软件工具，可帮助项目协商深空网络（DSN）覆盖范围。

• SEQREVIEW：用于重新格式化序列产品（如 PEF）并从中提取信息的序列评审工具，允许用户或外部应用程序分析数据。

虽然航天机构或工业公司有许多地面操作软件的设计，但这些设计的基本软件体系结构在所有标准操作程序中相当常见（见图 6 - 6），这是可以理解的。架构中的关键构建块将进一步解释如下：

• 网络接口模块管理与车载段的直接通信，如数据包管理和验证。

• 监控模块管理内务、通信准备和调度。一个例子是欧空局的 SCOS 2000。

• 数据库管理器模块管理架构内所有信息的存档，包括传入和传出的通信数据包。

• 工程评估模块管理对输入的工程数据的分析，如工程模型和机器人路径重建。这两个任务都可以通过用户界面自动或手动处理。特别是路径重建，具有完全自主的潜力。

• 工程规划模块管理机器人路径规划和工程子系统规划。该模块还包括验证和参数化仿真功能。路径规划、验证和仿真可以在最少的人工监督下自主执行。

• 科学评估模块辅助科学团队的评估过程。这是任务和有效载荷的具体规定。

• 科学规划模块有助于科学团队的科学规划和计划整合，因此是特定的任务。所需的自主化等级对科学目标是主观的。一个例子是 NASA 的 SAP[16]，作为主要的科学数据下行链路分析和上行链路规划工具用于 MER 和 MSL 巡视器任务。

• 规划合并循环模块管理计划和调度，以完成科学和工程团队设定的所有目标。该模块包含模拟器和用户界面，供综合规划团队使用和审查。验证、模拟、规划和调度功能可能会自动执行。

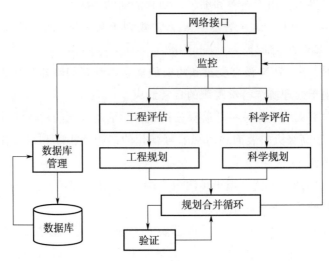

图 6-6　基础地面操作软件体系结构框图

6.3.3　器载操作软件

行星机器人的器载操作软件用于管理航天器（如动力、有效载荷和安全性），并实现由地面部分创建的任务计划。随着所需自主化等级的增加，器载软件可能需要更高级的功能。

图 6-7 说明了具有相对较低自主化等级（例如，最高达 E3）的器载操作软件的基本配置或架构，并设想包含以下构建块：

- 通信管理模块使通信链路自动化。
- 后勤和数据管理模块使机器人上的后勤和数据管理自动化。
- 监控模块监视每个子系统，如果检测到异常，可以将机器人切换到安全模式。
- 执行器模块执行地面生成的计划，无需自主做出大多决定。

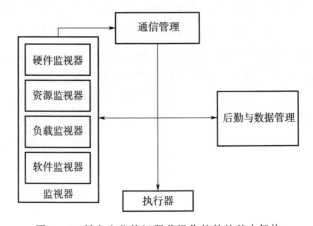

图 6-7　低自主化等级器载操作软件的基本架构

这种基本结构在许多现有的行星机器人器载软件中都可以看到，尤其是巡视器。示例包括参考文献［17－18］中描述的 MER 软件体系结构、类似 ExoMars 的月球车的CREST 软件体系结构[19]，甚至最新的 MSL 月球车，但它有模块化执行器[20]，尽管仍限于 E3，但可能在不同的自主化等级或适应性下运行。

为了适应更高的自主化等级（如 E4），软件架构需要高级模块，如：

• 计划和调度模块接收地面段机器人综合规划团队确定的高级任务目标，并自主规划任务和调度行动以完成目标。它可以包括基于外部刺激的重新规划，如图 6－8 中的数据流循环所示，与图 6－7 中的低自主化等级版本不同。6.4 节深入讨论了本模块所涉及的技术。

• 仿真与验证模块负责验证安全性和拟定计划，并关闭计划回路。

• GNC 模块自动控制机器人的导航、定位和运动子系统。

• 有效载荷控制器模块可以自主操作有效载荷并管理其数据输出。

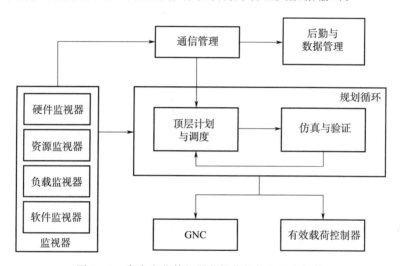

图 6－8 高自主化等级器载操作软件的基本架构

图 6－7 和图 6－8 都展示了软件功能构建块方面的器载自主性。在一般的机器人技术中，这种自主软件通常被认为遵循三层控制架构，如图 6－9 所示，三层控制架构连接"感知""计划"和"行动"。三个层次的简要描述如下（从低层次到高层次）：

• 功能层包括所有基本的、内置的机器人传感、感知和驱动能力。

• 执行层根据任务要求控制和协调软件功能的执行。

• 决策层包括生成任务计划和监督执行的能力，以及同时对上一级事件做出潜在反应的能力。

三层体系结构允许在更高层次上获得更高层次的抽象。它也有助于将更大的模块化和深思熟虑/反应式决策集成到不同的抽象层次。带有自主化等级 E1～E3 的器载操作软件通常包括功能层和执行层，而决策层则留在地面段。自主化等级 E4 器载软件包含所有三层。

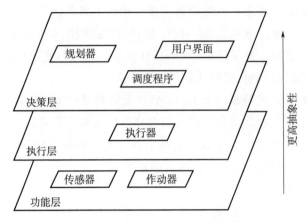

图 6-9　机器人中的三层控制体系结构

在不断的努力下，行星机器人系统采用三层结构或实现自主化等级 E4 已成为现实。一个例子是 LAAS-CNRS 为行星巡视器设计的三层软件体系结构[21]。此设计使用一组分布式非均匀进程来执行基于事件或基于任务的实时控制循环，具有三个抽象级别。第一层嵌入了各种功能，赋予巡视器自主导航的能力。该层是在模块生成器（GenoM）[22]中开发的，该软件开发框架允许定义和生成封装算法的模块。模块是一个标准化的软件实体，能够提供由一组算法提供的服务。模块可以启动或停止这些服务的执行，向算法传递参数，并导出生成的数据。GenoM 提供了描述语言和标准模板。模板允许开发人员描述一个模块、模块所提供的服务，以及每个服务的预期参数和将要执行的所有任务的列表、结果及其描述、失败消息等。下一个执行层主要是 R²C，它按窗体状态检查功能层以完成计划。它还检查故障状态[23]。最后一层是决策层，分为 OpenPRS[24] 和索引时间表（IxTeT）[25]，其中 IxTeT 是一个时间规划师，为 Open 过程推理系统（OpenPRS）创建一个重新定义和执行的计划，OpenPRS 是一个负责执行的系统，由一组表示和执行过程的工具组成，这些工具包括：

• 一个代表世界的数据库；

• 一个程序库，用于描述为实现给定目标或对特定情况做出反应而可能执行的特定操作和测试序列。每一个程序都是独立的，描述了它适用的条件和它实现的目标；

• 对应于当前执行的一组动态任务的任务图。任务是动态结构，用于跟踪预期过程的执行状态及其发布的子目标的状态。

美国国家航空航天局为卫星系统开发并发射了器载自主软件，如深空 1 号（DS-1）任务中的远程智能体实验（RAX）和地球观测 1 号（EO-1）任务中的自主科学飞行器实验（ASE）[27]。ASE 使用一个三层等效体系结构，决策层有一个称为连续活动调度计划执行和重新规划（CASPER）的规划器。ASE 的执行层接受 CASPER 派生的计划作为其输入，并将计划扩展为功能层的低级命令，如图 6-10 所示。ASE 有三个主要的软件组件，即星载科学算法、执行软件航天器命令语言（SCL）和星载规划与调度软件 CASPER。科学算法可以对图像数据进行分析，检测出感兴趣的特征，有助于卫星搜索有价值的科学数据，减少星载数据量，并自动对感兴趣区域进行重定位。这也有助于航天器捕捉到短暂的科学现象，增加科学机会。基于模型的面向目标的星载规划器 CASPER 以星载或地面作业人员的科学算法为输入，将作业计划输出到执行系统 SCL。健壮执行系统 SCL 接受 CASPER 派生的计划作为输入，并将该计划扩展为低级命令。

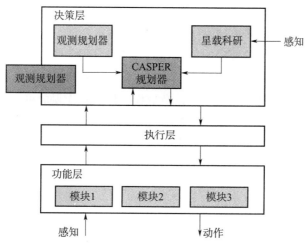

图 6-10　ASE 关键架构

欧空局为行星巡视器开发了一种称为面向目标的自主控制器（GOAC）的车载软件，可以实现自主化等级 E4[28]。GOAC 采用分而治之的方法解决复杂性问题，将讨论问题分解为子问题，从而使其更具可伸缩性和效率。此外，计划和执行是相互交织的。GOAC 有一个可以与三层体系结构映射的混合体系结构（见图 6-11）。它由一组反应器（如审议反应器和命令调度反应器）和一个功能层组成。每个审议反应器都使用一个基于自动规划和主动调度（APSI）的规划器。APSI 规划器具有动态重规划和逐步考虑的能力。GOAC 的功能层基于 GenoM 和 BIP[29]。GenoM 的基本独立设计单元是一个模块。每个模块都封装了巡视器的一个功能。BIP 框架为构建由异构组件组成的实时系统提供了一种方法。它的使用是为了通过关注以下挑战尽可能减少后验验证：组件的组成、构造的正确性和自动化组件集成。APSI 和 GOAC 的详细信息分别在 6.4.4 节和 6.7 节中介绍。

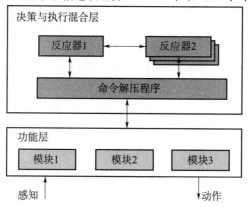

图 6-11　GOAC 软件架构

6.3.4　性能测量

如 6.2.2 节所述，在地面或空间部分的飞行任务需要考虑可能有冲突的不同用户群的优先事项和利益。性能测量可用于确定在这种复杂情况下的设计和实现问题，并最大限度地利用空间系统的硬件、软件和用户界面。鉴于时间是任何太空飞行任务的关键考虑因素，因此应考虑的一项措施是时间性能。地面段的时间性能没有器载段那么重要。在自主性方面，前者可以使用不受资源限制、没有反应性行为的离线规划工具，后者则要求在线规划工具必须对稀缺资源做出快速反应。对于地面规划师来说，额外的性能指标包括与用户的交互，用户界面必须清晰和精确，以及操作者生成新计划的可用时间，以便在固定的时间窗口内生成计划，即使计划是次优的。

包含各种性能测量的度量标准可以写为

$$\binom{\text{Mission}}{\text{Metrics}} + \binom{\text{GNC}}{\text{Metrics}} + \binom{\text{Payload}}{\text{Metrics}} + \binom{\text{Safety}}{\text{Metrics}} \tag{6-1}$$

其中，每个度量可以由相互独立的各种子度量描述。

例如

$$\binom{\text{Mission}}{\text{Metrics}} = \frac{\alpha \sum \left[p_{\text{lifetime}} \times \binom{\text{Lifetime}}{\text{length}} \right]}{\binom{\text{Development}}{\text{Cost}} + \binom{\text{Operation}}{\text{Cost}} + \binom{\text{Flight}}{\text{Cost}} + \binom{\text{Hardware}}{\text{Cost}} + \binom{\text{Software}}{\text{Cost}}} \tag{6-2}$$

式中，p_{lifetime} 是指机器人只生存到指定寿命的概率，α 是一个常数。

$$\binom{\text{GNC}}{\text{Metrics}} = \sum^{\text{biomes}} \left[\frac{\alpha(\text{Velocity}) + \beta(\text{Safety}) + \gamma\binom{\text{Localization}}{\text{Accuracy}}}{\delta(\text{Energy per meter})} \times \binom{\text{Expected percentage}}{\text{of time in region}} \right] + \binom{\text{Mapping}}{\text{Ability}} \tag{6-3}$$

其中 α、β、γ 和 δ 是不同操作模式下的常数。然而，这可以很容易地通过将每个模式与处于该模式的概率相乘来扩展。映射能力本质上是计算资源所包含的每个区域的粒度和信息。

$$\binom{\text{Payload}}{\text{Metrics}} = \sum \frac{p_{\text{usable result}} \times \binom{\text{Scientific}}{\text{Importance}}}{\alpha(\text{Weight}) + \beta\binom{\text{Energy}}{\text{Usage}}} \tag{6-4}$$

其中 $p_{\text{usable result}}$ 是可用结果的概率，可以是 GNC 的函数，$\binom{\text{Scientific}}{\text{Importance}}$ 是一个值，表示结果的科学重要性，并且可以由科学团队根据其期望的目标、实验和发现来确定，α 和 β 是常数。

$$\frac{1}{(\text{Safety Metircs})} = \sum \left[p_{\text{fault}} \times \left(\begin{array}{c} \text{Functionality} \\ \text{after Fault} \end{array} \right) \right] + \left(\begin{array}{c} \text{Percentage} \\ \text{Un} - \text{V\&V Software} \end{array} \right) \quad (6-5)$$

其中，V&V 软件包括基于仿真的 V&V，$\left(\begin{array}{c} \text{Functionality} \\ \text{after Fault} \end{array} \right)$ 是故障后原始有效载荷活动和 GNC 能力的百分比。

绩效指标可以根据不同的需求和优先级进行设计，包括不同的衡量标准，并将任务作为一个整体进行分析。这种方法使用户能够确定任务操作的重要结果和问题，不同指标中的常数可根据任务目标和用户进行调整。科学和工业用户可以选择不同的恒定值，例如，科学家更倾向于关注任务寿命，而对于工程师而言，任务成本则是更重要的因素。

6.4　规划和调度

6.4.1　规划调度软件设计考虑

如 6.3 节所述，计划和调度（P&S）是操作软件中实现高自主化等级的关键功能，例如用于器载目标导向自治或用于地面段计划和管理。行星机器人任务的计划员和调度员的设计考虑总结如下：

• 计算效率：这主要是考虑到器载部分的规划工具和调度员的计算效率。
• GUI：一个可用的人机界面是很重要的。
• 可读性：计划和选择计划的原因最好都是可读的，允许操作员信任计划员和调度员。
• 多个计划输出：最好生成多个计划，以便软件代理或集成机器人计划团队可以选择最佳计划。
• 多维数值特性：任务规划需要考虑许多数值特性，如空间尺寸、温度、功率和能量，因此规划人员需要高效地处理多维数值问题。
• 优化：优化的主要目标是根据所使用的操作的数量或顺序以及所需的资源等进行规划。
• 计划重用：许多子计划可以应用于不同的场景，因此可重用。如果这些子计划可以存储在数据库中以便重新激活，则会非常高效。
• 语言：定义计划问题和领域所用的语言应使计划者能够模块化，可重用，易于阅读，简明且具有存储效率。
• 时间规划：考虑到同时进行时间重叠行动的可能性，根据时间线进行规划有助于任务行动。
• 不确定性：规划需要应对现实环境中的不确定性，例如应用模糊性来处理和规划概率性的、有条件的事件。

6.4.2　基本概念和技术

给定对世界或领域的可能初始状态、期望目标和一组可能行动的描述，规划问题是确定一个计划，该计划得到保证（从任何初始状态）生成一系列导致目标状态之一的行动。P&S 系统有效地将领域和问题的模型作为输入，并解决规划和调度问题以生成计划。有很多可以生成计划的方法。这些方法做出不同的假设和妥协，以尽可能高效地生成计划。本节的其余部分介绍了与行星机器人相关的各种 P&S 原理和技术。本节采用了参考文献 [30] 中提出的分类法对不同的规划技术进行了分类。

6.4.2.1　经典方法

传统的规划方法局限于状态转移系统，为研究 P&S 提供了一个基线，它们基于一个搜索空间进行规划，该搜索空间由节点间的弧连接的节点图或树状图表示。众所周知的经典技术是状态空间规划和计划空间规划。在状态空间规划中，包含问题所有可能状态的搜索空间，其中每个节点表示一个状态，而弧表示状态之间的转换。初始状态可以基于所有适用的操作生成许多其他状态。根据搜索，其中一个状态将成为当前状态，搜索将持续到目标状态实现为止。搜索可以是向前或向后链接。前向链接从可用数据开始，并使用推理规则提取更多数据（例如，从最终用户）直到达到目标。反向链接是正向链接的反向，它使用从目标状态工作的推理方法。在前向或后向链中设计推理或搜索算法的方法有很多，其中最简单的是启发式方法。当非启发式方法太慢时，通常使用启发式技术快速解决规划问题，或者当其他方法无法找到任何精确的解决方案时，使用启发式技术找到近似的解决方案。通过以最佳性、完整性、准确性或速度精度来达成目标[31]。在计划空间规划（PSP）中，搜索空间的节点是部分定义的计划，而弧作为计划的改进旨在完成部分计划。规划从对应于空计划的初始节点开始，通过选择操作（如状态空间规划）或对操作排序来搜索解决方案。利用这种规划方法，将规划定义为一组规划算子和排序约束。

任何规划算法的一个强制性输入是对要解决的问题的描述。就经典方法而言，对于所有状态和转换的显式枚举，任何问题的计划领域都将过于庞大。可以选择三种表示来描述经典规划问题，如表 6-4 所示。有多种方法可以扩展这些基本表示。例如，使用逻辑公理来推断关于世界状态的事物，以及使用更一般的逻辑公式来描述行动的前提和效果。因此，扩展的计划问题表示可以用于描述更复杂的计划方法。

表 6-4　经典规划问题的三种表示

表示	内涵描述
集合论	世界的每一个状态都是一组命题，每一个动作都是一个语法表达式，指定哪些命题属于该状态，以便该动作是适用的，以及该动作将添加或删除哪些命题，以便形成一个新的全局状态
经典方法	除了使用一阶文字和逻辑连接词代替命题外，状态和动作与集合论表示中描述的状态和动作相同。这是受限状态转换系统最常用的选择，并用于许多通用规划语言，如 PDDL（参考 6.4.2.7 节规划语言）
状态变量法	每个状态由几个状态变量组成的元组表示 $(X_1,\cdots,X_n)$，每个动作都由一个分部函数来表示，该函数将这个元组映射到其他一些状态变量的值元组中。这种方法特别适用于表示状态是一组属性的域，这些属性在有限的域上变化，并且其值会发生变化

6.4.2.2　新经典方法

规划的另一个主要范畴是新古典技术，它也仅限于状态转移系统。与经典方法的主要区别在于，新古典方法中搜索空间的每个节点都是一组局部规划。这一类包含三种常见技术：

• 规划图技术基于规划问题的可达性结构，用于有效地组织和约束搜索空间。这些技术输出一系列动作，例如 a1、a2、a3、a4、a5，这些动作表示以任意顺序从 a1 开始，然后以任意顺序从 a3、a4 和 a5 开始的所有序列。规划图方法认为行动是完全实例化的，在特定的步骤，依赖于可达性分析和析取关系。可达性分析解决了一个状态是否可以从给定状态到达的问题。析取完善的过程通过使用析取解析器解决缺陷来实现。

• 命题可满足性技术[32]将规划问题编码为布尔可满足性（SAT）问题，然后依赖于有效的 SAT 程序来找到解决方案。换言之，"规划即满足"是将一个规划问题映射到一个已知的问题，该问题有一个已知的解决方案和有效的求解算法。该方法遵循以下公式：

1）规划问题被编码为命题公式。

2）满足性决策过程通过将真值赋给命题值来确定公式是否可满足。

3）从满足性决策程序确定的任务中提取规划。

• 约束满足技术将规划问题编码为约束满足性问题（CSP）[33]。对于一组给定的变量、它们的域和一组对值的约束，CSP 的一般公式是为满足约束的每个变量找到一个值。

6.4.2.3　解决策略

前面描述的所有规划方法都可以通过抽象搜索过程来解决。抽象搜索的目标是找到至少一个解决方案，而不必枚举整个规划空间。该过程不确定地搜索一个空间，其中每个节点 u 表示一组解规划 $\prod_u$，即从 u 可到达的所有目标状态的集合。节点 u 是一组可能的动作和约束的结构化集合。不同的规划方法使用不同的搜索空间，如下：

• 在状态空间规划中，u 是一系列行动。来自 u 的每一个解决方案都可以通过一个动作的前置或后置来实现，这取决于使用正向搜索还是反向搜索。

• 在规划空间规划（PSP）中，u 是一组动作、因果关系、排序约束和绑定约束。从 u 可到达的每个解都包含 u 中的所有操作，并满足所有约束。

• 在规划图算法中，u 是整个规划图的一个子规划图，表示前提、效果和相互排除的作用和约束的子集。从 u 可到达的解包含与子规划图的每个级别中的至少一个对应的操作。

• 在基于 SAT 的规划中，u 是一组指定的文本和剩余的子句，每个子句都是描述动作和状态的文本的析取。从 u 可以得到的解可为未赋值的文字设置真值，以便满足所有剩余的子句。

• 在 CSP 规划中，u 是一组 CSP 变量和约束，其中一些值已经分配给初始状态。来自 u 的每个解决方案都包含对所有 CSP 值的赋值，以满足约束条件。

摘要搜索过程包括 4 个主要步骤：

1）修正：修改行为和约束的集合。例如，如果只有一个操作满足约束，则可以移除约束并使操作显式化。

2）分支：生成 u 的子节点 v。这些节点将成为下一个要访问的节点的候选节点。例如，在前向状态空间搜索中，每个子节点对应于在部分计划的末尾附加不同的操作。并不是所有的子节点都会生成。

　　3）删减：删除看起来对搜索没有希望的节点，这一步通常是领域特定的。

　　4）终止：终止程序。

　　对于不同的规划方法，前三个步骤可以按不同的顺序进行，例如，一个过程可能先进行分支，然后进行修剪，然后进行修复。为了解决规划问题的复杂性，可以使用启发式方法扩展抽象搜索过程来选择子节点 v，这将提供获得解决方案的最大可能性。启发式算法可以是独立于域的，也可以是特定于域的。独立于域的启发式算法适用于许多不同的规划域，类似于节点选择的启发式搜索算法，例如，广度优先、深度优先、最佳优先、爬山和 A^*。领域特定的启发式是为特定类型的领域量身定做的，例如，使用时态逻辑来编写节点修剪规则从而集中搜索。尽管为一个问题调整一个启发式方法需要相当大的努力，但其结果将会大大提高规划的性能。

　　提高规划效率的另一种方法是 HTN。HTN 方法与经典方法相似，但其动作之间的依赖关系可以以任务网络的形式给出。规划问题是由一组任务来描述的，这些任务可以是大致对应于行动的基本任务，也可以看作是一组简单任务的复合任务，或者是大致对应于目标的目标任务。

6.4.2.4　时序规划

　　此处描述的所有计划方法均基于状态转换系统，并假设隐式时间。在这些计划问题模型中，动态表示为动作序列，其中动作和事件具有瞬时状态变化。但实际上，动作、状态更改和约束会随时间跨度发生，这也可能重叠。动作需要时间，因此有并发的概念。当在相同的时间间隔内采取措施时，它们可能会导致组合效果与单个措施的效果之和不同。目标通常受时间因素的限制，比简单的状态获得要复杂，涉及的条件可能不仅要在计划结束时实现，还必须在计划中保持。时间的显式表示可以显著扩展计划者的表现力，这需要扩展计划领域的理论，问题和求解算法的表示。为此，可以通过以下方式之一扩展到状态转换系统：

　　1）扩展世界的全局状态，以便在状态转换表示中明确包含时间。然后，模型将世界视为世界的离散快照。这就要求使用逻辑原子来扩展通常的计划运算符，以包括这些原子上的时间条件。

　　2）通过用一组描述并行演化的时间函数代替状态。在此模型中，动力学是时间的部分函数的集合，描述了状态变量的局部变化。

　　可以使用基于一阶时间逻辑或其他混合形式的计算来表示规划器中的时间。例如，点代数[34]，一种符号定律，其时间将一组具有定性约束的瞬间相关起来，而不必对其进行排序；或者区间代数[35]，一种符号定律，其时间将一组具有定性约束的间隔相关起来。最近的方法基于简单的时间问题表示法增加了定量的时间约束[36]。

　　时间规划将其问题定义为在分配给操作的一组时间点或时间间隔上的一组约束（合取或析取）。规划者通常使用时间运算符或编年史，并且可以通过应用通用或特定的 CSP 技术来解决。计划解决方案以一系列状态表示，这些状态包含计划的动作/行为。

1) 通过时间运算符进行规划，可以通过在保持不变的时间段内限定每个命题，从而扩展了古典和新古典方法。这可以通过在时间数据库中使用时间运算符或时间限定表达式（tqe）来实现[30]。tqe 定义为 $e(x_1, \cdots, x_k)@[t_s, t_e)$，其中 e 是时间灵活的关系，$x_i(i = 1, \cdots, k)$ 是常数或对象变量，t_s 和 t_e 是时间变量，使得 $t_s < t_e$。（tqe）认定 $e(x_1, \cdots, x_k)$ 在时间 t，$\forall t \in [t_s, t_e)$ 成立。时态数据库定义为一组 $tqes$ 以及一个有限的时态和对象约束集，类似于 CSP 问题中的情况。时间规划运算符是一个元组，$o = \langle \text{name}(o), \text{precond}(o), \text{effect}(o), \text{const}(o) \rangle$，其中

- name(o) 是形式为 $o(x_1, \cdots, x_k, t_s, t_e)$ 的表达式，使得 o 是运算符，而 $x_1, \cdots, x_k$ 都是对象变量。
- precond(o) 和 effect(o) 是 $tqes$。
- const(o) 是一组时间和对象约束。

在规划行星巡视器的一个例子中（对参考文献［30］中给出的例子进行了修改），可以将巡视器的几个 $tqes$ 指定为 $move(r, l, l')$，其中 r 表示巡视器相关量，l 和 l' 分别表示巡视器的起点和终点，$at(r, l)$ 表示仍在位置 l 处的巡视器 r，$free(l)$ 表示没有任何巡视器的位置 l。计划使用的时间运算符可以指定如下：

name	$move(r, l, l')@[t_s, t_e]$
precond：	$at(r, l)@[t_1, t_s)$
	$free(l')@[t_2, t_3)$
effects：	$at(r, routes)@[t_s, t_e)$
	$at(r, l')@[t_e, t_4)$
	$free(l)@[t_5, t_6)$
consts：	$t_s \leqslant t_5 < t_3 \leqslant t_e$
	$adjacent(l, l')$

该示例的时间数据库可以在图 6-12 中以图形方式捕获。

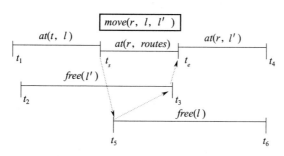

图 6-12　一个时态数据库的例子

2) 使用时间变量的编年史计划主要通过使用状态变量表示来与时间操作符进行区别，状态变量表示可以更有表现力、更简洁。限于点代数的简单例子如下。对状态变量 x 的时

间断言可以是事件，也可以是持久性条件。然后，将编年史定义为元组 $\Phi = (F, C)$ 中的状态变量 $x_1, \cdots, x_j$ 的集合，其中 F 是关于 x_i 的时间断言的集合，C 是时间和对象约束的集合。时间轴是单个状态变量 x 的历史记录。对于行星巡视器每个巡视器都有一个时间轴，每个位置都有一个时间轴[37]，如图 6-13 所示。然后可以将编年史表述为计划运算符商。根据一组状态变量 $X = x_1, \cdots, x_n$ 的编年史计划运算符 o 为 $o = (name(o), (F(o), C(o)))$，其中：

• $name(o)$ 是形式为 $o(t_s, t_e, t_1, \cdots, v_1, v_2, \cdots)$ 的表达式，其中 o 是运算符，而 $t_s, \cdots, v_1, \cdots$ 是 o 中的所有时间和对象变量。

• $(F(o), C(o))$ 是状态变量 X 的历史记录。

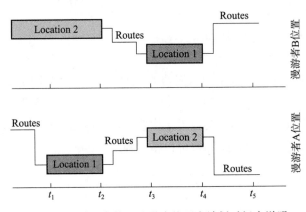

图 6-13　采用事件记录形式的两个计划时间表说明

该方法通常被称为基于约束的间隔规划或基于时间轴的规划，并且遵循使用带有时间标签的系统属性（即时间轴）的状态变量和并发线程的基本思想。鉴于时间轴可以表示系统状态以及资源配置文件，因此它的主要优势是允许 P&S 技术的无缝集成。

从后面的 6.4.2.7 节可以看出，现代计划语言已从经典计划扩展为适应时间计划。例如，PDDL（从版本 2.1 起）包括持续时间、时间前提和连续效应，其中基于时间轴的建模中的领域理论主要通过时间轴取值之间的时间和逻辑同步来表示；用于基于时间轴的计划的语言在 DDL.3 中具有同步性，或者在新域定义语言（NDDL）中具有兼容性[38]，以表示建模该域的不同时间轴之间的交互。从概念上讲，这些构造定义了时间间隔和时间线上允许的值的有效方案。尽管存在语法差异，但是它们允许定义像前面提到的 Allen 定量时间关系，以及对相关值的参数的约束。

时间规划的最新工作或发展已经引入了 HTN 的概念，并导致了层次时间线网络（HTLN），该网络提高了规划者的表现力[39]。

6.4.2.5　调度

调度问题是如何在给定的时间窗口中使用有限的资源执行给定的一组操作[30]。资源是可以被占用（例如，正在使用的相机）或应用（例如，电源）的约束。规划和调度是交织在一起的，其中规划侧重于因果推理，以确定完成目标的正确操作集，而调度侧重于为规划的操作集分配时间和资源。

调度问题涉及资源及其时间可用性、需要执行的操作及其资源需求、对操作和资源的约束以及成本函数。调度问题的解决方案，即调度是给满足所有要求和约束的操作分配资源和开始时间。一个最优调度的本质是优化成本函数。

图 6-14 显示了假设为独立活动的 P&S 之间关系的简单视图。在现代 P&S 中，将两者结合起来是可行的，也是有益的，例如，在时间规划中，既可以结合时间运算符，也可以结合编年史。在这两种情况下，CSP 的缺陷修复方案都是一种规划资源缺陷检测和解决的方法。

图 6-14 规划与调度的传统关系

6.4.2.6 处理不确定性

上述规划方法依赖于 3 个公理：

- 决定论：所有的行动都有决定性的效果。
- 完全可观测性：规划者对问题域有充分的了解。
- 可达性目标：目标可以表示为离散状态。

在航天任务的实际运行中，上述所有假设都不可能是真的。例如，不确定性是一种常见的假设，即一个动作可能会产生许多效果。另一个替代假设是部分可观测性，其中状态变量被假设为不可观测或具有一定程度不确定性的可观测。此外，可达性目标可以扩展到扩展目标，其中目标需要在考虑不确定性的情况下指定不同强度的需求[30]。

处理不确定性的一种方法是使用马尔可夫决策过程（MDPs）。MDP 提供了一个数学框架，用于在结果部分是随机的、部分是受计划员控制的情况下对决策进行建模。MDPs 是随机系统，其目标是效用函数，解决方案是指定在每个状态下要完成的操作的策略。其结果是将规划问题转换成一个优化问题。

处理不确定性的另一种方法是使用模型检查进行计划。模型检查也是一种不确定的状态转换系统，其中目标由时间逻辑表示，解决方案是迭代计划和条件计划。规划使用符号模型检查算法。

此外，新古典方法可以扩展以处理不确定性。一个简单的方法是将行动扩展到包括先决条件、效果和不确定性效果。不确定性的影响可以用扩展图规划、CSP 或 SAT 方法来解决。

自动化 P&S 已经在太空任务或系统中应用了几十年，在此期间技术已经变得更加复杂。接下来的内容是对一些著名的历史规划者和调度者的讨论，然后是对当前使用的规划、技术和框架的讨论。

6.4.2.7　规划语言

　　规划语言可以看作是一种通用工具或形式主义，用于定义与 P&S 系统有关的领域和问题。一般来说，这种共同的形式可以允许更大程度地重复使用研究成果和更直接地比较不同的规划方法，因此可能支持该领域的更快发展。它常常在表达能力和基础研究进展之间达成妥协[40]。

　　最早的规划语言 STRIPS（斯坦福研究中心问题求解器）[41] 采取动作语言的形式。动作语言是一种用于指定状态转换系统的语言，通常用于根据世界上动作的效果创建形式化模型。一个 STRIPS 实例中，P，O，I，G 分别由以下组成：

- P：一组状态（即命题变量）；
- O：一组行为，其中每个行为都是 $\langle \alpha、\beta、\gamma、\delta \rangle$，每个元素都是一组条件。这四组条件分别指定"哪些条件必须为真才能执行操作""哪些条件必须为假""哪些条件由操作设置为真"和"哪些条件设置为假"；
- I：初始状态，作为一组初始为真、所有其他假设为假的条件（称为封闭世界假设）；
- G：目标状态的规格，以 $\langle N，M \rangle$ 对的形式给出，它规定了哪些条件是真的，哪些条件是假的，以便将一个状态视为目标状态。

　　假设一个规划问题，一个探测器在火星上的 A 位置，它需要采用巡视器上的机械手在 B 位置上采集岩石样本。这个问题可以分为以下几部分：

```
Initial state：
    At(A),ArmLevel(high),RockAt(B),ArmAt(A)
Goal state：
    Sample(Rock)
Actions：
    //move from X to Y
    _Move(X,Y) _
      Preconditions：At(X)
      Postconditions：not At(X),At(Y)
    //deploy robotic manipulator
    _DeployArm(Location) _
      Preconditions：At(Location),ArmAt( Location),ArmLevel(high)
      Postconditions：ArmLevel(low),not ArmLevel(high)
    //sample the rock
    _SampleRock(Location) _
      Preconditions：At(Location),RockAt(Location),ArmLevel(low)
      Postconditions：Sample(Rock)
```

PDDL（Planning Domain Definition Language，规划领域定义语言）是一种专业的现代规划语言，受到了 STRIPS 等前体语言的启发。这也是对人工智能（AI）规划语言标准化的一次尝试，这使得国际规划竞赛（IPC）从 1998 年开始成为可能，并已发展到多个官方版本和非官方扩展。为了达到更大的模块性，PDDL 将规划问题的建模分为领域和问题描述[40]：

• 领域描述是一种域名定义，包括以下定义：1）向规划人员声明 PDDL 模型正在使用的模型元素的要求；2）对象类型层次结构，类似于面向对象编程中的类层次结构；3）域中每个问题中都存在的常量对象；4）作为逻辑事实模板的谓词；5）具有参数（即可以用对象实例化的变量）、前提条件和效果的可能操作。新版本的 PDDL 通过更有效地建模现实世界的规划问题，改进了领域描述。例如，非模态资源，如能量、持续或连续操作、定时初始文本和首选项都可以表示。

• 问题描述是指问题名称的定义，包括：1）相关域名；2）所有可能的对象；3）初始条件；4）目标状态；5）计划度量。

假设同样的规划问题，在位置 A 的行星探测器被要求在位置 B 对岩石取样，用 PDDL 语法来建模场景可以是：

```
(define (problem sampler - prob)
    (: domain sampler - dom)
    (: objects locationa locationb free rock)
    (: init (location locationa)
            (location locationb)
            (sampler free)
            (at rover locationa)
            (at sampler locationa)
            (at rock locationb))
    (: goal (sampler rock))
```

PDDL 还成为许多其他现代规划语言（如 O - Plan 语言、SHOP2 语言和 Opt/PDDL＋）的灵感来源，其中 PDL/DDL 和 NDDL 是空间应用中常用的语言。

NDDL（New Domain definition Language）是一种领域描述语言，用于对混合系统及其运行环境进行建模。这是美国国家航空航天局自 2002 年以来对 PDDL 的响应，并用于美国国家航空航天局的 EUROPA P&S 软件（先前在 6.3.2 节中提到，在 6.4.3 节中详细说明）。NDDL 在以下几个方面与 PDDL 有不同的表现：1）它使用变量、值表示，而不是命题的一阶逻辑，并且 2）没有状态或动作的概念，只有这些活动之间的间隔（或活动）和约束；因此，与 PDDL 模型不同，NDDL 中的模型是规划问题的模式。因此，使用 NDDL 进行计划的规划和执行可以更加稳健，这对空间任务特别有用。然而，与使用 PDDL 相比，NDDL 对规划问题的表示可能不太直观。上述火星岩石采样示例的 NDDL 语法可以描述如下[42]：

```
class Instrument {
    RoverName rover ;
    InstrumentLocation location;
    InstrumentState state ;
    Instrument(Rover r) {
        rover＝r ;
        location＝new InstrumentLocation() ;
        state＝new InstrumentState() ; }
action TakeSample {
    Location rock ;
    eq(10,duration) ;//duration of TakeSample is 10 time units }

action Place{
    Location rock ;
    eq(3,duration) ;//duration of Place is 3 time units }

action Stow {
    eq(2,duration) ;//duration of Stow is 2 time units }
action Unstow {
        eq(2,duration) ;//duration of Unstow is 2 time units }
}
Instrument：：TakeSample {
    met_by( condition object. state. Placed on) ;
    eq(on . rock,rock);

    contained_by(conditionobject. location. Unstowed);

    equals（effect object. state. Sampling sample）;
    eq(sample. rock,rock) ;

    starts(effect object. rover. mainBattery. consume tx);
    eq(tx . quantity,120);//consume battery power
}
```

DDL（领域定义语言）规定了影响组件可能的时间演化的组件和相关物理约束，如组件随时间的可能状态转换、不同组件之间的同步/协调约束以及资源的最大容量。同样，PDL（问题定义语言）也专门描述了 P&S 问题。DDL 用于 ESA 的 APSI 规划框架（见关于 APSI 的 6.4.4 节）。这里提供了一个 APSI 的 DDL.3 语法示例，其中显示了一个状态变量类型组件，其允许值表示可以执行的可能的科学操作[43]。DDL.3 规范：1）第一行是实现组件的 Java 类的路径；2）允许值之间的转换；3）每个值的最短和最长持续时间，在此例中为 $[1, +\infty]$。

```
COMP_TYPE GROUND_STATE_VARIABLE SC_SCIENCE
    VALUES
    {
        Nadir_Science() [1,+ INF ] ;
        Radio_Science() [ 1,+ INF ] ;
        Inertial_Science() [ 1,+INF ] ;
        <DEFAULT> No_Science() [ 1,+ INF ] ;
    } TRANSITIONS
    {
        No_ Science() TO { Nadir_Science() ; Radio_Science() ;
            Inertial_Science() ; }
        Nadir_Science() TO { No_ Science() ; }
        Radio_Science() TO { No_ Science() ; }
        Inertial_Science() TO { No_ Science() ; }
    }
```

6.4.3 规划调度软件系统

为实际空间任务开发的 P&S 系统可用于地面操作软件（即地面段）和/或器载操作软件（即器载段）。原则上，6.4.2 节中描述的所有基本 P&S 技术都适用于解决空间问题。考虑到 6.4.1 节所述的实际考虑，大多数空间 P&S 系统基于时间规划范式。主要航天机构开发的一些具有代表性的 P&S 软件系统总结如下：

• 启发式调度测试平台系统（HSTS）[38] 是一个旨在统一规划和调度的表示和问题求解框架。在经典调度算法之前，HSTS 将一个域分解为连续时间演化的状态变量。规划者使用多级启发式技术来管理动作调度器施加的时间和资源约束。这使得对资源的描述和操作远比传统调度复杂得多。将时间和资源容量包含在因果关系的描述中，可以实现规划和调度的精细集成，更好地适应问题和领域结构。HSTS 特别强调在规划/调度过程中尽可能保留时间灵活性，以产生更好的规划/调度，同时减少计算影响。

发起年份：1992。

资助机构：美国国家航空航天局。

执行任务：哈勃太空望远镜，极紫外探测器，卡西尼号探测器（地面部分）。

• 索引时间表（IxTeT）[25,44] 是一个使用时间点和受限区间代数的时间规划器。它关注表示和控制问题，以实现规划者的表达能力和搜索结果的效率之间的折衷。分级规划运算符提供了一个明确的描述，包括并行性、持续时间、效果和在不同动作时刻的条件。它使用部分顺序因果关系规划过程和 CSP 生产灵活和并行的规划。

发起年份：1994。

资助机构：CNES。

执行任务：无。

• 自动调度和环境规划（ASPEN）[45] 是一个基于人工智能技术的模块化、可重新配置的应用程序框架，能够支持多种 P&S 空间应用，最初设计用于地面操作软件。它包括：1）一个类似 PDDL 的建模语言 ADDL 来描述领域模型；2）一个用于表示和维护资源约束和活动的管理系统；3）一个用于表示和维护时间约束的时间推理系统；4）一组用于规划的搜索算法，即经典规划；5）可视化的图形界面。ASPEN 提供了各种核心搜索算法，如 DFS、BFS、爬山和 A*，以满足不同的规划要求。它还有一个迭代修复搜索算法，允许用户与计划交互，以便高效地重新计划。它的优化算法可以为特定目的优化计划，例如，最大化科学数据或最小化功耗。

发起年份：1997。

资助机构：NASA。

执行任务：数据追踪器，市民探索者（地面部分）

• 连续动作时序规划执行与重新规划软件（CASPER）[27] 是 ASPEN 的实时版本，因此能够对器载应用程序进行连续重新计划。它根据不断变化的操作环境，使用迭代修复来支持不断修改和更新当前的工作计划。

发起年份：1999。

资助机构：NASA。

执行任务：地球观察者（器载部分）。

• 可扩展的通用遥操作规划体系架构（EUROPA）[26,42] 是 HSTS 的后继者，主要基于时间和 CSP 规划技术（或基于约束的时间规划范式）。它使用高级声明式建模语言 NDDL（在 6.4.2.7 节中进行了描述）来描述规划领域和问题，并且是可扩展的，可以在围绕其技术核心的通用设计和开发框架中容纳各种高度专业化的 P&S 技术。EUROPA 由 3 个主要部分组成：1）规划数据库是 EUROPA 的技术基石，用于在规划初始化和完善时存储和处理规划，该规划将动作、状态、对象和约束的丰富表示与强大的算法集成在一起用于自动推理、传播、查询和操纵；2）核心解决方案，用于查找并自动修复规划数据库中的固件，可以将其配置为规划、调度或同时配置这两者，并且可以轻松定制以集成专门的启发式方法和解决方案操作；3）用于对应用程序进行检测和可视化的调试器。

发起年份：1998。

资助机构：NASA。

执行任务：深空 1 号；RAX（空间部分）；MER（地面部分）。

• 自动规划和主动调度框架（APSI）[46] 是用于开发基于太空任务的基于 AI 的 P&S 技

术的软件框架。APSI 由基于时间规划理论的 JAVA 开发的一组插件组成。使用组件（例如，相机有效载荷）描述问题，并且每个组件描述其有效状态转换。每个组件都有一个关联的时间轴，以表示该组件随时间的时间状态变化，受时间范围限制。组件上的规划决策表示为组件在一段时间内可以采取的一组值（即状态变量）或一段时间内的消耗/生产活动（即资源）上确定的时间段内的选择。

发起年份：2008。

资助机构：ESA。

执行任务：火星快车，Alphasat 和 INTEGRAL（地面部分）。

6.4.4　规划调度软件开发框架

基于最先进的进展能力，用于空间或行星任务的传统集成 P&S 软件的保质期可能相当有限。一个现代的趋势是开发软件框架，使可重用性、互操作性和即将到来的 P&S 技术的集成成为可能。这种框架还允许以公平的方式比较不同的算法或方法，并简化新开发的过程。P&S 软件框架的基本组件包括：

- 问题和解决方案语言，允许领域整合；
- 知识和推理，允许基于领域的推理和推断，以优化规划；
- 规划算法；
- 调度算法，可与规划算法紧密结合；
- 启发式，同时适用于规划和调度算法。

6.4.3 节中描述的 P&S 软件系统可以或已经演变成通用软件框架，以便从长远来看帮助进一步开发通用 P&S 技术，如图 6-15 中所示的 NASA 的 EUROPA 框架。欧空局的 APSI 项目于 2007 年启动，并考虑到了这样一个长期目标，因此本节将进一步介绍。APSI 项目旨在弥合先进的人工智能 P&S 技术与世界空间任务规划之间的差距。其目标是设计和实现一个实验平台，以提高任务规划系统工具开发的成本效益和灵活性。因此，APSI 框架提供了原语和语言来捕获应用程序域和给定问题的规格，以及解决算法来建立 P&S 应用程序快速原型。此外，在欧空局随后开发的器载自主软件 GOAC 中，APSI 增加了计划执行和监测服务（前面在 6.3.3 节中已提到，在 6.7 节中将进一步详细说明）。

APSI 框架基于一些建模原语，如时间线、状态变量、数值资源、不同时间线、问题和解决方案之间的时间/值同步，这些原语表示为对在时间瞬间或在时间间隔内发生的事件的约束网络。基本假设是，世界可以被建模为一组实体（例如一个或多个物理子系统），其属性根据某些内部逻辑或外部输入随时间而变化。每个实体的内在属性都是随着时间的推移同时进化，它们的行为也会受到外部输入的影响。这些性质用时间线来表示，时间线是由有序的、灵活的过渡点和相关值所组成的有限集合。与时间线转换相关联的值允许计算两个连续转换点之间时间线的实际值。每个过渡都有一个具体的发生下限和上限，以及过渡的最短和最长持续时间。在这种情况下，问题解决包括通过外部输入控制组件的演

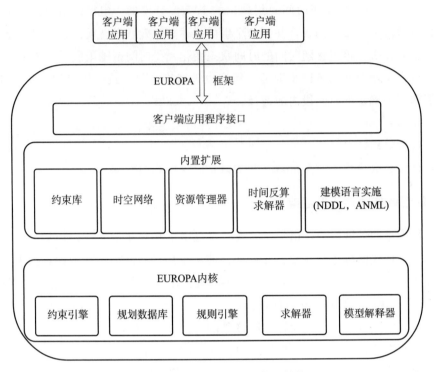

图 6-15 EUROPA 框架体系结构

化，以实现期望的行为。因此，不同类型的问题（例如，计划、调度、执行或更具体的任务）可以通过识别一组输入和它们之间的关系来建模，这些输入和关系以及组件的模型和给定的一组可能的时间演变，将导致一组最终行为，满足所要求的性质，如状态的可行序列或资源消耗等。

APSI 框架使用基于两类组件的建模原语，即状态变量和资源。然后，通过时间和逻辑同步，这些组件及其可能的演化被"连接"。状态变量表示可以接受各种（可能是暂时的）转换约束的符号状态序列的组件。该原语允许定义时间自动机，如图 6-16（a）所示。这里，自动机表示指定时间线的逻辑和时间允许转换的约束。如果状态变量的时间线可以表示能被自动机接受的定时字，则它是有效的。

时间自动机（即状态变量）是一种确定有效的时间线的强大的建模原语，它在理论层面上得到了广泛的研究[47]，并在规划设计中得到了实现。自动机建模如下：1）时间轴可以采用的值，可能是数值或枚举参数的函数；2）对这些值的转换约束，可能还有其他约束，这些约束将转换限制为参数可以采用的可能值的子集，例如，在图 6-16（a）中，从 $P(? x)$ 到 $R(? z)$ 强加 $? x > ? z$；3）陈述一个值的最小和最大持续时间的时间约束；4）基于参数值限制过渡适用性的防护，例如在图 6-16（a）中，仅当 $? x > 0$ 时才允许从 $P(? x)$ 转换为 $Q(? y)$，或在转换的相对时序上，例如，在图 6-16（a）中，仅当 $R(? z)$ 保持少于 2 个时间单位时，才允许从 $R(? z)$ 转换到 $P(? x)$。

资源是指有限可用性的任何物理或虚拟实体，因此其时间线（或轮廓）表示其随时间

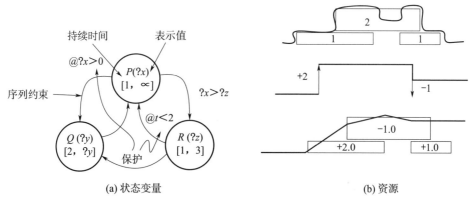

图 6 - 16　APSI 建模组件

的可用性。对资源的决策，是对资源在一段时间内或一个时间的定量使用/生产/消耗的建模。APSI 中目前有三种可用资源：1) 可重用资源，它抽象出容量有限的任何物理子系统，其中某个活动在有限的时间间隔内使用大量此类资源，然后在最后释放［如图 6 - 16 (b) 顶部所示］，例如具有最大可用功率的发电机；2) 抽象出具有最小容量和最大容量的任何子系统的消耗性资源，其中消耗和生产在特定的时间瞬间［如图 6 - 16 (b) 中间所示］消耗和恢复一定数量的资源，例如，电池具有必须保证的最低充电量（出于操作或安全原因，充电量大于 0）和最大容量。操作可以消耗（例如，通过使用有效载荷）或重新充电（例如，通过使用太阳能电池板）电池；3) 线性贮存资源，其不具有阶梯式的恒定消耗量，例如，可重复使用或可消耗资源，但活动规定了每次生产/消耗量（即斜率），从而导致在时间上呈线性的资源配置［如图 6 - 16 (b) 底部所示］。因此，时间线每次转换时可用的资源量取决于执行此生产或消费的时间间隔的持续时间，相反地，对于其他类型的资源，每个过渡期的资源可用性仅取决于生产/消费的时间和数量，而不取决于生产/消费的持续时间。

在基于时间轴的建模中，物理和技术约束会影响被建模为状态变量或资源的子系统之间的交互，即域理论，通过时间轴中自动机和/或资源分配所取值之间的时间和逻辑同步来表示。规划语言具有表示不同时间线之间的交互的结构，这些时间线对域进行建模，例如 DDL 中的同步或 NDDL 中的兼容（先前在 6.4.2 节中做过介绍）。从概念上讲，这些结构定义了时间线中允许的有效值模式，同时将时间线的值与资源分配相链接。它们允许定义时间点和时间间隔之间的 Allen 定量时间关系[35]以及对相关值参数的约束（先前在关于时间规划的 6.4.2 节中做过描述）。

APSI 框架使用如图 6 - 17 所示的基本构建块为时间规划提供服务和算法。主要架构包括信息数据库、实现的功能组和应用程序接口（API），其中数据库维护信息，功能提供访问和操作数据库的服务，API 提供对数据库和服务的访问。该框架还为实现求解器和应用程序提供支持。应用程序是组件的解算器的集合。组件是用于建模状态变量和可重用资源的问题的低级原语。求解器是用于解决组件时间线之间冲突的实现算法，例如，多容量资源调度器或状态变量规划器。应用程序是通过将解算器与 APSI 平台服务连接而构建的。

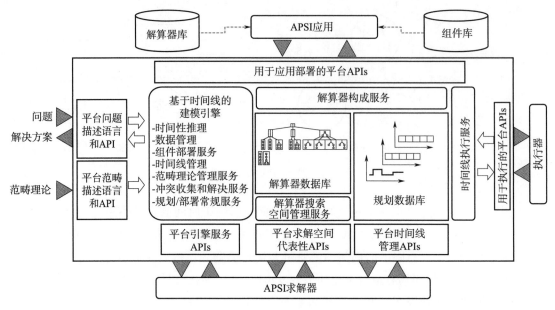

图 6-17 APSI 框架体系结构

体系结构的核心由规划数据库和求解器数据库组成。规划数据库包含关于时间、数据、时间线和事件的所有信息，这些信息描述了当前的解决方案。求解器数据库包含所有信息，以正确表示解算器对框架的搜索空间并实现搜索策略。APSI 解算器的搜索空间由时间线、事件以及对时间和数据的约束组成。功能包括时间推理、数据管理、时间线提取和管理、冲突收集和解决、规划/调度一般服务、搜索空间管理服务和时间线执行服务。

本文以巡视器应用为例，进一步说明了 APSI 框架的一般概念和建模语言。考虑一个必须在给定环境中进行实验的巡视器，无论其配备的电池在巡视器移动或进行实验时消耗，还是在特定时间间隔内到达特定位置时充电（可以给出充电位置分布图），其目标是让巡视器能够自主导航、执行实验并监测其电池电量，以满足所需的活动。要对巡视器域进行建模，需要考虑以下子系统：移动系统 MS、电池 BAT 和一个（或多个）有效载荷 PLD：

• 可以将移动系统 MS 建模为具有以下值的状态变量：当巡视器位于位置 $\langle x, y \rangle$ 时为 AT($?x, ?y$)，当巡视器向 $\langle x, y \rangle$ 方向移动时为 GOTO($?x, ?y$)，转换 GOTO($?x, ?y$)→AT($?x, ?y$) 表示成功移动到 $\langle x, y \rangle$，转换 AT($?x, ?y$)→GOTO($?x', ?y'$) 表示巡视器开始从点 $\langle x, y \rangle$ 移动到点 $\langle x', y' \rangle$。

• 巡视器有效载荷 PLD 可以在巡视器当前位置进行实验，也可以保持空闲。状态变量用于对负载进行建模，该负载允许以下值：当负载未执行实验时为 IDLE ()，或者当执行实验时为 RUNTIME（? exp)。

•电池 BAT 被建模为具有最小充电值（在本模型中假设为 0）和最大充电能力 max 的储液罐资源。当巡视器执行实验时，它根据所执行的实验类型消耗电池。这是通过一个外部函数 f_{cons}（？exp）提供实验的实际消耗量。当巡视器移动时，电池以固定的速率消耗，因此电池消耗与从一个点导航到另一个点所花费的时间成正比。

因此，通过使移动系统处于状态 MS.AT(？x,？y)，巡视器有效载荷处于状态 PLD.RUNNING(？exp)，可以实现目标 RUNEXPERIMENT(？x,？y,？exp)。通过将有效负载的状态 PLD.RUNNING(？exp)与活动 BAT.ACTIVITY(f_{cons}(？exp))进行同步来模拟电池消耗。除此之外，有必要将电池充电的活动与巡视器可以为其充电的位置和时间间隔进行同步。该输入可以作为时间轴提供，并具有位置的地理坐标和各个时间间隔内的可用太阳通量。当在〈x,y〉中有 flux？$solar flux$ 时，这样的时间轴可以将间隔指定为 CHARGE(？x,？y,$solar flux$)。鉴于此，充电活动需要与处在这些区域之一的巡视器保持同步。由给定的太阳能通量产生的实际充电能力用外部函数 f_{prod}(？$solar flux$)建模。

巡视器域存在一个规格问题：时间线的初始值、巡视器的起始和最终位置以及要执行的实验，以及电池的初始充电值和充电区域的可见性。可以使用 DDL 同步来说明操作之间的因果关系和时间关系，如下所示：

```
SYNCHRONIZE MissionTimeline {
    value runExperiment (？x ,？y ,？exp){
        op1 pld. running (？exp );
        op2 ms. at (？x,？y);
        ref contains op1 ;
        op1 during op2 ; } }


SYNCHRONIZE pld {
    value running (？exp ){
        op1 bat. activity (f _ cons (？exp ))
        ref equals op1;} }
```

```
SYNCHRONIZE ms {
    value goTo (？x,？y){
        op1 bat. activity (−1. 0);
        ref equals op1;} }
SYNCHRONIZE bat {
    value activity (？prod){
        [？prod>0. 0];
        op1 ms. at (？x,？y);
        op2 zone. charge (？x,？y,？solar _
            flux);
        ref during op1 ;
        op1 during op2 ;
        ？prod：=
f _ prod (？solar _ flux);} }
```

6.5　可重构的自主性

6.5.1　基本原理

如表 6-1 所示，面向目标的自主性或高自主化等级增加了行星机器人系统和任务的能力。最高的自主化等级（E4）系统通常根据特定条件、环境、软件/硬件组件能力及其最佳功能进行设计。如果其中一个因素发生变化，就无法实现高 LoA 功能。典型的行星机器人系统无法根据自省来重新配置自身，一些系统故障和错误必须由人类操作员远程纠正或解决。例如，如果一个巡视器的导航摄像头开始执行次优，其 GNC 性能将降低，或者巡视器将不得不恢复到较低的自主化等级。因此，拥有自主解决错误、优化、在运行时重新配置、简化初始配置并允许"专家成为专家"的解决方案是有利的[48]。

在计算机科学领域，一个能够处理故障、不断变化的环境、需求、软件和硬件的系统可以被定义为一个自主计算系统。更具体地说，自主计算是指分布式计算资源的自我管理特性，适应环境、软件或硬件的不可预测的变化。主要的自我管理特征被称为 self - CHOP[49]，其中 CHOP 代表：

- C 自动配置，即组件的自动配置；
- H 自愈，即自动发现和纠正故障；
- O 自我优化，即自动监控和控制资源，以确保按照规定的要求实现最佳功能；
- P 自我保护，即主动识别和防止来自外部源的错误的攻击。

扩展 self - CHOP 以包括运行时组件的自动重新配置，可以称为自重配 self - reconfiguring。这类似于自我管理的软件体系结构[50]，其中组件自动配置其交互的方式与总体体系结构规范兼容，并实现系统的目标。可重构系统的另一个重要考虑因素是：它既不能有太大的计算成本，也不能引入太多相对于基本系统的误差。此外，它最好不会对开发人员有太大的限制，也就是说，重新配置系统不应该局限在一个组件模型上，还应该可以处理黑盒组件。很明显，自切割和自识别对于行星机器人系统能够可靠地实现高自主化等级是有用的。本节的剩余部分将介绍与实现行星机器人系统可重构自主性相关的重构系统的主要技术。

6.5.2　先进方法

在现代机器人学中，低级机器人受生物学的启发实现行为适应，如遗传算法。自管理软件架构目前是一个充满活力的领域，涵盖了许多不同的解决方案，如基于服务的[52-54]、面向方面基于组件的[55]、基于通用组件的[56-57]、基于模型的[58-60]、自组织的[61-62]和基于本体的[63-65]。每种方法都以不同的方式处理问题。本文对其中一些进行了描述，以显示相关工作的多样性和广泛性。

基于服务的方法提供了面向服务的体系结构，其中服务是松耦合的软件组件，封装了功能，可由应用程序通过网络或 Internet 进行远程访问。"松耦合"系统是指其每个组件对其他独立组件的定义知之甚少或一无所知的系统[66]。例如，参考文献［52］中的面向服务的机器人体系结构（SORA）表明，面向服务的方法可能为空间机器人学提供一个可扩展、灵活和可靠的框架。然而，采用基于服务的方法是机器人学的一个重大范式转变。这些服务可以自动组合和配置，以实现用户目标，这通常是通过以下两种方式之一完成的：编制或编排。在服务编制中，软件代理按照一个目标安排、协调和管理服务，但允许服务以自主方式运行[53-54]。在服务编排中，软件代理控制并选择任何服务执行的所有活动，这样做可以在运行时重新配置系统以达到目标。KnowRob[67]就是这样一个系统，它使用问题的符号接地[68]和机器人的硬件能力来搜索 RoboEarth 数据库[69]，以获得机器人问题的建议解决方案。KnowRob 展示了编排设计方法的能力，即使在最底层也能重新配置。

Livingstone - 2[60]演示了另一个编排示例，其中"基于通用模型的自治设备引擎"在给定系统的"Livingstone 模型"时在编排基本级别控制下操作系统。在执行 EO - 1 任务后，得出的结论是，编排方法引入了更多的错误，不如传统工程系统效率高[70]。为了现代机器人技术的发展，编排是不切实际的，因为控制领域是庞大和复杂的。因此，没有一个总代理能够像一个工程规划师代理那样高效地设计所有可能需要的行动。

分布式再配置系统是一种自组织方法，如自治通用架构、测试和应用（AGATA）[61]。AGATA 是一个自治架构，专注于在试图将通用性和模块性与航空电子和航天器系统的应用结合起来的同时保持高度自治的问题。它的各个模块基于一个通用的模式并连接在一起形成一个全局架构，每个模块负责控制系统的一部分并处理与该部分相关的数据。它考虑来自其他模块的请求和信息，可以向其他模块发送请求或询问其他模块的信息。为了避免潜在的决策冲突，它不能直接访问由任何其他模块控制的系统部分。每个模块都建立在一个感知/计划/行动模式上，每个模块都基于一个内部统一建模语言（UML）模型维护自己对其控制的系统部件状态的知识。该体系结构由通用控制模块监督，并将其自身组织为通用子组件。该模块的核心是一组用于闭环控制的四个组件：接收请求跟踪、系统状态跟踪、决策和发出请求跟踪组件。决策组件决定是否将控制请求发送到其他模块、物理系统或信息处理服务。AGATA 架构允许从自底向上重新配置系统的角度进行在线反应式和商议式重新配置。或者，可以实现自上而下的再配置系统，例如需求驱动架构（RDA）[71]，在该架构中，集中式代理使用 UML 和分离数据日志监视和建模系统，然后根据需求工程目标分析、规划和再配置。比较 AGATA 和 RDA 可以得出分布式和单块的通常比较结果，例如，分布式在提高稳定性的同时，还可以提高效率和实用性。

最近开发的系统重新配置概念是基于本体的[63-65]。它主要由一个应用层和一个网络层组成，应用层代表具有用户定义模块的普通系统，网络层代表与再配置不可分割的组件。分离的目的是尽量减少再配置可能注入到通常系统中的错误数量，减少再配置可能产生的潜在计算税，并在不再需要时使再配置可移除。网络层有三个主要的组成部分，即检查器、本体和理性智能体，它们共同表示监视、分析、计划、执行知识或 MAPE - K 循环。检查员代表 MAPE - K 循环中的"监视器"，它可以更新"知识"，并且通常在计算中是轻量级的。本体使用描述逻辑表示 MAPE - K 循环中的"知识"和系统的整体模型。需要建模的主要知识领域是基本软件操作、软件-软件交互、外部环境、软件-环境交互和目标需求。建模需求可以包括数值，如密度、时间、信息层次结构及其属性（例如，巡视器 GNC 的地图类型）。理性智能体代表 MAPE - K 循环的"分析""规划"和"执行"。它读取本体，并可以基于效用度量（在目标中定义）计算最优配置。它还管理检查器，以便最大限度地覆盖，同时最小化计算开销。

6.5.3　分类标准

如前所述，可重构软件系统的方法有很多种。这些方法可以通过技术的简单分类来描述，如图 6-18 所示。分类法中的主要属性是系统协调方法，即编制或编排，表示重新配置系统实现自治所需的控制级别。对于低级控制，即编排，所有活动都由再配置系统选择和执行（例如，"左转"）。在高级控制中，即指示编制模块执行某些任务，但在执行这些任务时具有一定程度的自主性（例如，orchestratea path planner，它决定"左转"）。下一个分类特征是工作流，其中所有信息流要么集中，要么分散。最终的分类特征是重新配置的来源，即从单个集中式代理到多个集中式代理控制交互子系统（即本地化）或完全分散控制。这一分类可以通过解剖学类比来说明：唾液腺是一个编排的集中式工作流系统的极好例子，心脏是一个编排的分散式工作流系统，而运动的肌肉是一个编制的集中式工作流系统的好例子。

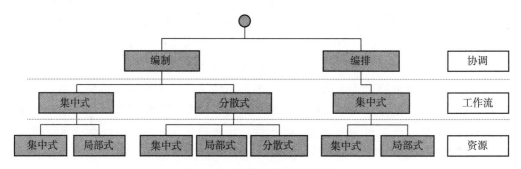

图 6-18　重构系统的简单分类

不同重新配置方法的详细属性细分为基本属性、自切割属性和自监控属性，如下所示：

在基本属性中：

• 交互水平——通过外部 API 和通信重定向重新配置外部、子组件的交互级别。或者内部，子组件在内部被改变以引起重新配置，也就是说，子组件需要特定的设计模式。

• 模型类型——基于符号或模型。

• 动态性——静态，所有配置和再配置计划都设定了构建时间；或者动态的，所有在运行时制定的计划。

• 感知能力——是否感知外部环境和计算硬件环境。

• 临时性——重新配置计划包含时间知识。

• 不确定性——在制定计划时考虑不确定性概率。

• 透明性——再配置系统及其决策是可读的。

• 可扩展性——可扩展模型和系统都是可扩展的。

- 可便携性——系统及其控制子系统都是便携式的。

在自切割属性中：

- 可安装——再配置系统自动安装新软件。
- 可配置——再配置系统在构建时创建配置计划。
- 类似于即插即用的 PnP——可以在运行时引入和使用新的子系统。
- 可重置——再配置系统在运行时创建配置计划。
- 故障预测——系统预测故障并准备缓解故障的计划。
- 断点检查——系统通过替换损坏的子组件来解决故障状态。
- 效用——系统通过效用函数进行优化。
- 信誉——通过子公司的可信度优化系统。
- 负载平衡——基于计算和时间考虑，对系统进行负载平衡优化。
- 安全再配置——再配置计划有一个安全的迁移方法。
- 故障状态跟踪——通过模型中的已知故障状态诊断故障。

在自监控属性中：

- 主动或被动——子系统是内部状态，变量被监控；或者是被动的，来自子系统的外部信息被监控。
- 性能和信任——实时监控子系统的可信度。
- 状态或参数——状态是指实时状态跟踪，参数则是指跟踪参数而非状态。

有很多关于再配置系统的技术文档，涵盖了相关属性子集的不同范围。表 6 - 5 展示了现有设计的集合，这些设计相对全面地涵盖了这些属性和整个分类法。这有助于展示针对不同测量和分类的各种再配置系统。例如，最近开发的基于本体的方法[63]已经证明了系统重新配置的相关属性的完整覆盖范围，因此，在下一节中使用设计示例详细描述。

6.5.4　设计案例：可重构的巡视器 GNC

如 6.3 节所述，GNC 是行星机器人的主要子系统之一，需要较高的自主化等级。在本节中，我们将介绍一个用于行星巡视器的自重构 GNC 系统，以演示基于本体的最新可重构自主性[63-64]及其应用。这项技术完全涵盖了表 6 - 5 所示的再配置系统所需的属性，并可与前面第 3 章和第 4 章介绍的通用 GNC 技术协同工作。

行星巡视器的自重构 GNC 系统是一个车载操作软件，可以改变其高级目标、中级目标、软件架构、组件选项和属性以及低级控制选项。它可以自主地克服系统错误和故障、意外的环境变化和意外的功能变化。图 6 - 19 所示的可重构自主 GNC 可分为三层，即应用层、再配置层和内务管理层。应用层可以看作是传统的 GNC。再配置层包含执行再配置的组件。这两层的分离是为了最小化再配置层的计算成本，以及可由再配置层注入应用层的故障。最终内务管理层包含低级系统安全和内务管理组件。

表6-5　23种设计属性的各种重配置系统进行比较

| 分类 | 系统 | 编制 | | | | | | | | | | | | | 编排 | | | |
| | | 集中式 | | | 本地式 | | | 集中式 | | | 本地式 | | | 分布式 | 集中式 | | | 本地式 |
	协调工作流源 / 引用文献	[72]	[73]	[74]	[75]	[76]	[77]	[56]	[57]	[63]	[55]	[61]	[62]	[78]	[59]	[79]	[58]	[80]
	交互水平	I	E	I	E	E	E	E	E	E	I	I	I	I	I	I	I	I
	模型类型	S	M	M	M	S	M	M	M	SM	M	M	M	M	M	M	S	M
	动态性	S	D	D	D	D	D	D	D	D	S	D	D	D	S	D	D	D
基本属性	感知能力	√		√				√	√	√		√	√	√				
	临时性	√			√	√		√	√	√	√					√		√
	不确定性		√	√	√	√	√	√	√	√						√		
	透明性	√	√	√	√	√	√	√	√	√	√		√	√	√	√	√	√
	可扩展性	√	√		√	√	√	√	√	√	√	√	√	√	√	√	√	√
	可便携	√	√	√	√	√		√	√	√	√	√	√		√			√
	可安装				√	√	√											
自配置	可配置	√	√	√	√	√	√	√	√	√	√	√	√	√	√	√	√	√
	类PnP	√		√	√	√		√	√						√	√		
	可重置			√			√											√
自修复	失效状态	√	√				√											
	断点检查	√	√	√	√	√		√	√		√	√	√	√	√	√	√	√
	效用	√		√	√	√		√	√	√	√							
自优化	信誉			√											√			
	负载平衡									√		√	√					√
	故障预测					√	√			√			√					√
自保护	安全再配置		P	P	P	P	P	P	P	P	A	A	P	P	P	P	A	A
	主动或被动		P		P	P	P	P	P	P	A	A	P	P	A	P	A	A
自监控	性能与信任		P	P	P	P	P	P	P	P	S	A	P	P	S	P	A	A
	状态或参数		S	P	P	P	P	P	P	P	S	S	P	P	S	S	S	S

6.5.4.1　应用层

应用层包含许多代表主要 GNC 功能的可重新配置组件以及一个集中式机器人服务协调器（如图 6 - 19 所示）。这一层的行为类似于基于服务的 GNC。服务是自包含的未关联、松耦合的功能单元，其中松耦合的组件对其他独立组件的了解很少或根本不了解。此外，每个服务至少实现一个操作和一个标准接口。这使得上述服务具有高度的可重新配置性和模块化。机器人服务协调器的作用类似于服务协调器，是一个通用的软件代理，它组织和协调外部服务以创建一个整体系统。机器人服务协调器可以根据场景定制，例如，机器人服务协调器将始终尝试创建与某种无线电服务的连接，因此可以对其进行调整。机器人服务协调员可以根据基于本体的理性智能体生成的重新配置计划，重新配置它所连接的服务及其操作流程。在正常操作期间，机器人服务协调员以固定的体系结构和操作顺序进行操作。

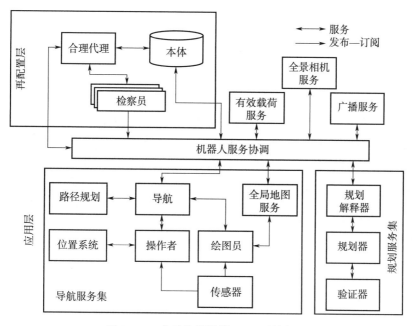

图 6 - 19　自重构巡视器 GNC 系统框图

一个主要的服务集是规划器服务集。规划器服务在收到包括高级别任务目标和领域级知识在内的请求时，会以完成高级别目标的计划和时间表作出响应。规划器服务的设计是通用的，因此更易于重新配置。请求格式采用 PDDL 规划语言（之前在 6.4.2.7 节中介绍过），带有一个语言使用标记，指示简化转换的语言特性。然后，可以将其转换为另一种格式或从另一种格式转换，以适应针对个别问题的最佳可用 P&S 软件（先前在 6.4.3 节中举例说明过）。另一个可能的关联服务是验证程序引擎，它根据一些设置的条件验证计划。一旦生成了计划和时间表，机器人服务协调员就可以使用它在预定的时间执行其他服务，以完成确定的高级目标。

另一个主要的服务集是导航服务集，它与巡视器平台的 GNC 功能有关。集合中的服务被细分以获得更大的可重新配置性。根据全球坐标确定巡视器位置的导航器可以使用各种不同的算法和传感器，如单通道立体相机或激光雷达。路径规划器可以使用许多不同的算法（例如，A*，Dijkstra）来确定巡视器的路径点。映射器可以覆盖从局部可遍历映射器到更抽象的全局映射器（跨越整个任务）的多个级别。操作员通过硬件接口覆盖直接移动和转向，还可以包括低水平避障。它应该能够通过参数 API 优化控制策略。传感器服务提供与车载传感器的接口。移动系统提供与巡视器移动硬件的接口。它可以接收移动指令，并在发布—订阅模型中输出里程计和其他系统信息。

其他重要服务还包括允许机器人服务协调器在基本服务接口后面抽象操作的情况下执行到地面站的下行链路的无线电服务，或者具有高级抽象接口的有效载荷服务（例如，PanCam）。

这些服务及其连接架构可以根据环境和故障硬件进行评估和优化。例如，在使用不同导航技术的情况下，某些技术对传感器噪声的容忍度更高，而定位的准确性则较低；而某些技术对车轮打滑的容忍度更高。为了在重新配置期间平稳过渡，服务将遵循停止和启动的安全程序。例如，当将本地映射器服务从现有方法重新配置为另一方法时，全局映射器将在删除现有方法并在初始化新方法之前使用适当的信息进行更新。

6.5.4.2　再配置层

在正常运行期间，再配置层应使用最少的资源，而不是增加系统中不可恢复错误的总数。该层作用于 MAPE-K 环路[49]，MAPE-K 环路是如图 6-20 所示的自适应控制环路。从本质上讲，层可以分为三个组件，即检查器、理性智能体和本体。这些组件可以映射到 MAPE-K 循环：检查员监视系统；理性智能体分析、计划和执行重新配置操作；本体表示 MAPE-K 循环中的知识。

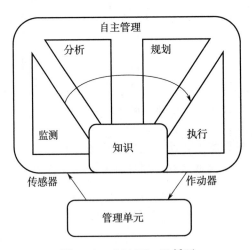

图 6-20　MAPE-K 循环

再配置层的主要元素是本体。它包含系统重新配置所需的所有知识。本体是一种可极度扩展的知识表示，例如，根据一个系统类别，实体、思想和事件及其属性和关系的表示。它允许一阶逻辑（或描述逻辑）自动应用于系统中的知识，允许自动推理和知识扩展，允许自动检查系统知识的一致性，并允许通过基于本体的模型检查自动验证系统中的计划。

下一个组件是监视系统所有元件的检查器。它们的目标是监控和更新当前世界状态的本体，同时使用尽可能少的资源，而不会中断被监控的操作。它们还被动地监视应用程序层。检查员可以是普通型或特殊型。通用类型执行任何单个服务的基本网络检查、资源检查和状态检查（即服务正在报告世界变化）。具体类型是针对特定服务（例如检查相机性能的检查器）量身定制的。检查员是可重新配置的，以使系统可以决定单个子系统所需的监视级别，以便在计算资源使用和自我保护级别之间达到最佳折衷。

最后一个组件是理性智能体。对于给定的目标，它使用本体中可用的信息（可以看作是世界知识）来配置系统，以使这些目标能够实现。此外，理性智能体将尝试基于一些目标集效用函数来优化系统以达到目标。此外，如果世界的状态改变（即本体的状态改变），理性智能体将重新评估目标是否仍然可以实现。理性智能体还将部署检查器来监视和保护系统，并根据一些目标集函数最大限度地减少计算资源，同时最大限度地提高安全性。理性智能体利用传统的规划算法来寻找单个高级控制回路的解决方案，还决定如何优化规划问题，如何优化部署检查员，以及验证哪些规划。

6.5.4.3　管理层

内务管理层与前两层是相互独立的，因为它涉及与低自主化等级活动相对应的安全检查和操作模式（E2）。安全检查和模式是对故障和错误的低级检查，可使巡视器进入安全模式（意味着需要地面站进一步指示的完全停止状态）。保持这一层与自修复分离的目的是确保机器人的基本连续性和安全性。此外，内务管理组件通常是低级的软件/硬件脚本化流程，不可重新配置。

6.5.4.4　本体设计

对本体最好的描述是建立在描述逻辑之上的描述逻辑，其中描述逻辑是一阶逻辑的可判定片段。这允许在定制的描述逻辑上使用通用推理引擎（和其他工具）。本体论的性质将其置于基于模型的描述和基于符号的描述之间，允许使用具有基于符号的语言的可扩展性和逻辑技术的建模语言。

本文本体设计包括设计本体和本体管理器。本体包含了重新配置行星巡视器所需的信息，并且能够描述整个世界域。这些领域知识包括巡视器的硬件、软件、环境、地图、过程、时间性和潜在的模糊性。为了克服固有的复杂性，本体是模块化的，可以与上层本体一起重用，如图 6-21 所示。上层本体模块是所有模块共享的通用本体，可以看作是底层语法。为了提高模块性和可读性，上层本体被细分为描述基本逻辑、数字、时间性、模糊性、内容、过程和框图等的模块。其他本体模块包括软件、硬件和环境的功能，这些功能都是可扩展的。

本体论允许将概念的归类和逻辑规则应用于所包含的知识。它不仅允许一种有效的、可扩展的包含信息的方法，而且允许新知识被覆盖。由于知识领域的复杂元素包含在各自

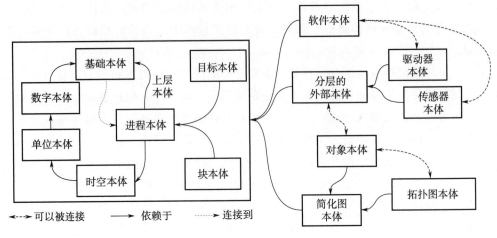

图 6-21　本体模块

的模块化本体中，因此可以有效地使用或省略它们。例如，包含导航服务逻辑的模块可以引入"$subRegion\ Of$"属性。这个 $subRegion\ Of$ 属性是可传递且不对称的，也就是说，$subRegion\ Of(A，B)$ 加上 $subRegion\ Of(B，C)$ 等于 $subRegion\ Of(A，C)$，而不是 $subRegion\ Of(C，A)$。如果不使用这个模块，这个层次的传递性和不对称性可以从推理器中省略。不必对可传递属性进行推理，可以将本体的复杂性从 $\mathcal{ROIQ}$ 到 $\mathcal{ALCOIQ}$，或者从 NP-complete（下一次完成）降低到 NP-hard（下一次很难决定）。这种复杂性的降低对于有效的推理是至关重要的。一阶谓词逻辑允许对世界域自动进行复杂的推理。这使得复杂的验证和知识创建能够自动进行，并对逻辑步骤给出可读的解释。

领域知识验证和计划验证是巡视器 GNC 的重要考虑因素，因为它们提高了系统整体的可靠性和安全性。本体的另一个用途是自动高效地验证领域知识和验证计划。例如，考虑理性智能体提出的重新配置计划，其中域可以定义为元组 I、G、R、W、S、P，其中 I 是世界的初始状态，G 是世界的目标状态，R 是系统的有限资源，W 是系统的世界规则，S 是安全标准，P 是重新配置的计划。计划 P 由连接服务组成，其中服务具有输入、输出、先决条件和效果（IOPE）的形式。如果两个服务通过发布—订阅模型连接，则两个服务的两个输出和输入条件都是本体中的个体，因此要对它们应用两组逻辑限制。当这些示例服务被连接时，会创建一个逻辑规则来表示它们是同一个个体，因此，它们受两组逻辑限制。如果逻辑规则的这种结合不存在矛盾，那么连接是有效和可行的。同样，计划有效性的标准是计划是否与世界的初始和目标状态一致，计划是否与有限资源、世界规则和安全标准一致。这种验证也适用于推断的域信息，例如，两个服务以一种新的方式交互的结果。

本体管理器对本体的访问进行管理并运行推理工具。这允许多个组件安全地并发访问和更改本体。本体管理器还为地面站准备关于本体状态变化的下行链路报告。

6.5.4.5　合理的理性智能体设计

理性智能体是重新配置的发源地。它既有反应式组件，也有商议式组件，并且由本体中的更改启动。其工作流程框图如图 6-22 所示。当本体管理器生成本体已经改变的理性智能体时，它会经过几个步骤来尝试纠正或优化系统。为了保证速度，这些步骤是被动的。反应组件在触发时具有预先计算的标准，与相应的预先计算的计划进行反应。预先计算的计划和标准是通过考虑故障（或世界变化）注入分析来准备的，以计算系统最可能发生的变化。换句话说，理性智能体可以通过分析当前计划的服务配置中的高风险因素来创建这些反应性计划。如果没有一个反应性标准被满足，理性智能体将转向使用更多复杂方法的商议组件，因此，可以处理更复杂甚至更新颖的场景。审议部分收集与再配置过程相关的信息，并将其转换生成再配置计划。这可以通过使用本体论推理引擎中的一阶逻辑来实现，之后可以选择或使用规划算法和启发式方法来解决新的配置。在这里，规划问题和领域使用 PDDL 建模，并使用通用规划器来确定再配置计划。理性智能体在被本体验证后实现计划，否则它将迭代过程。计划一旦实施，在应用层脱离安全模式之前，理性智能体需要根据本体中定义的风险度量来选择合适的检查员。这可以通过本体中的每一个服务配置（包括外部知识）来实现，以具有指示其需要重新配置的潜在风险的值。同样，每个检查员都可以有一个阈值，如果风险度量超过了阈值，则检查员需要执行该阈值。这使得用户能够灵活地调整或调整检查员的覆盖范围。最后，理性智能体将选择的目标发送给应用层中的机器人服务协调器以执行，然后返回到默认的反应模式。

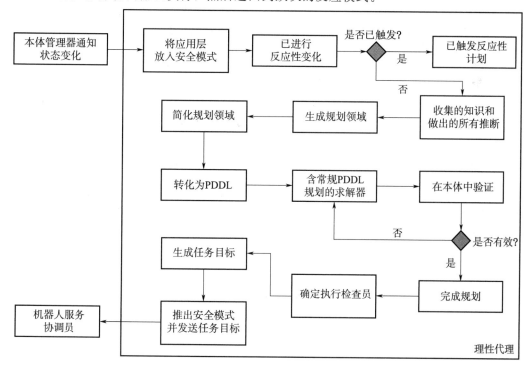

图 6-22　用于系统重新配置的理性智能体设计的工作流

下面将进一步描述理性智能体工作流中的关键设计挑战和解决方案：

• 理性智能体中的规划问题是最关键的，因为它建立了关于巡视器 GNC 应用层的新配置。它的初始状态包括初始世界状态和来自理性智能体的准上行链路的主通信。其目标状态包括最终世界状态和到理性智能体的准下行链路的连接。规划域中可能的操作是应用层中可用的 IOPE 形式的服务。输入和输出指的是它们的通信需求（如发布速率），前提和效果指的是系统的世界状态。先决条件和效果可能包括能量需求、环境需求、世界状态变化和服务需求，例如，相机之前是否已连接到机器人服务协调员。规划问题的解决方案是一组服务、它们的参数配置和连接。

• PDDL 中制定的规划领域需要高效、灵活，以便快速优化新配置。一阶逻辑规则用于提高可扩展性，因为新规则很容易引入。为了最小化发送给规划工具的规划域，可以将该域视为链接服务的图，因此可以使用规划图和启发式搜索算法等技术对无法到达的服务进行修剪。

• 理性智能体的规划器是通用的，允许考虑不同的规划算法和启发式方法。在这里，PDDL 规划器用于实现启发式算法，如 A^*。

• 高级别目标归于各自的有效载荷服务。合理的智能体基于成本函数或优先级函数的优化来选择目标。

6.5.4.6　对任务操作的影响

行星巡视器的标准任务操作已在 6.2.2 节中进行了描述。现在，通过引入可重新配置的自主性，代表最高权限的操作可以在巡视器上得到进一步保障，从而最大限度地发挥空间部分的效用。在这种情况下，可重新配置的巡视器 GNC 系统的初始任务上行链路过程可以更新其本体，该本体由本体管理器自动合并和验证。此验证能够检查知识的不一致性，为系统增加了额外的安全级别。本体的更新可以包括下一个循环中要实现的目标的列表，如果不是所有的目标都可以实现，则可以对这些目标进行优先级排序。此外，更新可以包括更改，例如，地图更改、实用程序功能更改或软件功能更改。一旦本体更新，理性智能体将重新配置应用层以完成计划目标，并根据优先级函数在允许的时间内选择可实现的目标。然后，理性智能体将选择的目标传递给机器人服务协调器，以在准上行链路中完成。当机器人服务协调员完成目标时，检查员观察世界状态的变化。如果发生变化，理性智能体将重新评估目标或配置是否需要调整，如果需要，则重新配置应用程序层。一旦下行链路到期，有效载荷信息和对本体的更改被发送到地面站。与此过程不同，内务管理层执行其标准过程。

下面给出了一个例子来说明任务目标的重新配置。

• 场景：在第一个上行链路中，巡视器按照优先顺序获得以下高级目标：在 A 点执行科学目标，在 B 点拍摄 PanCam 图像，在 C 点拍摄 PanCam 图像。此外，有一些不可忽视的目标，包括在一个通信窗口内保持静止，并在标准循环操作结束时返回起点 D 点。可用的导航技术或导航服务基于立体相机和激光雷达，其中立体相机具有较高的定位误差，但能耗较低。受限于日功率因素仅允许在横越方向为正的情况下，使用立体相机在 A 点实现科学目标。PanCam 目标需要的功率最小，因此可以使用激光雷达。重新配置的原因是由于导航选择导致了一个死胡同，一个不可预期的电力消耗。这反过来又导致科学目标不再可能实现。系统的目标是在上下行通信窗口之间最大化目标优先级函数。

• 结果：图 6 - 23 突出显示了初始上行链路期间再配置层的活动。在接收到上行链路时，本体管理器在 2.4 s 内验证上行链路消息并将其合并到本体中。由于本体被更改，理性智能体在 36.8 s 内开发并验证一个计划，其中通用规划器使用总时间的 27.4 s。选定的目标或配置计划仅在 A 点执行科学目标，因为这比其他目标的综合权重更重要。然后，如图 6 - 25 （a）所示配置应用层并随后初始化。当向 A 点行进时，巡视器被卡在沟壑中，需要重新上路。负责监视导航服务的检查器向本体报告世界状态变化。然后本体管理器通知理性智能体，后者在 0.5 s 内将巡视器置于安全模式（见图 6 - 24）。然后，理性智能体

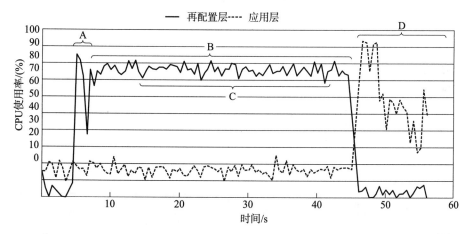

图 6 - 23　自配置 GNC 系统初始上行重新配置期间 CPU 百分比使用率：A：本体管理器正在接收、验证并合并上行指令；B：Rational Agent 计划、验证并执行重新配置；C：Rational Agent 使用通用的 PDDL 规划器；D：应用层初始化

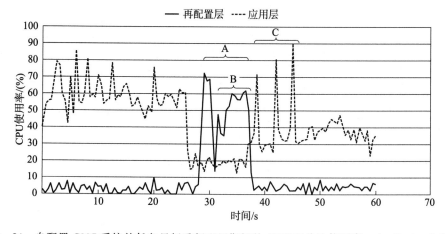

图 6 - 24　自配置 GNC 系统的任务目标重新配置期间的 CPU 百分比使用率：A：Rational Agent 计划、验证并执行重新配置；B：Rational Agent 使用通用的 PDDL 规划器；C：应用层发起调度程序。

计算完成本体目标的计划。最终的计划是重新路由到两个 PanCam 目标，因为科学目标被认为不再能够实现。因此，如图 6-25（b）所示，选择了巡视器 GNC 系统应用层的新配置。巡视器现在不需要为科学有效载荷节省能源，因此可以使用激光雷达作为主要导航选择，以获得更好的精度和系统优化。巡视器在 8.5 s 内退出安全模式。然后，机器人服务协调员计算一个需要 10.5 s 的计划。应用层完成该计划，包括一个无线电停止，并在 21 min 3 s 后返回 D 点。

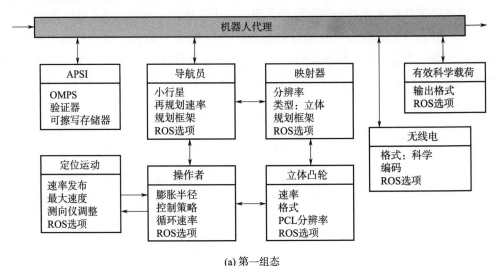

(a) 第一组态

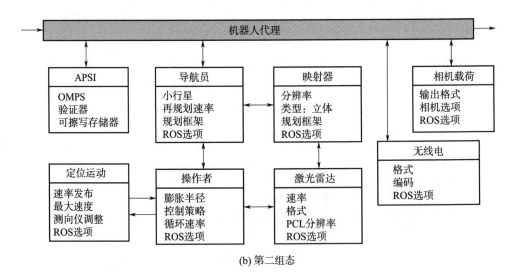

(b) 第二组态

图 6-25　自重构 GNC 系统的应用层配置

6.6　验证与确认

验证和确认是相互独立的程序，用于共同检查产品、服务或系统是否满足要求和规格，从而达到预期目的。对于一般的空间应用来说，验证与确认对于任务操作的硬件和软件都是非常重要的。当涉及操作软件时，V&V 是强制性的，并且随着自主化等级的增加，其挑战性也越来越大，因此相关的自主设计也越来越复杂，通常涉及创造新的行为和做出新的决策。工程师、设计师和科学家很难通过简单的人工检查来验证和确认人工智能模型和解决方案。任何基于人工智能的系统的质量和可靠性都很难评估，因为其体系结构的复杂性、语义和算法的异构性，以及众多的启用行为。因此，自动化 V&V 技术或工具在任务操作软件设计和开发中发挥着重要作用。

验证检查模型、知识库和控制是否准确地代表了专家知识和任务目标；换句话说，验证"是否构建正确的系统"或询问"问题和领域模型是否正确"。验证检查系统及其组件是否满足指定的要求；换句话说，它与"正确构建系统"或询问"解决方案是否正确"有关。V&V 可以应用于知识工程生命周期的不同阶段，包括领域、计划、规划/求解器和计划执行等。

动态和静态方法均可用于航天任务操作软件的验证和确认。动态方法通过仿真工具和实验测试来解决问题，这可能限制了 V&V 结果的确定性，但计算量较小。静态方法（如模型检查等形式化方法）试图对自治软件进行数学验证，因此计算量很大。还有主要由空间机构推动的发展努力，即建立 V&V 框架，旨在将不同的理论方法整合到一个单一的试验设施中。欧空局的哈韦尔机器人和自主设施（HRAF）[81] 就是行星机器人这类通用 V&V 设施的一个例子。本节的其余部分将进一步介绍空间环境中 V&V 的一些基础技术。

6.6.1 仿真工具

在行星机器人任务操作的验证和确认中，通常考虑两种不同类型的模拟器：

• 保真模拟器：这些模拟器与机器人上的软件完全相同，并且具有非常逼真的环境模型。这种现实主义使得改变时间因素变得难以承受，但却可以高保真地重现星上执行的活动。由于时间尺度不能改变，这些试验台被用来检查上传到机器人上的软件是否按预期运行。这种类型的模拟器可以是纯软件的，也可以是硬件在环的 V&V。一定程度上，在地球上的行星模拟地点进行的现场试验可以被认为是真实的模拟，这在测试特定的有效载荷操作、自主软件包和端到端系统时很常见。

• 低保真模拟器：这些模拟器通常是在计算机软件环境中创建的，其精度低于实际模拟器。由于时间因素可以调整，因此可以在线使用它们来验证计划。例如，使用模拟器，10 h 的实时活动可以在 1 h 内运行。当计划需要在数小时内的下一个任务日进行确认和/或验证时，这种类型的模拟器是战术过程中必需的。

举几个例子，NASA 的 ROAMS[82] 和 ESA 的 3DROV[83] 是两个基于软件的模拟器，对于行星巡视器来说，它们的功能是不同的。欧空局的 3DROV 是为巡视器运行的端到端模拟而设计的。它包括行星环境的模型，巡视器的机械、电气和热力子系统以及一个通用的车载控制器。巡视器的物理子系统采用基于端口的建模方法，根据仿真的范围，可以预见这些模型的不同精细程度。科学仪器模型用于模拟科学任务场景。模拟器还提供了对附加器载算法进行测试的能力。3DROV[83] 中确定了以下关键构建块：

• 仿真框架依赖于欧空局的 SIMSAT[84]，负责正确执行和调度仿真运行。它为仿真模型的通信、仿真数据的在线二维可视化和仿真控制提供了必要的机制。

• 控制站用作虚拟巡视器的地面控制站。它提供了通过三维图形环境设置任务场景并将其上传到巡视器的方法，同时还指定显示车载遥测。

• 通用控制器承担车载飞行软件（作为 SIM‒SAT 组件）的作用，并控制所有的巡视器操作。算法或软件模块可以在通用控制器中实现（例如，替换或添加功能），以便在虚拟环境中进行测试。

• 巡视器 s/s 组件包括巡视器物理子系统、传感器和科学仪器的模型。虽然在二元建模环境中开发，它们包括封装在 SIMSAT 模块中的 C/C++ 代码。用户可以定义或定制自己的巡视器车型。

• 环境模型负责系统的星历和时间记录，生成地形和大气条件，并跟踪巡视器的位置。在这个框架内，它与大部分的巡视器模型（如接触模型、热模型等）连接，为它们提供必要的环境信息。

• 可视化环境作为 3DROV 的前端，提供模拟运行和控制站的实时可视化，以协助准备活动。例如，它可以独立地可视化三维仿真，或与巡视器物理 s/s 模型和通用控制器一起工作，以便提供有关车轮—地形交互或合成图像的信息，以提供基于视觉的导航算法。

3DROV 工具创建的行星探索模拟环境可以支持 V&V 早期系统设计和技术评估，将机器人系统考虑到上下文中，支持特定工程研究（如移动性、自主性、操作）和对巡视器操作的早期洞察。它在系统设计过程的早期提供相关的环境信息，建立具有代表性的地形、大气条件、温度和照明，并引入具有代表性的环境成分，甚至风尘的影响。该工具模拟了巡视器各子系统之间的相互作用，模拟了巡视器在地面上的物理运动以及车载科学仪器、太阳能电池板和电源、电气和热力子系统的性能，直至所需的细节水平。该模拟还扩展到火星表面以外，考虑了轨道因素，例如，计算太阳升起的时间以及巡视器与地球或与中继轨道器成直线的时间，以使地面通信成为可能。

6.6.2　模型检查

验证和确认 P&S 等高自主化等级功能至关重要。这可以通过正式方法实现，如火星快车科学计划机会协调工具包（MrSPOCK）所用的模型检查，该工具包是欧空局 APSI 框架的一个用例，如 6.4.4 节所述。MrSPOCK[85] 解决了火星快车航天器的长期规划问题，这是一个多目标优化问题，需要满足一些时间和因果约束。总的来说，MrSPOCK 的目标是为航天器运行开发一个预规划优化工具。它专注于生成一个预先优化的长期框架计划，该计划可以代表科学和工程团队重新确定。为了提高使用 MrSPOCK 的效率和可信度，基于模型检查实现了自主软件的验证和确认。在这个过程中，模型验证和求解器验证与确认使用了两个著名的模型检查工具，即 NuSMV 和 UPPAAL。

NuSMV[86] 是一个时间逻辑的模型检查器。它有一个专用的建模语言，允许以一种富有表现力的、紧凑的和模块化的方式定义并发的有限状态系统。SMV 规范使用具有有限类型的变量,这些变量被分组到模块声明的层次结构中。每个模块都会陈述其局部变量、初始值以及它们如何从一种状态变化到另一种状态。属性用计算树逻辑(CTL)表示。CTL 是一种分支时间时序逻辑,这意味着它支持在可能执行的树的广度和深度上进行推理。

UPPAAL[87] 是一个用于实时系统建模、仿真和验证的工具箱,它的缩写来自于 Uppsala 和 Aalborg 大学的名字。验证涵盖了证明系统安全性和有界活性特性的详尽动态行为。UPPAAL 模型由一组时间自动机、一组时钟、全局变量和同步通道组成。自动机中的一个节点可以与一个内变量相关联,用于强制节点外的转换。弧可以与防护装置相关联,用于控制何时可以进行此转换。在任何转换中,本地时钟可能被重置,全局变量可能被重新分配。通道用于同步不同自动机上的转换。与 NuSMV 类似,验证属性在 CTL 中说明。

为了进行验证,MrSPOCK 域和计划被编码到一个新的模型中,同时定义了一个保证模型或计划有效性的属性。模型和属性都作为模型检查工具的输入提供,如图 6-26 所示。从 MrSPOCK 规划模型到模型检查器形式模型的转换需要引入一组定义良好的状态变量和时钟[88]。状态变量的范围是域状态,而时钟则用来表示时间进程。对于模型中的每个时间线,引入一个状态变量自动机,其状态对应于时间线的可能值,而转换表示值的变化。此外,还引入了所谓的“观察自动机”来检查不同时间线之间定义的时间约束的一致性。一旦转换后的模型可用作模型检查器的输入,就可以通过为模型检查器设置 CTL 公式来验证 MrSPOCK 模型的各种属性和需求。例如,可以验证,当一个给定的活动由一个子系统执行时,结果必须由另一个子系统处理。每当输入中提供的 CTL 公式不存在时,模型检查器将生成一个执行跟踪,证明系统已达到错误状态。所报告的跟踪可用于识别域不一致性并诊断其来源的条件。

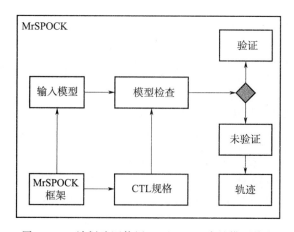

图 6-26　计划验证使用 MrSPOCK 中的模型检查

由 MrSPOCK 生成的计划提供了一组超过时间线的决策/激活。对于每个时间线,生成的计划在固定或灵活的时间点或规划的时间线提供一组激活;因此,计划描述了时间线在给定时间框架内必须假定的值的序列。将转换模型中的观察自动机扩展到不仅检查域约束，还检查生成的计划中定义的值与建模的可能值之间的同步。因此，在观察自动机中，当模型中的时间线和计划器决定的值不能对齐时，就会触发一个转换。一旦输入模型完成并转发给模型检查器，就可以制定和验证计划属性。特别是，使用观察自动机，可以定义计划有效性属性：对于每个时间线，始终请求监视器的无错误状态。

计划验证基于计划验证工具，该工具检查 MrSPOCK 生成的与特定属性相关的解决方案。计划验证需要一个输入模型，对 MrSPOCK 域规范和生成的计划进行编码。在这种情况下，模型检查器可以验证生成的计划是否真的是受控系统的良好控制器，也就是说，模型检查器验证对计划执行和状态变量的更改是否可以同步。

MrSPOCK 的工作已经证明了 V&V 如何在 P&S 中产生实际影响。值得注意的是，MrSPOCK 的求解系统基于一种混合方法，其中求解和优化由不同的模块执行。并非所有的域约束都可以在计划域中显式表示；因此，生成的计划相对于域模型的可靠性并不一定确保生成的解决方案相对于真实世界模型的可靠性。使用独立的解决方案验证程序不仅对模型验证和计划验证具有重要价值，而且对于测试生成的计划与隐含需求的一致性也具有重要价值，例如，通过启发式或优化过程实施的需求。此外，从最终用户的角度来看，V&V 工具提供了一个独立的测试环境，这可能会增强用户对 MrSPOCK 生成的复杂且有时违反直觉的解决方案的信任。

6.6.3　基于本体的系统模型

在 6.5 节中，本体展示了使用形式化方法（如一阶逻辑）对行星机器人和世界的知识建模的能力，这些方法随后用于控制和验证机器人系统的重新配置。本体还可以使用非正式的方法（如建模语言）对系统进行建模，并允许知识表示具有高度的粒度、可扩展性、可供人使用，并且配备了可用于模型检查、逻辑推理和定理证明等形式化方法的工具。因此，基于本体的系统模型可以作为自动验证与确认的自然途径。

最广泛使用的建模语言之一是系统建模语言（SysML），它实现了基于模型的系统工程（MBSE）理念，因此支持系统和系统体系的规范、设计、分析、验证和确认。SysML 中的模型分为：1）结构/组件模型，如框图和参数图；2）行为模型，如状态机模型、活动模型、序列模型和用例模型；3）其他工程分析模型，如需求模型。使用 SysML 建模的行星机器人系统，从理论概念化和需求定义到系统初步和关键设计，在任务开发的任何阶段都可以对任务操作软件进行验证和确认。这包括自动模拟和自动形式验证和确认，允许在开发周期的早期和整个过程中识别复杂问题。此外，MBSE 通过改进评估和持续分析、改进大型多层团队的沟通以及使用最佳的系统工程实践[89]提供了降低风险的额外好处。

在 SysML 中为空间系统开发的系统模型可以有一个定义实体之间形式关系的底层本体。本体论还可用于执行模型检查[90]、自动测试用例生成[91]或自动定理证明[92]。这使得逻辑和模型易于扩展和可读。本体描述可以高度模块化，包括逻辑复杂度可以模块

化以提高效率。这扩展了本体的功能，以支持组合 V&V，它关注由独立子系统组成的
V&V。在这种情况下，系统 V&V 问题被模块化为子系统问题的组合。因此，组合系
统运行时 V&V 变得合理，例如，在高度通用和模块化的系统模型中可重新配置的自
主性。

6.7　案例研究：火星巡视器以目标为导向的自主操作

　　任务操作软件（包括地面和空间段）的概念已在前面的 6.3 节中做过介绍和解释，随
后的章节描述了各种底层技术。本节进一步介绍了火星巡视器面向目标的自主操作（E4）
的设计实例，并利用最先进的技术演示了其设计过程和结果。本案例研究主要基于欧空局
面向目标的自主控制器（GOAC）项目[28]的结果（之前在 6.3.3 节中介绍过）。

6.7.1　设计目标

　　GOAC 项目旨在解决三层自主软件设计的一些经典挑战，特别是在执行层和审议层，
同时将其应用于火星巡视器，以实现 E4 自主化等级：
- 以确定的方式实现连贯一致地处理高层目标指挥；
- 将这些目标分解为较低级别的命令，这些命令包括实现命令目标的计划；
- 执行人员将较低级别的命令转发至巡视器的功能层；
- 评估计划的正确执行，检测目标何时实现，如果该目标的计划失败，则在需要时重
新评估计划；
- 通过对能源等资源的最佳利用，使巡视器获得的结果最大化；
- 为了提高抽象层次，开发一种允许用户在基于模型的环境中处理多智能体规划的经
典问题的体系结构。
　　对于处于关键环境中的机器人来说，保持审议层所产生的决策的确定性是关键，因为
这会导致验证和确认的可能性。由于具有确定性，可以保证在相同的输入序列下，巡视器
将以相同的方式工作。这一要求对空间或行星应用特别重要，因为它在巩固试验活动的同
时减小了不确定性。

6.7.2　器载软件架构

　　为了实现目标导向的自主性（E4），GOAC 预计将确保巡视器上的 P&S 能力。一旦
生成器载计划，执行人员负责其正确执行，并实时确定计划是否匹配或是否可能进行动态
重新规划。在前面 6.3.3 节介绍的经典三层架构中，计划/审议和执行是自治软件或"控
制器"中的独立任务，这意味着控制器需要一些时间来生成计划。计划一旦产生，就被派
去执行。如果计划由于某种原因失败了，执行层必须停止执行，审议层必须产生一个新的
计划。这种方法可能是无效的。对于 GOAC，审议和执行是紧密耦合的，允许在需要时以
更有效的方式重新规划。GOAC 软件架构的详细说明如图 6-27 所示。

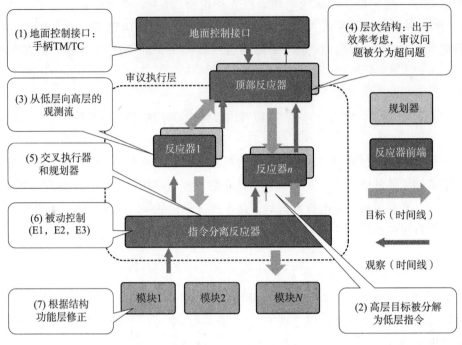

图 6 - 27　GOAC 架构

GOAC 体系结构构建在 T - REX 代理[93] 的基础上，可以将其视为一组并发控制循环的协调器。每一个控制回路都包含在一个遥控器（简称反应器）中，它封装了如何实现其控制目标的所有细节。反应器负责运用分而治之的原理来解决特定的问题，如任务操作、导航或科学的目标探测，实时去解决问题。反应器有一个自然的层次结构，从负责高层抽象（例如，任务水平最长，任务等待时间最长的任务级别）的反应器，到处理低层抽象（例如，控制下面的硬件，转发命令或处理）的反应器，收集有关功能层的感官观察。GOAC 中存在两种不同类型的反应器：审议反应器（具有相关规划实例）和反应性反应器（无需审议，因此无相关规划实例）。每个反应器都有不同的考虑范围（即它可以考虑的最大时间）和不同的延迟（即提供响应所需的时间）。它使用不同的规划工具实例，考虑了相应的审议范围和延迟。

尽管反应器的数量和类型是可以确定的，但 GOAC 架构只有两个无功反应器：一个地面控制接口反应器，负责处理来自地面的传入遥控并提供所需的遥测，一个指挥调度反应器，负责处理较低级别的自主权（例如，E1～E3）并向功能层发送正确的命令。此外，由于命令调度器既不计划也不使用任何规划实例，因此它是最低级别的反应器，具有最低的审议范围和最小的延迟。除了地面控制接口反应器外，指挥调度员能够在没有任何其他反应器的情况下有效地处理 E1～E3。将控制器划分到不同的反应器中可以提高鲁棒性，因为控制器中的任何故障都可以定位到反应器中，从而允许系统正常降级。

每个审议反应器都使用基于规划实例或时间线的规划器，其中 APSI（在 6.4.4 节中有详细描述）是 GOAC 中的默认规划器。然而，只要规划器使用时间线来审议，就可以在不改变体系结构的情况下改变规划器。在 GOAC 中使用 DDL.3 语言（之前在 6.4.2.7 节中介绍过）来提供巡视器在其操作环境中的域描述。通过依赖域模型，规划器仍然是控制器的通用软件组件。此外，还可以在模型中嵌入对任务的定义。由于模型在控制器软件启动时由规划工具解释，因此只需上传一个新模型就很容易改变巡视器的可能行为。

反应器之间的通信完全基于时间线。由时间序列组成的序列依次封装了时间序列。每个令牌都描述了一个过程调用、它可能发生的状态变量、过程的参数值以及定义过程执行间隔的时间值。每个时间线由一个反应器拥有（即，只有该反应器可以对其进行修改），但许多不同的反应器都可以观察到这些反应器所拥有的时间线。

观测值捕获时间轴的当前值，并由时间轴所有者确定，例如，观测值可能是巡视器位置（X，Y）。观测结果从功能层流向最低指挥调度反应器，强制改变其时间线，并将其转发到上层反应器。这反过来又会导致上部反应器的时间线或新的观测结果发生变化。

命令以令牌的形式作为目标发送到反应器，也就是说，具有开始和结束时间界限的谓词定义了它们所处的时间范围。这些目标被一个反应器分解成一组子目标，这些子目标被分配给较低级别的反应器。因此，命令从更高级别的反应器流向更低级别的反应器，并最终触发命令调度反应器请求的功能层上的操作。所有反应器的命令传播都通过执行在每个刻度上调用的单个过程来处理。命令的扩展是从上到下执行的。"目标"命令的一个例子可以是"在点（X，Y）拍照，俯仰角 Z 和偏航角 W 在今天 10：00 到 14：00 之间。"谓词"拍照"是状态变量的可能状态（标记），可以是"正在执行的操作"（时间线）。

底层功能层控制硬件，硬件也执行 V&V。对于在线验证技术而言，这是最重要的一层，用于缓解因死锁和违反约束而导致的危险情况。使用实时验证（即 BIP）可确保功能层不会做出损害巡视器的行为。与 V&V 中存在状态爆炸问题的模型检验等形式化方法不同，使用 BIP 形式化语言描述功能层，可以在运行时对模块进行 fline 分析和表达约束。正确的构造技术有助于实施一系列限制，例如，巡视器在移动时不能部署钻机，以提高系统的稳定性。此外，GenoM 框架[22]用于实现功能层的模块。它处理与模块间通信相关的所有方面，因此允许开发人员专注于模块定义（包括提供的服务和导出数据之间的接口）和算法。

因此，该架构具有以下特点：

1）可伸缩性：体系结构中的元素数量可以根据系统的复杂性进行更改，而不会影响系统的功能。

2）可选择的自治级别：系统可在 E1、E2、E3 或 E4 中工作。例如，通过禁用所有审议反应器并取消它们的计划，可以将自主化等级从 E4 降低到 E3。

3）基于模型：对于审议反应器，使用规划领域语言对问题进行建模。在功能层，GenoM 和 BIP 都允许基于存根生成代码。因此，该体系结构可以建立在模型上，从而简化特定机器人平台控制器的实例化。

4）协作场景：架构的多个元素协作以实现共同的目标。

5）不同层次的规划：一个高层次的规划人员可以协调和执行一个全球计划。低层规划可以在短时间内解决规划问题。这种体系结构可以提供多个不同的审议层，并具有不同的审议范围和延迟。因此，可以在时间空间中设置域的抽象级别。

6）目标指挥：该架构提供了在 E4 处理高层目标的能力。

7）通过构造纠正：设计涉及在系统开发期间以及系统运行时避免违反约束的技术，这解决了 V&V 问题。

6.7.3 实现和验证

GOAC 体系结构已经通过两个测试用例实现和验证，如图 6-28 所示。

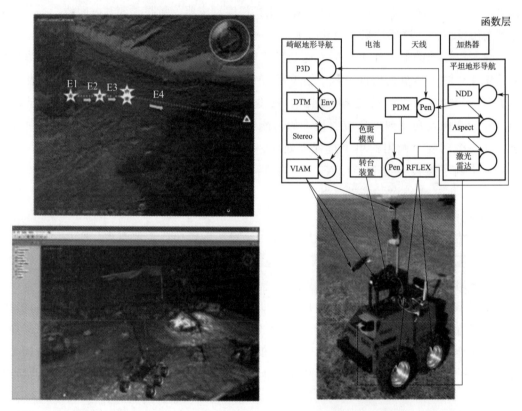

图 6-28 3DROV 环境（左图由 TRASYS 提供）和 DALA 巡视器（右图由 LAAS-CNRS 提供）

首先，使用模拟工具 3DROV（先前在 6.6.1 节中解释过）对系统进行测试，在 3DROV 模拟环境中使用火星巡视器和地形模型进行计算机模拟。已经应用了一些任务场景，包括机会主义科学、导航失败导致的重新规划、实验失败导致的重新规划以及测试不同的自主级别（E1~E4）。模拟是在一台虚拟机内运行的 Linux 实例上进行的，该实例的内存为 768 MB，虚拟磁盘为 32 GB，运行在 Intel（R）Core（TM）2duo-CPU E8400 中，频率为 3.0 GHz，内存为 2 GB。图 6-29（a）和图 6-29（b）分别说明了在 3DROV 中执行 GOAC 期间的 CPU 和内存使用情况。主要试验结果如下：

- GOAC 不运行时 CPU 的基本使用率为 3％。

- GOAC 对 CPU 的平均使用率为 35％（38％－3％）。

- CPU 的使用相对稳定。峰值对应于 GOAC 计划的时间。

- 审议反应器和嵌入式规划器比其他进程使用更多的内存。这主要是由于 planner APSI 在 Java 实例中运行时使用的 Java 虚拟机。

- CPU 使用率的峰值对应于 APSI 主动规划初始目标或重新规划的时间。其他时间，规划工具对 CPU 的使用率很低。

- 3DROV 模拟器、T－REX 执行器和进程间通信的 CPU 使用量可以忽略不计。

- 3DROV 模拟器和进程间通信的内存使用可以忽略不计。

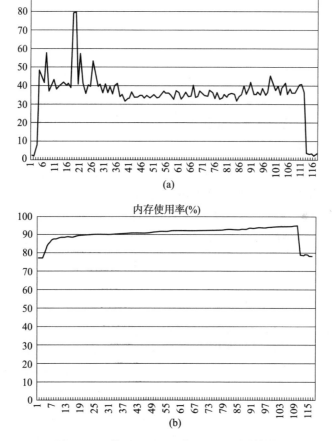

图 6－29　使用 3DROV 的 GOAC 测试结果

3DROV 试验的可靠性和目标实现：主要试验在连续试验中没有任何偏差。然而，由于环境模型的复杂性，3DROV 模拟器在运行一段时间（天）后会由于内存泄漏而冻结。每次系统定期重新启动时，都会隔离并解决该问题。尽管已对模拟进行了更改以使速度增加，但不允许实时运行。此外，已经证明了使用两个审议反应器（即两个具有不同域的规划实例）的可能性，并使用了不同的等待时间和审议范围。审议反应器的前瞻性和等待时间在器载控制器的性能中起着重要作用。审议反应器的前瞻性和延迟对星载控制器的性能有重要影响。一般经验法则是，域模型越复杂，GOAC 的自主化等级就越高。此外，同步规则对计划制定者制定计划和调整计划所需的时间有重大影响。3DROV 模拟器使用通用控制器，因此不能考虑功能层（包括 GenoM 和 BIP）的完整代表模型。为此，将按照后面的讨论执行第二个测试用例。

第二，这个系统是用 LAAS 测试 DALA 巡视器。DALA 是一个 iRobot ATRV 平台，提供大量传感器和发射器。测试以下能力组合的任务场景：1）由于地形特征而产生的不确定性下的导航；2）在给定位置拍摄不同组图片的导航；3）在可视窗口期间与轨道飞行器通信；4）机会主义科学；5）资源监测。实际上，巡视器还需要完成许多并行任务：

- 在先验未知环境中，使用基于环境粗糙地图的两种导航模式（地形与粗糙地形）安全导航；
- 拍摄用户指定位置列表的高分辨率图像（模拟科学目标）；
- 在能见度窗口期间与轨道飞行器或着陆器通信；
- 持续监测机会主义科学的环境，并在发现有趣的情况时采取适当行动；
- 监测和控制平台和有效载荷的热状态；
- 监控用电和能耗。

在这个测试案例中，DALA 巡视器模拟了一些典型的火星日运行。它的功能层运行在一个处理器中（一台 Linux 机器有两个 Intel Pentium 4，3.06 GHz CPU，每个 CPU 有512 KB 的缓存，总内存为 1 GB）。T－REX（与反应器）和 APSI 规划器在一台单独的机器上运行。使用两种不同的配置测试功能模型：1）配置包括机器人的 GenoM 功能组件；2）配置包括 GenoM 和 BIP。如前所述，BIP 允许在功能层定义一组限制，而额外的安全特性导致额外的 CPU 使用。表 6-6 总结了功能层内各个模块的 BIP 和 GenoM 的运行时性能。结果显示了功能层内各模块的 CPU 执行时间（0.01 s）。使用五次运行的平均值。

很明显，启用 BIP 的执行时间大约比 BIP 引擎驱动的 GenoM－only 场景占用的 CPU时间多 10 倍。通过限制在 BIP 模块的每个循环中评估的交互和/或限制的数量，这种 CPU 需求可以通过改进的实时 BIP 来减少。然而，对于两种执行方式（GenoM 或 GenoM＋BIP），完整实验的平均持续时间约为 4.3 min，其中第二次配置只需大约 4 s（被认为可以忽略不计）。这在一定程度上是因为当使用 GenoM＋BIP 配置时，CPU 的使用容量（52％的使用量）高于仅使用 GenoM 的情况（6.3％的使用量）。此外，在现实世界中执行操作所需的时间（以秒为单位）比 BIP 造成的时间差异要长，例如，将 DALA 从坐标（0，0）移动到（4，0）大约需要 30 s，将 PTU 移动到巡视器的左前轮或右前轮大约需要5 s，将一张照片传送到轨道飞行器大约需要 5 s。

表 6 - 6　使用 DALA 的 GOAC 测试结果：功能层内不同模块所花费的 CPU 时间

模式	GenoM(0.01 s)	GenoM＋BIP(0.01 s)
激光雷达	120	1 947
Aspect	192	2 362
NDD	43	2 009
RFLEX	168	10 763
天线	56	1 102
电池	69	1 219
加热器	92	1 029
转台装置	126	2 394
色斑模型	690	1 850
VIAM	1 046	3 225

DALA 测试的可靠性和目标实现：DALA 巡视器在大多数室外测试运行期间成功地实现了高级目标。在大多数情况下，故障是由于硬件问题，如相机、网络带宽或串行端口。目的是展示高级规划/执行框架以及通过 BIP 框架处理不需要/不安全情况的能力。

6.7.4　与地面操作结合

巡视器上的 GOAC 软件设计是在相关行星任务中实现 E4 自主化等级的驱动程序。然而，这种设计允许根据其运行情况选择不同的自主化等级（从 E1 到 E4）。例如，6.2.2 节中提到的 SOWG 和 RIPT 有时可能希望直接控制巡视器，而不是依赖巡视器来识别科学目标或执行某些工程活动。因此，自主化等级成为巡视器的状态变量，可由机器人（例如，当检测到故障时）或地面站自主更改。

将 GOAC 与不同自主化等级的地面作业相结合需要解决以下问题：

·活动执行控制类型：对于 E1，地面站上行链路命令立即执行。如果没有与巡视器的直接通信链路，这是不实际的，除非可以对命令的结果进行长期评估。E2 依赖于时间标记的命令，这些命令不可靠，无法应对环境的不确定性和未知因素。E3 可以根据 MER 任务巡视器的演示进行自适应或允许事件驱动程序执行。E4 允许面向目标的作战，地面控制更关心"做什么"，而不是"如何做"。

·对于在器载和地面上处理的规划工具的抽象级别：在 E1 和 E2，地面上的规划由人类操作员或机器以所有抽象级别捕获，后者产生用于上行链路的低级命令。在 E4 中，可以根据目标和生成的低级命令完全在车载上执行规划。计划中的中间抽象层次，如由车载控制程序（OBCP）表示的抽象层次，也可以在 E3 车载上指挥。

·在地面和空间段之间分配责任的端到端控制体系结构：这决定了审议的地点/方式，包括明确考虑备选行动方案、生成备选方案和选择一个可能的备选方案。在发出目标指令后，E4 要求在星上进行审议，而 E1 和 E2 限制在地面进行审议。现代的任务行动往往采取混合行动，在审议或决策过程中结合自动化机器主动性和人类主动性，类似于 MER 任务。在混合主动操作中，人类操作员控制、指导和监视自动机器推理方法，并在必要时覆盖这些方法。这就需要承担决策责任的操作者和规划器之间进行持续对话。职责的分配范围从 E1 到 E4。

从任务运作的角度来看，规划问题有一组目标，这些目标仍然没有得到调整，而规划解决方案代表所有目标都得到调整的计划。计划是一个结构，表示为一个包含一组供审议或规划人员使用的活动的时间网络。理想情况下，不同自主化等级的地面和器载操作的计划结构是相同的，这意味着时间网络中的所有元素（如目标和命令）共享一个共同的表示。GOAC 试图提供一个通用的规划结构，以允许地面和星上之间自主的平滑交互，以及不同自主化等级之间的平滑过渡，如下所述：

• E4 的目标指挥：E4 自主要求根据地面上传的目标在巡视器上生成计划。然而，该计划可能由于各种原因不完整，例如，由于不合理的先决条件或重新规划活动或不正确的上行链接，导致目标没有得到充分支持。在这些情况下，应增加新的支持目标。此外，由于资源的变化，计划执行时可能存在不确定性，这可能导致计划在执行时失效。在这种情况下，星上的规划工具必须确定飞行高度。作为下行链路过程的一部分，车载操作软件应根据计划变化更新其地面对应软件，以便同步整体计划结构。

• E3 事件操作：在 E3 中，生成计划的粒度需要基于时间标记的和基于事件的命令序列。因此，只要选择了最终的上行链路计划（与 E4 不同），时间网络就被限制在固定的时间界限内。命令序列由包含一组时间标记命令的任务时间线和一个事件和操作表组成。这些可被视为一组完全预定的程序（即，OBCP 和操作），当某些事件发生时将触发这些程序。例如，程序可以表示"拍摄岩石照片"的操作，该操作仅在巡视器到达特定位置时触发或执行。因此，该程序适应于巡视器的最终位置（确定相机的方位）和本地时间（根据光线条件确定相机），最终被安排在执行时间间隔内分配所有操作。

• E2 的时间标记命令：E2 执行预先计划的基于时间的命令，这些命令以批文件的形式从地面上传。这些批文件在标称和非标称情况下都是常见的，例如，FDIR 功能，用于保证巡视器的安全。此自主化等级的地面规划器必须根据固定时间的命令生成一个完全定义的计划。这可以通过描述每个命令执行的时间范围的约束来实现。车载软件必须理解这些命令才能执行。

6.7.5 设计注意事项

GOAC 设计中值得一提的几点额外说明：

• 旧版软件的使用：GOAC 构建了各种现有的软件，每个软件都提供了具体的解决方案，包括用于交叉规划和执行的 T - REX、用于基于时间线规划的 APSI、用于具体组件功能层的 GenoM 和用于实时验证的 BIP。

• 设计生命周期：GOAC 采用螺旋式或迭代式设计生命周期，而不是瀑布式。这两个实施和测试活动（一个使用计算机模拟器 3DROV，一个使用真实的试验台 DALA）在进度上重叠，相辅相成。测试结果或从两者中吸取的经验教训，对一个或另一个以及整个通用架构设计都有好处。

6.8 未来趋势

未来使用机器人的行星探索任务将变得更加雄心勃勃和复杂。机器人系统、子系统和部件的最高自主化等级将被要求、达到和超越。进一步发展的途径涉及诸如自治性和多智能体系统之类的主题，其中仍然存在许多开放的问题。

6.8.1 自主机器人

行星机器人系统已经从自动化走向自主性。下一步是自治[94]，即通过在系统中添加自我管理特性实现自主性的扩展，如 self - CHOP[49]。自治可以自上而下实现，作为三层控制架构中的第四层。这个新层可以配置、修复、优化、保护和管理三个较低级别的自治组件及其交互。或者，自治性可以通过自下而上的自组织系统来实现，在该系统中，各个组件充当代理，试图通过合理的交互来完成独立的目标。先前在 6.5 节中介绍了一些关于空间应用自主性的初步尝试，包括：

• 自底向上自主系统的一个例子是 AGATA[61]。所有的 AGATA 组件都有一个通用模式，该模式携带一个自身的模型和一个与之交互的模块的自生成模型、一个状态跟踪子组件和决策子组件。这允许系统进行自组织；然而，这种推理的分布和组件的不信任可能导致非最优结果。

• 一个自上而下的例子可以在基于本体论的可重构自治[63]中看到，其中一个中央理性智能体自重构较低层次的自治模块。这种方法在实现 GNC 系统的自重构和 GNC 软件及软件架构的再配置中得到了证明，以在所有控制级别（即从高层次的面向目标的决策到低层次的硬件控制）优化和增强鲁棒性。这项工作证明了提高鲁棒性和自寻优能力的潜力。

6.8.2 通用机器人操作系统

鉴于机器人操作系统（ROS）在陆地机器人界取得的成功，特别是在欧洲，有人倡议为空间或行星机器人系统建立类似的通用操作系统。其主要动机是允许一个通用的、潜在的开源框架，以更好地促进和协调学术界和工业界对空间机器人技术的研发支持[95]。这将是一个低层次的软件系统（与前面提到的自动性相反）或连接机器人硬件和车载操作软件的中间件。主要功能包括硬件抽象、低级控制驱动程序、文件/数据系统操作和管理、实时任务（调度、通信和同步）、FDIR、联网、命令处理、遥测/遥控监控和 API 等。

6.8.3 多智能体系统

提高行星机器人任务能力和鲁棒性的另一个途径是增加机器人的数量。多个机器人具有并行性的优点，同时增加冗余度。任务可以在一组机器人之间分而治之，这些机器人可能完成比单个综合机器人更复杂的任务。现有的研究和开发工作已经在推广一个多层机器人系统，该系统结合了行星轨道器、航空机器人和表面巡视器[96-97]，或具有高自主化等级的合作巡视器，一起实现共同的任务目标[98]，或可以在物理上组合子机器人以获得增强的功能[99]。

　　这些多智能体系统可以通过复杂的自底向上算法（如自组织系统[100]）来实现，但是如果没有全局代理，就无法保证最佳解决方案。或者，系统可以具有自上而下的控制，如参考文献［96］中的分层设计，其中高层决策由更高级别的机器人或监督多机器人系统的规划器（如参考文献［98］）进行；然而，这需要更高层次、更复杂的自治代理，来管理更多的组件。

参 考 文 献

[1] Washington, R., Golden, K., Bresina, J., Smith, D. E., Anderson, C., and Smith, T. (1999) Autonomous rovers for Mars exploration. Proceedings of IEEE Aerospace Conference, vol. 1, pp. 237 – 251.

[2] Pedersen, L., Smith, D. E., Deans, M., Sargent, R., Kunz, C., Lees, D., and Rajagopalan, S. (2005) Mission planning and target tracking for autonomous instrument placement. Proceedings of IEEE Aerospace Conference, pp. 34 – 51.

[3] ESA Requirements and Standards Division (2008) ECSS: Ground Systems and Operations – Monitoring and Control Data Definition, ecss – e – st – 70 – 31c edition.

[4] ESA Requirements and Standards Division (2008) ECSS: Space Segment Operability, ecss – e – st – 70 – 11c edition.

[5] ESA Publications Division (2003) ECSS: Ground Systems and Operations – Telemetry and Telecommand Packet Utilization, ecss – e – 70 – 41a edition.

[6] CCSDS official website http://public.ccsds.org/publications/default.aspx (accessed 08 April 2015).

[7] Trucco, L.J., Franceschetti, P., Martino, M., and Trichilo, M. (2008) ExoMars rover operation control center design concept and simulations. Proceedings of Advanced Space Technologies in Robotics and Automation (ASTRA).

[8] Erickson, J. and Grotzinger, J. (2014) MSL Extended Mission Plan, http://mars.nasa.gov/files/msl/2014 – MSLextended – mission – plan.pdf (accessed 08 April 2015).

[9] Truszkowski, W., Hallock, H., Rouff, C., Karlin, J., Rash, J., Hinchey, M., and Sterritt, R. (2009) Autonomous and Autonomic Systems: With Applications to NASA Intelligent Spacecraft Operations and Exploration Systems, Springer Science & Business Media.

[10] Eggleston, J., Haddow, C., and Affaitati, F. (2009) EGOS Core components. Proceedings of SpaceOps.

[11] Nerri, M. (2009) Smart software for complex space mission data systems at the European space agency. Proceedings of AIAA SPACE.

[12] Reggestad, V., Livanos, N.A.I., Antoniou, P., and Zois, E. (2012) Introducing parallelization & performance optimization in SIMULUS based operational simulators. Proceedings of International ICST Conference on Simulation Tools and Techniques, pp. 220 – 222.

[13] Garcia – Matamoros, M. A., Kuijper, D., and Righetti, P. L. (2003) NAPEOS: ESA/ESOC navigation package for earth observation satellites. Proceedings of the European Workshop on Flight Dynamics Facilities, Darmstadt, Germany.

[14] Del Rey, I., Navarro, V., and Pe nataro, J.R. (2010) DABYS: EGOS generic database system. Proceedings of SpaceOps.

[15] Aghevli, A., Bachmann, A., Bresina, J., Greene, K., Kanefsky, B., Kurien, J., McCurdy, M.,

Morris, P., Pyrzak, G., Ratterman, C. et al. (2006) Planning applications for three Mars missions with Ensemble. International Workshop on Planning and Scheduling for Space.

[16] Norris, J.S., Powell, M.W., Vona, M.A., Backes, P.G., and Wick, J.V. (2005) Mars exploration rover operations with the science activity planner. Proceedings of IEEE International Conference on Robotics and Automation, pp. 4618 – 4623.

[17] Reeves, G.E. and Snyder, J.F. (2005) An overview of the Mars exploration rovers' flight software. Proceedings of IEEE International Conference on Systems, Man and Cybernetics, vol. 1, pp. 1 – 7.

[18] Biesiadecki, J.J. and Maimone, M.W. (2006) The Mars exploration rover surface mobility flight software driving ambition. Proceedings of IEEE Aerospace Conference, p. 15.

[19] Woods, M., Shaw, A., Barnes, D., Price, D., Long, D., and Pullan, D. (2009) Autonomous science for an ExoMars Rover – like mission. Journal of Field Robotics, 26 (4), 358 – 390.

[20] Helmick, D., McCloskey, S., Okon, A., Carsten, J., Kim, W., and Leger, C. (2013) Mars Science Laboratory algorithms and flight software for autonomously drilling rocks. Journal of Field Robotics, 30 (6), 847 – 874.

[21] Ingrand, F., Lacroix, S., Lemai – Chenevier, S., and Py, F. (2007) Decisional autonomy of planetary rovers. Journal of Field Robotics, 24 (7), 559 – 580.

[22] Ceballos, A., De Silva, L., Herrb, M., Ingrand, F., Mallet, A., Medina, A., and Prieto, M. (2011) GenoM as a robotics framework for planetary rover surface operations. Proceedings of Advanced Space Technologies in Robotics and Automation (ASTRA), pp. 12 – 14.

[23] Ingrand, F. and Py, F. (2002) An execution control system for autonomous robots. Proceedings of IEEE International Conference on Robotics and Automation, vol. 2, pp. 1333 – 1338.

[24] Ingrand, F.F., Chatila, R., Alami, R., and Robert, F. (1996) PRS: a high level supervision and control language for autonomous mobile robots. Proceedings of IEEE International Conference on Robotics and Automation, vol. 1, pp. 43 – 49.

[25] Ghallab, M. and Laruelle, H. (1994) Representation and control in IxTeT, a temporal planner. Proceedings of AIPS, pp. 61 – 67.

[26] Muscettola, N., Nayak, P.P., Pell, B., and Williams, B.C. (1998) Remote agent: to boldly go where no AI system has gone before. Artificial Intelligence, 103 (1), 5 – 47.

[27] Chien, S., Sherwood, R., Tran, D., Cichy, B., Rabideau, G., Castano, R., Davis, A., and Boyer, D. (2005) Using autonomy flight software to improve science return on earth observing one. Journal of Aerospace Computing, Information and Communication, 2, 196 – 216.

[28] Ceballos, A., Bensalem, S., Cesta, A., De Silva, L., Fratini, S., Ingrand, F., Ocon, J., Orlandini, A., Py, F., Rajan, K. et al. (2011) A goal – oriented autonomous controller for space exploration. Proceedings of ESA Symposium on Advanced Space Technologies in Robotics and Automation (ASTRA), vol. 11.

[29] Basu, A., Bensalem, S., Bozga, M., Combaz, J., Jaber, M., Nguyen, T. – H., and Sifakis, J. (2011) Rigorous component – based system design using the BIP framework. IEEE Software, 28, 41 – 48.

[30] Ghallab, M., Nau, D., and Traverso, P. (2004) Automated Planning: Theory & Practice, Elsevier.

[31] Wilkins, D.E. (2014) Practical Planning: Extending the Classical AI Planning Paradigm, Morgan

Kaufmann.

［32］　Biere，A.，Heule，M.，and van Maaren，H.（2009）Handbook of Satisfiability，vol. 185，IOS Press.

［33］　Ghédira，K. and Dubuisson，B.（2013）Foundations of CSP，John Wiley &. Sons，Inc.，pp. 1 - 28.

［34］　Vilain，M.，Kautz，H.，and Beek，P.（1986）Constraint propagation algorithms for temporal reasoning，in Readings in Qualitative Reasoning About Physical Systems，Morgan Kaufmann，pp. 377 - 382.

［35］　Allen，J.F.（1983）Maintaining knowledge about temporal intervals. Communications of the ACM，26（11），832 - 843.

［36］　Dechter，R.，Meiri，I.，and Pearl，J.（1991）Temporal constraint networks. Artificial Intelligence，49（1），61 - 95.

［37］　Frank，J.（2013）What is a timeline? Proceedings of Knowledge Engineering for Planning and Scheduling Workshop of International Conference on Automated Planning and Scheduling，pp. 1 - 8.

［38］　Muscettola，N.（1994）HSTS：Integrating Planning and Scheduling，Morgan Kaufmann，pp. 169 - 210.

［39］　Victoria，J. M. D.，Fratini，S.，Policella，N.，von Stryk，O.，Gao，Y.，and Donati，A.（2014）Planning mars rovers with hierarchical timeline networks. Acta Futura，9（6），21 - 29，DOI：10. 2420/AF09.2014.21.

［40］　Fox，M. and Long，D.（2003）PDDL2.1：an extension to PDDL for expressing temporal planning domains. Journal of Artificial Intelligence Research，20，61 - 124.

［41］　Bylander，T.（1994）The computational complexity of propositional strips planning. Artificial Intelligence，69（1），165 - 204.

［42］　Barreiro，J.，Boyce，M.，Do，M.，Frank，J.，Iatauro，M.，Kichkaylo，T.，Morris，P.，Ong，J.，Remolina，E.，Smith，T. et al.（2012）EUROPA：a platform for AI planning，scheduling，constraint programming，and optimization. Proceedings of 22nd International Conference on Automated Planning &. Scheduling（ICAPS）.

［43］　Cesta，A.，Fratini，S.，Oddi，A.，and Pecora，F.（2008）APSI Case # 1：preplanning science operations in Mars Express. Proceedings of International Symposium on Artificial Intelligence，Robotics and Automation in Space（i - SAIRAS）.

［44］　Laborie，P. and Ghallab，M.（1995）Ix - TeT：an integrated approach for plan generation and scheduling. Proceedings of INRIA/IEEE Symposium on Emerging Technologies and Factory Automation，vol. 1，pp. 485 - 495.

［45］　Chien，S.，Rabideau，G.，Knight，R.，Sherwood，R.，Engelhardt，B.，Mutz，D.，Estlin，T.，Smith，B.，Fisher，F.，Barrett，T. et al.（2000）ASPEN：automated planning and scheduling for space mission operations. Proceedings of SpaceOps，pp. 1 - 10.

［46］　Fratini，S. and Cesta，A.（2012）The APSI framework：a platform for timeline synthesis. Proceedings of AAAI Workshop on Planning and Scheduling with Timelines，pp. 8 - 15.

［47］　Alur，R. and Dill，D.L.（1994）A theory of timed automata. Theoretical Computer Science，126（2），183 - 235.

［48］　Dennis，L.A.，Fisher，M.，Aitken，J.M.，Veres，S.M.，Gao，Y.，Shaukat，A.，and Burroughes，G.（2014）Reconfigurable Autonomy，KI - Künstliche Intelligenz，pp. 1 - 9.

[49] Kephart, J.O. and Chess, D.M. (2003) The vision of autonomic computing. Computer, 36 (1), 41 – 50.

[50] Kramer, J. and Magee, J. (2007) Selfmanaged systems: an architectural challenge. Future of Software Engineering, pp. 259 – 268.

[51] Nikdel, P., Hosseinpour, M., Badamchizadeh, M.A., and Akbari, M.A. (2014) Improved Takagi – Sugeno fuzzy model – based control of flexible joint robot via Hybrid – Taguchi genetic algorithm. Engineering Applications of Artificial Intelligence, 33, 12 – 20.

[52] Flueckiger, L., To, V., and Utz, H. (2008) Service – oriented robotic architecture supporting a lunar analog test. Proceedings of International Symposium on Artificial Intelligence, Robotics, and Automation in Space (iSAIRAS, Citeseer.

[53] Leite, L.A.F., Oliva, G.A., Nogueira, G.M., Gerosa, M.A., Kon, F., and Milojicic, D.S. (2013) A systematic literature review of service choreography adaptation. Service Oriented Computing and Applications, 7 (3), 199 – 216.

[54] Yeung, W.L. (2011) A formal and visual modeling approach to choreography based web services composition and conformance verification. Expert Systems with Applications, 38 (10), 12772 – 12785.

[55] Costa – Soria, C., Pérez, J., and Carsí, J.A. (2011) An aspect – oriented approach for supporting autonomic reconfiguration of software architectures. Informatica: An International Journal of Computing and Informatics, 35 (1), 15 – 27.

[56] Dhouib, S., Kchir, S., Stinckwich, S., Ziadi, T., and Ziane, M. (2012) RobotML, a domain – specific language to design, simulate and deploy robotic applications, in Simulation, Modeling, and Programming for Autonomous Robots, Springer – Verlag, pp. 149 – 160.

[57] Dormoy, J., Kouchnarenko, O., and Lanoix, A. (2012) Using temporal logic for dynamic reconfigurations of components, in Formal Aspects of Component Software, Springer – Verlag, pp. 200 – 217.

[58] Delaval, G. and Rutten, E. (2010) Reactive model – based control of reconfiguration in the fractal component – based model, in Component – Based Software Engineering, Springer, pp. 93 – 112.

[59] Williams, B.C. and Nayak, P.P. (1996) A model – based approach to reactive self – configuring systems. Proceedings of the National Conference on Artificial Intelligence, pp. 971 – 978.

[60] Hayden, S., Sweet, A., and Christa, S. (2004) Livingstone model – based diagnosis of earth observing one. Proceedings of the AIAA 1st Intelligent Systems Conference.

[61] Charmeau, M.-C. and Bensana, E. (2005) AGATA: a lab bench project for spacecraft autonomy. International Symposium on Artificial Intelligence Robotics and Automation in Space (iSAIRAS).

[62] Liu, L., Thanheiser, S., and Schmeck, H. (2008) A reference architecture for selforganizing service – oriented computing, in Architecture of Computing Systems, Springer – Verlag, pp. 205 – 219.

[63] Burroughes, G. and Gao, Y. (2016) Ontology – based self – reconfiguring guidance, navigation and control for planetary rovers. Journal of Aerospace Information Systems, DOI:10.2514/1.I010378.

[64] Shaukat, A., Burroughes, G., and Gao, Y. (2015) Self – reconfigurable robotics architecture utilising fuzzy and deliberative reasoning. SAI Intelligent Systems Conference 2015, pp. 258 – 266.

[65] Shaukat, A., Bajpai, A., and Gao, Y. (2015) Reconfigurable SLAM utilising fuzzy reasoning. 13th ESA Symposium on Advanced Space Technologies in Robotics and Automation (ASTRA).

［66］ Bertoli, P., Pistore, M., and Traverso, P. (2010) Automated composition of web services via planning in asynchronous domains. Artificial Intelligence, 174 (3 - 4), 316 - 361.

［67］ Tenorth, M. and Beetz, M. (2013) KnowRob: a knowledge processing infrastructure for cognition - enabled robots. International Journal of Robotics Research, 32 (5), 566 - 590.

［68］ Chrisley, R. (2003) Embodied artificial intelligence. Artificial Intelligence, 149 (1), 131 - 150.

［69］ Tenorth, M., Perzylo, A. C., Lafrenz, R., and Beetz, M. (2012) The RoboEarth language: representing and exchanging knowledge about actions, objects, and environments. IEEE International Conference on Robotics and Automation, pp. 1284 - 1289.

［70］ Hayden, S.C., Sweet, A.J., and Shulman, S. (2004) Lessons learned in the Livingstone 2 on earth observing one flight experiment. Proceedings of the AIAA 1st Intelligent Systems Technical Conference, pp. 1 - 15.

［71］ Dalpiaz, F., Giorgini, P., and Mylopoulos, J. (2009) An architecture for requirements - driven self - reconfiguration, in Advanced Information Systems Engineering, Springer - Verlag, pp. 246 - 260.

［72］ Valls, M.G., Lopez, I.R., and Villar, L.F. (2013) iLAND: an enhanced middleware for real - time reconfiguration of service oriented distributed realtime systems. IEEE Transactions on Industrial Informatics, 9 (1), 228 - 236.

［73］ Cardellini, V., Casalicchio, E., Grassi, V., Iannucci, S., Lo Presti, F., and Mirandola, R. (2012) MOSES: a framework for QoS driven runtime adaptation of service - oriented systems. IEEE Transactions on Software Engineering, 38 (5), 1138 - 1159.

［74］ Calinescu, R., Grunske, L., Kwiatkowska, M., Mirandola, R., and Tamburrelli, G. (2011) Dynamic QoS management and optimization in service - based systems. IEEE Transactions on Software Engineering, 37 (3), 387 - 409.

［75］ Hallsteinsen, S., Geihs, K., Paspallis, N., Eliassen, F., Horn, G., Lorenzo, J., Mamelli, A., and Papadopoulos, G. A. (2012) A development framework and methodology for self - adapting applications in ubiquitous computing environments. Journal of Systems and Software, 85 (12), 2840 - 2859.

［76］ Esfahani, F.S., Azrifah, M., Murad, A., Nasir, Md., Sulaiman, B., and Udzir, N. I. (2011) Adaptable decentralized service oriented architecture. Journal of Systems and Software, 84 (10), 1591 - 1617.

［77］ Deussen, P.H., Höfig, E., Baumgarten, M., Mulvenna, M., Manzalini, A., and Moiso, C. (2010) Component - ware for autonomic supervision services. International Journal On Advances in Intelligent Systems, 3 (1 and 2), 87 - 105.

［78］ Dragone, M., Abdel - Naby, S., Swords, D., MP O'Hare, G., and Broxvall, M. (2013) A programming framework for multi - agent coordination of robotic ecologies, in Programming Multi - Agent Systems, Springer, pp. 72 - 89.

［79］ Vizcarrondo, J., Aguilar, J., Exposito, E., and Subias, A. (2012) ARMISCOM: autonomic reflective middleware for management service composition. Global Information Infrastructure and Networking Symposium (GIIS), pp. 1 - 8.

［80］ Yoon, Y., Ye, C., and Jacobsen, H.- A. (2011) A distributed framework for reliable and efficient service choreographies. Proceedings of the 20th International Conference on World Wide Web, pp.

785 - 794.

[81]　Allouis，E.，Blake，R.，Gunes - Lasnet，S.，Jorden，T.，Maddison，B.，Schroeven - Deceuninck，
　　　H.，Stuttard，M.，Truss，P.，Ward，K.，Ward，R.，and Woods，M.（2013）A facility for the
　　　verification & validation of robotics & autonomy for planetary exploration. Proceedings of Advanced
　　　Space Technologies in Robotics and Automation（ASTRA）.

[82]　Jain，A.，Balaram，J.，Cameron，J.，Guineau，J.，Lim，C.，Pomerantz，M.，and Sohl，G.（2004）
　　　Recent developments in the ROAMS planetary rover simulation environment. Aerospace Conference，
　　　2004. Proceedings. 2004 IEEE，vol. 2，IEEE，pp. 861 - 876.

[83]　Poulakis，P.，Joudrier，L.，Wailliez，S.，and Kapellos，K.（2008）3DROV：a planetary rover
　　　system design，simulation and verification tool. Proceedings of International Symposium on Artificial
　　　Intelligence，Robotics and Automation in Space（i - SAIRAS）.

[84]　Eggleston，J.，Boyer，H.，van der Zee，D.，Pidgeon，A.，de Nisio，N.，Burro，F.，and Lindman，
　　　N.（2005）Proceedings of 6th International Symposium on Reducing the Costs of Spacecraft Ground
　　　Systems and Operations（RCSGSO），ESA SP - 601，Darmstadt，Germany，European Space Agency.

[85]　Cesta，A.，Cortellessa，G.，Fratini，S.，and Oddi，A.（2011）MrSPOCK - steps in developing an
　　　end - to - end space application. Computational Intelligence，27（1），83 - 102.

[86]　Cimatti，A.，Clarke，E.，Giunchiglia，E.，Giunchiglia，F.，Pistore，M.，Roveri，M.，Sebastiani，
　　　R.，and Tacchella，A.（2002）NuSMV 2：an opensource tool for symbolic model checking.
　　　Proceedings of International Conference on Computer Aided Verification，pp. 359 - 364.

[87]　Behrmann，G.，David，A.，Larsen，K.G.，Hakansson，J.，Petterson，P.，Yi，W.，and Hendriks，
　　　M.（2006）Uppaal 4.0. Proceedings of International Conference on Quantitative Evaluation of
　　　Systems，pp. 125 - 126.

[88]　Cesta，A.，Finzi，A.，Fratini，S.，Orlandini，A.，and Tronci，E.（2010）Validation and verification
　　　issues in a timeline - based planning system. Knowledge Engineering Review，25（03），299 - 318.

[89]　INCOSE（2007）Systems Engineering Vision 2020，incose - tp - 2004 - 004 - 02 edition.

[90]　Huang，H.，Tsai，W. - T.，and Paul，R.（2005）Automated model checking and testing for
　　　composite web services. Object - Oriented Real - Time Distributed Computing，2005. ISORC 2005.
　　　8th IEEE International Symposium on，IEEE，pp. 300 - 307.

[91]　Bai，X.，Dong，W.，Tsai，W. - T.，and Chen，Y.（2005）WSDL - based automatic test case
　　　generation for web services testing. Service - Oriented System Engineering，2005. SOSE 2005. IEEE
　　　International Workshop，IEEE，pp. 207 - 212.

[92]　Schneider，M. and Sutcliffe，G.（2011）Reasoning in the OWL 2 Full ontology language using first -
　　　order automated theorem proving，in Automated Deduction - CADE - 23，Springer - Verlag，pp.
　　　461 - 475.

[93]　McGann，C.，Py，F.，Rajan，K.，Thomas，H.，Henthorn，R.，and McEwen，R.（2007）T - REX：
　　　a model - based architecture for AUV control. Proceedings of 3rd Workshop on Planning and Plan
　　　Execution for Real - World Systems.

[94]　Truszkowski，W.F.，Hinchey，M.G.，Rash，J.L.，and Rouff，C.A.（2006）Autonomous and
　　　autonomic systems：a paradigm for future space exploration missions. IEEE Transactions on
　　　Systems，Man，and Cybernetics Part C：Applications and Reviews，36（3），279 - 291.

[95]　Gao，Y.，Samperio，R.，Shala，K.，and Cheng，Y.（2012）Modular design for planetary rover autonomous navigation software using ros. Acta Futura，5（1），9 – 16.

[96]　Fink，W.，Dohm，J.M.，Tarbell，M.A.，Hare，T.M.，and Baker，V.R.（2005）Next – generation robotic planetary reconnaissance missions: a paradigm shift. Planetary and Space Science，53（14），1419 – 1426.

[97]　Isarabhakdee，P. and Gao，Y.（2009）Cooperative control of a multi – tier multi – agent robotic system for planetary exploration. Proceedings of International Joint Conference on Artificial Intelligence（IJCAI）– Workshop on AI in Space.

[98]　Victoria，J.M.D.，Yeomans，B.，Gao，Y.，and von Stryk，O.（2015）Autonomous mission planning and execution for two collaborative Mars rovers. 13th ESA Symposium on Advanced Space Technologies in Robotics and Automation（ASTRA）.

[99]　Toglia，C.，Kennedy，F.，and Dubowsky，S.（2011）Cooperative control of modular space robots. Autonomous Robots，31（2 – 3），209 – 221.

[100]　Mushet，G.S.，Mingotti，G.，Colombo，C.，and McInnes，C.R.（2014）Selforganizing satellite constellation in geostationary Earth Orbit. IEEE Transactions on Aerospace and Electronic Systems.，51（2），910 – 923.

图 2-5　火星勘测者 2001 着陆器配置（由美国国家航空航天局/JPL 提供）（P18）

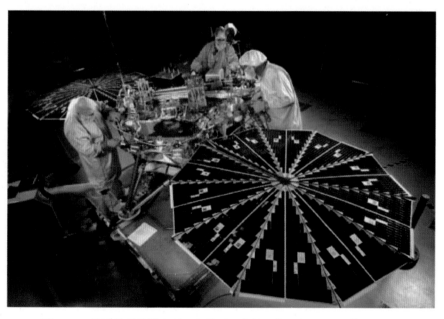

图 2-6　凤凰号着陆器配置（由美国国家航空航天局/JPL 提供）（P19）

图 2-7　洞察号着陆器和有效载荷配置（由美国国家航空航天局/JPL 提供）（P19）

图 2-10　菲莱号着陆器：着陆时的艺术想象图（由欧空局提供）（P23）

图 2-12　Prop-M 巡视器（由拉沃奇金协会提供）（P26）

图 2-17　嫦娥三号巡视器在月球表面（由中国国家航天局提供）（P33）

勇气号Sol 357 (2005年1月3日)

勇气号Sol 9 (2004年1月11日)

图3-4 火星探测漫游者MER-A（勇气号）巡视器携带的全景相机约1年前后拍照火星沙尘对辐射靶标表面的影响实例（原文取自 http：//mars. nasa. gov/mer/gallery/press/spirit/20050125a/ Spirit _ dust _ comparison-A379R1. jpg，由美国国家航空航天局/JPL-加州理工学院提供）（P102）

图3-13 行星机器人三维浏览器PRo3D的屏幕截图，显示了Shaler地区（盖尔环形山，火星科学实验室任务）的局部地质构造解析图。图上的地层学详细解析表明，星表地层主边界显示为灰线，河床边界显示为粗白线，而这些河床组内的分层构造显示为细白线（注意，原始图像是彩色的）。倾角和走向值可直接在行星机器人三维浏览器PRo3D中按倾角值彩色编码获得，一般向东南倾角15°～20°，但还有待于验证。这些发现与参考文献［69-70］中的研究结果一致，主要原因在于岩石露出地面的部分代表了一种变化的河流环境，粗大的砾石单元中间夹杂着隐性的细密颗粒（数据由美国国家航空航天局/喷气推进实验室提供，图片来源：伦敦帝国理工学院，罗伯特·巴恩斯/桑吉夫·古普塔提供；网站：www. provide-space. eu）（P112）

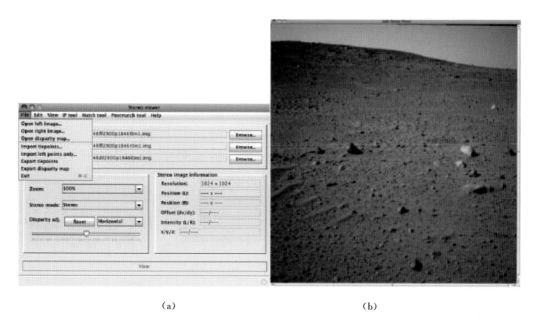

（a）　　　　　　　　　　　　　　（b）

图 3-14　通用立体视觉工作站 StereoWS 工具截图，显示了火星探测漫游者 MER-A 勇气号巡视器在标准平板显示器上的立体仿真图像（最初以红/蓝色显示，以便用立体眼镜观看）。左侧面板即为控制面板，左上角为其下拉菜单，其中显示了输入和输出，包括导入左目图像点位置，仅用于后续三维立体视觉测量（P113）

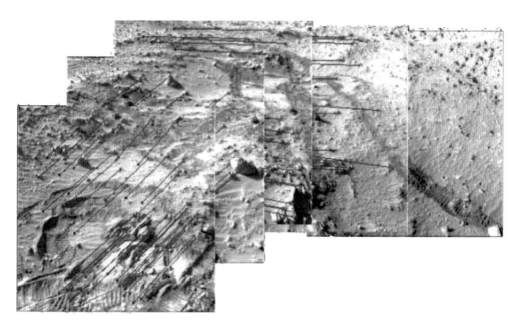

图 3-16　火星探测漫游者视觉里程计特征检测和匹配显示（对比度修正）
（由美国国家航空航天局/JPL-加州理工学院提供）（P116）

图 3-21　火星科学实验室在第 45 个火星日（2012 年 9 月 12 日；最初为彩色图）
利用桅杆相机采集图像生成的拼接图，使用白平衡显示类似地球的天空
（由美国国家航空航天局/JPL-加州理工学院提供）（P124）

图 3-25　利用欧洲火星太空生物漫游者全景相机三维视觉处理工作流程 PRoViP
（行星机器人视觉地面处理系统），对火星科学实验室（MSL）在第 926 和 929 个火星日采集的
桅杆相机的关于花园城市岩层裸露区域图像的处理结果（数字高程模型，由行星机器人
三维浏览器 PRo3D 进行三维渲染）（P128）

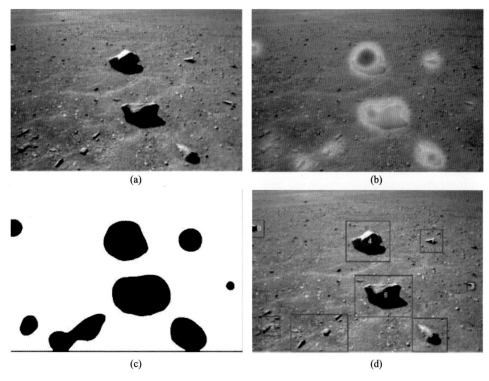

(a)　　　　　　　　　　　　　　　　(b)

(c)　　　　　　　　　　　　　　　　(d)

图 3-27　利用视觉显著性方法检测行星表面（如岩石）上感兴趣的目标

（a）图像采集；（b）检测显著目标；（c）分割；（d）跟踪检测到的目标（P131）

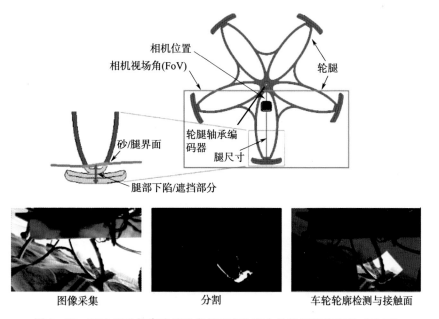

相机位置

相机视场角(FoV)

轮腿

砂/腿界面

轮腿轴承编
码器

腿尺寸

腿部下陷/遮挡部分

图像采集　　　　　　　　分割　　　　　　车轮轮廓检测与接触面

图 3-28　基于运动轮廓遮挡程度的可变地形中的轮腿沉陷测量（P136）

图 3-31　(a)火星探测漫游者导航相机和全景相机的三维数据融合结果，覆盖了显微成像仪（MI）数据；(b)数据融合后的三维渲染；(c)网格部分的细化显示；(d)纹理结果——显微成像仪图像显示的局部表面分辨率比全景相机采集的纹理细节高 10 倍（数据由美国国家航空航天局/JPL-加州理工学院提供）（P140）

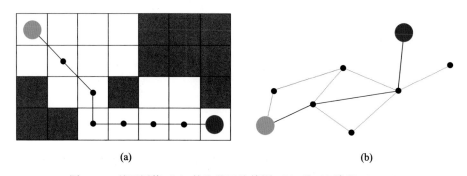

(a)　　　　　　　　　　　　　　　　　　　　　　　　(b)

图 4-9　基于网格（a）的和基于连接图（b）的 A* 路径（P192）

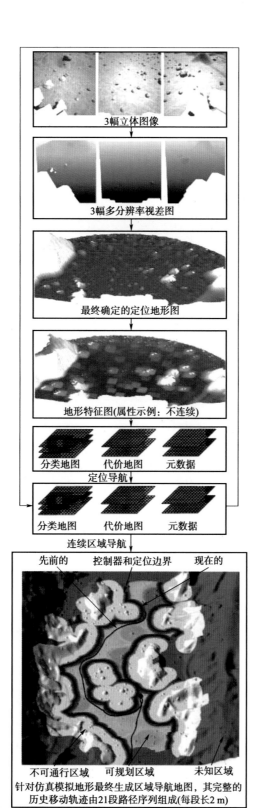

3幅立体图像

3幅多分辨率视差图

最终确定的定位地形图

地形特征图(属性示例:不连续)

分类地图　　代价地图　　元数据

定位导航

分类地图　　代价地图　　元数据

连续区域导航

先前的　　控制器和定位边界　　现在的

不可通行区域　　可规划区域　　未知区域

针对仿真模拟地形最终生成区域导航地图,其完整的
历史移动轨迹由21段路径序列组成(每段长2 m)

图 4-10　ExoMars 巡视器导航处理流程概述（由空中客车防务及航天公司提供）（P197）

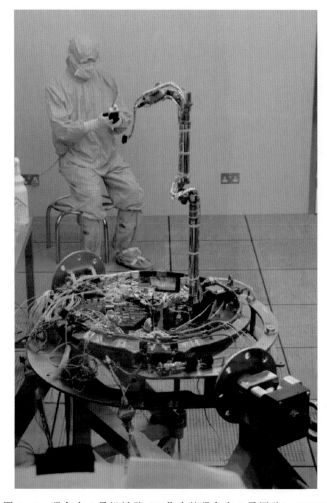

图 5-5 猎兔犬 2 号机械臂（工作中的猎兔犬 2 号团队）（P226）

图 5-27 Justin 机器人（由 DLR 提供）（P259）

(a)

(b)

(c)

图 5-30　2015 年决赛 DRC 机器人（P263）

图 5 - 31　NASA R5 或者 Valkyrie 机器人（由 NASA 提供）（P264）